"十二五"普通高等教育本科国家级规划教材

普通高等教育精品教材

高等学校计算机基础教育教材精选

计算机硬件技术基础

（第3版）

U0249354

李继灿 主编

清華大学出版社

北京

内 容 简 介

本书以当前国内外广泛使用的 16/32/64 位微处理器为背景,追踪主流系列高性能微型计算机的技术发展方向,抓住关键技术发展的主线,全面、系统、深入地讨论了计算机的基础知识、微处理器系统结构与技术、指令系统与汇编语言程序设计、存储器系统、浮点部件、输入输出与中断技术、可编程接口芯片、微机硬件新技术、多媒体外部设备及接口卡,最后讨论了正在快速发展和广泛使用的多核计算机。书中还介绍了广为关注的 x86 与 ARM 两大微处理器架构在个人计算机与移动计算技术中的市场新格局,以及嵌入式计算机系统基础知识与多媒体技术基础等内容。

本书定位准确,结构新颖,内容先进,实用性强,便于教学和自学,适合作为高等学校非计算机专业的教材和成人高等教育的培训教材、自学读本,也可作为广大科技工作者和从事计算机基础教学研究的人员的参考书。

图书在版编目(CIP)数据

计算机硬件技术基础/李继灿主编. —3 版. —北京:清华大学出版社,2015(2023.1重印)
高等学校计算机基础教育教材精选
ISBN 978-7-302-40233-6

Ⅰ. ①计⋯ Ⅱ. ①李⋯ Ⅲ. ①硬件—高等学校—教材 Ⅳ. ①TP303

中国版本图书馆 CIP 数据核字(2015)第 101450 号

责任编辑:张瑞庆
封面设计:傅瑞学
责任校对:梁 毅
责任印制:宋 林

出版发行:清华大学出版社
   网 址:http://www.tup.com.cn,http://www.wqbook.com
   地 址:北京清华大学学研大厦 A 座   邮 编:100084
   社 总 机:010-83470000   邮 购:010-62786544
   投稿与读者服务:010-62776969,c-service@tup.tsinghua.edu.cn
   质量反馈:010-62772015,zhiliang@tup.tsinghua.edu.cn
   课件下载:http://www.tup.com.cn,010-83470236
印 装 者:三河市铭诚印务有限公司
经 销:全国新华书店
开 本:185mm×260mm   印 张:21.5   字 数:537 千字
版 次:2007 年 5 月第 1 版 2015 年 7 月第 3 版 印 次:2023 年 1 月第 9 次印刷
定 价:53.90 元

产品编号:064578-03

第 3 版前言

2007 年和 2011 年,清华大学出版社先后出版了本人主编的《计算机硬件技术基础》及其修订版《计算机硬件技术基础》(第 2 版)教材,这两本教材分别被教育部评为普通高等教育"十一五"国家级规划教材和"十二五"普通高等教育本科国家级规划教材。其中,第 1 版教材还获评 2008 年度普通高等教育精品教材,这表明作者长期致力于"计算机硬件学科教学与教材同步改革"的成果正得到扩展与提升。进入 2015 年,为适应高等院校计算机硬件技术基础课程教学与教材同步改革的需要,并动态跟进计算机硬件技术的新发展,我们又及时修订并出版《计算机硬件技术基础》(第 3 版)教材。

本教材的教学目的,是在培养学生掌握计算机硬件的一般基础知识、基本技术与基本应用能力的基础上,及时跟进计算机最新硬件技术的发展,以便为广大非计算机专业的学生适应未来从事与信息化技术相关的各项工作打下坚实的基础,并开拓更加广阔的技术创新视野。

本教材的主要特色是定位准确、内容先进;结构严谨、特色突出;条理清晰、实用性强;选材精练、篇幅适中。

全书共分 11 章。第 1 章为计算机的基础知识,介绍微型计算机的发展,其中对 Intel 公司的 Tick-Tock 模式、晶体管数目按"摩尔定律"增长的规律以及影响计算机性能设计的因素等技术发展趋势,都做了图文并茂的描述。本章详细介绍微型计算机系统的组成与工作原理以及计算机的运算基础。第 2 章为微处理器系统结构与技术,介绍 CISC 与 RISC 的技术发展,解析 8086/8088 微处理器编程结构、引脚信号与功能以及系统工作模式;在介绍 8086/8088 的存储器与 I/O 组织的基础上,采取"化繁为简"、"渐进细化"的模式和方法,深入剖析 Intel 80x86 及 Pentium 系列微处理器的体系结构与关键技术。本章还简要介绍嵌入式计算机系统的应用与发展。第 3 章与第 4 章分别介绍 Intel 系列微处理器的指令系统以及汇编语言程序设计基础。第 5 章详细介绍存储器系统,包括 32 位和 64 位接口以及内存的技术发展。第 6 章为浮点部件,简要介绍 80x86 与 Pentium 系列微处理器的浮点部件。第 7 章为输入输出与中断技术,对中断响应过程进行解析。第 8 章为可编程接口芯片,对 8253-5、8255A、8250、0832 与 0809 等常规芯片的结构、工作原理及其编程应用,都给予详尽的分析。第 9 章为微机硬件新技术,介绍超线程技术、多核技术、主板芯片组及总线的技术发展等。第 10 章为多媒体外部设备及接口卡。第 11 章为新编的最新技术——多核计算机,详细地介绍发展多核的途径和主要考虑因素、多核处理器的体系结构与组织结构,以及多核在应用中存在的一些问题。

本书由李继灿教授策划并任主编,负责全书的大纲拟定、编著与统稿。郭麦成教授、沈疆海副教授参与了本书部分章节文字修订。李爱珺女士为本书编写了有关计算机新技术的内容。作者多年来得到清华大学出版社、北京大学李晓明教授和王克义教授、大连海事大学朱绍庐教授和傅光永教授,以及长江大学李华贵教授和杜友福教授等的支持,在此谨表示深切谢意。

由于编者水平有限,书中难免存在一些疏漏之处,恳请广大高校师生与读者给予指正。

李继灿

2015 年 4 月

第 2 版前言

《计算机硬件技术基础》教材于 2007 年 2 月出版后,受到许多普通高等院校和军事院校的好评与选用,并被评为 2008 年度"十一五"国家级规划教材的精品教材。

根据普通高等教育"十二五"规划教材的申报条件与要求,并参照中国高等院校计算机基础教育改革课题研究组对计算机基础教育课程体系 2006 的设计要点,以及在教材使用中所获得的反馈信息,特对原教材做进一步精细增补、删减与修改(如由原 9 章增加为 10 章等),使修订的教材能迅速跟进计算机硬件技术的最新发展(如 Pentium 4 后系列、嵌入式系统等),进一步满足对教材实用性的需求(如主板技术、多媒体外设等),便于教学选材。

本次再版修改的主要内容包括以下 4 方面。

(1) 增补或修改"浮点部件"、"主板及其 I/O 接口"和"多媒体外部设备及接口卡"3 章,以及"存储管理技术"、"Pentium 4 微处理器及其主要性能指标简介"、"高速缓存 cache"等多节内容。

(2) 删除"新一代 64 位微处理器——Itanium"、"时钟发生器 8284A"、"Pentium 4 微机系统组成原理"、"中断服务子程序设计"和附录 A(80286～Pentium 系列微处理器的指令系统)等。

(3) 优化或精简"微型计算机系统的组成"、"微机硬件系统结构基础"、"微处理器的结构概述"(如 80286、80386、80486 CPU)、"内存的技术发展"以及"外部存储器"和"现代主流微型计算机硬件技术的发展"等内容与结构。

(4) 进一步贯彻"少而精"和文图创新原则(如 Pentium 4 CPU 的内部功能结构框图、Pentium 超标量流水线分级结构组成的图解、显示系统的基本工作过程示意图等)。

本教材的主要特点如下。

(1) 定位准确,内容先进。本教材定位在高校本科非计算机专业,特别是兼顾非机电类各专业的层面上。根据多年来对国内外计算机硬件技术及其相关教材发展演变的动态跟踪与改革趋势分析,对教材编著模式与内容做了重要的更新,不仅适应于计算机硬件教学与科研的需要,也体现了先进性与实用性相结合的现代化教材改革方向。

(2) 结构严谨,特色突出。结构符合中国高等院校计算机基础教育课程体系 2006 的设计要求,同时还兼顾了硬件技术的最新发展;反映了 8086～Pentium 系列微处理器结构、编程及接口的主流模式,将 16 位与 32 位和最新的 Pentium 4 系列及硬件技术的最新发展有机地结合起来。

(3) 条理分明,实用性强。本书保持"以 16 位机为基础、追踪 32 位和 64 位主流系列高性能微型计算机的技术发展方向"这一基本特色,抓住计算机硬件关键技术发展的主线,使教材做到全局优化、基础扎实、更新迅速、实用性强。

（4）选材精练，篇幅适中。进一步贯彻"少而精"的原则，文字流畅，深入浅出，有利于教师将微机硬件知识的精华在有限时间里教给学生。

本书共分 10 章。第 1 章为计算机的基础知识，描述计算机的组成与工作原理以及计算机的运算基础。第 2 章为微处理器系统结构与技术，主要介绍 CISC 与 RISC 技术、典型的 16 位与 80x86 32 位微处理器的系统结构、Pentium 的体系结构与技术特点、Pentium 系列及相关技术的发展。第 3 与第 4 章分别介绍典型的和应用普遍的 Intel 系列微处理器的指令系统和 CPU 的扩展指令集以及汇编语言程序设计基础。第 5 章为存储器系统，在介绍传统存储器系统及其接口的基础上，对高速缓存 cache 技术、内存的技术发展、外部存储器、存储器分层结构等都有精辟的解析。第 6 章为浮点部件，在简要介绍 80x86 微处理器的浮点部件的基础上，主要介绍 Pentium 微处理器的浮点部件及其流水线操作。第 7 章为输入输出与中断技术，对中断响应过程进行了清晰的解析。第 8 章为可编程接口芯片，较详尽地分析了 8253、8255、8250、0809、0832 等芯片。第 9 章为主板及其 I/O 接口，介绍了主板设计中的一些技术特点，主板上的芯片组、多种插槽以及主板的 I/O 接口。第 10 章为多媒体外部设备及接口卡，介绍常见的多媒体输入输出设备和接口卡。

本书由李继灿教授主编，负责全书的大纲拟定、编著与统稿。长江大学计算机科学学院沈疆海副教授参与了有关存储器、微处理器以及习题等部分章节内容的修订；长江大学工程技术学院郭麦成教授对本书结构优化和内容精选提出了宝贵建议，并参与了汇编程序设计部分内容的文字加工；重庆理工大学电子学院张红民教授参与了有关总线等部分内容的文字加工；李爱珺女士参与了主板及其 I/O 接口和多媒体外部设备及接口卡等部分内容的文字加工。

本次修改的教材，既能与原"十一五"国家级精品教材很好地衔接，也能及时同步跟进计算机硬件技术的更新。诚恳期待使用本教材的广大师生和读者提出宝贵的意见和建议，以使本教材质量不断提高。

李继灿

2010 年 12 月

第 1 版前言

"计算机硬件技术基础"是高等学校非计算机专业的一门重要的基础课,也是一门发展迅速、处于不断变革中的新兴学科。为了适应非计算机专业在信息化进程中培养多层次信息化应用人才的实际需要,作者根据教育部高等教育司对编写"十一五"国家级规划教材的指导性意见和要求,精心编著了适合于非计算机专业需要的《计算机硬件技术基础》教材。

本教材的教学目的是:培养学生掌握计算机硬件和软件的一般基础知识、基本技术与基本应用能力,为非计算机专业学生未来从事各种信息化技术工作打下良好的基础。

本教材具有以下主要特色。

(1) 定位准确。根据多年来对国内外计算机硬件技术及其相关教材发展演变的动态跟踪与趋势分析,对教材的定位、编著模式与内容做了重要的更新。本教材定位在非计算机专业需要的层面上,采用了模块化结构设计思想,使教材不仅适应于计算机硬件教学与科研的需要,也体现了先进性与实用性相结合的现代化教材的改革方向。

(2) 内容先进。反映了微处理器最新技术的发展,如现代微型计算机系统流行实用的硬、软件技术,以及 64 位微处理器及应用。

(3) 结构严谨。反映了 8086～Pentium 系列微处理器结构、编程及接口的主流模式,并将 16 位与 32 位和 64 位最新微处理器技术的发展有机地结合起来。

(4) 实用性强。本书保持了"以 16 位机为基础,追踪 32 位和 64 位主流系列高性能微型计算机的技术发展方向"这一基本特色,抓住计算机硬件关键技术发展的主线,使教材做到全局优化、基础扎实、更新迅速、实用性强。

(5) 可读性强。本书在写作风格上注重保持优秀的教学法,并在跟踪最新计算机硬件技术、优化整体结构的同时,力求精细加工文字,做到文笔流畅简洁。

全书共分 9 章。第 1 章为计算机的基础知识,描述了计算机的组成与工作原理以及计算机的运算基础。第 2 章为微处理器的结构概述,在解析 8086/8088 微处理器及其存储器与 I/O 组织的基础上,采取"化繁为简"、"渐进细化"的模式和方法,深入浅出地剖析了 Intel 80x86 及 Pentium 系列微处理器的体系结构与关键技术。第 3 和第 4 章分别介绍了最典型的和应用最普遍的 Intel 系列微处理器的指令系统以及汇编语言程序设计基础,并指出了 80x86 系列 CPU 指令集的一些问题和局限性,介绍了几种扩展指令集的实用知识。第 5 章简要介绍了微处理器的硬件特性及其系统基础。第 6 章详细介绍了存储器及其接口,包括 32 位和 64 位接口以及流行的内存条实用技术。第 7 章为输入输出与中断技术,对中断响应过程进行了清晰的解析。第 8 章为可编程接口芯片及通用 I/O 接口,对 8253、8255、8250、0809、0832 等芯片以及 AGP、IDE、SCSI、USB、IEEE 1394 等现代 I/O 接口都给予了详尽的分析。第9章介绍了现代主流微型计算机硬件技术的发展,其中包括现在受到普遍关注的嵌入式计算机系统及其应用。

最后两个附录:80286~Pentium系列的指令系统简表;DEBUG主要命令及使用。

本书由李继灿教授策划并任主编,负责全书大纲的拟定、编著与统稿。北京大学王克义教授与国防科技大学邹逢兴教授为本书优化结构和精选内容提出了许多宝贵建议。郭麦成教授、沈疆海副教授与张红民副教授参与了本书部分章节文字修订。李爱珺女士为本书精选了大量资料,并对全书的文图做了认真的整理、编绘与加工。此外,作者多年来始终受到清华大学出版社、北京大学信息科学技术学院的两位博导李晓明教授和王克义教授以及大连海事大学两位博导朱绍庐教授和傅光永教授的大力支持和帮助,在此谨表示深切的谢意。作者还要感谢中国科学院沈绪榜院士,本书9.5节中有关嵌入式计算机体系结构的相关内容摘编自他在"嵌入式计算机的发展"论文中的部分精彩阐述。由于作者水平有限,书中难免存在一些不足与疏漏之处,恳请高校师生与读者给予批评指正。

李继灿

2007年2月

目录

第 1 章 计算机的基础知识

【学习目标】

本章作为学习计算机硬件技术的基础,首先简要介绍计算机的发展简史,在此基础上概述微型计算机及其系统的基础知识,然后重点介绍微型计算机系统的基本组成与工作原理以及计算机的运算基本知识。

【学习要求】

◆ 了解计算机的发展简史。
◆ 理解微型计算机硬件系统的发展与性能平衡。
◆ 理解硬件系统各组成部分的功能与作用。
◆ 理解 CPU 对存储器的读写操作及其区别,重点掌握冯·诺依曼计算机的设计思想与原理。
◆ 着重理解和熟练掌握程序执行的过程。
◆ 能熟练掌握和运用各种数制及其相互转化的综合表示法。
◆ 熟练掌握补码及其运算,着重理解补码与溢出的区别。

1.1 计算机发展概述

1.1.1 计算机的发展简史

1946 年 2 月,以 ENIAC(electronic numerical integrator and calculator,电子数字积分器与计算器)命名的世界上第一台计算机问世。它的诞生揭开了计算机时代的序幕。

计算机可分为超级计算机、工业控制计算机、网络计算机、个人计算机和嵌入式计算机5 类,较先进的计算机有生物计算机、光子计算机和量子计算机等。

按照逻辑元件的更新来划分,计算机的发展简史如下。

第一代:电子管数字计算机(1946—1958 年)

硬件方面,逻辑元件采用的是真空电子管;用光屏管或汞延时电路作为存储器,输入与输出主要采用穿孔卡片或纸带。软件方面采用的是机器语言、汇编语言。特点是体积大、功耗高、可靠性差、速度慢、维护困难且价格昂贵,应用领域以军事和科学计算为主。

第二代:晶体管数字计算机(1958—1964 年)

晶体管的出现使计算机生产技术得到了根本性的发展,由晶体管代替电子管作为计算机的基础器件,用磁芯或磁鼓作为存储器,在整体性能上,比第一代计算机有了很大的提高。同时程序语言也相应出现,如 Fortran、Cobol、Algo160 等计算机高级语言。晶体管计算机用于科学计算的同时,也开始在数据处理、过程控制方面得到应用。

第三代:集成电路数字计算机(1964—1970 年)

硬件方面,逻辑元件采用中规模集成电路(MSI)和小规模集成电路(SSI),主存储器由磁芯开始向半导体存储器过渡。软件方面,有了标准化的程序设计语言和人机会话式的BASIC 语言。特点是速度更快、可靠性更高,产品走向了通用化、系列化和标准化。应用领域开始进入文字处理和图形图像处理领域。

第四代:大规模集成电路计算机(1971 年至今)

硬件方面,逻辑元件采用大规模规模集成电路(LSI)和超大规模集成电路(VLSI);集成度更高的大容量半导体存储器作为内存储器,发展了并行技术和多机系统,出现了精简指令集计算机(RISC)。软件方面,出现了数据库管理系统、网络管理系统和面向对象语言等。应用领域从科学计算、事务管理、过程控制逐步走向家庭。

1971 年,世界上第一台微处理器在美国硅谷诞生,开创了微型计算机的新时代。

1.1.2 计算机的主要应用

计算机之所以能获得持续、快速的发展,其主要原因之一在于它具有广泛的应用性。计算机的主要用途有以下几个方面。

1. 科学计算

科学计算是计算机最早的应用领域,主要是科学研究和工程技术方面的计算,如数学、力学、核物理学、量子化学、天文学和生物学等基础科学的研究计算,至于航空航天、宇宙飞船、气象预报、地质勘探和高级工程设计等方面的庞大计算更需要借助于高速计算机。可见,利用计算机运算速度高、存储容量大和连续运算的能力,不但是减轻人工大量繁杂计算的需要,更是解决重大科技计算难题的必要手段。

2. 计算机控制

计算机控制是利用计算机实时采集数据、分析数据,按最优值迅速地对控制对象进行自动调节或自动控制。采用计算机进行过程控制,不仅可以大大提高控制的自动化水平,而且可以提高控制的时效性和准确性,从而改善劳动条件,提高产量及合格率。自从微型计算机出现以后,计算机控制有了飞速的发展,使自动控制真正进入了以计算机为主要控制工具的新阶段。计算机智能控制已在机械、冶金、石油、化工和电力等部门得到了广泛应用。

3. 测量和测试

计算机在测量和测试领域的应用主要有两个方面:一是对各种测量和测试设备的控

制;二是对数据的采集与处理。利用计算机进行测量和测试,可以提高测量精度,大大提高工作效率,尤其在一些人工无法完成的条件下,如高温、低温、剧毒、辐射、深海与外星空间等环境下的测量和测试以及核爆炸时的现场数据采集等,都必须借助于计算机。

4. 信息处理

计算机信息处理主要用于两个方面:一是用于事务处理。如在工商业务方面,现在已普遍应用数据处理机、销售额清算机、零售终端等;在银行业务方面,已广泛利用金融终端,通过网银即可进行几乎所有的银行业务。此外,还有订票、计票等也属于事务管理。二是用于管理。如各种企业的管理信息系统,各专业性的数据库系统等。目前,在企业管理、物资库存管理、情报资料图书管理、财务管理和人事管理等方面已有商业性软件,使其管理十分方便。

5. 计算机辅助设计/计算机辅助制造/计算机辅助教学

计算机辅助技术包括计算机辅助设计、计算机辅助制造和计算机辅助教学。

1) 计算机辅助设计(computer aided design,CAD)

计算机辅助设计是利用计算机系统辅助设计人员进行工程或产品设计,以实现最佳设计效果的一种技术。CAD 技术已应用于飞机设计、船舶设计、建筑设计、机械设计和大规模集成电路设计等。采用计算机辅助设计,可缩短设计时间,提高工作效率,节省人力、物力和财力,更重要的是提高了设计质量。

2) 计算机辅助制造(computer aided manufacturing,CAM)

计算机辅助制造是利用计算机系统进行产品的加工控制过程。将 CAD 和 CAM 技术集成,可以实现产品生产、设计的自动化。有些国家已把 CAD 和 CAM、计算机辅助测试(computer aided test,CAT)及计算机辅助工程(computer aided engineering,CAE)组成一个集成系统,使设计、制造、测试和管理有机地组成为一体,形成高度的自动化系统,因此产生了自动化生产线和"无人工厂"。

3) 计算机辅助教学(computer aided instruction,CAI)

计算机辅助教学是利用计算机系统进行课堂教学。CAI 不仅能减轻教师的负担,还能使教学内容生动、形象逼真,能够动态演示实验原理或操作过程,激发学生的学习兴趣,提高教学质量,为培养现代化、高质量人才提供了有效方法。

6. 人工智能

人工智能(artificial intelligence,AI)是指计算机模拟人类某些智力行为的理论、技术和应用,如感知、判断、理解、学习、问题的求解和图像识别等。人工智能是计算机应用的一个新的领域,在医疗诊断、定理证明、模式识别、智能检索、语言翻译和机器人等方面,已有了显著的成效。

7. 计算机模拟

计算机模拟是一个新的应用领域,它在解决自然界和人类社会中一些复杂系统问题方面具有重大意义。计算机模拟有以下优点。

(1) 用计算机模拟方法比进行实体实验更经济,且速度快、效率高。

（2）用计算机模拟方法比其他实验设备所能解决问题的范围要宽泛得多。

（3）用计算机模拟方法比较方便，通常只受计算机速度和存储空间的限制，而实体实验模拟则要受到很多因素的限制。

（4）更重要的是，对许多非工程系统问题根本无法用实体模拟实验方法解决，如模拟气候、核聚变以及社会政治、经济系统等，用计算机模拟手段却可以有效地解决这类问题。

8. 多媒体应用

随着电子技术特别是通信和计算机技术的发展，多种媒体——文本、音频、视频、动画、图形和图像等都可综合起来。在医疗、教育、商业、银行、保险、行政管理、军事、工业、广播、交流和出版等领域中，多媒体的应用发展很快。

1.2　微型计算机概述

自从 1946 年世界上第一台计算机 ENIAC 问世以来，计算机已经历了电子管数字计算机、晶体管数字计算机、集成电路数字计算机以及大规模与超大规模集成电路计算机发展时期。

现在，人们广泛使用的微型计算机是第四代电子计算机向微型化方向发展的一个非常重要的分支。

1.2.1　微型计算机的发展阶段

微型计算机(简称微机)的发展主要体现在其核心部件——微处理器的发展上，每当一款新型的微处理器出现时，就会带动微机系统其他部件的相应发展，如微机体系结构的进一步优化，存储器存取容量的增大和存取速度的提高，外围设备的不断改进以及新设备的不断出现等。

根据微处理器的字长和功能，可将微型计算机的发展划分为以下几个阶段。

第一阶段（1971—1973 年）

4 位和 8 位低档微处理器时代，通常称为第一代，其典型产品是 Intel 4004 和 Intel 8008 微处理器以及分别由它们组成的 MCS-4 和 MCS-8 微机。Intel 4004 是一种 4 位微处理器，可进行 4 位二进制的并行运算，它有 45 条指令，速度为 0.05MIPs（million instruction per second，每秒百万条指令）。

Intel 8008 是世界上第一个 8 位微处理器。基本特点是采用 PMOS 工艺，集成度低（4000 个晶体管/片），系统结构和指令系统都比较简单，主要采用机器语言或简单的汇编语言，指令数目较少（20 多条指令），基本指令周期为 $20\sim50\mu s$，用于简单的控制场合。

第二阶段（1971—1977 年）

8 位中、高档微处理器时代，通常称为第二代，其典型产品是 Intel 8080/8085、Motorola 公司的 M6800、Zilog 公司的 Z80 等。它们的特点是采用 NMOS 工艺，集成度提高约 4 倍，运算速度提高约 $10\sim15$ 倍（基本指令执行时间 $1\sim2\mu s$），指令系统比较完善，具有典型的计算机体系结构和中断、DMA 等控制功能。软件方面除了汇编语言外，还有 BASIC、FORTRAN 等高级语言和相应的解释程序和编译程序，在后期还出现了单用户操作系统。

第三阶段（1978—1984 年）

16 位微处理器时代，通常称为第三代，其典型产品是 Intel 8086/8088，Motorola 公司的 M68000，Zilog 公司的 Z8000 等微处理器。其特点是采用 HMOS 工艺，集成度（20000～70000 晶体管/片）和运算速度（基本指令执行时间是 $0.5\mu s$）都比第二代提高了一个数量级。指令系统更加丰富和完善，采用多级中断、多种寻址方式、段式存储机构和硬件乘除部件，并配置了软件系统。这一时期著名的微机产品是 IBM 公司的个人计算机。1981 年 IBM 推出的个人计算机 IBM PC 采用 8088 CPU。紧接着 1982 年又推出了扩展型的个人计算机 IBM PC/XT，它对内存进行了扩充，并增加了一个硬磁盘驱动器。1984 年 IBM 推出了以 80286 处理器为核心组成的 16 位增强型个人计算机 IBM PC/AT。

第四阶段（1985—1992 年）

32 位微处理器时代，又称为第四代。其典型产品是 Intel 公司的 80386/80486、Motorola 公司的 M69030/68040 等。其特点是采用 HMOS 或 CMOS 工艺，集成度高达 100 万个晶体管/片，具有 32 位地址线和 32 位数据总线。每秒钟可完成 600 万条指令。微型计算机的功能已完全可以胜任多任务、多用户的作业。同期，其他一些微处理器生产厂商（如 AMD、TEXAS 等公司）也推出了 80386/80486 系列的芯片。

第五阶段（1993—2005 年）

奔腾（Pentium）系列微处理器时代，通常称为第五代。典型产品是 Intel 的奔腾系列芯片以及与之兼容的 AMD 的 K6 系列微处理器芯片。内部采用超标量指令流水线结构，并具有相互独立的指令和数据高速缓存。随着 MMX(multi media extended) 微处理器的出现，使微机的发展在网络化、多媒体化和智能化等方面跨上了更高的台阶。2000 年 3 月，AMD 和 Intel 公司分别推出时钟频率达 1GHz 的 Athlon 和 Pentium Ⅲ。2000 年 11 月 Intel 公司又推出了 Pentium 4 微处理器，集成度高达每片 4200 万个晶体管，主频为 1.5GHz 等。

第六阶段（2005 年至今）

酷睿（Core）系列微处理器时代，通常称为第六代。"酷睿"是一款领先节能的新型微架构，设计的出发点是提供良好的能效比。Intel 公司在 2006 年 7 月推出了新一代基于 Core 微架构的产品酷睿 2(Core 2 Duo)。

Tick-Tock 模式（如图 1-1 所示）是 Intel 公司发展微处理器芯片设计制造业务的一种发展战略模式，在 2007 年正式提出。Intel 公司指出，每一次 Tick 代表着一代微架构的处理器芯片制程的更新，意在处理器性能几近相同的情况下，缩小芯片面积、减小能耗和发热量；而每一次 Tock 代表着在上一次 Tick 的芯片制程的基础上，更新微处理器架构，提升性能。一般一次 Tick-Tock 的周期为两年。

Intel 公司通过基于 45nm 制造工艺技术的 Intel 微架构（微架构更新，代号 Nehalem，2008 年 11 月发布）极大地推动了计算机的发展。在"工艺年"周期中，Intel 公司通过发布 32nm Intel 酷睿处理器（制程改进更新，代号 Westmere，2010 年 1 月发布）系列追求更高的计算速度、更低的功耗以及更复杂的应用。在随后的"架构年"周期中，Intel 公司主要通过基于 32nm 工艺技术的 Intel 微架构 Sandy Bridge(2011 年 1 月发布)，提升游戏、高清视频、Web 和其他用户体验。Intel 公司于 2012 年 4 月发布第三代酷睿处理器（制程改进更新，代号 Ivy Bridge），采用 22nm 工艺。在随后的"架构年"周期中，Intel 公司于 2013 年 6 月发布了代号 Haswell 的酷睿处理器。可以说，从 2008 年开始，Intel 公司所引领的 CPU 行业已经全面晋级到智能 CPU 的时代。

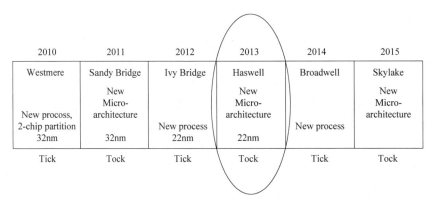

图 1-1　Intel 公司的 Tick-Tock 模式

1.2.2　微处理器的发展

1958 年出现了电子学革命性的成就,开创了微电子时代——集成电路的发明。集成电路的制造工艺是用特征尺寸来衡量的。特征尺寸已经从 1971 年的 $10\mu m$ 下降到 2013 年的 $0.022\mu m$,即制程(制造工艺)为 22nm。

图 1-2 显示了密度的增长,反映了著名的摩尔定律,该定律是 Intel 公司合伙创办人之一高登·摩尔(Gordon Moore)于 1965 年提出的。

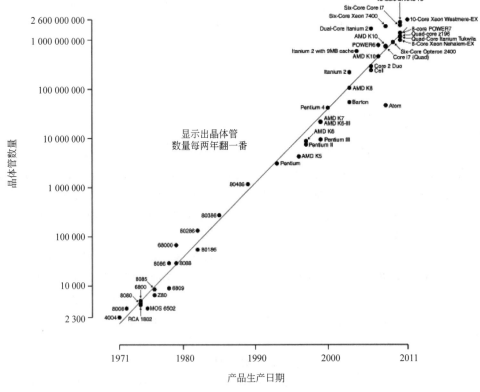

图 1-2　微处理器晶体管密度与摩尔定律

"摩尔定律"对整个世界科技进步意义深远。40 多年中,半导体芯片的集成化趋势一如摩尔的预测,推动了整个信息技术产业的发展。当前以移动互联网、三网融合、物联网、云计算和智能电网等为代表的战略性新兴产业快速发展,将成为继计算机、网络通信和消费电子之后,推动集成电路产业发展的新动力。

从 20 世纪 70 年代初至今,Intel 公司已推出 6 代微处理器产品。其发展简史参见表 1-1。

表 1-1　Intel CPU 发展简史

生产年份	Intel 产品	主要性能说明
1971	4004	第一片 4 位 CPU,采用 $10\mu m$ 制程,集成 2300 个晶体管。时钟频率是 108kHz,可寻址存储器 640B
1972	8008	第一片 8 位 CPU,集成 3500 个晶体管。时钟频率是 108kHz,可寻址存储器 16KB
1974	8080	第二代 8 位 CPU,采用 $6\mu m$ 制程,约 6000 个晶体管。时钟频率是 2MHz,可寻址存储器 64KB
1978	8086	第一片 16 位 CPU,采用 $3\mu m$ 制程,2.9 万个晶体管,时钟频率是 5/8/10MHz,可寻址存储器 1MB。8086 标志着 x86 系列的开端,从 8086 开始,才有了目前应用最广泛的 PC 行业基础
1979	8088	8 位 CPU,采用 $6\mu m$ 制程,2.9 万个晶体管,时钟频率是 5/8MHz,可寻址存储器 1MB
1982	80286	超级 16 位 CPU,采用 $1.5\mu m$ 制程,14.3 万个晶体管,时钟频率是 6MHz~12.5MHz,可寻址存储器 16MB,虚拟存储器 1GB。首次运行保护模式并兼容前期所有软件,IBM 公司将 80286 用在技术更为先进的 AT 机中
1985	80386TM DX	第一片 32 位并支持多任务的 CPU,采用 $1\mu m$ 制程,集成 27.5 万个晶体管,时钟频率是 16MHz~33MHz,可寻址存储器 4GB,虚拟存储器 64TB
1988	80386TM SX	16 位 CPU,采用 $1\mu m$ 制程,集成 27.5 万个晶体管,时钟频率是 16MHz~33MHz,可寻址存储器 16MB,虚拟存储器 64TB
1989	80486 TM DX	32 位 CPU,采用 $0.8\sim1\mu m$ 制程,集成 120 万个晶体管,时钟频率是 25MHz~50MHz,可寻址存储器 4GB,虚拟存储器 64TB,高速缓存为 8KB
1989	80486 TM SX	32 位 CPU,采用 $1\mu m$ 制程,集成 118.5 万个晶体管,时钟频率是 16MHz~33MHz,可寻址存储器 4GB,虚拟存储器 64TB,高速缓存为 8KB
1993	Pentium(奔腾)	第一片双流水 CPU,采用 $0.8\mu m$ 制程,集成 310 万个晶体管,内核采用 RISC 技术。时钟频率是 60MHz~166MHz,可寻址存储器 4GB,虚拟存储器 64TB,高速缓存为 8KB
1995	Pentium Pro	64 位 CPU,采用 $0.6\mu m$ 制程,集成 550 万个晶体管,最大特点是增加了 57 条 MMX 指令,以提高 CPU 处理多媒体数据的效率。时钟频率是 150MHz~200MHz,可寻址存储器 64GB,虚拟存储器 64TB,高速缓存为 512KB L1+1MB L2
1997	Pentium Ⅱ	64 位 CPU,采用 $0.35\mu m$ 制程,集成 750 万个晶体管,时钟频率是 200MHz~300MHz,可寻址存储器 64GB,虚拟存储器 64TB,高速缓存为 512KB L2
1999	Pentium Ⅲ	64 位 CPU,采用 $0.25\mu m$ 制程,集成 950 万个晶体管,时钟频率是 450MHz~600MHz,可寻址存储器 64GB,虚拟存储器 64TB,高速缓存为 512KB L2
2000	Pentium 4	64 位 CPU,采用 $0.18\mu m$ 制程,内建了 4200 万个晶体管,时钟频率是 1.3GHz~1.8GHz,可寻址存储器 64GB,虚拟存储器 64TB,高速缓存为 512KB L2

生产年份	Intel 产品	主要性能说明
2002	Pentium4 Xeon	内含创新的超线程技术,使性能增加 25%,$0.18\mu m$ 制程技术,频率达 $3.2GHz$,是首次运行每秒 30 亿个运算周期的 CPU
2005	Pentium D	首颗内含两个处理核心,揭开 x86 处理器多核心时代
2006	Core 2 Duo	Core 微架构 64 位处理器,采用 65/45nm 制程,内含 1.67 亿个晶体管,时钟频率是 $1.06GHz\sim1.2GHz$,可寻址存储器 64GB,虚拟存储器 64TB,高速缓存为 2MBL2
2008	Core 2 Quad	64 位处理器,采用 65/45nm 制程,内含 8.2 亿个晶体管,时钟频率是 3GHz,可寻址存储器 64GB,虚拟存储器 64TB,高速缓存为 6MBL2
2010	Intel 第二代酷睿处理器	Intel 推出涵盖高、中、低档产品(如 Core i7/ i5 /i3 等系列 CPU)。核心代号 Sandy Bridge,32nm 制程,采用 LGA 1155 接口。1~4 颗核心,3MB~8MB 共享三级缓存,整合 HD Graphics 2000/3000 显示核心。新技术有 QPI(快速通道互联)、DMI(直接媒体接口)总线、睿频加速技术、SSE4.2 指令集
2012	Intel 第三代酷睿处理器	首批处理器包括一款移动版酷睿 i7 至尊版、6 款全新智能酷睿 i7 处理器(如其中面向中高端用户的酷睿 i7 3770K,四核心,三级缓存 8MB)、6 款酷睿 i5 处理器。核心代号 Ivy Bridge(是 Sandy Bridge 的工艺升级版),22nm 制程,采用 LGA 1155CPU,默认频率为 $3.4GHz\sim3.8GHz$;三级缓存 6/8MB,支持 DDR3-1600 内存,核心显卡部分集成的是 HD4000
2013	Intel 第四代酷睿处理器	首批推出的处理器有 Corei7-4770K/4770、Corei5-4670K/4670 和 Core i5-4570 等标准电压处理器。核心代号 Haswell(是 Sandy Bridge 的架构升级版),22nm 制程,采用 LGA 1150 新接口。低阶 i3 是双核四线程;中阶 i5 均为四核四线程;高阶 i7 均为四核八线程。默认频率为 $3.5GHz\sim3.9GHz$,三级缓存 8MB,支持 DDR3-1600 内存,热设计功耗分 95/65/45/35W 4 个档次;均集成 HD4600 集显芯片,优化了 3D 性能,支持 HDMI、DVI、VGA 接口标准

综观 40 年来微处理器的发展,可以看出,在微处理器这个小小芯片里的技术创新不仅带来了计算机世界的技术进步,也推动了整个信息领域的深刻变革。

1.2.3 影响计算机性能设计的因素

从计算机组成和结构的观点来看,现代计算机组成的基本模块同最初推出的存储程序,计算机组成的基本模块没有大的变化,但是从技术的角度来看,在现有的材料基础上要想再提高计算机的性能,在每一个技术细节上都会遇到挑战。计算机性能设计面临的主要问题是 CPU 的速度、性能平衡以及芯片组成和体系结构的改进。

1. CPU 的速度

CPU 的速度是表征计算机性能的一个最重要也是最基本的指标。按照摩尔定律的统计,晶体管密度每年大约增加 35%,差不多每 4 年翻两番;芯片大小的增长速度要慢一些。两者综合起来,一个芯片上的晶体管数目每年大约增长 $40\%\sim55\%$,或者说每 18~24 个月翻一番。在图 1-3 中,从上到下用 4 条曲线分别表示处理器晶体管数量、频率(MHz)、功率(W)以及性能/频率的变化趋势。

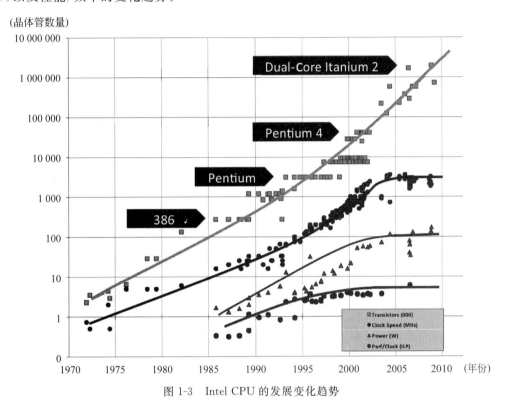

图 1-3 Intel CPU 的发展变化趋势

仅靠提高单片 CPU 的主频,对于提高 CPU 的运行速度以及计算机系统的整体功能还是不够的,还需要围绕计算机指令的形式,不断改进它的流水线的并行操作功能。

2. 性能平衡

当处理器的速度不断提高时,计算机的存储器、I/O 接口等关键组件的性能通常未能及时同步跟进,这必将影响计算机整体性能的提升。因此,寻求计算机整体性能的平衡,就显得格外重要。

首先,要关注处理器同主存储器之间的接口,以便改善存储器同处理器之间存在的速度差距,保持主存储器和处理器之间的速度匹配。有关内存技术的发展可参见本书 5.5 节。

其次,注重改进 CPU 与 I/O 设备之间的平衡设计。例如,采用一些缓冲策略和暂存机制,以及使用高速互连和更为精细的总线结构;还可以采用多核处理器技术,来平衡各种 I/O 设备之间对速度的不同需求。

3. 芯片组成和体系结构的改进

为提升计算机性能已经采取的主要策略如下。

(1) 提高处理器芯片硬件的速度:①减小组成处理器芯片的逻辑门的尺寸,以便提高芯片的集成度;②提升处理器的时钟频率,以使处理器执行指令的操作速度更快。

（2）提升处理器芯片内部高速缓存（cache）的容量与速度，显著降低 CPU 对 cache 的存取时间。同时，在处理器与主存之间一般也都设计了两级或三级 cache。

（3）改进处理器的组成和体系结构，更加重视处理器的流水化与超标量化设计，以提高指令执行的有效速度。

图 1-4 表明自 20 世纪 70 年代后期到 2012 年之间处理器性能的逐年增长情况。测试数据由 SPEC（the Standard Performance Evaluation Corporation，标准性能评估组织）基准测试测得。

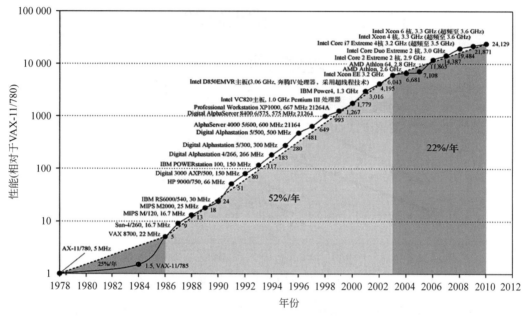

图 1-4　从 1978 年至 2012 年间处理器性能的增长情况

在 20 世纪 80 年代中期之前，处理器性能的增长主要由技术驱动，平均大约每年增长 25%。在此之后的年增长速度大约为 52%，这样持续发展到 2003 年。

从 2003 年开始，单处理器的性能提高速度下降到每年不足 22%。事实上，Intel 公司在 2004 年取消了自己的高性能单核处理器项目，转而和其他公司一起宣布：为了获得更高性能的处理器，采用提高一个芯片上集成的核心数目，而不是加快单核处理器的速度。为此，发展了多核处理器。片上多核处理器（chip multi-processor，CMP）就是将多个计算内核集成在一个处理器芯片中，从而提高计算能力。按计算内核的对等与否，CMP 可分为同构多核和异构多核。Intel 和 AMD 公司主推的就是同构的双核处理器。异构多核多采用"主处理核＋协处理核"的设计，IBM、索尼和东芝等公司联手设计推出的 Cell 处理器就是这种异构架构的典范。

处理核本身的结构，关系到整个芯片的面积、功耗和性能。提高处理器的性能，从单纯依赖指令级并行（ILP）转向数据级并行（DLP）和线程级并行（TLP），将是一个历史性的转折信号。

随着计算密度的提高，处理器和计算机性能的衡量标准和方式也在发生着变化。一方面，处理器的评估不仅仅局限于性能，也包括可靠性、安全性等其他指标。另一方面，即便考虑仅仅追求性能的提高,不同的应用程序也蕴含了不同层次的并行性。应用的多样性驱使未来的处理器具有可配置、灵活的体系结构。

1.3 微型计算机系统的组成

微型计算机系统是指以微型计算机为中心,配备相应的外围设备以及"指挥"微型计算机工作的软件系统所构成的系统。

1. 硬件系统

根据冯·诺依曼型计算机原理所构成的微机硬件由运算器、控制器、存储器、输入设备和输出设备 5 个基本部分组成。

1) 主机

在主机箱内,最重要也是最复杂的一个部件就是主板。图 1-5 为配置了 Intel Z77 芯片组(2012 年入市)的主板样式。其上面密布着各种元件(包括主板芯片组、BIOS 芯片等)、插槽(CPU 插槽、内存条插槽和各种扩展插槽等)和接口(串口、并口、USB 接口和 IEEE1394接口等)。微处理器 CPU、内存、外部存储器(如硬盘和光驱)声卡、显卡和网卡等均通过相应的接口和插槽安装在主板上,显示器、鼠标和键盘等外部设备也通过相应接口连接在主板上。因此,主板集中了全部的系统功能,控制着整个系统中各个部件之间的指令流和数据流,从而实现对微机系统的监控与管理。

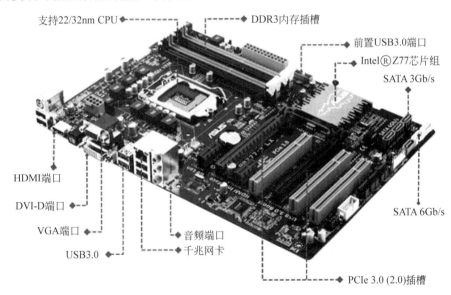

图 1-5 配置了 Intel Z77 芯片组的主板样式

2) 输入设备

常见的输入设备有键盘、鼠标和图像/声音输入设备(如扫描仪、数码相机/摄像机、数字摄像头)等。

3）输出设备

常见的输出设备有显示器和打印机等。

常见多媒体输入输出外部设备的详细介绍参见第 10 章。

2. 软件系统

软件系统通常可分为两大类：系统软件和应用软件。

系统软件由一组控制计算机系统并管理其资源的程序组成，其主要功能包括：启动计算机，存储、加载和执行应用程序，对文件进行排序、检索，将程序语言翻译成机器语言等。系统软件主要包括操作系统、程序设计语言、解释和编译系统、数据库管理系统以及网络与通信系统等。

应用软件是指利用计算机及其提供的系统软件，为解决各种实际问题而编制的专用程序或软件。比较常见的应用软件有以下 7 类。

（1）系统程序类：例如，系统备份工具 GHOST，数据恢复工具 Fast Recovery，中文输入法的"拼音输入法"和"五笔输入法"，办公软件 Microsoft Office 2007。

（2）媒体工具类：例如，视频播放 Windows Media Player，视频处理"视频编辑专家"，音频播放"千千静听"，网络音视"PPTV 网络电视"。

（3）硬件驱动类：例如，显卡驱动、主板驱动。

（4）网络工具类：例如，浏览器"360 极速浏览器"，下载工具"迅雷"。

（5）图形图像类：例如，Adobe 公司的 Photoshop、Illustrator、PageMaker、Premiere、Fireworks，CAD 软件，CorelDraw。

（6）管理软件类：例如，财务管理、股票证券"大智慧新一代"。

（7）安全类：例如，反黑防马"360 安全卫士"，病毒防治"360 杀毒"。

1.4 微机硬件系统结构基础

1946 年，冯·诺依曼和他的同事在普林斯顿高级研究院开始设计一种新的存储程序计算机（简称 IAS 计算机）。IAS 计算机的普通结构包括算术逻辑单元、控制电路、存储器及输入输出设备。

无论是简单的单片机、单板机，还是较复杂的个人计算机系统，从硬件体系结构来看，仍然基本上采用的是存储程序结构，即冯·诺依曼结构。

图 1-6 所示为具有这种结构特点的微型计算机硬件组成框图，从大的功能模块来看，各种计算机系统都是由以下 3 个主要的子系统组成。

① 微处理器 CPU，其中包含运算器和控制器。

② 存储器（如 RAM 和 ROM）。

③ 输入输出设备（I/O 外设及其接口）。

各功能模块之间通过总线传递信息。

下面将以图 1-6 中的概念结构为基础，简要介绍总线的结构、微处理器组织及各部分的作用、存储器组织及其读写操作过程、输入输出（I/O）接口模块的功能，并在此基础上，通过

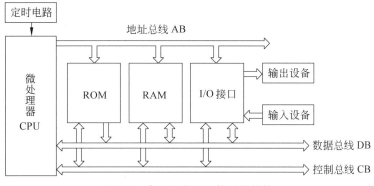

图 1-6　典型的微机硬件系统结构

具体例子说明冯·诺依曼型计算机的运行机理与工作过程。

1.4.1　总线结构简介

微型计算机从其诞生以来就采用了总线结构。CPU 通过总线实现读取指令,并实现与内存、外设之间的数据交换,在 CPU、内存和外设确定的情况下,总线速度是制约计算机整体性能的关键,先进的总线技术对于解决系统瓶颈、提高整个微机系统的性能有着十分重要的影响。

从物理来看,总线是一组传输公共信息的信号线的集合,是在计算机系统各部件之间传输地址、数据和控制信息的公共通道。在处理器内部的各功能部件之间、在处理器与高速缓冲器和主存之间、在处理器系统与外围设备之间等,都是通过总线连接在一起的。

根据总线结构组织方式的不同,采用的总线结构可分为单总线、双总线和双重总线 3 类,如图 1-7 所示。

图 1-7(a)所示的是单总线结构。在单总线结构中,系统存储器 M 和 I/O 接口均使用同一组信息通路,因此,CPU 对 M 的读写和对 I/O 接口的输入输出操作只能分时进行。因为它的结构简单,成本低廉,大部分中低档微机都采用这种结构。

图 1-7(b)所示的是双总线结构。这种结构的存储器 M 和 I/O 接口各具有一组连通 CPU 的总线,故 CPU 可以分别在两组总线上同时与 M 和 I/O 交换信息,因而拓宽了总线带宽,提高了总线的数据传输效率。由于双总线结构中的 CPU 要同时管理 M 和 I/O 的通信,故加重了 CPU 的负担。为此,通常采用专门的处理芯片(即智能 I/O 接口)负责 I/O 的管理任务,以减轻 CPU 的负担。

图 1-7(c)所示的是双重总线结构。它有局部总线与全局总线双重总线。当 CPU 通过局部总线访问局部 M 和局部 I/O 时,其工作方式与单总线的情况相同。当系统中某微处理器需要对全局 M 和全局 I/O 访问时,则必须由总线控制逻辑统一安排才能进行,这时该微处理器就是系统的主控设备。例如,当 DMA(直接存储器存取)控制器作为系统的主控设备时,则全局 M 和全局 I/O 之间便可通过系统总线进行 DMA 操作;与此同时,CPU 还可以通过局部总线对局部 M 和局部 I/O 进行访问。这样,整个系统便可在双重总线上实现并

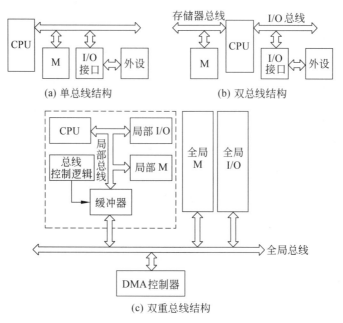

图 1-7　微机的 3 种总线结构

行操作,从而提高了系统数据处理和数据传输的效率。

总线有多种分类方式。

(1) 按传送信息的类别,总线可分为地址总线(AB)、数据总线(DB)和控制总线(CB)。

地址总线用于传送存储器地址码或输入输出设备地址码;数据总线用于传送指令或数据;控制总线用来传送各种控制信号。

(2) 按照传送信息的方向,总线可分为单向总线和双向总线。地址总线属于单向总线,方向是从 CPU 或其他总线主控设备发往其他设备;数据总线属于双向总线;控制总线属于混合型总线,控制总线中的每一根控制线方向是单向的,而各种控制线的方向有进有出。

(3) 按层次结构,总线可分为 CPU 总线、存储总线、系统总线和外部总线。

① CPU 总线:作为 CPU 与外界的公共通道,实现了 CPU 与主存储器、CPU 与 I/O 接口和多个 CPU 之间的连接,并提供了与系统总线的接口。包括 CPU 地址线(CAB)、CPU 数据线(CDB)和 CPU 控制线(CCB)。

② 存储总线:用来连接存储控制器和内存。包括存储器地址线(MAB)、存储器数据线(MDB)和存储器控制线(MCD)。

③ 系统总线:又称 I/O 扩展总线,是主机系统与外围设备之间的通信通道。系统总线包括系统地址线(SAB)、系统数据线(SDB)和系统控制线(SCD)。在计算机主板上,系统总线表现为与扩充插槽线连接的一组逻辑电路和导线,与 I/O 扩充插槽相连,如 PCI 总线、PCI Express 总线等。有关扩展总线技术的发展请见 9.3 节。

④ 外部总线:用来提供输入输出设备同系统中其他部件间的公共通信通道,标准化程度高,如 USB 总线、IEEE1394 总线等,这些外部总线实际上是主机与外设的接口。

计算机系统都已使用多重总线,通常布置为层次结构,如图 1-8 所示。其中图 1-8(a)给出了典型的传统多重总线结构,它在性能越来越高的 I/O 设备面前已显得不相适应。

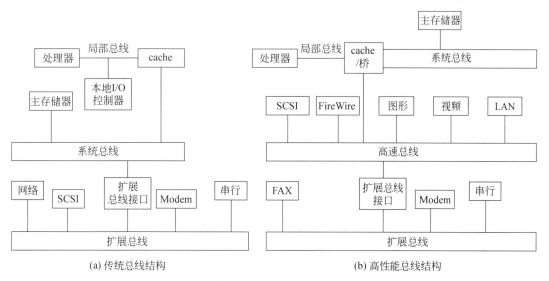

(a) 传统总线结构

(b) 高性能总线结构

图 1-8 总线配置的实例

图 1-8(b)给出了高性能多重总线结构,它不仅有连接处理器和高速缓存控制器的局部总线,而且高速缓存控制器又连接到支持主存储器的系统总线上,并且还有专门支持大容量 I/O 设备的高速总线。这种配置的好处是,高速总线使高需求的设备与处理器有更紧密的集成,同时又独立于处理器。

1.4.2 微处理器模型的组成

图 1-9 所示为一个简化的微处理器结构。由图可知,一个简单的微处理器主要由运算器、控制器和内部寄存器阵列 3 个基本部分组成。现将各部件的功能简述如下。

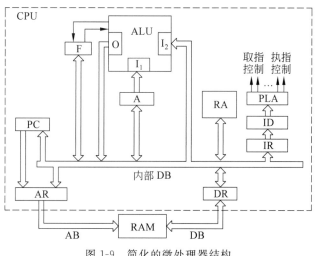

图 1-9 简化的微处理器结构

1. 运算器

运算器又称为算术逻辑单元(arithmetic logic unit,ALU),用来进行算术或逻辑运算以及位移循环等操作。参加运算的两个操作数,通常,一个来自累加器(accumulator,A);另一个来自内部数据总线,可以是数据寄存器(data register,DR)中的内容,也可以是寄存器阵列 RA 中某个寄存器的内容。运算结果往往也送回累加器 A 暂存。

2. 控制器

控制器即可编程逻辑阵列 PLA,它是根据指令功能转化为控制信号的部件。其组成包括以下 3 部分。

① 指令寄存器(instruction register,IR):用来存放从存储器取出的将要执行的指令(实为其操作码)。

② 指令译码器(instruction decoder,ID):用来对指令寄存器 IR 中的指令进行译码,以确定该指令应执行什么操作。

③ 可编程逻辑阵列(programmable logic array,PLA)(也称为定时与控制电路):用来产生取指令和执行指令所需的各种微操作控制信号。

由于每条指令所执行的具体操作不同,所以,每条指令将对应控制信号的某一种组合,以确定相应的操作序列。

3. 内部寄存器

通常,内部寄存器包括若干个功能不同的寄存器或寄存器组。这里介绍的模型 CPU 中具有的一些最基本的寄存器如下:

(1)累加器 A

累加器是用得最频繁的一个寄存器。在进行算术逻辑运算时,它具有双重功能:运算前,用来保存一个操作数;运算后,用来保存结果。

(2)数据寄存器 DR

它用来暂存数据或指令。从存储器读出时,若读出的是指令,经 DR 暂存的指令通过内部数据总线送到指令寄存器 IR;若读出的是数据,则通过内部数据总线送到有关的寄存器或运算器。

向存储器写入数据时,数据是经数据寄存器 DR,再经数据总线 DB 写入存储器的。

(3)程序计数器

程序计数器(program counter,PC)用来存放正待取出的指令的地址。根据 PC 中的指令地址,准备从存储器中取出将要执行的指令。

通常,程序按顺序逐条执行。任何时刻,PC 都指示微处理器要取的下一个字节或下一条指令(对单字节指令而言)所在的地址。因此,PC 具有自动加 1 的功能。

(4)地址寄存器

地址寄存器(address register,AR)用来存放正要取出的指令的地址或操作数的地址。

在取指令时,将 PC 中存放的指令地址送到 AR,根据此地址从存储器中取出指令。

在取操作数时,将操作数地址通过内部数据总线送到 AR,再根据此地址从存储器中取出操作数;在向存储器存入数据时,也要先将待写入数据的地址送到 AR,再根据此地址向存储器写入数据。

(5) 标志寄存器 F

标志寄存器(flag register,F)用来寄存执行指令时所产生的结果或状态的标志信号。关于标志位的具体设置与功能将视微处理器的型号而异。根据检测有关的标志位是 0 或 1,可以按不同条件决定程序的流向。

此外,图 1-9 中还画出了寄存器阵列(register array,RA),也称为寄存器组(register stuff,RS)。它通常包括若干个通用寄存器和专用寄存器,其具体设置因不同的微处理器而异。

注意:在实际微处理器中,寄存器组的设置及其功能要复杂得多,但是,它们都是在模型微处理器基础上逐渐演进而来的。

1.4.3 存储器概述

一个完善的计算机存储系统,是按层次结构组成的。最顶层是处理器内的寄存器,其下一层是一级或多级高速缓存,再下一层是主存,通常由动态随机存取存储器(DRAM)构成,所有这些为系统内部存储器;存储层次继续往下划分为外部存储器(简称外存),外存的第一层通常是固定硬盘,接着下一层就是光盘存储设备等。关于存储器系统的分层结构可参见 5.8 节。

这里重点讨论的是存储器的内存(又称主存)。内存可划分为很多个存储单元(又称内存单元)。每一个存储单元中一般存放一个字节(8 位)的二进制信息。存储单元的总数目称为存储容量,它的具体数目取决于地址线的根数。微机可寻址的内存量变化范围较大,在 8 位计算机中,有 16 条地址线,它能寻址的范围是 $2^{16}B=64KB$。在 16 位计算机中,有 20 条地址线,其寻址范围是 $2^{20}B=1024KB$。在 32 位计算机中,有 32 条地址线,其寻址范围是 $2^{32}B=4GB$。

存储单元中的内容为数据或指令。为了能识别不同的单元,分别赋予每个单元一个编号。这个编号称为地址单元号,简称地址。显然,各存储单元的地址与该地址中存放的内容是完全不同的意思,不可混淆。

1. 存储器组成

图 1-10 给出了一个随机存取存储器结构简图。该存储器由 256 个单元组成,每个单元存储 8 位二进制信息,即字长为 8 位。这种规格的存储器,通常称为 256×8 位的读写存储器。

从图 1-10 中可见,随机存取存储器(指可以随时存入或取出信息的存储器)由存储体、地址译码器和控制电路组成。

一个由 8 位地址线连接的存储体共有 256 个存储单元,其编号为 00H(十六进制表示)~FFH,即 00000000~11111111。

地址译码器接收从地址总线 AB 送来的地址码,经译码器译码选中相应的某个存储单元,以便从该存储单元中读出(即取出)信息或写入(即存入)信息。

控制电路用来控制存储器的读写操作过程。

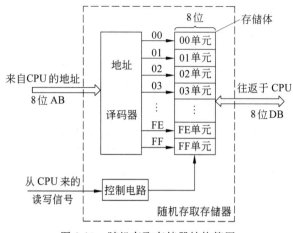

图 1-10　随机存取存储器结构简图

2. 读写操作过程

从存储器读出信息的操作过程,如图 1-11(a)所示。假定 CPU 要读出存储器 04H 单元的内容 10010111 即 97H,则:

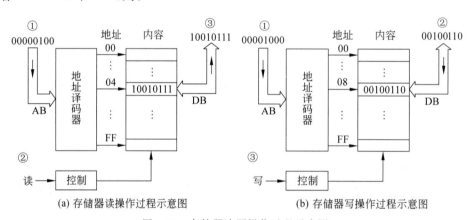

(a) 存储器读操作过程示意图　　　　(b) 存储器写操作过程示意图

图 1-11　存储器读写操作过程示意图

① CPU 的地址寄存器 AR 先给出地址 04H 并将它放到地址总线上,经地址译码器译码选中 04H 单元。

② CPU 发出"读"控制信号给存储器,指示存储器准备把被寻址的 04H 单元中的内容 97H 放到数据总线上。

③ 在读控制信号的作用下,存储器将 04H 单元中的内容 97H 放到数据总线上,经它送至数据寄存器 DR,然后由 CPU 取走该内容作为所需要的信息使用。

应当指出,读操作完成后,04H 单元中的内容 97H 仍保持不变,这种特点称为非破坏性读出(non destructive read out,NDRO)。这一特点很重要,它允许多次读出同一单元的内容。

向存储器写入信息的操作过程如图 1-11(b)所示。假定 CPU 要把数据寄存器 DR 中的内容 00100110 即 26H 写入存储器 08H 单元,则:

① CPU 的地址寄存器 AR 先把地址 08H 放到地址总线上,经地址译码器选中 08H 单元。

　　计算机硬件技术基础(第 3 版)

② CPU 把数据寄存器中的内容 26H 放到数据总线上。

③ CPU 向存储器发送"写"控制信号,在该信号的控制下,将内容 26H 写入被寻址的 08H 单元。

注意:写入操作将破坏该单元中原来存放的内容,原内容将被清除。

上述类型的存储器称为随机存取存储器(random access memory,RAM)。所谓"随机存取"即所有存储单元均可随时被访问,所谓访问就是既可以从存储器中读出信息也可以写入信息。

1.4.4 输入输出(I/O)接口简介

计算机系统的 I/O 体系结构提供了一种控制计算机与外部世界交互的系统化方式,并向操作系统提供有效地管理 I/O 运行的必要信息。有 3 种基本的 I/O 技术:编程式 I/O 技术、中断驱动式 I/O 技术和直接存储器存取(DMA)技术。详述请参见第 7 章。

计算机的外围设备(输入输出设备)品种繁多,CPU 在与 I/O 设备进行数据交换时存在的问题是:速度不匹配、时序不匹配、信息格式不匹配和信息类型不匹配。

基于以上问题,CPU 与外设之间的数据交换必须通过接口(主板上的 I/O 接口请参见 9.2.3 节)来完成,通常接口有以下一些功能。

(1) 设置数据的寄存、缓冲逻辑,以适应 CPU 与外设之间的速度差异。

(2) 进行信息格式的转换,例如串行和并行的转换。

(3) 协调 CPU 和外设两者在信息的类型和电平的差异,例如电平转换驱动器、数/模或模/数转换器等。

(4) 协调时序差异。

(5) 地址译码和设备选择功能。

(6) 设置中断和 DMA 控制逻辑,以保证在中断和 DMA 允许的情况下产生中断和 DMA 请求信号,并在接受到中断和 DMA 应答之后完成中断处理和 DMA 传输。

1.5 微机的工作原理与程序执行过程

计算机的工作原理是:"存储程序"+"程序控制",即先把处理问题的步骤和所需的数据转换成计算机能识别的指令和数据送入存储器中保存起来,工作时由计算机的处理器将这些指令逐条取出执行。

每台计算机都拥有各种类型的机器指令,机器指令的集合称为指令系统。指令系统决定了计算机的能力,也影响着计算机的结构。通过有限指令的不同组合方式,可以构成完成不同任务的程序。

微机的工作过程就是执行程序的过程,而程序由指令序列组成,所以,微机的工作过程也就是逐条取指令和执行指令的过程,如图 1-12 所示。

假定程序已由输入设备存放到内存中。当计算机要从停机状态进入运行状态时,首先应把第 1 条指令的地址赋给 PC,机器就进入取指阶段。在取指阶段,CPU 从内存中读出的

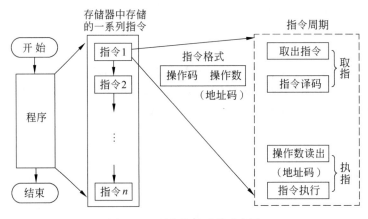

图 1-12　程序执行过程示意图

内容必为指令,于是,DR 便把它送至 IR;然后由 ID 译码,控制器就发出相应的控制信号,CPU 便知道该条指令要执行什么操作。在取指阶段结束后,机器就进入执指阶段,这时,CPU 执行指令所规定的具体操作。当一条指令执行完毕,就转入下一条指令的取指阶段。这样周而复始地循环,一直进行到程序中遇到暂停指令时才结束。

取指阶段都是由一系列相同的操作组成的,所以,取指阶段的时间总是相同的,它称为公操作。而执指阶段将由不同的事件顺序组成,它取决于被执行指令的类型,因此,执指阶段的时间从一条指令到下一条指令变化相当大。

应当指出的是,指令通常包括操作码(operation code)和操作数(operand)两部分。操作码表示计算机执行什么具体操作,而操作数表示参加操作的数的本身或操作数所在的地址,也称为地址码。因此,在执行一条指令时,就可能要处理不等字节数目的代码信息,包括操作码、操作数或操作数的地址。

现具体讨论模型机怎样执行一段简单的程序。例如,计算机如何具体计算"3+2=?"。在编写程序前,必须首先查阅所使用的微处理器的指令表(或指令系统)。假定查到模型机的指令表中可以用 3 条指令求解这个问题,表 1-2 所示为这 3 条指令及其说明。

现在来编写 3+2=? 的程序。根据指令表提供的指令,用助记符形式和十进制数表示的加法运算的程序可表达为:

MOV A,3
ADD A,2
HLT

表 1-2　模型机指令表

名　　称	助 记 符	机 器 码		说　　明
立即数取入累加器	MOV A,n	10110000 n	B0 n	这是一条双字节指令,把指令第 2 字节的立即数 n 取入累加器 A 中
加立即数	ADD A,n	00000100 n	04 n	这是一条双字节指令,把指令第 2 字节的立即数 n 与 A 中的内容相加,结果暂存 A
暂　停	HLT	11110100	F4	CPU 停止所有操作

但是,模型机却并不认识助记符和十进制数,而只认识用二进制数表示的操作码和操作数。因此,必须按二进制数的形式写程序,即用对应的操作码代替每个助记符,用相应的二进制数代替每个十进制数。

MOV A,3	变成	1011 0000	;操作码(MOV A,n)
		0000 0011	;操作数(3)
ADD A,2	变成	0000 0100	;操作码(ADD A,n)
		0000 0010	;操作数(2)
HLT	变成	1111 0100	;操作码(HLT)

整个程序是 3 条指令 5 字节。由于微处理器和存储器均用一个字节存放与处理信息,因此,当把这段程序存入存储器时,共需要占 5 个存储单元。假设把它们存放在存储器的最前面 5 个单元里,则该程序将占有从 00H 至 04H 这 5 个单元,如图 1-13 所示。

地址		指令的	助记符内容
十六进制	二进制	内容	
00	0000 0000	1011 0000	MOV A, n
01	0000 0001	0000 0011	03
02	0000 0010	0000 0100	ADD A, n
03	0000 0011	0000 0010	02
04	0000 0100	1111 0100	HLT
⋮	⋮	⋮	
FF	1111 1111		

图 1-13　存储器中的指令

当程序存入存储器以后,微机内部执行程序的具体操作过程如下。

开始执行程序时,必须先给程序计数器 PC 赋以第 1 条指令的首地址,如 00H,然后就进入第 1 条指令的取指阶段,其具体操作过程如图 1-14 所示。

在图 1-14 中:

① 把 PC 的内容(第 1 条指令的首地址)00H 送到地址寄存器 AR。

② 一旦 PC 的内容可靠地送入 AR 后,PC 自动加 1,即由 00H 变为 01H。此时 AR 的内容 00H 并没有变化。

③ 把地址寄存器 AR 的内容 00H 放到地址总线上,并送至存储器,经地址译码器译码,选中相应的 00H 单元。

④ 在选中一个指定的存储器地址单元后,CPU 立即发出读命令。

⑤ 在读命令控制下,把所选中的 00H 单元中的内容即第 1 条指令的操作码 B0H 读到数据总线 DB 上。

⑥ 把读出的指令操作码 B0H 经数据总线先送到数据寄存器 DR。

⑦ 取指阶段的最后一步是指令译码。因为取出的是指令的操作码,故数据寄存器 DR 把它送到指令寄存器 IR,然后再送到指令译码器 ID,经过译码,CPU"识别"出这个操作码

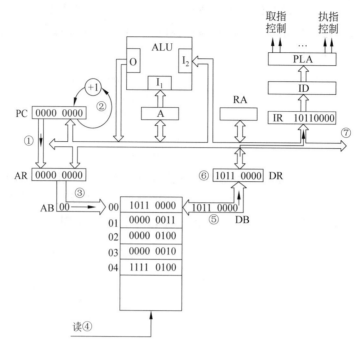

图 1-14　取第 1 条指令的操作示意图

B0H 就是 MOV A,n 指令,于是,它"通知"控制器发出执行这条指令的各种控制命令。这就完成了第 1 条指令的取指阶段。

然后,转入执行第 1 条指令的阶段。经过对操作码 B0H 译码后,CPU 就"知道"这是一条把下一单元中的操作数取入累加器 A 的双字节指令 MOV A,n,所以,执行第 1 条指令就必须把指令第 2 字节中的操作数 03H 取出来。

取指令第 2 字节的过程如图 1-15 所示。

在图 1-15 中:

① 把 PC 自动加 1 后的内容 01H 送到地址寄存器 AR。

② 当 PC 的内容可靠地送到 AR 后,PC 又自动加 1,变为 02H。但这时 AR 中的内容 01H 并未变化。

③ 地址寄存器 AR 通过地址总线把地址 01H 送到存储器的地址译码器,经过译码选中相应的 01H 单元。

④ 选中指定的存储器单元后 CPU 发出读命令。

⑤ 在读命令控制下,将选中的 01H 单元的内容 03H 读到数据总线 DB 上。

⑥ 通过 DB 把读出的内容送到数据寄存器 DR。

⑦ 因 CPU 根据该条指令具有的字节数已知这时读出的是操作数,且指令要求把它送到累加器 A,故由数据寄存器 DR 取出的内容就通过内部数据总线送到累加器 A。于是,第 1 次执指阶段完毕,操作数 03H 被取入累加器 A 中;并进入第 2 条指令的取指阶段。

取第 2 条指令的过程如图 1-16 所示。它与取第 1 条指令的过程相同,只是在取指阶段

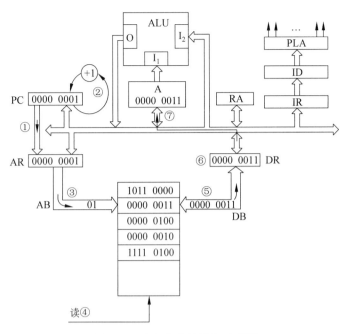

图 1-15　取立即数的操作示意图

的最后一步,读出的指令操作码 04H 由 DR 把它送到指令寄存器,经过译码发出相应的控制信息。当指令译码器 ID 对指令译码后,CPU 就"知道"操作码 04H 表示一条加法指令,即以累加器 A 中的内容作为一个操作数,另一个操作数在指令的第 2 字节中;执行第 2 条指令,必须取出指令的第 2 字节。

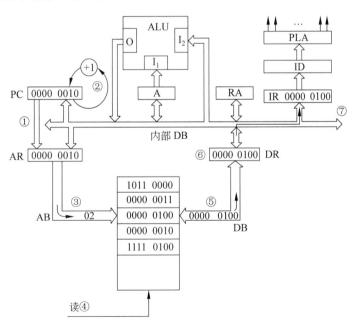

图 1-16　取第 2 条指令的操作示意图

取第 2 条指令的第 2 字节及执行此指令的过程如图 1-17 所示。

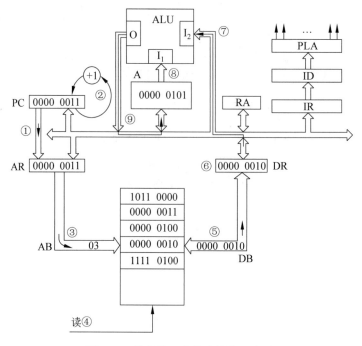

图 1-17　执行第 2 条指令操作示意图

图 1-17 中：

① 把 PC 的内容 03H 送到地址寄存器 AR。

② 当把 PC 的内容可靠地送到 AR 后,PC 自动加 1。

③ AR 通过地址总线把地址号 03H 送到地址译码器,经过译码,选中相应的 03H 单元。

④ CPU 发出读命令。

⑤ 在读命令控制下,把选中的 03H 单元中的内容即数据 02H 读至数据总线上。

⑥ 数据通过数据总线送到数据寄存器 DR。

⑦ 因在对指令译码时,CPU 已知读出的数据 02H 为操作数,且要将它与已暂存于 A 中的内容 03H 相加,故数据由 DR 通过内部数据总线送至 ALU 的另一输入端 I_2。

⑧ A 中的内容送 ALU 的输入端 I_1,且执行加法操作。

⑨ 把相加的结果 05H 由 ALU 的输出端 O 又送到累加器 A 中。

至此,第 2 条指令的执行阶段结束。因为 A 中存入和数 05H,而将原有内容 03H 冲掉;于是,就转入第 3 条指令的取指阶段。

程序中的最后一条指令是 HLT。可用类似上面的取指过程把它取出。当把 HLT 指令的操作码 F4H 取入数据寄存器 DR 后,因是取指阶段,故 CPU 将操作码 F4H 送指令寄存器 IR,再送指令译码器 ID;经译码,CPU"已知"是暂停指令,于是,控制器停止产生各种控制命令,使计算机停止全部操作。这时,程序已完成 3+2 的运算,并且和数 5 已存放在累加器中。

需要指出的是,计算机不仅需要能逐条有序地取指令和执行指令,而且还必须具有能被中断而暂停并转向执行其他指令序列的功能和机制。

关于中断涉及的复杂技术的概念、典型的中断系统和处理过程以及中断控制器的工作原理与应用举例等,可参见第 7 章的相关章节。

1.6 计算机的运算基础

计算机的所有算术运算与逻辑运算都是以二进制为基础的,其他常用的八进制、十六进制和其他编码都是以二进制为基础进行转换获得的。

1.6.1 二进制数的运算

1. 二进制数的算术运算

一种数制可进行两种基本的算术运算:加法和减法。利用加法和减法就可以进行乘法、除法和其他数值运算。

(1)二进制加法

【例 1-1】 10001111B 加 10110101B,如下式所示。

$$
\begin{array}{r}
10111111 \quad\text{——进位}\\
10001111 \quad\text{——被加数}\\
+\ 10110101 \quad\text{——加数}\\
\hline
101000100 \quad\text{——和}
\end{array}
$$

两个 8 位二进制数相加后,第 9 位出现的一个 1 代表"进位"位。这点将在后面加以说明。

(2)二进制减法

二进制减法的运算规则是:

- $0-0=0$;
- $1-1=0$;
- $1-0=1$;
- $0-1=1$,借位 1。

【例 1-2】 从 11000100B 减去 00100101B,如下式所示。

$$
\begin{array}{r}
1011110110 \quad\text{——借位后的被减数}\\
11000100 \quad\text{——被减数}\\
-\ 00100101 \quad\text{——减数}\\
\hline
10011101 \quad\text{——差}
\end{array}
$$

和二进制加法一样,微机一般以 8 位数进行减法运算。若被减数、减数或差值中的有效位不足于 8,应补零位以保持 8 位数。

【例 1-3】 从 11101110B 减去 10111010B,如下式所示。

```
  1 0 10 10 1 1 1 0  —— 借位后的被减数
  1 1  1 0 1 1 1 0   —— 被减数
− 1 0 1  1 1 0 1 0   —— 减数
  0 0 1  1 0 1 0 0   —— 差
```

此例中,答案包括 6 位有效位,应补加两个 0 位以保持 8 位数。

(3) 二进制乘法

二进制乘法所遵循的一般原则与十进制乘法相同,但由于只有 1 或 0 两种可能的乘数位,故二进制乘法更简单。二进制乘法的运算规则是:

- $0 \times 0 = 0$;
- $0 \times 1 = 0$;
- $1 \times 0 = 0$;
- $1 \times 1 = 1$。

【例 1-4】 1111 乘以 1101,如下式所示。

```
        1 1 1 1  —— 被乘数
     × 1 1 0 1  —— 乘数
        1 1 1 1
      0 0 0 0
    1 1 1 1
  1 1 1 1
  1 1 0 0 0 0 1 1
```

这里是用乘数的每一位分别去乘被乘数,乘得的各中间结果的最低有效位与相应的乘数位对齐,最后把这些中间结果相加即得积。因为一次相加所有中间结果太复杂,所以常采用如下所示的边乘边加的办法。

```
          1 1 1 1  —— 被乘数
       × 1 1 0 1  —— 乘数
          1 1 1 1  —— 第 1 次部分积
        0 0 0 0   —— 第 2 次部分积
      0 0 0 0     —— 进位
        1 1 1 1   —— 部分积之和
      1 1 1 1     —— 第 3 次部分积
    1 1 1 1 0 0   —— 进位
    1 0 0 1 0 1 1 —— 部分积之和
    1 1 1 1       —— 第 4 次部分积
  1 1 1 1 0 0 0   —— 进位
  1 1 0 0 0 0 1 1 —— 最终乘积
```

注意:在做乘法运算时,部分积的次数等于乘数的位数。若乘数的某一位为 1,则该次部分积为被乘数;若乘数的某一位为 0,则该次部分积为 0。某次部分积的 LSB 放在该乘数位的下面。

用同样的方法可进行 8 位二进制数的乘法运算。

在计算机中,上述的乘法运算是用移位和相加的操作来实现的。以 1111×1101 为例,其过程如下所示。

```
乘数          被乘数          部分积
1101          1111            0 0 0 0    —— 部分积初值
                            + 1 1 1 1    —— 被乘数
              1 1 1 1 0       1 1 1 1    —— 部分积
            1 1 1 1 0 0
                              1 1 1 1    —— 部分积
                          + 1 1 1 1 0 0  —— 左移的被乘数
          1 1 1 1 0 0 0     1 0 0 1 0 1 1  —— 部分积
                        + 1 1 1 1 0 0 0    —— 左移的被乘数
                          1 1 0 0 0 0 1 1  —— 最终乘积
```

① 乘数最低位(LSB)为 1,把被乘数加至部分积(其初值为 0)上,然后把被乘数左移。

② 乘数次低位为 0,不加被乘数,然后把被乘数左移。

③ 乘数为 1,把已左移的被乘数加至部分积,然后把被乘数左移。

④ 乘数为 1,把已左移的被乘数加至部分积得最终乘积。

此例是以被乘数左移加部分积来实现乘法运算的。当两个 n 位数相乘时,乘积为 $2n$ 位;在运算过程中,这 $2n$ 位都有可能进行相加的操作,所以,需要 $2n$ 个加法器。显然,也可以用部分积右移加被乘数的方法实现上例两数相乘,其过程如下。

```
乘数          被乘数          部分积
1101          1111            0 0 0 0          —— 初值
                            + 1 1 1 1          —— 被乘数
                              1 1 1 1          —— 部分积
                              0 1 1 1 | 1      —— 右移的部分积
                              0 0 1 1 | 1 1    —— 右移的部分积
                            + 1 1 1 1          —— 被乘数
                            1 0 0 1 0 | 1 1    —— 部分积
                              1 0 0 1 | 0 1 1  —— 右移的部分积
                          +   1 1 1 1          —— 被乘数
                            1 1 0 0 0 | 0 1 1  —— 部分积
                              1 1 0 0 | 0 0 1 1  —— 最终乘积
```

① 乘数最低位为 1,把被乘数加至部分积,然后部分积右移。

② 乘数为 0,不加被乘数,部分积右移。

③ 乘数为 1,加被乘数,部分积右移。

④ 乘数为 1,加被乘数,部分积右移,得最终乘积。

比较上述两种方法,所得最后结果相同。但是,用部分积右移的运算方法却只有 n 位进行相加的操作,所以只需要 n 个加法器。

(4) 二进制除法

二进制除法与十进制除法类似,不过,由于基数是 2 而不是 10,所以它更简单。

【例 1-5】 用 100011 除以 101。

$$
\begin{array}{r}
000111 \\
除数——101\ \overline{)100011} \quad ——被除数 \\
\underline{101} \\
111 \quad ——余数 \\
\underline{101} \\
101 \quad ——余数 \\
\underline{101} \\
0 \quad ——余数
\end{array}
$$

运用长除时,从被除数的最高位(MSB)开始检查,并定出需要超过除数值的位数。找到这个位时,商记 1,并把选定的被除数值减除数。然后把被除数的下一位移到余数上。如果新余数不够减除数,则商记 0,把被除数的再下一位移到余数上;若余数够减则商记 1,然后将余数减去除数,并把被除数的下一个低位(在本例中的 LSB)再移到余数上。若此余数够减除数,则商记 1,并把余数减去除数。重复这一过程直到全部被除数的位都依次下移完为止。然后把余数/除数作为商的分数,表示在商中。

2. 二进制数的逻辑运算

在微机中,以 0 或 1 两种取值表示的变量叫逻辑变量;它们不是代表数学中的"0"和"1"的数值大小,而是代表所要研究的问题的两种状态或可能性,如电压的高或低、脉冲的有或无等。把逻辑变量之间的运算称为逻辑运算。

逻辑运算包括 3 种基本运算:逻辑加法("或"运算)、逻辑乘法("与"运算)和逻辑否定("非"运算)。

由这 3 种基本运算可以导出其他的逻辑运算,如异或运算、同或运算以及与或非运算等。这里只介绍 4 种逻辑运算:与运算、或运算、非运算及异或运算。

(1) 与运算

与运算通常用符号 $\times$ 或者 $\cdot$ 或者 $\wedge$ 表示。它的运算规则如下所示:

- $0\times0=0$ 或者 $0\cdot0=0$ 或者 $0\wedge0=0$;读成 0 与 0 等于 0。
- $0\times1=0$ 或者 $0\cdot1=0$ 或者 $0\wedge1=0$;读成 0 与 1 等于 0。
- $1\times0=0$ 或者 $1\cdot0=0$ 或者 $1\wedge0=0$;读成 1 与 0 等于 0。
- $1\times1=1$ 或者 $1\cdot1=1$ 或者 $1\wedge1=1$;读成 1 与 1 等于 1。

可见,与运算表示只有参加运算的逻辑变量都同时为 1 时,其与运算结果才等于 1。

(2) 或运算

或运算通常用符号 $+$ 或者 $\vee$ 表示。它的运算规则如下所示:

- $0+0=0$ 或者 $0\vee0=0$;读成 0 或 0 等于 0。
- $0+1=1$ 或者 $0\vee1=1$;读成 0 或 1 等于 1。
- $1+0=1$ 或者 $1\vee0=1$;读成 1 或 0 等于 1。
- $1+1=1$ 或者 $1\vee1=1$;读成 1 或 1 等于 1。

在给定的逻辑变量中,只要有一个为 1,或运算的结果就为 1;只有逻辑变量都为 0 时,或运算的结果才为 0。

(3) 非运算

非运算又称逻辑否定。它是在逻辑变量上方加一横线表示非,其运算规则如下所示:

计算机硬件技术基础(第 3 版)

- $\overline{0}=1$；读成非 0 等于 1。
- $\overline{1}=0$；读成非 1 等于 0。

（4）异或运算

异或运算通常用符号⊕表示。它的运算规则如下所示：

- $0\oplus0=0$；读成 0 同 0 异或,结果为 0。
- $0\oplus1=1$；读成 0 同 1 异或,结果为 1。
- $1\oplus0=1$；读成 1 同 0 异或,结果为 1。
- $1\oplus1=0$；读成 1 同 1 异或,结果为 0。

在给定的两个逻辑变量中,只要两个逻辑变量相同,异或运算的结果就为 0;当两个逻辑变量不同时,异或运算的结果才为 1。

注意,当两个多位逻辑变量进行逻辑运算时,只在对应位之间按上述规则进行运算,不同位之间不发生任何关系,没有算术运算中的进位或借位关系。

1.6.2　数制转换综合表示法

图 1-18 给出了各种数制之间的转换综合示意图。

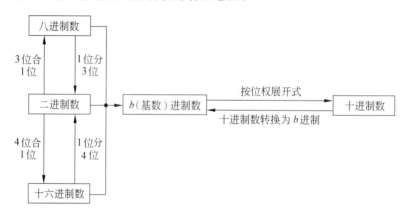

图 1-18　各种数制之间转换综合示意图

在此图中,左边是 3 种非十进制数制(包括二进制、八进制和十六进制)及其转换示意,它们共同以 b 为基数来表示。它们之间的相互转换以二进制数为中心,即二进制数可以分别和八进制数或十六进制数相互转换,而八进制数和十六进制数之间的转换则要首先转换成二进制数,然后再经由二进制数进行转换。图的右边,是表示 b(基数)进制数和十进制数之间的相互转换,如果由任一非十进制数转换为十进制数,则按位权展开式直接转换。这时,数 N 的按位权展开的一般通式为：

$$N=\pm\sum_{i=n-1}^{-m}(k_i\times b^i)$$

式中,k_i 为第 i 位的数码;b 为基数;b^i 为第 i 位的权;n 为整数的总位数;m 为小数的总位数。

如果由十进制转换为 b 进制,则整数部分采用"除以 b 取余"法,而小数部分采用"乘以 b 取整"法。

注意,这里强调的是各种数制之间相互转换的综合表示方法。

1.6.3　二进制编码(代码)

由于计算机只能识别二进制数,因此,输入的信息,如数字、字母、符号等都要化成特定的二进制码来表示。这就是二进制编码。它与通常所说的无符号二进制数即纯二进制代码是有区别的。

1. 二进制编码的十进制(二-十进制或 BCD 码)

在计算机中的十进制数是用二进制编码表示的。1 位十进制数用 4 位二进制编码来表示的方法很多,比较常用的是 8421BCD 编码。

8421BCD 码有 10 个不同的数字符号,由于它是逢"十"进位的,所以,它是十进制;同时,它的每一位是用 4 位二进制编码来表示的,因此,称为二进制编码的十进制,即二-十进制码或 BCD(binary coded decimal)码。BCD 码具有二进制和十进制两种数制的某些特征。表 1-3 列出了标准的 8421BCD 编码和对应的十进制数。

表 1-3　8421BCD 编码表

十进制数	8421BCD 编码	十进制数	8421BCD 编码	十进制数	8421BCD 编码
0	0000	6	0110	12	0001 0010
1	0001	7	0111	13	0001 0011
2	0010	8	1000	14	0001 0100
3	0011	9	1001	15	0001 0101
4	0100	10	0001 0000	16	0001 0110
5	0101	11	0001 0001	17	0001 0111

注意,4 位码仅有 10 个数有效,表示十进制数 10～15 的 4 位二进制数在 BCD 数制中是无效的。

要用 BCD 码表示十进制数,只要把每个十进制数用适当的二进制 4 位码代替即可。例如,十进制整数 256 用 BCD 码表示,则为(0010 0101 0110)BCD。每位十进制数用 4 位 8421 码表示时,为了避免 BCD 格式与纯二进制码混淆,必须在每 4 位之间留一空格。这种表示法也适用于十进制小数。例如,十进制小数 0.764 可用 BCD 码表示为(0.0111 0110 0100)BCD。

BCD 码的优点就是 0～9 这 10 个 BCD 码组合格式,容易记忆。一旦熟悉了 4 位二进制数的表示,对 BCD 码就可以像十进制数一样迅速自如地读出。同样,也可以很快地得出以 BCD 码表示的十进制数。例如,将一个 BCD 数转换成相应的十进制数:

$$(0110\ 0010\ 1000.1001\ 0101\ 0100)\mathrm{BCD}=628.954\mathrm{D}$$

BCD 编码可以简化人机联系,但它比纯二进制编码效率低。对同一个给定的十进制数,用 BCD 编码表示的位数比纯二进制码表示的位数要多。而每位数都需要某些数字电路与之对应,这就使得与 BCD 码连接的附加电路成本提高,设备的复杂性增加,功耗较大。用 BCD 码进行运算所花的时间比纯二进制码要多,而且复杂。用二进制 4 位可以表示 $2^4=16$ 种不同状态的数,即 0～15 个十进制数;而 BCD 数制,10～15 这 6 个状态被浪费掉。另外,出操作数;在向存储器存入数据时,也要先将待写入数据的地址送到 AR,再根据此地址向存储器写入数据。

（5）标志寄存器 F

标志寄存器(flag register,F)用来寄存执行指令时所产生的结果或状态的标志信号。关于标志位的具体设置与功能将视微处理器的型号而异。根据检测有关的标志位是 0 或 1,可以按不同条件决定程序的流向。

此外,图 1-9 中还画出了寄存器阵列(register array,RA),也称为寄存器组(register stuff, RS)。它通常包括若干个通用寄存器和专用寄存器,其具体设置因不同的微处理器而异。

注意:在实际微处理器中,寄存器组的设置及其功能要复杂得多,但是,它们都是在模型微处理器基础上逐渐演进而来的。

1.4.3　存储器概述

一个完善的计算机存储系统,是按层次结构组成的。最顶层是处理器内的寄存器,其下一层是一级或多级高速缓存,再下一层是主存,通常由动态随机存取存储器(DRAM)构成,所有这些为系统内部存储器;存储层次继续往下划分为外部存储器(简称外存),外存的第一层通常是固定硬盘,接着下一层就是光盘存储设备等。关于存储器系统的分层结构可参见 5.8 节。

这里重点讨论的是存储器的内存(又称主存)。内存可划分为很多个存储单元(又称内存单元)。每一个存储单元中一般存放一个字节(8 位)的二进制信息。存储单元的总数目称为存储容量,它的具体数目取决于地址线的根数。微机可寻址的内存量变化范围较大,在 8 位计算机中,有 16 条地址线,它能寻址的范围是 2^{16}B=64KB。在 16 位计算机中,有 20 条地址线,其寻址范围是 2^{20}B=1024KB。在 32 位计算机中,有 32 条地址线,其寻址范围是 2^{32}B=4GB。

存储单元中的内容为数据或指令。为了能识别不同的单元,分别赋予每个单元一个编号。这个编号称为地址单元号,简称地址。显然,各存储单元的地址与该地址中存放的内容是完全不同的意思,不可混淆。

1. 存储器组成

图 1-10 给出了一个随机存取存储器结构简图。该存储器由 256 个单元组成,每个单元存储 8 位二进制信息,即字长为 8 位。这种规格的存储器,通常称为 256×8 位的读写存储器。

从图 1-10 中可见,随机存取存储器(指可以随时存入或取出信息的存储器)由存储体、地址译码器和控制电路组成。

一个由 8 位地址线连接的存储体共有 256 个存储单元,其编号为 00H(十六进制表示)～FFH,即 00000000～11111111。

地址译码器接收从地址总线 AB 送来的地址码,经译码器译码选中相应的某个存储单元,以便从该存储单元中读出(即取出)信息或写入(即存入)信息。

控制电路用来控制存储器的读写操作过程。

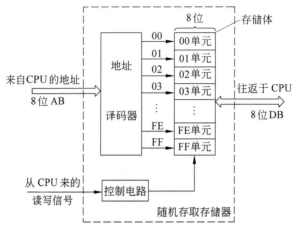

图 1-10 随机存取存储器结构简图

2. 读写操作过程

从存储器读出信息的操作过程,如图 1-11(a)所示。假定 CPU 要读出存储器 04H 单元的内容 10010111 即 97H,则:

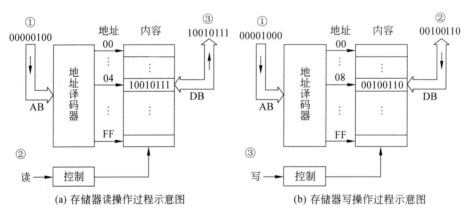

(a) 存储器读操作过程示意图   (b) 存储器写操作过程示意图

图 1-11 存储器读写操作过程示意图

① CPU 的地址寄存器 AR 先给出地址 04H 并将它放到地址总线上,经地址译码器译码选中 04H 单元。

② CPU 发出"读"控制信号给存储器,指示存储器准备把被寻址的 04H 单元中的内容 97H 放到数据总线上。

③ 在读控制信号的作用下,存储器将 04H 单元中的内容 97H 放到数据总线上,经它送至数据寄存器 DR,然后由 CPU 取走该内容作为所需要的信息使用。

应当指出,读操作完成后,04H 单元中的内容 97H 仍保持不变,这种特点称为非破坏性读出(non destructive read out,NDRO)。这一特点很重要,它允许多次读出同一单元的内容。

向存储器写入信息的操作过程如图 1-11(b)所示。假定 CPU 要把数据寄存器 DR 中的内容 00100110 即 26H 写入存储器 08H 单元,则:

① CPU 的地址寄存器 AR 先把地址 08H 放到地址总线上,经地址译码器选中 08H 单元。

二进制数与 BCD 码之间的转换不能直接实现,而必须先转换为十进制数。

【例 1-6】 将二进制数 1011.01 转换成相应的 BCD 码。

首先,将二进制数转换成十进制数:

$$1011.01B = (1 \times 2^3) + (0 \times 2^2) + (1 \times 2^1) + (1 \times 2^0) + (0 \times 2^{-1}) + (1 \times 2^{-2})$$
$$= 8 + 0 + 2 + 1 + 0 + 0.25$$
$$= 11.25D$$

然后,将十进制数结果转换成 BCD 码:

$$11.25D = (0001\ 0001.0010\ 0101)BCD$$

如果要将 BCD 码转换成二进制数,则完成上述运算的逆运算即可。

2. 字母与字符的编码

如上所述,字母和各种字符在计算机内是按特定的规则用二进制编码表示的。这些编码有各种不同的方式。目前在微机、通信设备和仪器仪表中广泛使用的代码是 ASCII (American Standard Code for Information Interchange,美国标准信息交换码)。7 位 ASCII 代码能表示 $2^7 = 128$ 种不同的字符,其中包括数码(0~9),英文大、小写字母,标点和控制的附加字符。图 1-15 为 ASCII 代码的格式,表 1-4 表示 7 位 ASCII 代码,又称全 ASCII 码。7 位 ASCII 代码是由左 3 位一组和右 4 位一组两部分组成的。图 1-19 表示这两组的安排和号码的顺序,位 6 是最高位,而位 0 是最低位。要注意这些组在表 1-4 的行、列中的排列情况。4 位一组表示行,3 位一组表示列。

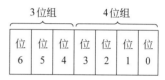

图 1-19　ASCII 代码格式

表 1-4　美国标准信息交换代码 ASCII(7 位)

低位 LSD	高位 MSD	0 000	1 001	2 010	3 011	4 100	5 101	6 110	7 111
0	0000	NUL	DLE	SP	0	@	P	`	p
1	0001	SOH	DC1	!	1	A	Q	a	q
2	0010	STX	DC2	"	2	B	R	b	r
3	0011	ETX	DC3	#	3	C	S	c	s
4	0100	EOT	DC4	$	4	D	T	d	t
5	0101	ENQ	NAK	%	5	E	U	e	u
6	0110	ACK	SYN	&	6	F	V	f	v
7	0111	BEL	ETB	'	7	G	W	g	w
8	1000	BS	CAN	(	8	H	X	h	x
9	1001	HT	EM	)	9	I	Y	i	y
A	1010	LF	SUB	*	:	J	Z	j	z
B	1011	VT	ESC	+	;	K	[	k	{
C	1100	FF	FS	,	<	L	\	l		
D	1101	CR	GS	—	=	M	]	m	}
E	1110	SO	RS	.	>	N	↑	n	—
F	1111	SI	US	/	?	O	←	o	DEL

要确定某数字、字母或控制操作的 ASCII 代码,在表 1-8 中可查到对应的那一项。然后根据该项的位置从相应的列和行中找出 3 位和 4 位的码,这就是所需的 ASCII 代码。例如,字母 A 的 ASCII 代码是 1000001(即 41H)。它在表的第 4 列、第 1 行。其高 3 位组是100,低 4 位组是 0001。此外,还有一种 6 位的 ASCII 码,它去掉了 26 个英文小写字母。

下面给出 ASCII 代码所表示的控制操作及字符的具体信息含义。

NUL	空白	VT	垂直列表
SOH	标题开始	FF	走纸控制(按格式换行)
STX	文本开始	CR	回车
ETX	文本结束	SO	移位输出
EOT	传输结束	SI	移位输入
ENQ	询问	SP	空间(空格)
ACK	应答	DLE	数据转换码
BEL	报警符(可听见的信号)	DC1	设备控制 1
BS	退一格(并删去该字符)	DC2	设备控制 2
HT	横向列表	DC3	设备控制 3
LF	换行	DC4	设备控制 4
SYN	空转同步	NAK	否定应答
ETB	信息组传输结束	FS	文件分隔符
CAN	删去符	GS	组分隔符
EM	信息结束	RS	记录分隔符
SUB	减	US	单元分隔符
ESC	换码	DEL	作废字符

1.6.4 数的定点与浮点表示

在计算机中,用二进制表示一个带小数点的数有两种方法,即定点表示和浮点表示。所谓定点表示,就是小数点在数中的位置是固定的;所谓浮点表示,就是小数点在数中的位置是浮动的。相应地,计算机按数的表示方法不同也可以分为定点计算机和浮点计算机两类。

1. 定点表示

通常,对于任意一个二进制数总可以表示为纯小数或纯整数与一个 2 的整数次幂的乘积。例如,二进制数 N 可写成

$$N = 2^P \times S$$

式中,S 称为数 N 的尾数;P 称为数 N 的阶码;2 称为阶码的底。尾数 S 表示了数 N 的全部有效数字,阶码 P 确定了小数点位置。注意,此处 P、S 都是用二进制表示的数。

当阶码为固定值时,称这种方法为数的定点表示法。这种阶码为固定值的数称为定点数。

如假定 $P=0$,且尾数 S 为纯小数时,这时定点数只能表示小数。

| 符号 | 尾数.S |

如假定 $P=0$,且尾数 S 为纯整数时,这时定点数只能表示整数。

| 符号 | 尾数 S. |

定点数的两种表示法,在计算机中均有采用。究竟采用哪种方法,均是事先约定的。如用纯小数进行计算时,其运算结果要用适当的比例因子来折算成真实值。

在计算机中,数的正负也是用 0 或 1 来表示的,0 表示正,1 表示负。定点数表示方法如下:假设一个单元可以存放一个 8 位二进制数,其中最左边第 1 位留做表示符号,称为符号位,其余 7 位,可用来表示尾数。

例如,两个 8 位二进制数 -0.1010111 和 $+0.1010111$ 在计算机中的定点表示形式为:

具有 n 位尾数的定点机所能表示的最大正数为:

$$0.\underbrace{1111\cdots1}_{n个1}$$

即为 $1-2^{-n}$。其绝对值比 $1-2^{-n}$ 大的数,已超出计算机所能表示的最大范围,则产生所谓的"溢出"错误,迫使计算机停止原有的工作,转入"溢出"错误处理。

具有 n 位尾数的定点机所能表示的最小正数为:

$$0.\underbrace{0000\cdots01}_{(n-1)个0}$$

即为 2^{-n},计算机中小于此数的即为 0(机器零)。

因此,n 位尾数的定点机所能表示的数 N 的范围是:

$$2^{-n} \leqslant |N| \leqslant 1-2^{-n}$$

由此可知,数表示的范围不大,参加运算的数都要小于 1,而且运算结果也不应出现大于 1 或等于 1 的情况,否则就要产生"溢出"错误。因此,这就需要在用机器解题之前进行必要的加工,选择适当的比例因子,使全部参加运算的数的中间结果都按相应的比例缩小若干倍而变为小于 1 的数,而计算的结果又必须用相应的比例增大若干倍而变为真实值。

2. 浮点表示

如果数 N 的阶码可以取不同的数值,称这种表示方法为数的浮点表示法。这种阶码可以浮动的数,称为浮点数。这时,

$$N = 2^P \times S$$

式中,阶码 P 用二进制整数表示,可为正数和负数。用一位二进制数 P_f,表示阶码的符号位,当 $P_f=0$ 时,表示阶码为正;当 $P_f=1$ 时,表示阶码为负。尾数 S,用 S_f 表示尾数的符号,$S_f=0$ 表示尾数为正;$S_f=1$ 表示尾数为负。浮点数在计算机中的表示形式如下:

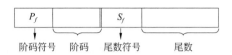

阶码符号　阶码　　尾数符号　　尾数

也就是说,在计算机中表示一个浮点数,要分为阶码和尾数两个部分来表示。

例如,二进制数 $2^{+100} \times 0.1011101$(相当于十进制数 11.625),其浮点数表示为:

0	1	0	0	0	1	0	1	1	1	1	0	1

P_f　　阶码　　S_f　　　　尾数

可见,浮点表示与定点表示比较,只多了一个阶码部分。若具有 m 位阶码,n 位尾数,其数 N 的表示范围为:

$$2^{-(2m-1)} \cdot 2^{-n} \leqslant |N| \leqslant 2^{+(2m-1)} \cdot (1-2^{-n})$$

式中,$2^{\pm(2m-1)}$ 为阶码,$2^{+(2m-1)}$ 为阶码的最大值,而 $2^{-(2m-1)}$ 为阶码的最小值。

为了使计算机运算过程中不丢失有效数字,提高运算的精度,一般都采用二进制浮点规格化数。所谓浮点规格化,是指尾数 S 绝对值小于 1 而大于或等于 1/2,即小数点后面的一位必须是 1。上述例子中的 $N=2^{+100} \times 0.1011101$ 就是一个浮点规格化数。

1.6.5　带符号数的表示法

1. 机器数与真值

在计算机中的二进制数有无符号数与有符号数之分。以上所讨论的都是指无符号二进制数。对于带符号的二进制数,其正负符号如何表示呢? 在计算机中,为了区别正数或负数,是将数学上的＋和－符号数字化,规定 1 个字节中的 D_7 位为符号位,$D_0 \sim D_6$ 位为数字位。在符号位中,用 0 表示正,1 表示负,而数字位表示该数的数值部分。例如:

$$N_1 = 01011011 = +91D$$
$$N_2 = 11011011 = -91D$$

也就是说,一个数的数值和符号全都数码化了。把一个数(包括符号位)在机器中的一组二进制数表示形式,称为“机器数”,而把它所对应的实际值(连同符号)称为机器数的“真值”。

2. 机器数的种类和表示方法

在机器中表示带符号的数有 3 种表示方法:原码、反码和补码。

(1) 原码

原码表示方法:符号位用 0 表示正,用 1 表示负;其余数字位表示数值本身,此机器数的数值部分为真值的绝对值。

【例 1-7】　$[+41]_原 = 0\ 0101001$　　　　$[-41]_原 = 1\ 0101001$

对于 0,可以认为它是(+0),也可以认为它是(-0)。

【例 1-8】　$[+0]_原 = 0\ 0000000$　　　　$[-0]_原 = 1\ 0000000$

8 位二进制原码可表示的数的范围为 $-127 \sim +127$。16 位二进制数的原码所能表示的有符号数的范围为 $-32\ 767 \sim +32\ 767$。n 位原码可表示的数的范围为 $-(2^{n-1}-1) \sim$

$+(2^{n-1}-1)$。

用原码表示简单易懂,而且与真值的转换很方便。但是,采用原码表示,在计算机中进行加减运算时很麻烦。要设计这种机器是可以的,但要求复杂而缓慢的算术电路使计算机的逻辑电路结构复杂化了。因此,目前都采用简便的补码运算,为此,就引用了反码与补码表示。

注意,一般地说,$[X]_原$表示真值 X 的原码。

（2）反码

反码表示方法:正数的反码表示与其原码相同,其符号位用 0 表示正,数值部分为真值的绝对值。负数的反码其符号位用 1 表示负,数值部分为真值绝对值按位取反。

【例 1-9】　　$[+41]_反=0\ 0101001$　　　　$[-41]_反=1\ 1010110$

【例 1-10】　　$[+0]_反=0\ 0000000$　　　　$[-0]_反=1\ 1111111$

由上可知,负数的反码是将它的正数按位(包括符号位在内)取反而形成的。

注意,一般地说,$[X]_反$表示真值 X 的反码。

8 位二进制数的反码表示有如下特点:

- 数 0 的反码有两种表示法:$[00000000]_反$ 表示 $+0$,$[11111111]_反$ 表示 -0。
- 8 位二进制反码所能表示的数值范围为 $-127\sim+127$。
- 当一个带符号数用反码表示时,最高位为符号位。若符号位为 0(即正数)时,后面的 7 位为数值部分;若符号位为 1(即负数)时,一定要注意后面 7 位表示的并不是此负数的数值,而必须把它们按位取反以后,才得到表示这 7 位的二进制数值。例如,一个 8 位二进制反码表示的数 10010100B,它是一个负数,但它并不等于 -20,而应先将其数字位按位取反,然后才能得出此二进制数反码所表示的真值:

$$-1101011 = -(1\times2^6+1\times2^5+1\times2^3+1\times2^1+1)$$
$$= -(64+32+8+3)$$
$$= -107$$

16 位二进制数的反码所能表示的有符号数的范围为 $-32\ 767\sim+32\ 767$。n 位反码可表示的数的范围为 $-(2^{n-1}-1)\sim+(2^{n-1}-1)$。

（3）补码

微机中都是采用补码表示法表示带符号数,因为用补码法以后,同一加法电路既可以用于有符号数相加,也可以用于无符号数相加,而且减法可用加法来代替,从而使运算逻辑大为简化。

补码表示方法:正数的补码与其原码相同,即符号位用 0 表示正,数值部分为真值的绝对值。负数的补码表示为它的反码加 1(即在其最低位加 1)。

【例 1-11】　　$[+41]_补=0\ 0101001$　　　　$[-41]_补=1\ 1010111$

【例 1-12】　　$[+0]_补=0\ 0000000$　　　　$[-0]_补=0\ 0000000$

【例 1-13】　　$[+127]_补=0\ 1111111$　　　　$[-128]_补=1\ 0000000$

注意,一般地说,$[X]_补$表示真值 X 的补码。

8 位二进制数补码有如下特点:

- $[+0]_补=[-0]_补=00000000$。
- 8 位二进制数补码所能表示的数值为 $-128\sim+127$。

- 当 1 个带符号数用 8 位二进制补码表示时,最高位为符号位。若符号位为 0(即正数)时,其余 7 位即为此数的数值本身;但当符号位为 1(即负数)时,一定要注意其余 7 位不是此数的数值,而必须将它们按位取反,且在最低位加 1,才能得到它的数值。

【例 1-14】 已知 $[X]_{补}=10011011B$,求 X 的真值。

$[X]_{补}$ 是一个负数。但它并不等于 -27,X 的真值为:将数字位 0011011 按位取反得到 1100100,然后再加 1,即为 1100101。故

$$X=-1100101=-(1\times2^6+1\times2^5+1\times2^2+1\times2^0)$$
$$=-(64+32+4+1)=-101$$

16 位二进制数的补码所能表示的有符号数的范围为 $-32\,768\sim+32\,767$。n 位补码可表示的有符号数的范围为 $-2^{n-1}\sim+(2^{n-1}-1)$。

1.6.6 补码的加减法运算

在微机中,凡是带符号数一律用补码表示,而且,运算的结果自然也是补码。

补码的加减运算是带符号数加减法运算的一种。其运算特点是:符号位与数字位一起参加运算,并且自动获得结果(包括符号位与数字位);由于计算机字长有限,对 n 位计算机是以 2^n 为模进行加法,最高位若产生进位,则自然丢失。

加法规则:按两数补码的和等于两数和的补码进行。

因为 $\qquad\qquad [X]_{补}+[Y]_{补}=2^n+X+2^n+Y=2^n+(X+Y)$

而 $\qquad\qquad\qquad 2^n+(X+Y)=[X+Y]_{补} \quad (\mathrm{mod}\ 2^n)$

所以 $\qquad\qquad\qquad [X]_{补}+[Y]_{补}=[X+Y]_{补}$

【例 1-15】 计算 $64-8$(用 8 位二进制数表示)。

若用原码做减法运算:

$$64-8=01000000B-00001000B=00111000B$$

若采用补码运算规则求两数的补码之和:

$$[64-8]_{补}=[64]_{补}+[-8]_{补}=01000000B+11111000B$$
$$=\boxed{1}\,00111000B$$

从上述字长为 8 位的机器做两数的补码之和运算中可以看出,从最高位即 D_7 向更高位的进位是自然丢失的,故用原码做减法运算与用补码做加法运算的结果是相同的。

【例 1-16】 计算 $-25-6$(用 8 位二进制数表示)。

$$[-25-6]_{补}=[-25]_{补}+[-6]_{补}=11100111B+11111010B$$
$$=\boxed{1}\,11100001B$$

【例 1-17】 已知 $X=-0011001$,$Y=-0000110$,求两数的补码之和。

因为 $\qquad\qquad [X]_{补}=11100111,[Y]_{补}=11111010$

则 $\qquad\qquad\qquad [X]_{补}+[Y]_{补}=\boxed{1}\,11100001$

补码的减法运算可以归纳为:先求 $[X]_{补}$,再求 $[-Y]_{补}$,然后进行补码的加法运算。其具体运算过程与补码加法运算过程一样。

1.6.7 溢出及其判断方法

1. 什么叫溢出

溢出是指带符号数在进行补码运算时,其运算结果超出了补码所能表示的最大范围。这是由于各种计算机的字长都是有一定的限制的,例如,字长为 n 位的带符号数,若用最高位表示符号,其余 $n-1$ 位用来表示数值,则它所能表示的补码运算范围为 $-2^{n-1} \sim +2^{n-1}-1$。如果运算结果超出此范围,就叫做补码溢出,简称溢出。在溢出时,将造成运算错误。计算机的 CPU 会对其进行溢出中断处理。

例如,在字长为 8 位的二进制数用补码表示时,其范围为 $-2^{8-1} \sim +2^{8-1}-1$,即 $-128 \sim +127$。如果运算结果超出此范围,就会产生溢出。

【例 1-18】 已知 $X=01000000(+64)$,$Y=01000001(+65)$,进行补码的加法运算。

$$
\begin{array}{ll}
[X]_{补}=01000000 & (+64 \text{的补码}) \\
+[Y]_{补}=01000001 & (+65 \text{的补码}) \\
\hline
[X]_{补}+[Y]_{补}=10000001 & (-127 \text{的补码}) \\
\qquad\qquad\quad \uparrow & \\
\qquad\qquad 符号 &
\end{array}
$$

即

$$[X+Y]_{补}=10000001$$
$$X+Y=-1111111 \quad (-127)$$

两正数相加,其结果应为正数,且为 $+129$,但运算结果为负数(-127),这显然是错误的。其原因是和数 $+129>+127$,即超出了 8 位正数所能表示的最大值,使数值部分占据了符号位的位置,产生了溢出错误。并将这种溢出叫做正溢出。

【例 1-19】 已知 $X=-1111111$,$Y=-0000010$,进行补码的加法运算。

$$
\begin{array}{ll}
[X]_{补}=\quad 10000001 & (-127 \text{的补码}) \\
+[Y]_{补}=\quad 11111110 & (-2 \text{的补码}) \\
\hline
[X]_{补}+[Y]_{补}=\boxed{1}\,01111111 & (+127 \text{的补码}) \\
\qquad\qquad\quad\nearrow\quad\uparrow & \\
\qquad\quad 自动丢失\ 符号 &
\end{array}
$$

即

$$[X+Y]_{补}=01111111(+127)$$

两负数相加,其结果应为负数,且为 -129,但运算结果为正数($+127$),这显然是错误的,其原因是和数 $-129<-128$,即超出了 8 位负数所能表示的最小值,也产生了溢出错误。并将这种溢出叫做负溢出。

注意,两个符号不同的数相加,是不会产生溢出的。

2. 判断溢出的方法

判断溢出的方法较多,例如根据参加运算的两个数的符号及运算结果的符号不同可以判断溢出。此外,利用双进位的状态也是常用的一种判断方法。即利用判别式来判断。

$$V=D_{7c} \oplus D_{6c}$$

D_{7c} 表示两符号位 D_7 相加的进位，D_{6c} 表示两数值部分的最高位 D_6 相加的进位。当 D_{7c} 与 D_{6c}"异或"结果为 1，即 $V=1$，表示有溢出；当"异或"结果为 0，即 $V=0$，表示无溢出。

3. 溢出与进位

进位是指运算结果的最高位向更高位的进位。如有进位，则 $C_y=1$；无进位，则 $C_y=0$。当 $C_y=1$，即 $D_{7c}=1$ 时，若 $D_{6c}=1$，则 $V=D_{7c}\oplus D_{6c}=1\oplus 1=0$，表示无溢出；若 $D_{6c}=0$，则 $V=1\oplus 0=1$，表示有溢出。当 $C_y=0$，即 $D_{7c}=0$ 时，若 $D_{6c}=1$，则 $V=0\oplus 1=1$，表示有溢出；若 $D_{6c}=0$，则 $V=0\oplus 0=0$，表示无溢出。可见，进位与溢出是两个不同性质的概念，不能混淆。

在微机中，为避免产生溢出错误，可用多字节表示更大的数。

对于字长为 16 位的二进制数用补码表示时，其范围为 $-32\,768\sim +32\,767$。判断溢出的双进位式为：

$$V=D_{15c}\oplus D_{14c}$$

本 章 小 结

学习本章时，要始终围绕微机系统的整体结构、工作原理以及运算方法这 3 个基本方面反复思考与融会贯通，方能掌握计算机的最基础的共性知识。

微型计算机从其诞生以来就采用了总线结构。CPU 通过总线实现读取指令，并实现与内存、外设之间的数据交换。先进的总线技术对于解决系统整体速度"瓶颈"效应、提高整个微机系统的性能有着十分重要的影响。

作为微机的核心部件的微处理器，它是一个非常复杂的可编程芯片。用简化的微处理器结构模型分析微处理器的结构特点和工作原理是一种"化繁为简"的科学方法。一个简单的微处理器主要由运算器、控制器和内部寄存器阵列 3 个基本部分组成。在后续的高档微处理器中，主要是扩充了寄存器的结构与数量以及对存储器的管理部件。

存储器的读写操作是微机的一个最基本的操作。描述 CPU 访问存储器或寻址存储器都是指 CPU 对存储器的读写操作。

"存储程序"和"控制程序"是冯·诺依曼型数字计算机工作原理的核心思想。微机的工作过程在本质上就是执行程序的过程，也就是不断地取指令和执行指令的过程。在模型机中，描述的是一种简单的串行工作方式；而在高档微机中，描述的则是一种并行操作的流水线工作方式。

计算机的运算基础应包括以下 3 方面的基本知识：各种数制之间相互转换的综合表示法、常见的二进制编码以及有关补码表示法与补码溢出等几个问题。其中，补码溢出是一个难点。要注意"溢出"和"进位"是两个完全不同的概念。

判断溢出的方法较多，如根据参加运算的两个数的符号及运算结果的符号可以判断溢出；此外，利用双进位的状态也是常用的一种判断方法。

最后需要指出，本章所介绍的基本内容是各种计算机所共有的一些基础知识，务必深入理解，融会贯通。

习　题　1

1-1　电子计算机按其逻辑元件的不同可分为哪几代？目前处于哪一代？

1-2　微型机硬件系统包括哪些主要部件？

1-3　一个简单的微处理器内部结构主要由哪几部分组成？

1-4　试说明 8 位机中程序计数器 PC 在程序执行过程中的具体作用与功能特点。在 16 位或 32 位微机中，用什么寄存器代替它？它们有何区别？

1-5　试说明位、字节和字的基本概念及三者之间的关系。

1-6　若有 4 种微处理器的地址引脚数分别为 8 条、16 条、20 条和 32 条，试问这 4 种微处理器分别能寻址多少字节的存储单元？

1-7　试说明存储器读操作和写操作的主要区别。

1-8　冯·诺依曼型计算机体系的基本思想是什么？按此思想设计的计算机硬件系统由哪些部件组成？

1-9　一个简单的 8 位微处理器模型执行程序的基本操作过程是怎样的？

1-10　一条指令包括哪几个部分？它们分别表示什么意思？

1-11　试用汇编语言编写一个计算 5+8 的程序段，并用指令 MOV [0008]，AL 将计算结果传送到 0008 地址单元（提示：对应的机器指令代码为 A2H 08 00）。要求按 3 列分别写出汇编语言程序、对应的机器指令与对应的操作说明。

1-12　为什么要采用二进制编码？什么是 BCD 码？8421BCD 编码是如何实现的？它有何特点？

1-13　将下列十进制数转换为二进制数。

(1) 175　　　　(2) 4095　　　　(3) 0.625　　　　(4) 0.15625

1-14　将下列二进制数转换为 BCD 数。

(1) 1101　　　(2) 0.01　　　(3) 10101.101　　　(4) 11011.001

1-15　将下列二进制数分别转换为八进制数和十六进制数。

(1) 10101011B　　　　　　　(2) 1011110011B

(3) 0.01101011B　　　　　　(4) 11101010.0011B

1-16　选取字长 n 为 8 位和 16 位两种情况，求下列十进制数的原码。

(1) $X=+63$　　(2) $Y=-63$　　(3) $Z=+118$　　(4) $W=-118$

1-17　选取字长 n 为 8 位和 16 位两种情况，求下列十进制数的补码。

(1) $X=+65$　　(2) $Y=-65$　　(3) $Z=+127$　　(4) $W=-128$

1-18　已知数的补码表示形式如下，分别求出数的真值与原码。

(1) $[X]_{补}=78H$　　　　　　(2) $[Y]_{补}=87H$

(3) $[X]_{补}=FFFH$　　　　　(4) $[W]_{补}=800H$

1-19　设字长为 16 位，求下列各二进制数的反码。

(1) $X=00100001B$　　　　　(2) $Y=-00100001B$

(3) $Z=010111011011B$　　　(4) $W=-010111011011B$

1-20 下列各数均为十进制数,试用 8 位二进制补码计算下列各题,并用十六进制数表示机器运算结果,同时判断是否有溢出。

(1) (-89)+67　　　　　　　　　　(2) 89-(-67)

(3) (-89)-67　　　　　　　　　　(4) (-89)-(-67)

1-21 分别写出下列字符串的 ASCII 码。

(1) 17abc　　　(2) EF98　　　(3) AB$D　　　(4) This is a number 258

1-22 设 $X=87H, Y=78H$,在下述两种情况下比较两数的大小。

(1) 均为无符号数　　　　　　　　(2) 均为带符号数(设均为补码)

1-23 选取字长 n 为 8 位,已知数的原码表示如下,求出其补码。

(1) $[X]_原 = 01010101$　　　　　　(2) $[Y]_原 = 10101010$

(3) $[Z]_原 = 11111111$　　　　　　(4) $[W]_原 = 10000001$

1-24 设给定两个正的浮点数如下:

$$N_1 = 2^{P_1} \times S_1$$
$$N_2 = 2^{P_2} \times S_2$$

(1) 若 $P_1 > P_2$,是否有 $N_1 > N_2$?

(2) 若 S_1 和 S_2 均为规格化的数,且 $P_1 > P_2$,是否有 $N_1 > N_2$?

1-25 设二进制浮点数的阶码有 3 位、阶符 1 位、尾数 6 位、尾符 1 位,分别将下列各数表示成规格化的浮点数。

(1) $X=1111.0111$　　　　　　　(2) $Y=-1111.01011$

(3) $Z=-65/128$　　　　　　　　(4) $W=+129/64$

1-26 将下列十进制数转换为单精度浮点数。

(1) +1.5　　　(2) -10.625　　　(3) +100.25　　　(4) -1200

1-27 阐述微型计算机在进行算术运算时,所产生的"进位"与"溢出"二者之间的区别。

1-28 选字长 n 为 8 位,用补码列出竖式计算下列各式,并且回答是否有溢出;若有溢出,回答是正溢出还是负溢出。

(1) 01111001+01110000　　　　　(2) -01111001-01110001

(3) 01111100-01111111　　　　　(4) -01010001+01110001

1-29 若字长为 32 位的二进制数用补码表示时,试写出其表示范围的一般表示式及其负数的最小值与正数的最大值。

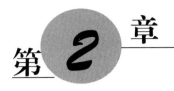

第 2 章 微处理器系统结构与技术

【学习目标】

微处理器是微型计算机的核心部件。在本章通过学习 Intel 系列微处理器,掌握微处理器的技术概念、技术创新及其实现手段。

为了充分理解微处理器的工作原理和技术特征及其同存储器之间的信息交换关系。首先,详细解析具有典型基础意义的 8086/8088 微处理器及其存储器与 I/O 组织;然后,采取"化繁为简"、"渐进细化"的模式和方法,深入浅出地剖析 Intel 80x86 系列及 Pentium 微处理器的基本概念与关键技术。

嵌入式计算机系统作为计算机的一种重要应用方式正在普及应用。了解嵌入式系统的发展趋势和自行设计的重要性,对于发展我国自主的计算机应用系统有着非常重要而现实的意义。

【学习要求】

- 8086/8088 CPU 的内部组成结构是 Intel 80x86 系列微处理器体系结构的基础。对 8086/8088 的寄存器结构与总线周期等应透彻理解和熟练掌握。
- 存储器的组织是重要的基础知识,对存储器的分段设计这一关键技术应有透彻的理解。
- 掌握物理地址和逻辑地址的关系及其变换原理,是理解存储器管理机制的关键。
- 掌握"段加偏移"是理解存储器寻址机制的重要的技术概念。"段加偏移"寻址机制允许重定位。
- 理解堆栈的作用以及操作原理与特点。
- 了解 Intel 系列高档微处理器的技术发展方向和关键技术,着重理解 80386 的段、页式管理,80486 的技术更新和 5 级流水线技术思想。
- 了解 Pentium 微处理器的体系结构特点。
- 熟悉 CPU 的主要性能指标。
- 了解嵌入式系统的发展趋势。

2.1　CISC 与 RISC 技术

CISC(complex instruction set computing，复杂指令集计算机）和 RISC（reduced instruction set computing，精简指令集计算机）是现代微处理器的两大基本架构。

在 PC 领域普遍应用的 Intel x86 体系结构，代表了 CISC 技术成果的结晶与设计典范；而在各种类型的嵌入式系统中广泛应用的 ARM 体系结构，则是基于 RISC 技术的功能强大、设计卓越的系列之一。从当前技术应用的角度来看，CISC 专注于桌面、高性能和民用市场；RISC 专注于高能耗比、小体积和移动设备领域。

2.1.1　CISC 与 RISC 简介

1. 发展的分歧

在计算机指令系统的优化发展过程中，出现过两个截然不同的优化方向：CISC 技术和 RISC 技术。这里的计算机指令系统指的是计算机最低层的机器指令，也就是 CPU 能够直接识别的指令。

随着计算机系统逐渐复杂，要求计算机指令系统的构造能使计算机的整体性能更快、更稳定。一种优化方法是通过设置一些功能复杂的指令，把一些原来由软件实现的、常用的功能改用硬件的指令系统来实现，以此提高计算机的执行速度，这种计算机系统称为复杂指令系统计算机。另一种优化方法是在 20 世纪 80 年代才发展起来的，其基本思想是尽量简化计算机指令功能，只保留那些功能简单、能在一个节拍内执行完成的指令，而把较复杂的功能用一段子程序来实现，这种计算机系统称为精简指令系统计算机。RISC 技术的精华就是通过简化计算机指令功能，使指令的平均执行周期减少，从而提高计算机的工作主频，同时大量使用通用寄存器来提高子程序执行的速度。

2. 各自的优势

RISC 和 CISC 是设计制造微处理器的两种典型技术，它们都是试图在体系结构、操作运行、软件硬件、编译时间和运行时间等诸多因素中做出某种平衡，以求达到高效的目的。因采用的方法不同，在很多方面差异也较大。主要差异如下。

（1）指令系统：RISC 设计者把主要精力放在那些经常使用的指令上，尽量使它们具有简单高效的特色。对不常用的功能，常常通过组合指令来完成，因此在 RISC 机器上实现特殊功能时，效率可能较低，但可以利用流水技术和超标量技术加以改进和弥补；而 CISC 计算机的指令系统比较丰富，有专用指令来完成特定的功能，因此处理特殊任务效率较高。

（2）存储器操作：RISC 对存储器操作有限制，使控制简单化；而 CISC 机器的存储器操作指令多，操作直接。

（3）程序：RISC 汇编语言程序一般需要较大的内存空间，实现特殊功能时程序复杂，不易设计；而 CISC 汇编语言程序编程相对简单，科学计算及复杂操作的程序设计相对容易,效率较高。

（4）中断：RISC 机器在一条指令执行的适当地方可以响应中断,所以中断响应及时;而 CISC 机器是在一条指令执行结束后才响应中断。

（5）CPU：RISC CPU 包含有较少的单元电路,因而面积小、功耗低;而 CISC CPU 包含有丰富的电路单元,因而功能强、面积大、功耗大。

（6）设计周期：RISC 微处理器结构简单,布局紧凑,设计周期短,且易于采用最新技术;CISC 微处理器结构复杂,设计周期长。

（7）用户使用：RISC 微处理器结构简单,指令规整,性能容易把握,易学易用;CISC 微处理器结构复杂,功能强大,实现特殊功能容易。

（8）应用范围：由于 RISC 指令系统的确定与特定的应用领域有关,故 RISC 机器更适合于专用机;而 CISC 机器则更适合于通用机。

2.1.2　CISC 与 RISC 技术的交替发展与融合

CISC 处理器的性能在发展之初比同期的 RISC 处理器性能要好一些,但不久之后,由于 RISC 技术在发展中显示的优势日益明显,Intel 公司选择了兼容 RISC 技术的设计理念。

CISC 处理器在其持续发展中,不断借鉴并逐渐融入 RISC 技术。在 Intel x86 系列的 80286 和 80386 等产品中,开始依次引入 RISC 技术,而此后所推出的 80486、Pentium 与 Pentium Pro(P6)等微处理器,则更加重了 RISC 化的趋势。到了 Pentium Ⅱ、Pentium Ⅲ 以后,虽然仍属于 CISC 的结构范围,但它们的内核已采用了 RISC 结构。这是计算机系统架构的一次深刻变革。

1. Intel x86 系列处理器体系结构的主要进展

Intel x86 系列处理器在 40 多年的发展中,代表了复杂指令集计算机（CISC）的设计流派,是其技术结晶。其中,各个时期具有代表性的 CPU 体系结构和性能进展如下。

（1）8080：它是第二代 8 位 CPU,也是有史以来第一台知名的通用微处理器。

（2）8086/8088：第一片功能强大的 16 位微处理器,标志着 x86 系列的开端。8086 通过指令队列支持指令高速缓存,使之在一条指令被实际执行前能预取几条指令。8088 曾用于 IBM 公司的第一台个人计算机,并确保了 Intel 的成功。8086 标志着 x86 体系结构的首次出现。从 8086 开始,才有了目前应用最广泛的 PC 行业基础。

（3）80286：超级 16 位 CPU,将 8086 寻址 1MB 存储空间扩展到 16MB。首次引入虚拟存储技术。

（4）80386：第一片 32 位并支持多任务的 CPU。它在体系结构和功能上都有重大改进,首次引入了分段单元和分页单元以及段页式寻址机制。

（5）80486：增强的 32 位 CPU,采用了更复杂、功能更强的 cache 技术和指令流水线技术,并将浮点部件置入 CPU 片内。

（6）Pentium（奔腾）：第一片引入超标量技术的双流水 CPU,允许多条指令并行操作。内核还采用了 RISC 技术。

（7）Pentium MMX：最大特点是增加了 57 条 MMX 指令,提高了处理多媒体数据的效率。

（8）Pentium Pro：首个专门为 32 位服务器、工作站设计的 CPU，增设了 256KB 二级高速缓存，推出了寄存器重命名、分支预测、数据流分析和推测执行等技术。

（9）Pentium Ⅱ：融入了专门用于有效处理视频、音频和图形数据的 Intel MMX 技术，增强了对多媒体信息的处理能力。

（10）Pentium Ⅲ：增设了浮点数指令，能支持三维图形处理软件。

（11）Pentium 4：扩展了浮点指令，使多媒体信息处理更加流畅。

（12）Pentium4 Xeon：引入超线程技术，使指令运算速度达每秒 30 亿个运算周期。

（13）Core：第一颗具有双核的 Intel x86 处理器，揭开 x86 处理器多核心时代。

（14）酷睿系列：Core 2 将体系结构扩展到 64 位。2006 年发布的 Core 2 Duo 是基于酷睿微架构的产品，制程为 45nm；2011 年发布的酷睿二代采用 Sandy Bridge（简称 SNB）核心，制程为 32nm。2012 年发布的酷睿二代采用了 Ivy Bridge 简称（简称 IVB）核心，制程为 22nm；2013 年发布了酷睿四代 Haswell 核心。

2. PC 应用技术的创新发展

在当今移动互联时代，平板电脑越来越受青睐。面对平板电脑等个性化计算机的快速发展，传统的 PC 应用受到了极大挑战。为应对市场竞争，Intel 公司力求持续促进计算技术的全面革新，为用户带来更多轻薄、便携、可变形的移动计算设备，以强大的计算能力开启个性化体验的新时代。

伴随个性化计算时代的到来，PC 应用技术也取得创新发展，例如传统台式计算机变成了一体机，笔记本电脑变成了超级本。

2013 年，超级本继续演变成长，一系列具有触控、变形特性的全新超级本陆续上市，打破了各种移动计算设备之间的界限，开始逐渐实现 PC/平板"二合一"。新的变形触控超级本，让用户拥有了比现有个人计算设备更卓越的综合性能和更丰富多元的体验。搭载 Windows 8 操作系统和第四代 Intel 酷睿处理器的新一代"二合一"超级本，将可能给 PC 生态系统带来全新的增长。

Intel 公司还积极推动无线显示技术（WiDi）在超级本上的应用，通过联手更多的企业来为用户打造无线、高清的多屏联动体验。通过内置 WiDi 接收技术的电视、机顶盒和 WiDi 接收器等产品，用户可以轻松地将超级本上的应用或高清影音内容以无线的方式，安全便捷地分享到大屏幕上。

面对移动互联应用的发展趋势，Intel 公司正在与越来越多的软件开发商合作，开发更具创新性的、面向 x86 架构的、支持触控和重力感应等特性的应用程序。它与包括一体机、笔记本电脑、平板电脑、超级本、智能手机和嵌入式系统在内的为数众多的智能终端，共同构建涉及人们生活各个方面的智能计算系统，显著提升人们的生活体验。

随着 Intel 计算技术的不断提高，卓越的性能和迅捷的响应速度将会成就更多精彩的感知计算体验，持续推动整个 PC 行业的创新与发展。

2.1.3　ARM 引领的移动计算时代

当采用 CISC 架构的 PC 起步不久而 RISC 刚被提出时，物理学家 Hermann Hauser 和工程师 Chris Curry 于 1978 年创立了一家公司,它很快改变了 RISC 和 CISC 在业界的态势。1979 年,这家公司改名为 Acorn(艾康计算机公司)。1985 年诞生了使用 RISC 指令集的 ARM(Acorn RISC machine)CPU。

ARM 架构曾被称为高级精简指令集机器(advanced RISC machine),它是一个 32 位精简指令集处理器架构,广泛地用在嵌入式系统设计中。由于节能,ARM 处理器非常适用于移动通信领域,符合其主要设计目标为低成本、高性能、低耗电的特性。

首个真正能批量生产的 ARM2 于 1986 年投产。ARM2 是全世界最简单实用的 32 位 CPU,仅容纳了 30 000 个晶体管。之所以精简是因为它不含微码;而且与当时大多数的处理器相同,它没有包含任何的高速缓存。该精简的特色使它只需消耗很少的电能,却能发挥比 Intel 80286 更好的性能。

20 世纪 80 年代末,Apple 和 Acorn 公司合作开发新版 ARM 核心。首版的样品于 1991 年发布。整个 ARM 所引领的移动计算时代真正开始于 Apple 公司的 iPhone 发布,2007 年的 iPhone 发布及上市,真正为用户带来了移动计算大潮。在苹果、安卓的辅助下,ARM 建立了一个成功的生态圈,从应用、内容、硬件到用户,整个市场在这个生态圈的辅助下高速增长。

到 2009 年,ARM 架构处理器占据所有 32 位嵌入式 RISC 处理器市场 90% 的份额,使它成为占全世界最多数的 32 位架构之一。ARM 处理器已应用在许多消费性电子产品中,包括便携式设备(PDA、移动电话、多媒体播放器和平板电脑),甚至在导弹的弹载计算机等军用设施中都有它的存在。

2011 年 Microsoft 公司宣布,下一版 Windows 将正式支持 ARM 处理器。这是计算机工业发展历史上的一件大事,标志着 x86 处理器的主导地位发生了动摇。在 2012 年,Microsoft 公司利用 ARM 生产了新的 Surface 平板电脑。AMD 也于 2014 年开始生产基于 ARM 核心的 64 位服务器芯片。

随着移动互联网的发展,Apple 公司 iPhone 和 iPad 的诞生,智能手机和平板电脑的大量涌现,这些成果都证明了 ARM 的核心技术是移动计算的主流技术。

2.1.4　x86 与 ARM 发展中的市场新格局

x86 处理器占据了超过 90% 的个人计算机的市场,以 ARM 为代表的 RISC 产品则同样占据了超过 90% 的移动计算的市场。从现有的发展态势看,ARM 将会给 PC 市场甚至主机市场带来新的冲击。市场格局不断变化,ARM 正在走进"主战场"。

1) 个人计算机市场分化,x86 丢失份额

ARM 已经可以胜任基础 PC 的应用(如打开浏览器、收发邮件、浏览微博、欣赏电影、观赏照片以及使用简单的图像软件等)。在硬件技术上,已经可以生产基于 ARM 的个人计算机。目前主要问题还是在软件上,ARM 要想软件上达到 Windows 的精细界面设计以及复杂的存储系统,尚需时日。预计在未来一段时间内,ARM 将会在中低端市场上与 x86 展开竞争。在低端入门级市场上,x86 受到的影响较大。

2) 在民用市场,ARM 架构难以挑战高性能 x86 处理器

从 ARM 架构发展来看,ARM 基本上只立足于移动计算和低功耗市场。低功耗限制

了 ARM 架构性能的发挥,特别是主频的提升。另外,流水线级数也比较少,浮点单元和多媒体指令集也不够强大。架构上的缺陷使 ARM 在性能上难以挑战高性能 x86 处理器;另外,由于 x86 的兼容性和历史积累等因素,ARM 还缺少强大的软件环境来支持高性能产品。

3) 游戏主机平台 ARM 化

游戏机 ARM 化的趋势日益明显,一些轻游戏都可以在平板电脑或者手机上找到简化版本;而一些大型游戏,因图形效果逼真、画质惊人,对性能要求较高,还是需要在 x86 处理器上运行。

ARM 的发展越来越快,GPU 性能已越来越强大。ARM 在未来对 x86 的冲击比较明显。从低端市场开始,ARM 已经在逐渐地增加上网本等类似设备的市场份额。随着 ARM 性能的不断提升,需要 ARM 的市场还有很多,如小型服务器市场、面向特殊用户的多媒体设备、大型服务器甚至超级计算机,都是 ARM 争夺的对象。

目前的工艺已经快要触碰到晶体管制造的下一个物理极限了。专家预计,Intel 公司在 14nm 节点上将会有比较重要的改进。Intel 公司有强大的工艺作支撑,可以依靠工艺来应对 ARM 的挑战。同时,随着 ARM 的发展,晶体管数量越来越多,性能越来越强,加上 ARM 缺少统一的制造技术和完整制造工厂支持,它也面临功耗与制造工艺等新问题。因此,ARM 和 x86 两大体系结构与产品之间的竞争将持续。

从 CPU 的发展来看,无论是 x86 还是 ARM,无论是 CISC 还是 RISC,除了努力提升产品性能优势外,还应积极吸取对方产品的特色,取长补短。可以预计,未来的 CPU 将会朝着高性能、低功耗的方向发展;而移动计算将迅猛发展,x86 和 ARM 的竞争与技术共享,将共同推进高性能和低功耗技术的进程,并打造未来云端智能世界的新时代。

2.2　8086/8088 微处理器

2.2.1　8086/8088 CPU 的内部功能结构

8086/8088 CPU 从功能上讲,其内部结构可分为两个独立部分,即总线接口单元(bus interface unit,BIU)和执行单元(execution unit,EU),如图 2-1 所示。

BIU 的功能是根据执行单元的请求负责完成 CPU 与存储器或 I/O 端口之间的信息传送,即负责从内存预取指令送到指令队列缓冲器;在 CPU 执行指令时,BIU 要配合执行单元 EU 对指定的内存单元或者 I/O 端口存取数据。

EU 的功能只是负责执行指令,执行的指令从 BIU 的指令队列缓冲器中取得,执行指令的结果或执行指令所需要的数据,都由 EU 向 BIU 发出请求,再由 BIU 对存储器或 I/O 端口进行存取。

BIU 和 EU 在 CPU 内部相互配合工作,遵循如下几个操作原则。

① 取指令时,每当指令队列缓冲器中存满一条指令后,EU 就立即开始执行。

② 指令队列缓冲器中只要空出两个(对 8086)或空出一个(对 8088)字节时,BIU 就会自动执行取指令操作,直到填满指令队列缓冲器为止。

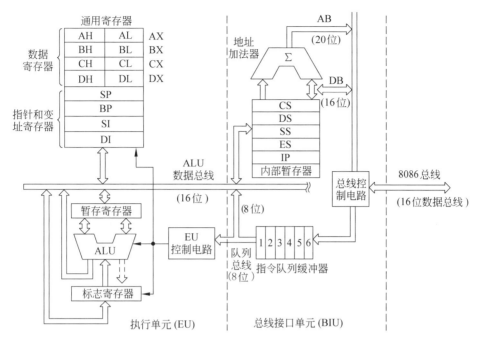

图 2-1　8086/8088 CPU 的内部功能结构框图

③ 在 EU 执行指令的过程中,如指令需要对存储器或 I/O 端口存取数据时,则 BIU 会在执行完现行取指令周期后的下一个存储器周期,对指定的内存单元或 I/O 端口进行存取操作,交换的数据经 BIU 由 EU 处理。

④ 当 EU 执行完转移、调用和返回指令时,要清除指令队列缓冲器中按原序列存放的指令,并要求 BIU 从新的地址重新开始取指令,新取的第 1 条指令直接经指令队列送到 EU 去执行,随后取来的指令将填入指令队列缓冲器。

由于 BIU 与 EU 分开并独立工作,BIU 中有指令队列缓冲器,因此,在一般情况下,当 CPU 正在执行一条指令时,可以同时取出一条或多条指令放在指令队列中排队,并在执行完前一条指令时,可立即执行下一条指令。16 位 CPU 这种指令预取与指令执行的并行重叠操作,提高了总线的信息传输效率和整个系统的执行速度。

8086/8088 CPU 利用总线接口单元和执行单元进行并行重叠操作的工作方式,是它成功设计的一个范例,这一流水线操作虽然只是初步的,但它的设计思想被广泛地用于后来各种高档 CPU 的设计中。8088 CPU 内部结构与 8086 的基本相似,只是 8088 的 BIU 中指令队列长度为 4B;8088 的 BIU 通过总线控制电路与外部交换数据的总线宽度是 8 位,总线控制电路与专用寄存器组之间的数据总线宽度也是 8 位。8088 与 8086 在操作原理上是相同的。

2.2.2　8086/8088 的编程结构

8086/8088 的编程结构即程序设计模型如图 2-2 所示。8086/8088 内部共有 14 个 16 位寄存器。其中阴影部分与 8080/8085 CPU 相同。

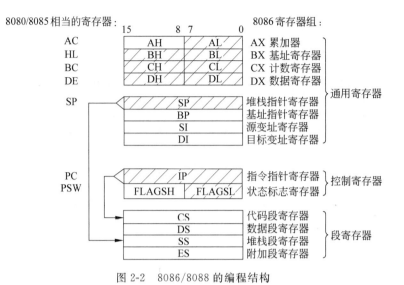

图 2-2 8086/8088 的编程结构

寄存器按功能可分为 3 类：通用寄存器、控制寄存器和段寄存器。

1. 通用寄存器

8086/8088 的通用寄存器分为两组：数据寄存器、指针寄存器和变址寄存器。

（1）数据寄存器

执行单元 EU 中有 4 个 16 位数据寄存器 AX、BX、CX 和 DX。它们既可以按字（16 位）访问，也可以按字节（8 位）访问。

在多数情况下，这些数据寄存器用在算术运算或逻辑运算指令中，作为通用寄存器。在有些指令中，它们有以下特定的用途。

① 如 AX 除了一般作累加器外，在 I/O 指令中专门用它来与外部设备交换数据。

② BX 作基址寄存器，在查表指令 XLAT 中存放表的起始地址。

③ CX 作计数寄存器，在使用带有重复前缀（如 REP）的数据串操作指令中用来存放数据串元素的个数，或在循环 LOOP 指令中用作隐含计数器。

④ DX 作数据寄存器，一般在双字的乘、除法运算指令中使用，也用来存放 I/O 的端口地址。其特定功能是被系统隐含使用的（见表 2-1）。

表 2-1 数据寄存器的隐含使用

寄存器	操　　作	寄存器	操　　作
AX	字乘、字除、字 I/O	CL	多位移位和旋转
AL	字节乘、字节除、字节 I/O、转换、十进制运算	DX	字乘、字除、间接 I/O
AH	字节乘、字节除	SP	堆栈操作
BX	转换	SI	数据串操作
CX	数据串操作、循环	DI	数据串操作

（2）地址指针寄存器和变址寄存器

地址指针寄存器，简称指针寄存器，是指堆栈指针寄存器 SP（stack pointer）和堆栈基址

————————————— 计算机硬件技术基础（第 3 版）

指针寄存器 BP(base pointer)，又可简称为 P 组。变址寄存器是指源变址寄存器 SI(source index)和目的变址寄存器 DI(destination index)，简称为 I 组。它们都是 16 位寄存器，按字访问，一般用来在段内寻址时存放偏移地址，即相对于段起始地址的距离，简称偏移或偏移量。

指针寄存器 SP 和 BP 都用来指示存取位于当前堆栈段中的数据所在的地址，但 SP 和 BP 在使用上有区别。入栈(PUSH)和出栈(POP)指令是由 SP 给出栈顶的偏移地址，故 SP 称为堆栈指针寄存器，简称堆栈指针。而 BP 则是存放位于堆栈段中一个数据区基地址的偏移地址，故称为堆栈基址指针寄存器，简称基址指针。显然，由 SP 所指定的堆栈存储区的栈顶和由 BP 所指定的堆栈段中某一块数据区的首地址是两个不同的意思，不可混淆。

变址寄存器 SI 和 DI 用于存放当前数据串的偏移地址，简称偏移量或偏置。其中，SI 存放源数据串的偏移地址，故 SI 称为源变址寄存器；而 DI 存放目的数据串的偏移地址，故 DI 称为目的变址寄存器。例如，在数据串操作指令中，被处理的数据串的偏移地址由 SI 给出，处理后的结果数据串的偏移地址则由 DI 给出。

2. 段寄存器

8086/8088 CPU 的 BIU 中设计了 4 个段寄存器，它们提供 16 位的段地址。设计段寄存器的目的是对存储器进行"分段"，而为了实现分段，就设计了地址加法器。这里，结合段寄存器的功能简要介绍地址加法器及其功能。

地址加法器是一个专门用来产生 20 位寻址信息(即 20 位的实际地址或物理地址)的地址生成部件。因为，在 8086/8088 CPU 中，有 20 根地址线，但内部寄存器只有 16 位，显然，靠 16 位的寄存器不能直接实现对 20 位地址线的寻址。为此，设计师们采用了"段加偏移"的技术，解决了这个难题。具体地说，就是利用地址加法器先将 16 位的段地址左移 4 位，形成 20 位的段起始地址(简称段基地址或段基)，再与 16 位的偏移地址相加，于是，得到 20 位的物理地址，从而解决了用 16 位的寄存器寻址 20 根地址线所提供的 20 位物理地址空间的难题。图 2-3 给出了物理地址(实际地址)的产生过程。

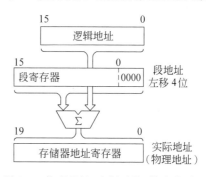

图 2-3　物理地址(实际地址)的产生过程

【例 2-1】　已知 CS＝2300H，IP＝0400H，则指令寻址时的物理地址为 CS×16＋IP＝2300H×16＋0400H＝23 400H。

如上所述，用段寄存器的内容左移 4 位形成 20 位的段基址，这样就有可能寻址 1MB 存储空间并将其分成为若干个逻辑段，使每个逻辑段的长度最大为 64KB(它由 16 位的偏移地址限定)。

8086/8088 的指令能直接访问这 4 个段寄存器。其中，代码段寄存器 CS 用来存放程序当前使用的代码段的段地址，CPU 执行的指令将从代码段取得；堆栈段寄存器 SS 用来存放程序当前所使用的堆栈段的段地址，堆栈操作的数据就在这个段中；数据段寄存器 DS 用来存放程序当前使用的数据段的段地址，一般程序所用的数据就存放在数据段中；附加段寄存器 ES 用来存放程序当前使用的附加段的段地址,它通常也用来存放数据,但典型用法是用来存放处理以后的数据。

3. 控制寄存器

8086/8088 的控制寄存器包括 16 位指令指针寄存器 IP(instruction pointer)和 16 位标志寄存器 FLAGS。标志寄存器又称为处理器状态字(processor states word,PSW)。

IP 的功能与 8 位 CPU 中的 PC 类似。在 CPU 正常运行时,IP 中含有 BIU 要取的下一条指令(字节)的偏移地址。IP 在程序运行中能自动加 1 修正,使之指向要执行的下一条指令(字节)。

标志寄存器 FLAGS 只用了其中的 9 位作标志位,即 6 个状态标志位和 3 个控制标志位,如图 2-4 所示,低 8 位 FL 的 5 个标志与 8080/8085 的标志相同。

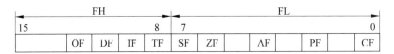

图 2-4   8086/8088 的标志寄存器

状态标志位用来反映算术或逻辑运算后结果的状态,以记录 CPU 的状态特征。下面介绍这 6 个标志位。

① CF(carry flag):进位标志。当执行一个加法或减法运算使最高位产生进位或借位时,则 CF=1;否则 CF=0。此外,循环指令也会影响它。

② PF(parity flag):奇偶性标志。当指令执行结果的低 8 位中含有偶数个 1 时,则 PF=1;否则 PF=0。

③ AF(auxiliary carry flag):辅助进位标志。当执行一个加法或减法运算使结果的低字节的低 4 位向高 4 位(即 D_3 位向 D_4 位)有进位或借位时,则 AF=1;否则 AF=0。DAA 和 DAS 指令测试这个特殊标志位。

④ ZF(zero flag):零标志。它表示一个算术或逻辑操作的结果是否为零。若当前的运算结果为零,则 ZF=1;否则 ZF=0。

⑤ SF(sign flag):符号标志。它保持算术或逻辑运算指令执行结果的算术符号。它和运算结果的最高位相同。当数据用补码表示时,负数的最高位为 1,正数的最高位为 0。

⑥ OF(overflow flag):溢出标志。它用于判断有符号数加减运算时是否可能出现溢出。当补码运算有溢出时,OF=1;否则 OF=0。注意,对于无符号数的操作,将不考虑溢出标志。

控制标志有 3 个,用来控制 CPU 的操作,可以用指令来设置或清除这些控制位。

① DF(direction flag):方向标志。它用来控制串操作的步进方向。若用 STD 指令将 DF=1,则串操作过程中的地址会自动递减;若用 CLD 指令将 DF=0,则串操作过程中地址会自动递增。地址的递增或递减由 DI 或 SI 两个变址寄存器来实现。

② IF(interrupt enable flag):中断允许标志。它是控制可屏蔽中断的标志。若用 STI 指令将 IF=1,则表示允许 8086/8088 CPU 响应外部从 INTR 引脚上发来的可屏蔽中断请求;若用 CLI 指令将 IF=0,则禁止 CPU 响应外来的可屏蔽中断请求。IF 的状态不影响非

屏蔽中断(NMI)请求,也不影响 CPU 响应内部的中断请求。

③ TF(trap flag):跟踪(陷阱)标志。它是为调试程序方便而设置的。若将 TF=1,则 8086/8088 CPU 处于单步执行指令的工作方式;否则,将正常执行程序。

最后需要指出的是,8086/8088 CPU 所有上述标志位对 Intel 系列后续高型号微处理器的标志寄存器都是兼容的,只不过后者增强了某些标志位的功能或者新增加了一些标志位而已。

2.2.3 总线周期的概念

总线周期是微处理器与存储器或 I/O 设备接口之间进行数据传送时,所需要的一个基准时间段。它一般被设计为由几个时钟周期构成。

对 16 位的 8086/8088 CPU,一个总线周期由 4 个时钟周期组成。这 4 个时钟周期也称为 4 个状态,即 T_1、T_2、T_3 与 T_4 这 4 个状态。

① 在 T_1 状态,CPU 向多路复用总线上发送所要寻址的存储单元或外设端口的地址信息。

② 在 T_2 状态,CPU 从总线上撤销地址,为传送数据做准备。总线的高 4 位(A_{19}~A_{16})用来输出本总线周期状态信息。

③ 在 T_3 状态,多路总线的高 4 位继续提供状态信息,而其低 16 位(对 8086 CPU)或低 8 位(对 8088 CPU)将出现传送的数据。

若外设或存储器的速度较慢,跟不上 CPU 的访问速度,则外设或存储器就会通过 READY 控制线,在 T_3 状态启动之前向 CPU 发一个"数据未准备好"的无效信号,表示它们还来不及同 CPU 之间传送数据,CPU 会在 T_3 之后自动插入 1 个或多个附加的时钟周期 T_W(即等待状态),它表示此时 CPU 在总线上的信息情况和 T_3 状态时的信息情况一样。只有在完成数据传送时,它们才会通过 READY 控制线向 CPU 发出一个"准备好"信号,当 CPU 接收到这一信号后,自动脱离 T_W 状态而进入 T_4 状态。

④ 在 T_4 状态,CPU 采样数据总线,完成传送数据后,结束总线周期。

注意,只有当 CPU 取指令或传送数据时才执行总线周期。否则,系统总线就会处于空闲状态,此时,CPU 将执行空闲周期。

空闲周期可以包含一个或多个时钟周期。此间,CPU 在总线的高 4 位上仍将驱动前一个总线周期的状态信息。虽然这时 CPU 对总线进行空操作,但在 CPU 的执行单元内,运算器仍可进行运算或在寄存器之间传送数据。

图 2-5 给出了一个典型的总线周期序列。

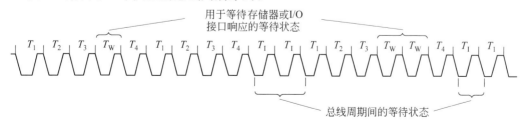

图 2-5 一个典型的总线周期序列

注意,对 32 位 CPU 来说,一个总线周期由 T_1 与 T_2 两个时钟周期组成。

2.2.4 8086/8088 微处理器的引脚信号与功能

图 2-6 是 8086 和 8088 的引脚信号图。它们的 40 条引线按功能可分为 5 类。

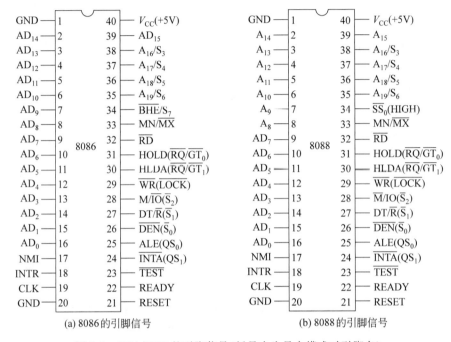

图 2-6 8086/8088 的引脚信号(括号中为最大模式时引脚名)

1. 地址/数据总线

地址/数据总线 $AD_{15} \sim AD_0$ 是地址和数据分时复用线。当 CPU 对存储器或 I/O 端口进行访问时,先用来发送地址信号,然后用来传送数据。发送地址信号时为单向三态输出,传送数据时为双向三态输入输出。在 8088 中,只有 $AD_7 \sim AD_0$ 8 条地址/数据线,$A_{15} \sim A_8$ 只用来输出地址。

作为复用引脚,在总线周期的 T_1 状态用来输出要寻址的存储器或 I/O 端口地址;在 T_2 状态浮置成高阻状态,为传输数据做准备;在 T_3 状态,用于传输数据;T_4 状态结束总线周期。当 CPU 响应中断以及系统总线"保持响应"时,复用线都被浮置为高阻状态。

2. 地址/状态总线

地址/状态总线 $A_{19}/S_6 \sim A_{16}/S_3$ 为输出、三态总线,采用分时输出,即 T_1 状态输出地址的最高 4 位,$T_2 \sim T_4$ 状态输出状态信息。当访问存储器时,T_1 状态时输出的 $A_{19} \sim A_{16}$ 送到锁存器(8282)锁存,与 $AD_{15} \sim AD_0$ 组成 20 位的地址信号;而访问 I/O 端口时,不使用这 4 条引线,$A_{19} \sim A_{16} = 0$。状态信息中的 S_6 为 0 用来指示 8086/8088 当前与总线相连,所以,在 $T_2 \sim T_4$ 状态,S_6 总等于 0,以表示 8086/8088 当前连在总线上。S_5 表明中断允许标志位

IF 的当前设置。S_4 和 S_3 用来指示当前正在使用哪个段寄存器,如表 2-2 所示。

表 2-2　S_4、S_3 的代码组合和对应的状态

S_4	S_3	状　　态	S_4	S_3	状　　态
0	0	当前正在使用 ES	1	0	当前正在使用 CS,或未用任何段寄存器
0	1	当前正在使用 SS	1	1	当前正在使用 DS

当系统总线处于"保持响应"状态时,这些引线被浮置为高阻状态。

3. 控制总线

(1) $\overline{\text{BHE}}$/S_7

高 8 位数据总线允许/状态复用引脚,三态,输出。$\overline{\text{BHE}}$在 T_1 状态时输出,S_7 在 $T_2 \sim$ T_4 时输出。在 8086 中,当$\overline{\text{BHE}}$/S_7 引脚上输出$\overline{\text{BHE}}$信号时,表示总线高 8 位 $AD_{15} \sim AD_8$ 上的数据有效。在 8088 中,第 34 引脚不是$\overline{\text{BHE}}$/S_7,而是被赋予另外的信号:在最小模式时,它为$\overline{\text{SS}}_0$,和 DT/$\overline{\text{R}}$、$\overline{\text{M}}$/IO 一起决定了 8088 当前总线周期的读/写动作;在最大模式时,它恒为高电平。S_7 在 8086 芯片设计中未被赋予定义,暂作备用状态信号线。

(2) $\overline{\text{RD}}$

读控制信号,三态,输出。当$\overline{\text{RD}}$=0 时,表示 CPU 将要执行对存储器或 I/O 端口的读操作。到底是对内存单元还是对 I/O 端口读取数据,取决于 M/$\overline{\text{IO}}$(8086)或 $\overline{\text{M}}$/IO (8088) 信号。在读操作时,$\overline{\text{RD}}$信号在 T_2、T_3 和 T_W 状态均为低电平,以使 CPU 读有效。当执行 DMA 操作时,$\overline{\text{RD}}$被浮空。

(3) READY

"准备好"信号,输入。它接收被寻址的存储器或 I/O 端口发来的响应信号,高电平有效。当 READY=1 时,表示所寻址的内存或 I/O 设备已准备就绪,CPU 可进行一次数据传输。CPU 在 T_3 状态开始对 READY 信号采样。如果检测到 READY 为低电平,表示存储器或 I/O 设备尚未准备就绪,则 CPU 在 T_3 状态之后自动插入一个或几个等待状态 T_W,直到 READY 变为高电平,才进入 T_4 状态,完成数据传送过程,从而结束当前总线周期。

(4) $\overline{\text{TEST}}$

等待测试信号,输入。它用于多处理器系统中且只有在执行 WAIT 指令时才使用。当 CPU 执行 WAIT 指令时,它就进入空转的等待状态,并且每隔 5 个时钟周期对该线的输入进行一次测试。若$\overline{\text{TEST}}$=1 时,则 CPU 将停止取下条指令而继续处于等待状态,重复执行 WAIT 指令,直至$\overline{\text{TEST}}$=0 时,等待状态结束,CPU 才继续往下执行被暂停的指令。等待期间允许外部中断。

(5) INTR

可屏蔽中断请求信号,输入,高电平有效。当 INTR=1 时,表示外设发出了中断请求,8086/8088 在每个指令周期的最后一个 T 状态去采样此信号。若 IF=1,则 CPU 响应中断。

(6) NMI

非屏蔽中断请求信号,输入,上升沿触发。此请求不受 IF 状态的影响,也不能用软件屏

蔽,只要此信号一出现,就在现行指令结束后引起中断。

(7) RESET

复位信号,输入,高电平有效。通常与8284A(时钟发生/驱动器)的复位输出端相连,8086/8088要求复位脉冲宽度不得小于4个时钟周期,而初次接通电源时所引起的复位,则要求维持的高电平不能小于50μs;复位后,CPU的主程序流程恢复到启动时的循环待命初始状态,其内部寄存器状态如表2-3所示。当RESET信号变为低电平时,CPU就从FFFF0H开始执行程序。在程序执行时,RESET线保持低电平。

表 2-3 复位后内部寄存器的状态

内部寄存器	状　态	内部寄存器	状　态
标志寄存器	清除	SS	0000H
IP	0000H	ES	0000H
CS	FFFFH	指令队列缓冲器	清除
DS	0000H		

(8) CLK

系统时钟信号,输入。通常与8284A时钟发生器的时钟输出端CLK相连,该时钟信号的低与高之比常采用2∶1(占空度为1/3)。

4. 电源线和地线

电源线V_{CC}接入的电压为$(+5\pm10\%)$V。有两条地线GND,均应接地。

5. 其他控制线

这些控制线(24～31引脚)的功能将根据系统操作的模式控制线MN/$\overline{\text{MX}}$所处的状态而确定。

由上述可知,8086/8088 CPU引脚的主要特点是数据总线和地址总线的低16位AD_{15}～AD_0或低8位AD_7～AD_0采用分时复用技术。还有一些引脚也具有两种功能,这由引脚33(MN/$\overline{\text{MX}}$)控制。当MN/$\overline{\text{MX}}$=1时,8086/8088工作于最小模式(MN),在此操作模式下,全部控制信号由CPU本身提供;当MN/$\overline{\text{MX}}$=0时,8086/8088工作于最大模式($\overline{\text{MX}}$)(即24～31引脚的功能示于括号内的信号),这时,系统的控制信号由8288总线控制器提供,而不是由8086/8088直接提供。

2.3　8086/8088系统的工作模式

由8086/8088 CPU构成的微机系统,有最小模式和最大模式两种工作模式。

2.3.1　最小模式操作

8086与8088构成的最小模式系统区别甚小,现以8086最小模式系统为例加以说明。

当 MN/$\overline{\text{MX}}$ 接电源电压时，系统就工作于最小模式，即单处理器系统方式，它适合于较小规模的应用。8086最小模式典型的系统结构，如图2-7所示。它和8位微处理器系统类似，系统芯片可根据用户需要接入。图2-7中，8284A为时钟发生/驱动器，外接晶体的基本振荡频率为15MHz，经8284A三分频后，送给CPU作系统时钟。8282为8位地址锁存器，当8086访问存储器时，在总线周期的 T_1 状态下发出地址信号，经8282锁存后的地址信号可以在访问存储器操作期间保持不变，为外部提供稳定的地址信号。8282是典型的锁存器芯片，不过它是8位的，而8086/8088系统采用20位地址，加上 $\overline{\text{BHE}}$ 信号，所以需要3片8282作为地址锁存器。8286为具有三态输出的8位数据总线收发器，用于需要增加驱动能力的系统。在8086系统中，要用2片8286，而在8088系统中，只用1片8286就够了。2142RAM为1K×4b的静态RAM，2716EPROM为2K×8b的可编程序只读存储器。8086/8088有20位地址信号线 $A_{19} \sim A_0$，组成系统时根据所使用的存储器的实际地址进行选用。

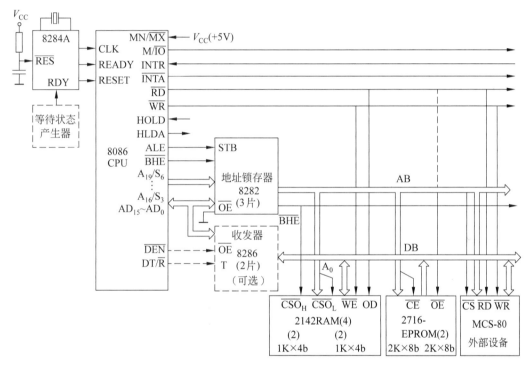

图 2-7 8086最小模式典型系统结构

系统中还有一个等待状态产生电路，它向8284A的RDY端提供一个信号，经8284A同步后向CPU的READY线发送准备就绪信号，通知CPU数据传送已经完成，可以退出当前的总线周期。当READY＝0时，CPU在 T_3 之后自动插入 T_W 状态，以避免CPU与存储器或I/O设备进行数据交换时，因后者速度慢来不及完成读/写操作而丢失数据。

在最小模式下，第24～31脚的信号含义如下。

1. $\overline{\text{INTA}}$中断响应信号输出

$\overline{\text{INTA}}$为低电平有效的中断响应引脚信号，用于CPU对来自外设的中断请求做出响应。8086/8088的 $\overline{\text{INTA}}$（interrupt acknowledge）信号实际上是两个连续的负脉冲，其第1

个负脉冲是通知外设接口,它发出的中断请求已获允许;外设接口收到第 2 个负脉冲后,就往数据总线上发送一个中断类型码,从而使 CPU 可以得到有关此中断请求的相应信息,比如中断的类型、中断向量地址等。

2. ALE 地址锁存信号输出

ALE(address latch enable)是 8086/8088 提供给地址锁存器 8282/8283 的地址锁存控制信号,高电平有效。在 T_1 状态,ALE 输出有效电平,以表示当前在地址/数据复用总线上输出的是有效地址,地址锁存器将 ALE 作为锁存信号,对地址进行锁存。注意,ALE 端总是控制锁存器的 STB 端。

3. $\overline{DEN}$ 数据允许信号

当用 8286/8287 作为数据总线收发器时,8086CPU 的 $\overline{DEN}$(data enable)为收发器的 $\overline{OE}$ 端提供了一个控制信号,该信号决定了是否允许数据通过数据总线收发器。只有当 $\overline{DEN}$(即 $\overline{OE}$)=0 时,收发器才允许接收或发送数据通过它。在 DMA 方式时,它被浮置为高阻状态。

4. DT/$\overline{R}$ 数据收发输出

在使用 8286/8287 作为数据总线收发器时,CPU 的 DT/$\overline{R}$(data transmit/receive)信号用来控制 8286/8287 的数据传送方向。当 DT/$\overline{R}$ 为高电平时,则 8086CPU 通过收发器进行数据发送;当 DT/$\overline{R}$ 为低电平时,则进行数据接收。在 DMA 方式时,它被浮置为高阻状态。

5. M/$\overline{IO}$ 存储器/输入输出控制信号输出

M/$\overline{IO}$(memory/input and output)是作为区分 CPU 当前是访问存储器还是访问输入输出的控制信号。如为高电平,表示 CPU 是在和存储器之间进行数据传输;如为低电平,表示 CPU 是在和输入输出设备之间进行数据传输。一般来讲,在前一总线周期的 T_4 状态,M/$\overline{IO}$ 就成为有效电平,然后,开始一个新的总线周期,且一直保持有效电平,直到本周期的 T_4 状态为止。在 DMA(直接存储器存取)方式时,M/$\overline{IO}$ 被浮置为高阻状态。

6. $\overline{WR}$ 写信号输出

$\overline{WR}$(write)有效时,表示 CPU 当前正在执行存储器或 I/O 写操作,到底为哪种写操作,则由 M/$\overline{IO}$ 信号决定。在写周期,$\overline{WR}$ 在 T_2、T_3、T_W 期间都有效。在 DMA 方式时,$\overline{WR}$ 被浮置为高阻状态。

7. HOLD 总线保持请求信号输入

HOLD(hold request)是系统中某一主控部件(如 DMA 控制器)向 CPU 发出占用总线请求信号的输入引脚端。当系统中 CPU 之外的另一个处理主模块要求占用总线时,就要通过 HOLD 引脚向 CPU 发出一个高电平的请求信号。这时,如果 CPU 允许让出总线,就在当前总线周期完成时,于 T_4 状态从 HLDA 引脚发出一个回答信号,对刚才的 HOLD 请求作出响应。同时,CPU 使地址/数据总线和控制总线处于浮空状态。总线请求部件在收到 HLDA 信号后,就获得了总线控制权,在此后一段时间,HOLD 和 HLDA 都保持高电平。在总线占有部件用完总线之后,会把 HOLD 信号变为低电平,表示现已放弃对总线的占有。8086/8088 收到低电平的 HOLD 信号后,也将 HLDA 变为低电平,于是,CPU 重又获得对总线的占有权。

8. HLDA 总线保持响应信号输出

当 HLDA(hold acknowledge)为有效电平时,表示 CPU 对其他主模块的总线请求正处于响应的状态,与此同时,所有与三态门相接的 CPU 的引脚都呈现高阻抗,从而让出了总线。

2.3.2 最大模式操作

8086 与 8088 也都可以按照最大模式来配置系统。

当 MN/$\overline{\text{MX}}$ 线接地,系统就工作于最大模式。图 2-8 是 8086 最大模式的典型系统结构。从图中可以看到,最大模式系统与最小模式系统的主要区别是外加有 8288 总线控制器,通过它对 CPU 发出的控制信号进行不同的编码和组合,可以得到对存储器和 I/O 端口的读写信号和对锁存器 8282 及对总线收发器 8286 的控制信号。通常,在最大模式系统中,一般包含两个或多个处理器,这样就要解决主处理器和协处理器之间的协调工作问题以及对总线的争用共享问题,为此在最大模式系统中加入了 8288 总线控制器,使总线控制功能更加完善。

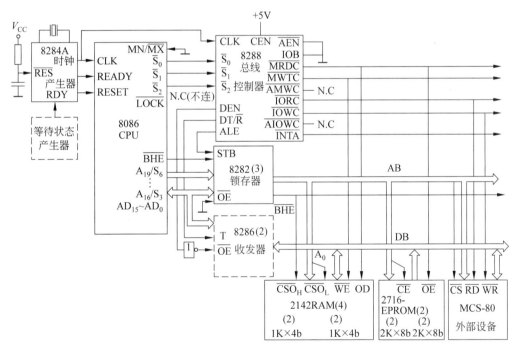

图 2-8　8086 最大模式的典型系统结构

比较两种工作方式可以知道,在最小模式系统中,控制信号 $\overline{\text{INTA}}$、ALE、$\overline{\text{DEN}}$、DT/$\overline{\text{R}}$、M/$\overline{\text{IO}}$(或 $\overline{\text{M}}$/IO)和 $\overline{\text{WR}}$ 是直接从第 24~29 脚送出的;而在最大模式系统中,状态信号 $\overline{\text{S}}_2$、$\overline{\text{S}}_1$、$\overline{\text{S}}_0$ 隐含了上面这些信息,使用 8288 后,系统就可以从 $\overline{\text{S}}_2$、$\overline{\text{S}}_1$、$\overline{\text{S}}_0$ 状态信息的组合中得到

与这些控制信号功能相同的信息。$\bar{S}_2$、$\bar{S}_1$、$\bar{S}_0$ 和系统在当前总线周期中具体的操作过程之间的对应关系如表 2-4 所示。

表 2-4 $\bar{S}_2$、$\bar{S}_1$、$\bar{S}_0$ 的代码组合和对应的操作

$\bar{S}_2$	$\bar{S}_1$	$\bar{S}_0$	操 作 过 程	$\bar{S}_2$	$\bar{S}_1$	$\bar{S}_0$	操 作 过 程
0	0	0	发中断响应信号	1	0	0	取指令
0	0	1	读 I/O 端口	1	0	1	读内存
0	1	0	写 I/O 端口	1	1	0	写内存
0	1	1	暂停	1	1	1	无源状态(CPU 无作用)

表 2-4 中,前 7 种代码组合都对应某一个总线操作过程,通常称为有源状态,它们处于前一个总线周期的 T_4 状态或本总线周期的 T_1、T_2 状态中,$\bar{S}_2$、$\bar{S}_1$、$\bar{S}_0$ 至少有一个信号为低电平。在总线周期的 T_3、T_W 状态并且 READY 信号为高电平时,$\bar{S}_2$、$\bar{S}_1$、$\bar{S}_0$ 都成为高电平,此时,前一个总线操作过程就要结束,后一个新的总线周期尚未开始,通常称为无源状态。而在总线周期的 T_4 状态,$\bar{S}_2$、$\bar{S}_1$、$\bar{S}_0$ 编码的任何改变,都意味着下一个新的总线周期的开始。

此外,还有几个在最大模式下使用的专用引脚,其含义简要解释如下。

1. QS_1、QS_0 指令队列状态信号输出

QS_1、QS_0(instruction queue status)这两个信号的组合编码反映本总线周期的前一个指令队列的状态,以便于外部逻辑监视指令队列的执行情况。QS_1、QS_0 的代码组合和对应的含义如表 2-5 所示。

表 2-5 QS_1、QS_0 的代码组合和对应的含义

QS_1	QS_0	含　　义	QS_1	QS_0	含　　义
0	0	无操作	1	0	队列为空
0	1	从指令队列的第 1 个字节中取走代码	1	1	除第 1 个字节外,还取走了后续字节中的代码

2. $\overline{LOCK}$ 总线封锁信号输出

当 $\overline{LOCK}$(lock)为低电平时,表示 CPU 不放弃对总线的主控权,系统中其他总线主部件就不能占有总线。$\overline{LOCK}$ 信号由指令前缀 LOCK 产生,而在 LOCK 后面的一条指令执行完后,便撤销 $\overline{LOCK}$ 信号。在 DMA 期间,$\overline{LOCK}$ 端被浮空。

3. $\overline{RQ}/\overline{GT}_1$、$\overline{RQ}/\overline{GT}_0$ 总线请求信号输入/总线请求允许信号输出

在多处理器系统中,$\overline{RQ}/\overline{GT}_1$ 和 $\overline{RQ}/\overline{GT}_0$(request/grant)这两个信号端,可供 CPU 以外的两个协处理器用来发出使用总线的请求信号和接收 CPU 对总线请求信号的回答信号。$\overline{RQ}/\overline{GT}_1$ 和 $\overline{RQ}/\overline{GT}_0$ 都是双向的,总线请求信号和允许信号在同一引线上传输,但方向相反。其中 $\overline{RQ}/\overline{GT}_0$ 比 $\overline{RQ}/\overline{GT}_1$ 的优先级要高。

在 8288 芯片上,还有几条控制信号线 $\overline{MRDC}$(memory read command)、$\overline{MWTC}$ (memory write command)、$\overline{IORC}$(I/O read command)、$\overline{IOWC}$(I/O write command)和

$\overline{\text{INTA}}$等,它们分别是存储器与 I/O 的读写命令以及中断响应信号。另外,还有 $\overline{\text{AMWC}}$ 与 $\overline{\text{AIOWC}}$ 两个输出信号,它们分别表示提前的写内存命令与提前的写 I/O 命令,其功能分别和 $\overline{\text{MWTC}}$ 与 $\overline{\text{IOWC}}$ 一样,只是它们由 8288 提前一个时钟周期发出信号,这样,一些较慢的存储器和外设将得到一个额外的时钟周期去执行写入操作。

2.4 8086/8088 的存储器及 I/O 组织

2.4.1 存储器组织

8086/8088 有 20 条地址线,可寻址 1MB 的存储空间。存储器仍按字节组织,每个字节只有唯一的一个地址。若存放的信息是 8 位的字节,将按顺序存放;若存放的数为 1 个字时,则将字的低位字节放在低地址中,高位字节放在高地址中;当存放的是双字形式(这种数一般作为指针),其低位字是被寻址地址的偏移量,高位字是被寻址地址所在的段地址。指令和数据(包括字节或字)在存储器中的存放如图 2-9 所示。对存放的字,其低位字节可以在奇数地址中开始存放,也可以在偶数地址中开始存放。前者称为非规则存放,这样存放的字称为非规则字;后者称为规则存放,这样存放的字称为规则字。对规则字的存取可在一个总线周期完成,非规则字的存取则需两个总线周期。这就是说,读或写一个以偶数为起始地址的字的指令,只需访问一次存储器;而对于一个以奇数为起始地址的字的指令,就必须两次访问存储器中的两个偶数地址的字,忽略每个字中所不需要的那半个字,并对所需的两个半字进行字节调整。各种字节和字的读操作的例子如图 2-10 所示。

图 2-9 指令、数据在存储器中的存放

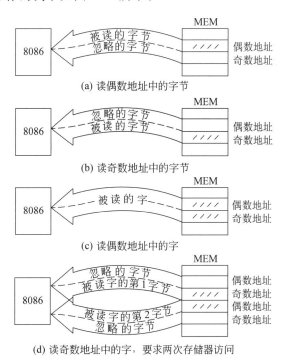

图 2-10 从 8086 存储器的偶数和奇数地址读字节和字

第 2 章 微处理器系统结构与技术

59

在 8086/8088 程序中，指令仅要求指出对某个字节或字进行访问，而对存储器访问的方式不必说明，无论执行哪种访问，都是由处理器自动识别的。

8086 的 1MB 存储空间实际上分为两个 512KB 的存储体，又称存储库，分别叫高位库和低位库。低位库与数据总线 $D_7 \sim D_0$ 相连，该库中每个地址为偶数地址；高位库与数据总线 $D_{15} \sim D_8$ 相连，该库中每个地址为奇数地址。地址总线 $A_{19} \sim A_1$ 可同时对高、低位库的存储单元寻址，A_0 或 $\overline{BHE}$ 则用于库的选择，分别接到库选择端 $\overline{SEL}$ 上，如图 2-11 所示。当 $A_0 = 0$，选择偶数地址的低位库；当 $\overline{BHE} = 0$ 时，选择奇数地址的高位库。利用 A_0 或 $\overline{BHE}$ 这两个控制信号可以实现对两个库进行读写（即 16 位数据）操作，也可单独对其中的一个库进行读写操作，如表 2-6 所示。

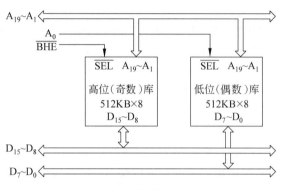

图 2-11　8086 存储器高低位库的连接

表 2-6　8086 存储器高低位库的选择

$\overline{BHE}$	A_0	读写的字节	$\overline{BHE}$	A_0	读写的字节
0	0	同时读写高、低两个字节	1	0	只读写偶数地址的低位字节
0	1	只读写奇数地址的高位字节	1	1	不传送

在 8088 系统中，可直接寻址的存储空间同样也为 1MB，但其存储器的结构与 8086 有所不同，它的 1MB 存储空间同属一个单一的存储体，即存储体为 1MB×8 位。它与总线之间的连接方式很简单，其 20 根地址线 $A_{19} \sim A_0$ 和 8 根数据线分别同 8088 CPU 的对应地址线和数据线相连。8088 CPU 每访问一次存储器只读写 1B 信息，因此，在 8088 系统的存储器中不存在对准存放的概念，任何数据字都需要两次访问存储器才能完成读写操作，故在 8088 系统中，程序运行速度比在 8086 系统中要慢一些。

2.4.2　存储器的分段

8086/8088 CPU 的指令指针 IP 和堆栈指针 SP 都是 16 位，故只能直接寻址 64KB 的地址空间。而 8086/8088 有 20 根地址线，它允许寻址 1MB 的存储空间。如前所述，为了能寻址 1MB 存储空间，引入了分段的概念。

在 8086/8088 系统中，1MB 存储空间被分为若干逻辑段，其实际存储器中段的位置如图 2-12 所示。从图中可知，每一段的大小可从 1B 开始任意递增，如 100B、1000B 等，直至最多可包含 64KB 长的连续存储单元；每个段的 20 位起始地址（即段基址）是一个能被 16 整

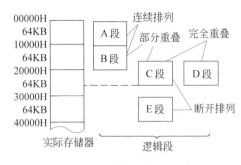

图 2-12 实际存储器中段的位置

除的数(即最后 4 位为 0),它可以通过用软件在段寄存器中装入 16 位段地址来设置。注意,段地址是 20 位段基址的前 16 位。

从图 2-12 中还可以看到,内存中各个段所处位置之间的相互关系,即段和段之间可以是连续的、分开的、部分重叠的或完全重叠的。一个程序所用的具体存储空间可以为一个逻辑段,也可以为多个逻辑段。

由于段的基址是由存放于段寄存器 CS、DS、SS 和 ES 中的 16 位段地址左移 4 位得来的,所以,程序可以从 4 个段寄存器给出的逻辑段中存取代码和数据。若要对其他段而不是当前可寻址的段中存取信息,程序必须首先改变对应的段寄存器中段地址的内容,将其设置成所要存取的段地址信息。

最后需要强调的是,段区的分配工作虽然是由操作系统完成的,但是系统允许程序员在必要时指定所需占用的内存区。

2.4.3 实际地址和逻辑地址

实际地址是指 CPU 对存储器进行访问时实际寻址所使用的地址,对 8086/8088 来说,是用 20 位二进制数或 5 位十六进制数表示的地址。通常,实际地址又称为物理地址或绝对地址。

逻辑地址是指在程序和指令中表示的一种地址,它包括段地址和偏移地址两个部分。对 8086/8088 来说,段地址是由 16 位段寄存器直接给出的 16 位地址;段偏移地址是由指令寻址时的寄存器组合与位移量之和给出,它最终所给出的是一个 16 位的偏移量,故称为偏移地址,简称为偏移量或偏移。段地址和偏移地址都用无符号的 16 位二进制数或 4 位十六进制数表示。

对于 8086/8088 CPU 来说,由于其寄存器都是 16 位的体系结构,所以,程序中的指令不能直接使用 20 位的物理地址,而只能使用 16 位的逻辑地址。注意,一个实际地址可对应多个逻辑地址,如图 2-13 所示。

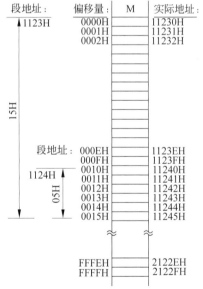

图 2-13 一个实际地址可对应多个逻辑地址

图中右侧标示的实际地址 11245H,既可以由段地址 1123H 与偏移地址 15H 获得,也可以由段地址 1124H 与偏移地址 05H 获得。可见,尽管采用了两组不同的逻辑地址,仍可获得同一个实际地址。

段地址来源于 4 个段寄存器,偏移地址来源于 IP、SP、BP、SI 和 DI。寻址时到底使用哪个寄存器或寄存器的组合，BIU 将根据执行操作的种类和要取得的数据类型来确定，如表 2-7 所示。注意，实际上，这些寻址操作都是由操作系统按照默认的规则，由 CPU 在执行指令时自动完成的。

表 2-7　逻辑地址源

存储器操作涉及的类型	正常使用的段地址	可被使用的段地址	偏移地址
取指令	CS	无	IP
堆栈操作	SS	无	SP
变量（下面情况除外）	DS	CS,ES,SS	有效地址
源数据串	DS	CS,ES,SS	SI
目标数据串	ES	无	DI
作为堆栈基址寄存器使用的 BP	SS	CS,DS,ES	有效地址

2.4.4　堆栈

8086/8088 系统中的堆栈，是用段定义语句在存储器中定义的一个堆栈段，和其他逻辑段一样，它可在 1MB 的存储空间中浮动。一个系统具有的堆栈数目不受限制，一个栈的深度最大为 64KB。

堆栈由堆栈段寄存器 SS 和堆栈指针 SP 来寻址。SS 中记录的是其 16 位的段地址，它确定堆栈段的段基址，而 SP 的 16 位偏移地址指定当前栈顶，即指出从堆栈段的段基址到栈顶的偏移量。栈顶是堆栈操作的唯一出口，它是堆栈地址较小的一端。

若已知当前 SS＝1050H，SP＝0008H，AX＝1234H，则 8086 系统中堆栈的入栈和出栈操作如图 2-14 所示。为了加快堆栈操作的速度，堆栈操作均以字为单位进行操作。

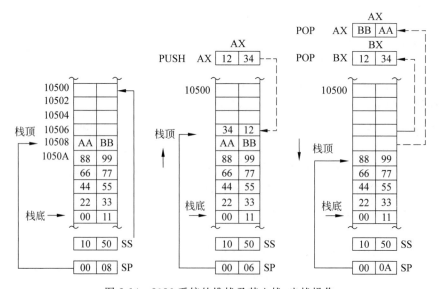

图 2-14　8086 系统的堆栈及其入栈、出栈操作

当执行 PUSH AX 指令时，是将 AX 中的数据 1234H 压入堆栈，该数据所存入的地址

计算机硬件技术基础（第 3 版）

单元由原栈顶地址 10508H 减 2 后的栈顶地址 10506H 给定。当执行 POP BX 指令时,把当前堆栈中的数据 1234H 弹出并送到 BX,栈顶地址由 10506H 加 2 变为 10508H;在执行 POP AX 时,把当前堆栈中的数据 BBAAH 送到 BX,则栈顶地址由 10508H 加 2 变为 1050AH。

2.4.5 "段加偏移"寻址机制允许重定位

8086/8088 CPU 的"段加偏移"寻址机制允许重定位(或再定位)是一个重要的特性。所谓重定位,指一个完整的程序块或数据块可以在存储器所允许的空间内任意浮动,并定位到一个新的可寻址的区域。在 8086 以前的 8 位微处理器中是没有这个特性的,从 8086 引入分段概念之后,由于段寄存器中的段地址可以由程序重新设置,因而,在偏移地址不变的情况下,就可以将整个存储器段移动到存储器的任何区域而无须改变任何偏移地址,这样,就能保持程序段和数据块的原有结构。

由于"段加偏移"的寻址机制允许程序和数据不需要做任何修改,就能使它们重定位,这给应用带来很大方便。因为,各种通用计算机系统的存储器结构不同,它们所包含的存储器区域也各不相同,但在应用中却要求软件和数据能够重定位,而"段加偏移"的寻址机制恰好具有允许重定位的特性,这就使各种通用计算机系统在运行同一软件和数据时能够保持兼容性。

2.4.6 I/O 组织

8086/8088 是用地址线的低 16 位来寻址 8 位 I/O 端口的,因此,CPU 可以访问的 8 位 I/O 端口有 $2^{16}=65536$ 个。并且,I/O 端口的 64KB 寻址空间是不需要分段的。

这里描述的 8086/8088 及其存储器与 I/O 组织是构建微机系统的基础知识。

2.5 80x86 微处理器

本节简要介绍 Intel 80x86 系列微处理器的结构进化及其主要技术特征。其中,最重要的几个关键技术是 80286 首次引入的虚拟存储管理,80386 的存储器分段与分页管理,80486 的 5 级流水线,以及 Pentium 的双流水线等技术。所有这些技术更新都体现了微处理器结构不断细分与进化并保持兼容性与连续性的特点。

2.5.1 80286 微处理器

继 8086 之后与 80186 几乎同时推出的 80286 是一种超级 16 位微处理器。和 8086 相比,80286 在结构上的改进是实现了"一分为四",即由 EU(执行单元)、AU(地址单元)、IU(指令单元)和 BU(总线单元)组成,如图 2-15 所示。

80286 的主要性能特点是首次实现虚拟存储管理,可以在实地址与保护虚地址两种模式下访问存储器。

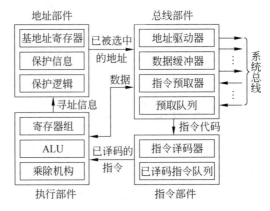

图 2-15   80286 功能部件连接示意图

80286 片内的 MMU 可以实现虚拟存储管理（又称虚拟内存管理）功能，这是一个十分重要的技术与特性。在 8086/8088 系统中，程序占有的存储器和 CPU 可以访问的存储器是一致的，只有物理存储器的概念，其大小为 1MB。而从 80286 开始，CPU 内的 MMU 在保护模式下将支持对虚拟存储器的访问。虚拟存储器和物理存储器是有区别的，其空间大小也不相同。虚拟存储器是指程序可以占有的空间，它并不是由内存芯片所提供的物理地址空间，而是由大型的外部存储器（如硬盘等）提供的所谓虚拟地址空间；物理存储器是指由内存芯片所提供的物理地址空间，它是 CPU 可以直接访问的存储器（即真正的内存）。操作系统和用户编写的应用程序是放在虚拟存储器上的，当机器执行命令时，必须要把即将执行的程序或存取的数据从虚拟存储器加载到物理存储器上，也就是把程序和数据从虚拟地址空间转换到物理地址空间。从虚拟地址空间到物理地址空间的转换称为映射。在 80286 中，虚拟存储器（虚拟空间）的大小可达 2^{30}B(1GB)，而物理存储器（实存空间）的大小只可达 2^{24}B(16MB)。图 2-16 是 80286 虚拟地址对物理地址的映射示意图。

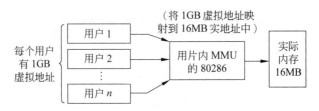

图 2-16   80286 虚拟地址映射示意图

采用虚拟存储管理，就是要解决如何把较小的物理存储器空间分配给具有较大虚拟存储器空间的多用户/多任务的问题。

80286 的存储管理机制比 8086 简单的段式管理机制有了质的突破。它能支持实地址模式和保护模式两种寻址模式。

（1）实地址模式

实地址模式简称实模式，80286 在通电以后就以实地址模式工作，其物理存储器的最大容量为 1MB。遍访 1MB 的地址需要 20 位地址码，80286 物理地址的计算方式与 8086 和 8088 一样。

（2）保护模式

在实地址模式下工作的 80286 只相当于一个快速的 8086，并没有真正发挥 80286 的功能。80286 的主要特点是在保护模式下，增强了对存储器的管理以及对地址空间的分段保护功能。

需要着重指出的是，80286 虽然是按支持多任务设计的，但在实际运行时并没有很好地实现多任务处理特性，尤其是在其实地址模式和保护模式之间进行转换时，这个问题比较明显。本来，DOS 程序应该在实地址模式下运行，但当 80286 在 DOS 程序之间进行转换时就必须在保护模式下进行，并因此而导致 DOS 程序运行失败。设计人员也曾希望通过针对硬件任务的转换，编制某些专用程序来满足多任务的需要，但效果不佳，这促使设计人员很快推出了性能更加优良的 80386 微处理器。

2.5.2　80386 微处理器

80386 是第 1 个全 32 位微处理器，简称 IA-32 系统结构。它的数据总线和内部数据通道，包括寄存器、ALU 和内部总线都是 32 位，能灵活处理 8 位、16 位或 32 位数据类型，能提供 32 位的指令寻址能力和 32 位的外部总线接口单元。其 32 条地址总线，能寻址 2^{32} B（即 4GB）的物理存储空间；而在保护模式下利用虚拟存储器，将能寻址 2^{46} B（即 64TB）虚拟存储空间。80386 的逻辑存储器采用分段结构，一个段最大可达 4GB。其运算速度比 80286 快 3 倍以上。

80386 在结构上实现了"一分为六"，如图 2-17 所示。它主要由 6 个单元所组成：总线接口单元（bus interface unit，BIU）、指令预取单元（instruction prefetch unit，IPU）、指令译码单元（instruction decode unit，IDU）、执行单元（execution unit，EU）、段管理单元（segment unit，SU）、页管理单元（paging unit，PU）。

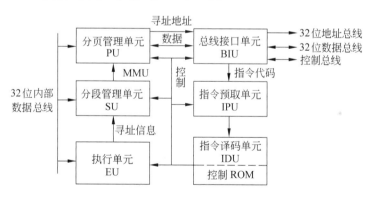

图 2-17　80386 的结构图

总线接口单元（BIU）是 80386 和外界之间的高速接口，通过数据总线、地址总线和控制总线负责与外部联系，包括访问存储器和访问 I/O 端口以及完成其他的功能。另外，总线接口单元还可以实现 80386 和 80387 协处理器之间的协调控制。

中央处理单元（CPU）由指令预取单元（IPU）、指令译码单元（IDU）和执行单元（EU）组成。预取单元是一个 16B 的指令预取队列寄存器，当总线空闲时，从存储器中读取的待执行的指令代码暂时存放到指令预取队列。80386 的指令平均长度为 3.5B(24～28 位),所以,指令预取队列可以存放 5 条指令。

指令译码器对预取的指令代码译码后,送入已译码指令队列中等待执行单元执行。此队列能容纳 3 条已经译码的指令。只要指令译码队列中还有剩余的字节空闲,译码单元就会从预取队列中取下一条指令译码。

执行单元主要包括 32 位算术逻辑运算单元 ALU,8 个 32 位通用寄存器。为了加速移位、循环以及乘、除法操作,还设置了一个 64 位的桶形(或多位)移位器和乘/除硬件。

80386 具有比 80286 更加完善的虚拟存储机制和更大容量的虚拟存储器。其虚拟存储器容量可多达 2^{46} B。如前所述,虚拟存储器实际上是利用系统中的一个速度较慢而容量很大的外部存储器(通常指硬盘)来模拟一个速度较快而容量较小的内存。程序员编写程序时,其程序存入磁盘里,因此可编写 2^{46} B 的程序。这样,从程序员的角度来看,系统中似乎有一个容量很大、速度也相当快的虚拟存储器。当然,它并不是真正的物理上的内存。由于 80386 的虚拟存储器容量可高达 2^{46} B(即 64TB),这样,它就可以运行要求存储容量比实际内存容量大得多的程序。

80386 的存储器管理部件(MMU)由分段单元和分页单元两个部分组成,它们的功能是实现存储器的段、页式管理。在实现段、页式管理的过程中,80386 就能将虚拟地址最终转换为物理地址。

分段单元通过提供一个额外的寻址器件对程序员编程时所涉及的逻辑地址空间进行管理,并且把由指令指定的逻辑地址变换成线性地址。分段的作用是可以对容量可变的代码存储块或数据存储块提供模块化和保护性。80386 在运行时,可以同时执行多任务操作。对每个任务来说,可以拥有多达 16K 段(即 16384 段),因为每一段的最大空间可达 4GB(此值由 32 位的偏移地址值决定),所以 80386 可为每个任务提供 64TB 的虚拟存储空间。

分页单元提供了对物理地址空间的管理,它的功能是把由分段单元或者由指令译码单元所产生的线性地址再换算成物理地址,并实现程序的重定位。有了物理地址后,总线接口单元就可以据此进行存储器访问和输入输出操作了。

分页单元可以将每一个段转换为多个页面,一个页面可为 1B～4KB,为了简化硬件和操作系统中的页定位计算,80386 将每页固定为 4KB。这恰好相当于磁盘系统中一个扇区的字节数。分页的作用是便于实现虚拟存储管理,通常在内存和磁盘之间进行映射时,都是以页为单位把磁盘的程序和数据转存到内存中的一个相对应的地址区间的。80386 在运行时,系统默认程序或数据均以页为单位由虚拟存储器装入实存方能运行。

需要指出的是,页单元是在 80386CPU 中新增加的,它是 80386 的一大特点;同时,页单元又是可选择的,如果不使用它,80386 的线性地址就是物理地址。

上述 80386 内部的 6 个单元都能各自独立操作,也能与其他部件并行工作。当取一条指令和执行一条指令时,每个部件都会完成一项任务或完成某一操作步骤。这样,既可以同时对不同指令进行操作,又可以对同一指令的不同部分同时并行操作。例如,当 BIU 完成某一条指令写数据周期的同时,指令单元可能正在对另一条指令译码,而执行单元却可能正在处理第 3 条指令。由于 80386 能对指令流并行操作,使多条指令重叠进行,因而,实现了高效的流水线化作业,避免了顺序地串行处理,大大地提高了 CPU 的速度,充分发挥了处理器的性能,使总线的利用效率得到改善。

2.5.3　80486 微处理器

80486 是第 2 代 32 位微处理器,其主要结构与性能特点如下。

① 80486 是第 1 个采用 RISC(reduced instruction set computer,缩减指令集计算机)技术的 80x86 系列微处理器,它通过减少不规则的控制部分,缩短了指令的执行周期,而且将有关基本指令的微代码控制改为硬件逻辑直接控制,缩短了指令的译码时间,使得微处理器的处理速度达到 12 条指令/时钟,从而有效地解决了 CPU 和存储器之间的 I/O 瓶颈问题。

② 内含 8KB 的高速缓存(cache),用于对频繁访问的指令和数据实现快速的混合存放,使高速缓存系统能截取 80486 对内存的访问。如果查询所需要的指令或数据在高速缓存中——命中(HIT),则无须插入等状态便可直接把指令或数据从 cache 中取到;相反,如果未命中(MISS),CPU 才从主存中读取指令或数据以进行补充。实际上,由于高速缓存的"命中"率很高,使得插入的等状态趋于零,同时,高"命中"率必将降低外部总线的使用频率,从而提高了系统的性能。

③ 80486 芯片内包含有与片外 80387 功能完全兼容且功能又有扩充的片内 80387 协处理器,即浮点运算部件(FPU)。协处理器 80387 被设计用来协同处理器并行工作,专门用作浮点运算。由于 80486 CPU 和 FPU 之间的数据通道是 64 位,80486 内部数据总线宽度也为 64 位,而且 CPU 和 cache 之间以及 cache 与 cache 之间的数据通道均为 128 位,因此 80486 较 80386 处理数据的速度大大提高。

④ 80486 采用了猝发式总线(burst bus)的总线技术,当系统取得一个地址后,与该地址相关的一组数据都可以进行输入输出,有效地提高了 CPU 与存储器之间的数据交换速度。

⑤ 从程序人员角度看,80486 与 80386 的体系结构几乎一样。80486 CPU 与 Intel 现已提供的 86 系列微处理器(8086/8088、80186/80188、80286、80386)在目标代码一级完全保持了向上的兼容性。80486 CPU 与 8086/8088 的兼容性是以实模式来保证的。其保护模式和 80386 指标一样,80486 也继承了虚拟 8086 模式。

⑥ 80486 CPU 的开发目标是实现高速化,并支持多处理器系统,因此,可以使用 N 个 80486 构成多处理器的结构。

80486 和 80386 一样,特别适合于多任务处理的操作系统。以它们组成的微机可以运行 UNIX、XENIX、OS/2、PC-DOS(MS-DOS)以及 Windows 等不同的操作系统。

相对于 80386,80486 在内部结构上与 80386 基本相似,它在保留了 80386 的 6 个功能单元的基础上,新增加了高速缓存单元和浮点运算单元两个部分,即所谓由"一分为六"变成"一分为八"。其中,预取指令、指令译码、内存管理单元 MMU(即段单元和页单元)以及 ALU 单元都可以独立并行工作,如图 2-18 所示。

80486 采取的主要技术改进使它实现了 5 级指令流水线操作功能,如图 2-19 所示。

5 个指令执行阶段是:指令预取、指令解码 1、解码 2、执行和回写。具体地说,第 1 个指令执行阶段为提取指令,在此阶段里,当前要执行的指令被放入指令预取队列;第 2 和第 3 阶段是指令解码阶段,其主要目的是计算出操作数在内存中的地址;第 4 阶段则是执行阶段;第 5 阶段则是将执行结果存回内存或寄存器中。这样,当第 1 条指令在执行完第 1 阶段的提取过程后,在下一个时钟来临进行解码阶段时,提取指令的处理单元就可以对下一条指

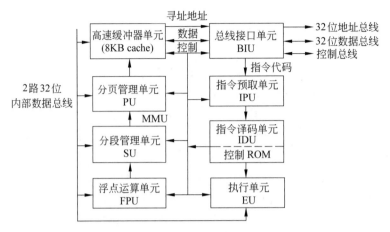

图 2-18 80486 的结构图

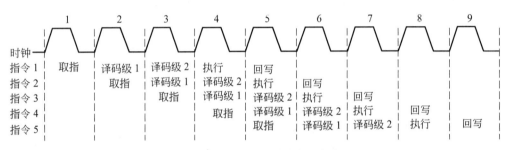

图 2-19 80486 的 5 级指令流水线

令进行提取,而解码单元便对当前的指令进行解码。

总之,80486 从功能结构设计的角度来说,已形成了 IA-32 结构微处理器的基础。在 Intel 系列的后续微处理器结构中,都汲取了 IA-32 结构微处理器的设计思想,主要是在指令的流水线、cache 的设置与容量以及指令的扩展等方面做了一些改进和发展。

2.6 Pentium 微处理器

2.6.1 Pentium 的体系结构

Pentium 是继 80486 之后 80x86 系列的又一代新产品,简称为 P5 或 80586,中文译为 "奔腾"。虽然 Pentium 采用了许多新的设计方法,但仍与过去的 80x86 系列 CPU 兼容。

在微处理器的技术发展实践中已证明,要更大地提高 CPU 的整体性能,单靠增加芯片的集成度在技术上受到很大限制。为此,Intel 公司在 Pentium 的设计中采用了新的体系结构,如图 2-20 所示。

从图 2-20 中可以看出,Pentium 外部有 64 位的数据总线和 36 位的地址总线,同时,该结构也支持 64 位的物理地址空间。Pentium 内部有两条指令流水线,即 U 流水线和 V 流水线。U、V 流水线都可以执行整数指令,但只有 U 流水线才能执行浮点指令,而在 V 流水

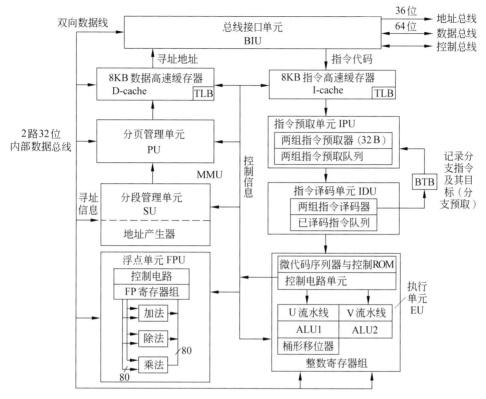

图 2-20 Pentium 首次引入 U、V 双流水线的结构图

线中只能执行一条异常的 FXCH 浮点指令。因此,Pentium 能够在每个时钟内执行两条整数指令,或在每个时钟内执行一条浮点指令。如果两条浮点指令中有一条为 FXCH 指令,那么在一个时钟内可以执行两条浮点指令。每条流水线都有自己的独立的地址生成逻辑、算术逻辑部件和数据超高速缓存接口。

此外,Pentium 有两个独立的超高速缓存,即一个指令超高速缓存和一个数据超高速缓存。数据超高速缓存中,有两个端口分别用于 U、V 两条流水线和浮点单元保存最常用数据备份。此外,它还有一个专用的转换后援缓冲器(TLB),用来把线性地址转换成数据超高速缓存所用的物理地址。指令超高速缓存、转移目标缓冲器(BTB)和预取缓冲器负责将原始指令送入 Pentium 的执行单元。指令取自指令超高速缓存或外部总线。转移地址由转移目标缓冲器予以记录,指令超高速缓存的 TLB 将线性地址转换成指令超高速缓存器所用的物理地址,译码部件将预取的指令译码成 Pentium 可以执行的指令。控制 ROM 含有控制实现 P5 体系结构所必须执行的运算顺序和微代码。控制 ROM 单元直接控制两条流水线。

2.6.2 Pentium 体系结构的技术特点

1. 超标量流水线

超标量流水线(superscalar)设计是 Pentium 处理器技术的核心。它由 U 与 V 两条指令流水线构成,如图 2-21 所示。

每条流水线都拥有自己的 ALU、地址生成电路和数据 cache 的接口。这种流水线结构允许 Pentium 在单个时钟周期内执行两条整数指令,比相同频率的 80486DX CPU 性能提高了一倍。

与 80486 流水线相类似,Pentium 的每一条流水线也分为 5 个步骤:指令预取、指令译码、地址生成、指令执行、回写。当一条指令完成预取步骤后,流水线就可以开始对另一条指令的操作。

但与 80486 不同的是,由于 Pentium 是双流水线结构,它可以一次执行两条指令,在每条流水线中执行一条。这个过程称为"指令并行"。在这种情况下,要求指令必须是简单指令,且 V 流水线总是接受 U 流水线的下一条指令。但如果两条指令同时操作产生的结果发生冲突时,则要求 Pentium 必须借助适用的编译工具产生尽量不冲突的指令序列,以保证其有效使用。

2. 独立的指令 cache 和数据 cache

80486 片内有 8KB cache,而 Pentium 片内则有两个 8KB cache,一个作为指令 cache,另一个作为数据 cache,即双路 cache 结构,如图 2-22 所示。

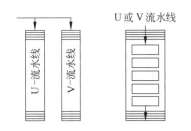

图 2-21   Pentium 超标量流水线结构

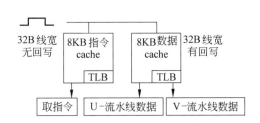

图 2-22   双路 cache 结构

图 2-22 中,TLB 的作用是将线性地址翻译成物理地址。指令 cache 和数据 cache 采用 32×8 线宽(80486DX 为 16×8 线宽),是对 Pentium 64 位总线的有力支持。Pentium 的数据 cache 中有两个端口分别通向 U 和 V 两条流水线,以便能在同一时刻向两个独立工作的流水线交换数据。当向已被占满的数据 cache 写数据时(也只有在这种情况下),将移走一部分当前使用频率最低的数据,并同时将其写回主存,这个技术称为 cache 回写技术。由于处理器向 cache 写数据和将 cache 释放的数据写回主存是同时进行的,所以,采用 cache 回写技术大大节省处理时间。

指令和数据分别使用不同的 cache,使 Pentium 的性能大大超过了 80486 微处理器。例如,流水线的第 1 步骤为指令预取,指令从指令 cache 中取出,如果指令和数据合用一个 cache,则指令预取和数据操作之间将很可能发生冲突。而提供两个独立的 cache,可避免这种冲突并允许两个同时操作。

3. 重新设计的浮点单元

Pentium 的浮点单元在 80486 的基础上进行了彻底的改进,它由数据 cache 中的一个专门端口提供数据通道。其浮点运算的执行过程分为 8 级流水,使每个时钟周期能完成一个浮点操作(某些情况下可以完成两个)。

浮点单元流水线的前 4 个步骤与整数流水线相同,后 4 个步骤的前两步为二级浮点操作,后两步为四舍五入以及写结果、出错报告。Pentium 的 CPU 对一些常用指令,如 ADD、MUL 和 LOAD 等,采用了新的算法,同时,用电路进行了固化,用硬件来实现,其速度的提高是显而易见的。

在运行浮点密集型程序时,66MHz Pentium 运算速度为 33MHz 的 80486DX 运算速度的 5~6 倍。

4. 分支预测

循环操作在软件设计中使用十分普遍,而每次在循环当中对循环条件的判断占用了大
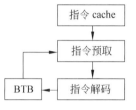
量的 CPU 时间。为此,Pentium 提供了一个称为分支(或转移)目标缓冲器(branch target buffer,BTB)的小 cache 来动态地预测程序分支,当一条指令导致程序分支时,BTB 记下这条指令和分支目标的地址,并用这些信息预测这条指令再次产生分支时的路径,预先从此处预取,保证流水线的指令预取步骤不会空置,BTB 机制如图 2-23 所示。

图 2-23 Pentium 的 BTB 机制

当 BTB 判断正确时,分支程序即刻得到解码,从循环程序来看,在进入循环和退出循环时,BTB 会发生判断错误,需重新计算分支地址。若循环 10 次,2 次错误,8 次正确;若循环 100 次,2 次错误,98 次正确。因此,循环越多,BTB 的效益越明显。

2.7 Pentium 系列微处理器及相关技术的发展

Intel 自推出第 5 代微处理器 Pentium 和增强型 Pentium Pro 之后,于 1996 年年底推出了具有多媒体专用指令集的 MMX CPU,接着于 1997 年 5 月推出了更高性能的 Pentium Ⅱ CPU,1999 年又推出 Pentium Ⅲ CPU,并于 2000 年以后相继推出了 Pentium 4 及 Pentium 4 后系列 CPU 产品。这样,它以领先的技术将个人计算机推向一个新的发展阶段。本节将主要介绍 Pentium 系列微处理器及其相关技术。

2.7.1 Pentium Ⅱ 微处理器

Pentium Ⅱ 是 Pentium Pro 的改进型产品,在核心结构上并没有什么变化。它采用了一种称为双独立总线(dual independent bus,DIB)结构(即二级高速缓存总线和处理器-主内存系统总线)的技术。这种结构使微机的总体性能比单总线结构的处理器提高了 2 倍。例如,双独立总线架构使 266MHz Pentium Ⅱ 处理器的 L2 缓存比 Pentium 处理器的 L2 缓存运行速度快 2 倍。随着 Pentium Ⅱ 处理器主频的不断提高,L2 缓存的速度也会随之提升。管道式的系统总线使得 Pentium Ⅱ 能同时处理多重数据(取代单一顺序处理),加速了系统中的信息流,从而提升总体性能。总之,这些双独立总线架构比单总线架构的处理器在

带宽处理上的性能提高了 3 倍。此外,双独立总线架构还支持 66MHz 的系统存储总线在速度提升方面的发展。高带宽总线技术和高处理性能是 Pentium Ⅱ 处理器的两个重要特点。同时,它还保留了原有 Pentium Pro 处理器优秀的 32 位性能,并融合了 MMX 技术。近十年来,Intel 的 MMX 技术提升了视频的加压和解压、图像处理、编码及 I/O 处理能力,所有这些,在办公套件、商用多媒体、通信和 Internet 中都得到了广泛的应用。由于 Pentium Ⅱ 增加了加速 MMX 指令的功能和对 16 位代码优化的特性,使得它能够同时处理两条 MMX 指令。

Pentium Ⅱ 还采用了一种称为动态执行的随机推测设计来增强其功能。其虚拟地址空间达到 64TB,而物理地址空间达到 64GB;其片内还集成了协处理器,并采用了超标量流水线结构。此外,为了克服其片外 L2 高速缓存较慢的不足,Intel 将它的片内 L1 高速缓存从 16KB 加倍到 32KB(16KB 指令 + 16KB 数据),从而减少了对片外 L2 高速缓存的调用频率,提高了 CPU 的运行性能。

Pentium Ⅱ 处理器与主板的连接首次采用了 Slot 1 接口标准,它不再采用陶瓷封装,而是采用了一块带金属外壳的印刷电路板(PCB),该印刷电路板集成了处理器的核心部件,以及 32KB 的一级高速缓存。它与一个称为单边接触卡(single-edge contact,SEC)的底座相连,再套上塑料封装外壳,形成完整的 CPU 部件。

2.7.2　Pentium Ⅲ 微处理器

Pentium Ⅲ 微处理器仍采用了同 Pentium Ⅱ 一样的 P6 内核,制造工艺为 $0.25\mu m$ 或 $0.18\mu m$ 的 CMOS 技术,有 950 万个晶体管,主频从 450MHz 和 500MHz 开始,最高达 850MHz 以上。

Pentium Ⅲ 处理器具有片内 32KB 非锁定一级高速缓存和 512KB 非锁定二级高速缓存,可访问 4～64GB 内存(双处理器)。它使处理器对高速缓存和主存的存取操作以及内存管理更趋合理,能有效地对大于 L2 缓存的数据进行处理。在执行视频回放和访问大型数据库时,高效率的高速缓存管理使 Pentium Ⅲ 避免了对 L2 高速缓存的不必要的存取。由于消除了缓冲失败,多媒体和其他对时间敏感的操作性能得以提高。对于可缓存的内容,Pentium Ⅲ 通过预先读取期望的数据到高速缓存里来提高速度,从而,提高了高速缓存的命中率。

为了进一步提高 CPU 处理数据的功能,Pentium Ⅲ 增加了称为 SSE(streaming SIMD extensions,流式单指令多数据扩展)的新指令集。新增加的 70 条 SSE 指令分成 3 组不同类型的指令:8 条内存连续数据流优化处理指令,通过采用新的数据预存取技术,减少 CPU 处理连续数据流的中间环节,大大提高 CPU 处理连续数据流的效率;50 条单指令多数据浮点运算指令,每条指令一次可以处理多组浮点运算数据,原来的指令一次只能处理一对浮点运算数据,现在可以处理 4 对数据,因此,大大提高了浮点数据处理的速度;12 条新的多媒体指令,采用改进的算法,进一步提升视频处理、图片处理的质量。

Pentium Ⅲ 处理器另一个特点是它具有处理器序列号。处理器序列号共有 128 位,使每一块 Pentium Ⅲ 都有自己唯一的序列号,它可以对使用该处理器的 PC 进行标识。

由于 Pentium Ⅲ 所具有的各种优越性能,它的应用领域十分广阔,特别是在多媒体与因特网技术应用方面,更有其突出的优势。与 Pentium Ⅱ 相比,Pentium Ⅲ 的识别速度提高

37％,图形处理速度提高 64％,视频压缩速度提高 41％,三维图形处理能力提高 74％。

2.7.3 Pentium 4 微处理器简介

Intel 公司最初于 2000 年 8 月推出的 Pentium 4(P4)是 IA-32 结构微处理器的增强版,也是第 1 个基于 Intel NetBurst 微结构的处理器。Pentium 4 在数据加密、视频压缩和对等网络等方面的性能都有较大幅度的提高,它可以更好地处理互联网用户的需求。

1. Pentium 4 简介

P4 的原始代号为 willamette,是一个具有超级深层次管线化架构的微处理器。

早期的 P4 主要分为两个版本,2000 年 8 月,Intel 展示了第 1 台 1.4GHz 的 P4 系统,其 P4 芯片即是属于第 1 代版本,而第 2 代 P4 于 2000 年年底才正式宣布。

Intel 于 2001 年 2 月 26 日发布了新的 P4,这款新 P4 采用较小的封装技术和 $0.13\mu m$ 的制程工艺,其代号为 northwood,与原来的 P4 相比,虽然体积有所减小,但 CPU 的引脚数却增加为 478 针,它可以满足 2GHz 的电压需求。

近几年,Pentium 4 处理器已逐渐演变成一个庞大的 Pentium 4 后系列,其 CPU 内部功能结构更加复杂,性能也更加提升。Intel Pentium 4 系列以后(简称 Pentium 4 后)的 CPU 产品是 Pentium D～Core 2,其主要性能如表 2-8 所示。

表 2-8 Pentium D～Core 2 主要性能表

处理器 (Processor)	主频/GHz (Speed)	插槽类型 (Socket)	制程工艺/nm (Fab)	前端总线/Hz (FSB)	二级缓存/KB (L2 cache)
Pentium D/EE	2.66～3.73	LGA 775	65/90	533/800/1066	2×1024 2×2048
Pentium 4	1.3～3.8	Socket 478/LGA 775/Socket 423	65/90/130/180	400/533/800/1066	256～2048
Intel Xcon	0.4～3.8	Slot2, Socket 603, Socket 604, FCPGA6, LGA 771	65～250	100～1333	256～4096
Pentium M	0.8～2.26	Socket 479	90/130	400/533	1024～2048
Intel Core	1.06～2.33	LGA 775/FCPGA6	65	533/667	2048
Intel Core 2	1.66～2.93	LGA 775/FCPGA6	65	67/1066	2048～4096

2. Pentium 4 的内部功能结构框图

Intel 为 Pentium 4 CPU 设计了多种类型的内部结构。图 2-24 给出了其中一种由 Intel 公布的 Pentium 4 CPU 的内部功能结构框图。

在图 2-24 中,包含影响 Pentium 4 性能的所有重要单元。下面简要介绍 Pentium 4 主要功能部件,以及内部执行环境可以使用的一些主要资源。

① BTB:分支目标缓冲区(branch target buffer),用来存放所预测分支的所有可能生成的目标地址记录(通常为 256 或 512 条目标地址)。当一条分支指令导致程序分支时,

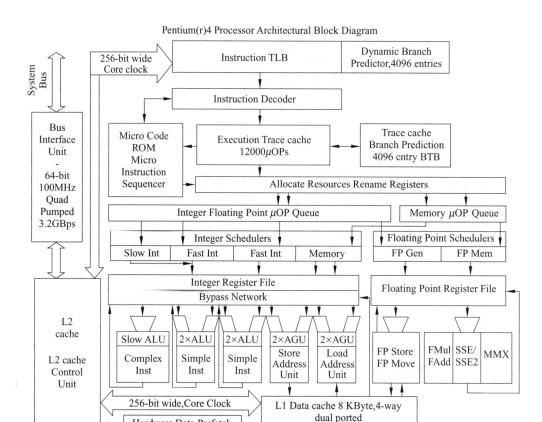

Pentium(r)4 Processor Architectural Block Diagram

图 2-24　Pentium 4 CPU 的内部功能结构框图

BTB 就记下这条指令的目标地址,并用这条信息预测该指令再次引起分支时的路径,从而使 CPU 能预先从该处预取。

②　μOP:微操作运算码(micro-operation/operand),是 Intel 公司赋予微处理器的执行部件能直接理解和执行的指令集名称,简称微指令集。这种微指令集是一组非常简单而且处理器可以快速执行的指令集。通常汇编语言中的一条指令可分解为一系列的微指令,它与 x86 的变长指令集不同,其长度是固定的,因此很容易在执行流水线中进行处理。在现代多数超标量微处理器中,都会发现内建微码存储器(micro code ROM)的机制。微指令存放在内部的一个微码存储器中。平均来说,多数的 x86 指令会被微码定序器编译成大约两个运算码。一些很简单的指令如 AND、OR、OR 或 ADD 仅会产生一个运算码,而 DIV 或 MUL 以及间接寻址运算则会产生较多运算码。其他极为复杂的指令,如三角函数等能轻易产生上百个运算码,出自微指令定序器(micro instruction sequencer)。

③　ALU:运算逻辑单元,即整数运算单元。一般数学运算,如加、减、乘、除以及逻辑运算,如 AND、OR、ASL、ROL 等指令都在逻辑运算单元中执行。而这些指令在一般软件中占了程序代码的绝大多数,所以,ALU 的运算性能对整个系统的性能影响很大。

④　AGU:地址生成单元(address generation unit)与 ALU 一样重要,负责生成在执行指令时所需的寻址地址。而且,程序通常采用间接寻址,由 AGU 产生,所以 AGU 会一直处于忙碌状态。

⑤ Instruction TLB：为指令旁路转换缓冲(instruction translation lookaside buffer)，也称为转换后援缓冲器，是用于把线性地址转换成数据超高速缓存所用的物理地址。实际上，它可以被理解成页表缓冲，存放的是一些页表文件(虚拟地址到物理地址的转换表)，它简称为指令快表。当处理器在内存寻址时，不是直接在内存中查找物理地址，而是通过TLB将一组虚拟地址转换为内存的物理地址，CPU寻址时就会优先在TLB中进行寻址。寻址的命中率越高，处理器的性能就越好。所以，引入TLB是为了减少CPU访问物理内存的次数。

⑥ dynamic branch predictor：动态分支预取器含有4096个入口。动态分支预测是相对静态分支预测而言的。静态分支预测在指令取入译码器后进行译码时，利用BTB中目标地址信息预测分支指令的目标地址；而动态分支预测的预测发生在译码之前，即对指令缓冲器中尚未进入译码器中的那部分标明每条指令的起始和结尾，并根据BTB中的信息进行预测。因此，对动态分支预测，一旦预测有误，已进入到流水线中需要清除的指令比静态分支预测时要少，从而提高了CPU的运行效率。

⑦ instruction decoder：指令译码器。Pentium 4具有设计更加合理的译码器，它能加快指令译码速度，提高指令流水效率，从而能有效提高处理器性能。

⑧ trace cache：指令跟踪缓冲。指令跟踪缓存是P4在将指令cache(I-cache)与数据cache(D-cache)分开后，为了与以往的L1 I-cache有所区别，取名为trace cache。

⑨ allocate resources/rename registers：资源配置/重命名寄存器组。是基本的程序执行寄存器，包括8个通用寄存器、6个段寄存器、一个32位的标志寄存器和一个32位的指令寄存器。

⑩ integer/floating point μOP queue：整型/浮点μOP队列。

⑪ memory μOP queue：存储器μOP队列。

⑫ integer schedulers：整型运算调度。

⑬ floating point schedulers：浮点运算调度。

⑭ integer register file/bypass network：整型运算寄存器组/旁通网络。

⑮ floating point register file：浮点运算寄存器组。包括8个80位的浮点数据寄存器以及控制寄存器、状态寄存器、FPU指令指针与操作数指针寄存器等。

⑯ slow ALU/complex inst：慢速ALU/复杂指令。

⑰ 2×ALU/simple inst：2×ALU/简单指令。

⑱ 2×AGU/store address unit：2×AGU/存入地址单元。

⑲ 2×AGU/store address unit：2×AGU/读出地址单元。

⑳ FP store/FP move：浮点存/浮点传送。增强的128位浮点装载、存储与传送操作。

㉑ Fmul/Fadd：浮点乘加。增强的128位浮点乘加运算操作。

㉒ SSE/SSE2：SSE和SSE2寄存器。8个XMM寄存器和1个MSCSR寄存器支持128位紧缩的单精度浮点数、双精度浮点数以及128位紧缩的字节、字、双字、四字整型数的SIMD操作。

㉓ MMX：MMX寄存器。8个MMX寄存器用于执行单指令多数据操作。

此外，P4还继承了IA-32结构中的系统寄存器和数据结构，其存储器管理与80386基本相同，也采用了分段与分页两级管理。

3. Pentium 4 的主要技术特点

Pentium 4 作为 Intel 第 7 代处理器,其主要技术特点如下。

① 流水线深度由 Pentium 的 14 级提高到 20 级,使指令的运算速度成倍增长,并为设计更高主频和更好性能的微处理器提供了技术准备。P4 的最高主频设计可高达 10GHz。

② 采用高级动态执行引擎,为执行单元动态地提供执行指令,即在执行单元有可能空闲等待数据时,及时调整不需要等待数据的指令提前执行,防止了执行单元的停顿,提高了执行单元的效率。

③ 采用执行跟踪技术跟踪指令的执行,减少了由于分支预测失效而带来的指令恢复时间,提高了指令执行速度。

④ 增强的浮点/多媒体引擎,128 位浮点装载、存储、执行单元,大大提升了浮点运算和多媒体信息处理能力。

⑤ 超高速的系统总线。第 1 代采用 willamette 核心的产品采用 400MHz 的系统总线,比采用 133MHz 系统总线的 Pentium Ⅲ 的传输率提高 3 倍,使其在音频、视频和 3D 等多媒体应用方面获得更好的表现。

此外,P4 还引入了其他一些相关技术。如快速执行引擎(rapid execution engine)及双倍算术逻辑单元架构(double pumped ALU),它是在 P4 CPU 的核心结构中设计两组可独立运行的 ALU,以加倍提高 CPU 执行算术逻辑运算的整体速度,使其执行常用指令时的速度是运行其他指令速度的 2 倍;4 倍爆发式总线(quad pumped bus),它是指 P4 在一个时钟频率的周期内,可以同时传送 4 股 64 位不同的数据,以提高内存的带宽;SSE2(streaming SIMD extensions 2)指令集,是在单指令多数据扩展(SSE)技术基础上进一步增强浮点运算能力而推出的新的扩展指令集;指令跟踪缓存(trace cache),是 P4 在结构性能方面的一个最大的改进技术,即将指令 cache(I-cache)与数据 cache(D-cache)分开,以加快内部数据的执行速度。

2.7.4 CPU 的主要性能指标

在 CPU 系列中,关注的是以下主要性能指标。

1. 主频

主频又称时钟频率,单位是兆赫(MHz)或千兆赫(GHz),用来表示 CPU 的运算和处理数据的速度。通常,主频越高,CPU 处理数据的速度就越快。

CPU 的主频与 CPU 实际的运算能力是没有直接关系的。CPU 的运算速度还要看 CPU 的流水线、总线等各方面的性能指标。

CPU 的主频＝外频×倍频系数。外频是 CPU 的基准频率,单位是 MHz。CPU 的外频决定着整块主板的运行速度。在台式计算机中所说的超频都是指超 CPU 的外频。

2. 前端总线

前端总线(front side bus,FSB)是将 CPU 连接到北桥芯片的总线。FSB 频率直接影响着 CPU 与内存数据交换的速度。

前端总线频率越高,表示 CPU 与内存之间的数据传输量越大,更能充分发挥出 CPU 的功能。数据带宽＝(总线频率×数据带宽)/8。例如支持 64 位的至强 Nocona,前端总线是 800MHz,按照公式,它的数据传输最大带宽是 6.4GB/s。

3. 缓存

缓存(cache memory)是指可以进行高速数据交换的存储器,它先于内存与 CPU 交换数据。因速度极快,又称为高速缓存。它是 CPU 的重要指标之一。

(1) 一级缓存

一级缓存(L1 cache)是 CPU 第一层高速缓存,分为指令缓存(instruction cache,I-cache)和数据缓存(data cache,D-cache)。一级指令缓存用于暂时存储并向 CPU 递送各类运算指令;一级数据缓存用于暂时存储并向 CPU 递送运算所需数据。

缓存的容量和结构对 CPU 的性能影响较大,是整个 CPU 缓存层次中最为重要的部分。高速缓冲存储器均由静态 RAM 组成,结构较复杂,由于它集成在 CPU 内核中,受到 CPU 内部结构的限制,因此不会做得太大,通常容量在 32KB～256KB。

(2) 二级缓存

二级缓存(L2 cache)是 CPU 的第二层高速缓存,其作用是协调 CPU 的运行速度与内存存取速度之间的差异。二级缓存是 CPU 性能表现的关键之一。在 CPU 核心不变的情况下,增加二级缓存容量,能使性能大幅度提高。

CPU 缓存除了有一级缓存与二级缓存外,部分高端 CPU 还具有三级缓存(L3 cache),但它对处理器的性能提高显得不是特别重要。

4. 制造工艺

制造工艺的微米或纳米是指 IC 内电路与电路之间的距离。制造工艺的趋势是向密集度越高的方向发展。密度越高的 IC 电路设计,意味着在同样大小面积的 IC 中,可以拥有密度更高、功能更复杂的电路设计。曾有 180nm、130nm、90nm、65nm、45nm,2012 年制造工艺已达 22nm。

5. 多媒体指令集

为了提高计算机在多媒体、三维图形方面的应用能力,许多 CPU 指令集应运而生,如 Intel 的 MMX、SSE/SSE2/SSE3/SSE4 和 AMD 的 3D NOW! 指令集。这些指令对图像处理、浮点运算、三维运算、视频处理、音频处理等多种多媒体应用起到全面强化的作用。

6. CPU 的封装技术

CPU 的封装技术对于芯片来说是至关重要的。采用不同封装技术的 CPU,在性能上存在较大差距。只有高品质的封装技术才能生产出完美的 CPU 产品。封装不仅起着安放、固定、密封、保护芯片和增强导热性能的作用,而且还是沟通芯片内部世界与外部电路的桥梁——芯片上的接点用导线连接到封装外壳的引脚上,这些引脚又通过印刷电路板上的导线与其他器件建立连接。

2.8 嵌入式计算机系统的应用与发展

嵌入式计算机系统的应用已非常普遍,并成为计算机的一种重要应用方式。嵌入式系统之所以如此受到重视,就在于它将先进的计算机技术、半导体技术与微电子技术和各个行业的具体应用有机地结合起来,在设计上体现了计算机体系结构的最新发展,在应用上开拓了当前信息化电子产品最热门的一个领域。

2.8.1 嵌入式计算机系统概述

嵌入式计算机系统简称嵌入式系统(embedded system),它实际上是计算机系统的一个专门应用领域。

1. 嵌入式系统的组成

嵌入式系统作为一种专用的计算机系统,它既有计算机系统的基本结构,又有自己的特点。它由嵌入式处理器、嵌入式外设、嵌入式操作系统和嵌入式应用系统4部分组成。

1) 嵌入式处理器

嵌入式处理器和通用处理器有着相同的基本组成与工作原理,但其最大的区别在于它的专用性,因此它比通用处理器有更多的种类和数量需求。

嵌入式处理器主要有4种:嵌入式微处理器(embedded micro processor unit,EMPU)、嵌入式微控制器(embedded micro controller unit,EMCU)、嵌入式数字信号处理器(embedded digital signal processor,DSP)和嵌入式片上系统(embedded system on chip,ESOC)。

(1) 嵌入式微处理器:指类似于通用 CPU 但具有某些增强设计功能(如抗高温、抗电磁干扰等)的专用微处理器。由于这种专用系统设计比较复杂,性价比很低,所以应用较少,主要应用于其他类型嵌入式处理器难以满足性能要求的领域中,如数字电视、机顶盒等家电设备。

(2) 嵌入式微控制器:是在单芯片计算机基础上发展起来的,它将微处理器、存储器、定时/计数器及多种 I/O 接口等集成制作在同一芯片中,可独立完成运算、放大和处理等工作,具有优异的外围接口控制功能,易于构成各种工控、自适应控制和数据采集等系统,以及数字化、智能化和多功能化等新一代机电一体化产品,并可在大型测控系统中与主机并行工作,提高系统速度。嵌入式微控制器的典型代表是单片机。从 20 世纪 70 年代末单片机出现至今,已历经了 4 位、8 位到 16 位、32 位甚至 64 位,其应用遍及各个领域。例如,电机控制、条码阅读器/扫描器、消费类电子、游戏设备、楼宇安全与门禁控制、工业控制与自动化以及白色家电(洗衣机、微波炉)等。目前 EMCU 占嵌入式系统约 70% 的市场份额。

(3) 嵌入式数字处理器:主要满足对数字信号有很高处理能力要求的应用领域,因此它在系统结构和指令方面有特殊的设计要求,特别适合于声音和图像等多媒体信息处理应用。

（4）嵌入式片上系统：是目前嵌入式系统实现的最高形式，其复杂程度远远超过嵌入式微控制器。它的特点是根据应用要求可以把不同的 IP 核（intellectual property kernels）甚至嵌入式软件集成在一块芯片上。ESOC 是未来嵌入式系统的发展方向。

2）嵌入式外设

嵌入式外设是指除嵌入式处理器以外用于完成存储、通信、保护、测试和显示等功能的其他部件。它们可分为 3 种类型：①存储器类型，如 RAM、SRAM、DRAM、ROM、EPROM、EEPROM 与 FLASH 等；②接口类型，如 RS-232 串口、IRDA（红外线接口）、SPI（串行外设接口）、USB（通用串行接口）、Ethernet（以太接口）和普通接口；③显示类型，如CRT、LCD 和触摸屏等。

3）嵌入式操作系统

在大型嵌入式应用中，嵌入式操作系统与通用 PC 操作系统类似，具有复杂的功能，以便能完成诸如存储器管理、中断处理、任务间通信和定时以及多任务处理等功能。嵌入式操作系统有 VxWorks、pSOS、Linux 和 Delta OS 等。

4）嵌入式应用系统

嵌入式应用系统是基于本系统的硬件平台特点，并且结合其应用需要而开发的专用计算机软件。

2. 嵌入式系统的特点

嵌入式系统是针对特定应用领域需要而开发的应用系统，所以它有着不同于通用型计算机系统的一些特点。

（1）嵌入式系统是一个将计算机技术、半导体技术与电子技术紧密结合起来的技术密集、高度分散、不断创新的集成系统，它需要资金、技术与人才的大力支持。

（2）嵌入式系统通常是面向特定应用领域开发的，一般要求系统体积小、能耗低、成本低且专业化程度高。

（3）嵌入式系统必须紧密结合专门应用的需求，其系统升级也应同具体产品的换代同步更新。一般应保持系统有较长的生命周期。

（4）为了系统的高效与可靠运行，嵌入式系统软件一般都固化在内存或处理器芯片内部，而不是存储在外存载体中。

（5）嵌入式系统本身不具备自主开发能力，系统设计完成后，通常不能任意修改程序，而必须有一套专用开发工具和环境才能进行再开发。

需要指出的是，作为传统嵌入式系统，是由嵌入式微处理器、接口电路、总线等硬件系统以及软件系统所组成的。随着微电子技术的飞速发展，在诸如综合智能电子系统、现代通信系统与自动工程系统等高端应用领域，发展了适度并行嵌入式计算机体系结构，它们可以满足开放式、模块化、高可靠性、高稳定性以及易用性和易维护性等多种要求，能支持适度并行计算、数据与信号综合处理、动态加载等多种功能，并且具有通用化、系列化和组合化等特点，能适应硬件系统的不断提升和软件系统的不断更新。

3. 嵌入式系统的应用举例

嵌入式系统技术具有非常广阔的应用前景，其应用领域包括军事国防、消费类电子产品、公共/家居智能管理、医疗仪器设备、交通系统和环境工程等。

1）军事国防领域

军事国防历来就是嵌入式系统的重要应用领域。20 世纪 70 年代，嵌入式计算机系统应用在武器控制系统中，后来用于军事指挥控制和通信系统。目前，在各种武器控制装置（火炮、导弹和智能炸弹制导引爆等控制装置）、坦克、舰艇、轰炸机、陆海空军用电子装备、雷达、电子对抗装备、军事通信装备以及野战指挥作战用专用设备中，都可以看到嵌入式系统的应用。

2）消费类电子产品领域

消费类电子产品是嵌入式系统需求最大的应用领域。嵌入式系统已经在很大程度上改变了人们的生活方式，人们被各种嵌入式系统的应用产品包围着，从传统的电视、冰箱、洗衣机、微波炉，到数字时代的影碟机、MP3、MP4、手机、数码相机及数码摄像机等，在可预见的将来，可穿戴计算机也将走入人们的生活。

3）公共/家居智能管理领域

网络化、智能化将引领人们的生活步入一个崭新的空间。智能管理使用嵌入式设备进行感知和控制，通过有线和无线网络控制灯光、温湿度、安全、音视频和监控等。例如，对灯光照明进行场景设置和远程控制、电器的自动控制和远程控制等；高级暖通空调系统采用联网的恒温器更精确、高效地按天或季度控制温度；水、电、煤气表的远程自动抄表；安全防火和防盗系统，其中嵌有的专用控制芯片将代替传统的人工检查，并实现更高、更准确和更安全的性能。

4）医疗仪器设备领域

嵌入式系统在医疗仪器中的应用普及率极高。嵌入式系统可为医疗仪器设备设计、生产和使用提供先进的技术支持。例如，使用嵌入式设备进行生命体征监测；各种医疗成像系统（正电子发射断层显像、计算机断层扫描、核磁共振成像）进行非入侵式身体内部检查等。

5）交通系统领域

在飞机与车辆导航、流量控制、信息监测与汽车服务方面，嵌入式系统技术已经得到广泛的应用。例如，在安全要求相当高的飞机中采用先进的航空电子设备，如导航系统、全球卫星定位接收器。

随着汽车产业的飞速发展，汽车电子近年来也有了较快的发展。其中，电子导航系统在汽车电子中占据的比重较大。汽车电子领域的另外一个发展趋势是与汽车本身机械结合，从而实现故障诊断定位等功能。

6）环境工程领域

嵌入式系统广泛应用于水文资料实时监测、防洪体系及水土质量监测、堤坝安全监测、地震监测、实时气象信息监测、水源和空气污染监测。在很多环境恶劣，地况复杂的地区，嵌入式系统将实现无人监测。

2.8.2　嵌入式计算机体系结构的发展

计算机的体系结构随着芯片集成度的提高而不断发展。提高芯片集成度有 3 种途径：一是缩小晶体管的特征尺寸；二是扩大芯片面积，或者研制多维（如三维或四维）芯片；三是研究并设计规则的芯片体系结构。

现在芯片采用的是 MOS 电路的等比缩小法，也就是按等比例来提高集成度的方法。其优点是，如果能将芯片的特征尺寸缩小 α 倍，则芯片的工作速度就可以提高 α 倍，而芯片的功耗就可以减小 α^3 倍。或者说，可以将芯片的集成度提高 α^3 倍，而功耗不变。功耗的大小对于微处理器能否高效、安全地运行至关重要。计算机的输入和输出有两种不同的转换形式，一种是输入数据，经过处理后仍以数据的形式输出；另一种是输入能量，经过处理后以热量的形式输出，而随着芯片集成度的提高，功耗问题就成了芯片设计与制造必须要解决的非常严重的问题。

芯片的制造技术正在从微电子技术进入纳米技术时代。推进这一发展进程有两个基本途径：一是体系结构的发展，即主流的大规模并行处理（massively parallel processing，MPP）体系结构的发展；二是新器件的发展。通常在计算机中采用 CMOS 器件，虽然一直在改进，但改进的幅度很有限；而未来的发展趋势是仿生芯片。目前，计算机已经进入 MPP 时代，在过去几年，计算机的体系结构主要是传统计算的 MPP 体系结构；2010 年以后，计算机的体系结构逐步向自主计算的 MPP 体系结构转化；若干年之后，计算机的体系结构将进一步向自然计算的 MPP 体系结构发展，例如仿生计算的体系结构。

嵌入式计算机体系结构主要有 3 种基本类型：①SIMD 体系结构，这种并行的体系结构的处理元（processor element，PE）阵列，现在经常与接收并转换物理信号的传感阵列（如 CCD）相连接，完成图像帧的实时计算。②基于数据流计算的 MPP 体系结构，它的处理部件不是处理器，而是 ASIC 电路；没有指令流，而是数据流。③基于指令流计算的 MPP 体系结构，由于人们不满足静态可重构的 FPGA，于是就研制了可动态改变电路的结构，即一边计算一边改变。

以上讨论了 3 种类型芯片的体系结构：第 1 种是基于指令流的体系结构；第 2 种是基于数据流计算的体系结构；第 3 种是基于指令流计算的体系结构。实际上，在一个系统芯片 SOC 中，可以有 2 种或 3 种结构。

1. 自主计算的 MPP 体系结构

现在的新工艺技术正在步入 14ns 的纳米技术时代。这不仅为研制微型化的嵌入式计算机提供了新的实现手段，同时也给计算机体系结构的设计实现带来新的难点。

自主计算涉及细胞元计算、模糊计算、神经元计算与进化计算等领域。其中，模糊计算是将现在的确定计算扩展到了确定的计算范畴。神经元计算的主要难点是连接线太多，因为人脑的能力是体现在连接神经元的突触之中的，有 $10^{13} \sim 10^{14}$ 个突触互联关系，还只能采用等效于每秒能执行 10^{14} 次指令的传统计算的体系结构来模仿它。进化计算又称仿生计算，人们企图通过基因算法与可重构电路的结合来实现仿生计算。

2. 自然计算的 MPP 体系结构

自然计算的 MPP 体系结构是未来嵌入式系统结构的发展方向。

自然计算除了自主计算之外，还包括化学计算（DNA computing）与量子计算（quantum computing）等领域。实现这些领域的自主计算会遇到新的研究难点：一是自顶向下的光刻技术将因为波长太短可能损坏材料而不能采用，代替它的将是自底向上的自组装（self-assembling)技术;二是取代传统 CMOS 的新器件研究;三是接口技术 NAMIX(the nano-micro-interface)的研究;四是 DNA 计算机的体系结构。实现自然计算的 MPP 体系结构有着诱人的前景,一些新的计算机正在加紧研究,例如,纳米计算机、DNA 计算机和量子计算机等。

本 章 小 结

微处理器的设计有 CISC 与 RISC 两种基本架构。深入理解 16 位微处理器 8086 的内部结构及其工作原理,是掌握微机工作原理的基础和关键。Intel 系列高档微处理器内部的复杂结构及其工作原理,都是在 8086 CPU 的结构基础上逐步分解结构和细化流水线操作而发展起来的。透彻地掌握 8086 CPU 的基础,有利于理解高档微处理器的技术发展。

8086/8088 CPU 的内部结构由总线接口单元 BIU 和执行单元 EU 两部分组成。其内部有 3 组共 14 个寄存器,必须了解它们各自的功能,并能掌握它们的使用方法。

总线周期是理解 CPU 按时序工作的重要概念。8086/8088 CPU 一个最基本的总线周期由 4 个时钟周期组成,简称为 4 个状态,即 T_1、T_2、T_3 与 T_4 这 4 个状态。

微处理器的引脚及其功能是其重要的外部特性。

在 8086/8088 CPU 的外部引脚中,首先要深入理解对地址和数据信号分时复用这一类总线(地址/数据总线 $AD_{15} \sim AD_0$)。

掌握控制总线的功能对系统应用很重要,注意有的控制线在 8086 与 8088 中的设置是不同的。例如,第 34 引脚在 8086 中设置的是 $\overline{BHE}/S_7$,当其为低电平时表示高 8 位数据总线上的数据有效;而该引脚线在 8088 中设置的是双功能信号线:在最小模式时,它为 $\overline{SS_0}$,和 $DT/\overline{R}$、$M/\overline{IO}$ 一起决定了 8088 当前总线周期的读写动作;在最大模式时,它恒为高电平。

8086/8088 系统有最小工作模式与最大工作模式两种不同的模式,由 $MN/\overline{MX}$ 引脚的电平转换,接电源电压时系统就工作于最小模式工作,接地时就按最大模式工作。这两种模式分别适合于单处理器系统与多处理器系统。两种模式的主要区别在于最大工作模式中要加入 8288 总线控制器,由 8288 提供系统对存储器与 I/O 端口所需要的各种控制信号。

当 8086/8088 系统按两种不同模式工作时,某些引脚的功能有不同设置。在最小模式时,第 24~31 引脚分别设置为 $\overline{INTA}$(中断响应信号),ALE(地址锁存信号),$\overline{DEN}$(数据允许信号),$DT/\overline{R}$(数据收发信号),$M/\overline{IO}$ 或 $\overline{M}/IO$(存储器/输入输出控制信号),$\overline{WR}$(写信号),HLDA(总线保持响应信号),HOLD(总线保持请求信号)。而在最大模式时,这些引脚分别为 QS_1、QS_0(指令队列状态信号),$\overline{S}_0$、$\overline{S}_1$、$\overline{S}_2$(状态信号),$\overline{LOCK}$(总线封锁信号),$\overline{RQ}/\overline{GT_1}$、$\overline{RQ}/\overline{GT_0}$(总线请求信号输入/总线请求允许信号)。由于某些引脚功能的设置在 8086 与 8088 两种 CPU 以及在两种模式下都有所区别,很容易混淆,所以,要熟悉这些引脚的功能应结合系统的实际应用反复理解才能真正掌握。

总线时序是描述总线操作的一种表示方法,是人们把 CPU 在操作时总线上各有关信号(包括地址信号、数据信号和控制信号)的变化,按时间序列以特定波形表示出来的一组曲线。这些曲线严格规定了 CPU 与存储器以及输入输出接口之间各功能部件相互配合协调动作的时空关系。由于时序的复杂性,特别是在 80286 以后各种时序已经相当复杂,所以,这里只是对 8086/8088 的一般时序操作给出了简要说明。

Intel 80x86 系列微处理器的结构是由 8086/8088 微处理器进化而来的,其最重要的几个关键技术是 80286 首次引入的虚拟存储管理,80386 首次增设的存储器分页管理,80486 的 5 级流水线,以及 Pentium 的双流水线等技术。所有这些技术更新都体现了微处理器结构不断细分与进化并保持兼容性与连续性的特点。这些是更深入地学习和掌握高档微处理器关键技术的基础,务必仔细领会。

了解 Pentium 系列与 Pentium 4 后系列微处理器及其相关技术的发展和特点,是掌握现代微处理器硬件技术所必需的基础知识。

嵌入式计算机系统作为计算机的一种重要应用方式正在普及应用,应了解嵌入式系统的发展趋势和自行设计的重要性。

习 题 2

2-1 CISC 和 RISC 是什么?

2-2 举例说明有哪些微处理器是采用 CISC 架构设计的。

2-3 举例说明有哪些微处理器是采用 RISC 架构设计的。

2-4 8086 与 8088 是于何时推出的多少位的微处理器?这两种 CPU 在内部结构上有何主要的异同点?为什么要重新设计 8088 CPU?

2-5 8086 CPU 内部的总线接口单元 BIU 由哪些功能部件组成?它们的基本操作原理是什么?

2-6 什么叫微处理器的并行操作方式?为什么 8086 CPU 具有并行操作的功能?在什么情况下 8086 的执行单元(EU)才需要等待总线接口单元(BIU)提取指令?

2-7 逻辑地址和物理地址有何区别?为什么 8086 微处理器要引入"段加偏移"的技术思想?段加偏移的基本含义又是什么?举例说明。

2-8 8086 CPU 的基址寄存器(BX)和基址指针(BP)(或基址指针寄存器)有何区别?基址指针(BP)和堆栈指针(SP)在使用中有何区别?

2-9 段地址和段起始地址相同吗?两者是什么关系?8086 的段起始地址就是段基地址吗?它是怎样获得的?

2-10 在实模式下,若段寄存器中装入如下数值,试写出每个段的起始地址和结束地址。

(1) 1000H (2) 1234H (3) E000H (4) AB00H

2-11 微处理器在实模式下操作,对于下列 CS 与 IP 组合,计算出要执行的下条指令的存储器地址。

(1) CS=1000H 和 IP=2000H   (2) CS=2400H 和 IP=1A00H

(3) CS=1A00H 和 IP=B000H   (4) CS=3456H 和 IP=ABCDH

2-12 8086 在使用什么指令时,用哪个寄存器来保存计数值?

2-13 IP 寄存器的用途是什么?它提供的是什么信息?

2-14 8086 的进位标志位由哪些运算指令来置位？

2-15 如果带符号数 FFH 与 01H 相加,会产生溢出吗？

2-16 某个数包含有 5 个 1,它具有什么奇偶性？

2-17 某个数为全 0,它的零标志位为 0 吗？

2-18 用什么指令设置哪个标志位,就可以控制微处理器的 INTR 引脚？

2-19 微处理器在什么情况下才执行总线周期？一个基本的总线周期由几个状态组成？在什么情况下需要插入等待状态？

2-20 什么叫做非规则字？微处理器对非规则字是怎样操作的？

2-21 8086 对 1MB 的存储空间是如何按高位库和低位库来进行选择和访问的？用什么控制信号实现对两个库的选择？

2-22 堆栈的深度由哪个寄存器确定？为什么说一个堆栈的深度最大为 64KB？在执行一条入栈或出栈指令时,栈顶地址将如何变化？

2-23 什么叫做微处理器的程序设计模型？为什么要提出程序设计模型这一概念？

2-24 8086/8088 微处理器对 RESET 复位信号的复位脉冲宽度有何要求？复位后内部寄存器的状态如何？

2-25 简要说明 8086/8088 系统是如何实现总线多路分离原则的？它们有何异同点？

2-26 8086/8088 系统在什么情况下需要实现缓冲？如何实现缓冲？

2-27 8086/8088 微处理器的 $\overline{RD}$ 和 $\overline{WR}$ 引脚信号各指示什么操作？

2-28 8086/8088 系统的最小模式和最大模式是由 MN/$\overline{MX}$ 的什么引脚信号决定的？它们之间的主要区别是什么？

2-29 ALE 信号起什么作用？它在 8086/8088 最小模式系统与最大模式系统中的连接方式有何区别？在使用时能否被浮空？

2-30 DT/$\overline{R}$ 信号起什么作用？它为逻辑 1 时起什么作用？它在 8086/8088 最小模式系统与最大模式系统中的连接方式有何区别？在什么情况下被浮置为高阻状态？

2-31 8284A 是什么器件？它的用途是什么？它为 8086/8088 的什么引脚进行同步？

2-32 8284A 的 CLK 输出引脚为 8086/8088 提供的输出信号频率是多少？

2-33 8086/8088 的 INTR 引脚在何时采样此信号？CPU 又在何种条件下才能响应中断？

2-34 8086/8088 在最大模式下的 $\overline{S}_2$、$\overline{S}_1$、$\overline{S}_0$ 状态位起什么作用？若 $\overline{S}_2\overline{S}_1\overline{S}_0=100$,它表示 CPU 处于什么操作过程？

2-35 8086/8088 在最大模式下的 QS_1、QS_0 引脚起什么作用？若 $QS_1=1$,$QS_0=1$,它表明 CPU 处于什么操作状态？

2-36 8086/8088 在最大模式下的 $\overline{LOCK}$ 引脚起什么作用？它通过什么方式来激活？

2-37 8086/8088 在最大模式下的 $\overline{RQ}/\overline{GT}_1$ 和 $\overline{RQ}/\overline{GT}_0$ 引脚起什么作用？它们有何特点？

2-38 8086/8088 的 INTR 引脚在何时采样此信号？CPU 又在何种条件下才能响应中断？

2-39 简述 80286 虚拟存储管理功能的基本概念。为什么要进行对虚拟地址的映射？80286 的实存空间和虚拟空间大小各为多少？

2-40 80386 与 80286 相比，它的内部结构有哪些改进？80386 靠什么功能部件实现对虚拟地址的映射？其虚拟地址空间是多少？

2-41 80386 的分页部件可将每一页面划分为多少地址空间？实际上是怎样划分的？为什么？

2-42 80386 的分段技术比 8086 的分段技术有什么改进？80386 在实模式与保护模式下的分段空间大小有什么区别？

2-43 为什么 80386 要设置分页管理？它具有哪些优越性？

2-44 80486 的主要结构特点如何？

2-45 Pentium(P5)的体系结构较 80486 有哪些主要的突破？

2-46 Pentium 4 是多少位的 CPU？它有哪些相关技术？

2-47 嵌入式系统为什么会受到高度重视？

第 3 章 微处理器的指令系统

【学习目标】

　　8086/8088 CPU 的指令系统是 Intel 80x86 系列 CPU 共同的基础,其后续高型号微处理器的指令系统都是在此基础上新增了一些指令逐步扩充形成的。同时,它也是目前应用范围最广的一种指令系统。因此,本章将重点讨论 8086/8088 CPU 的指令系统。

　　通过本章对 8086/8088 CPU 寻址方式和指令系统的学习,应该掌握汇编语言程序设计所需要的汇编语言和编写程序段的基础知识。

【学习要求】

◆ 在理解与掌握各种寻址方式的基础上,着重掌握存储器寻址的各种寻址方式。
◆ 应熟练掌握 4 类数据传送指令。难点是 XLAT、IN、OUT 指令。
◆ 学习算术运算类指令中的难点是带符号乘、除指令与十进制指令。
◆ 学习逻辑运算和移位循环类指令时,要着重理解 CL 的设置和进位位的处理。
◆ 学习串操作类指令时,着重理解重复前缀的使用。
◆ 学习程序控制类指令时,着重理解条件转移的条件及测试条件。

3.1　8086/8088 的寻址方式

　　指令格式包括操作码和操作数(或地址)两部分,根据操作码所指定的功能去寻找操作数所在地址的方式就是寻址方式。要熟悉指令的操作首先要了解寻址方式。8086/8088 的寻址方式分为两种不同的类型:数据寻址方式和程序存储器寻址方式。前者是寻址操作数地址,后者是寻址程序地址(在代码段中)。

3.1.1　数据寻址方式

　　数据寻址方式有多种,图 3-1 给出了各种数据寻址方式的类型、指令举例以及存储器地址生成方法与数据流向,所有操作数的流向都是由源到目标,即它们在指令汇编语言格式的操作数区域中都是规定由右到左。源和目标可以是寄存器或存储器,但不能同时为存储器

（除个别串操作指令 MOVS 外）。下面将分别对各种寻址方式给予更详细的说明。

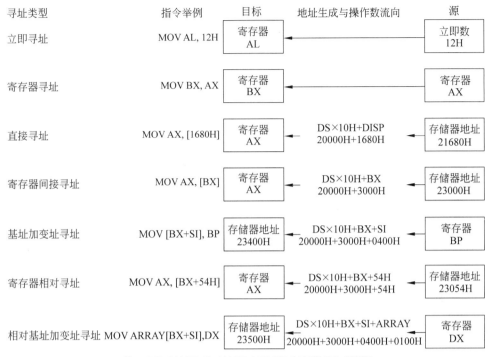

注：BX=3000H, SI=0400H, ARRAY=0100H, DS=2000H

图 3-1　8086/8088 数据寻址方式

1. 立即寻址

立即寻址是将立即数传送到目标寄存器或存储器中。操作数就在指令中，当执行指令时，CPU 直接从紧跟着指令代码的后续地址单元中（经队列缓冲器）取得该立即数，而不必执行总线周期。立即数可以是 8 位，也可以是 16 位；并规定只能是整数类型的源操作数。这种寻址主要用来给寄存器赋初值，指令执行速度快。表 3-1 列出了各种立即数寻址的 MOV 指令。

2. 寄存器寻址

寄存器寻址是最通用的数据寻址方式。其操作数就放在 CPU 的寄存器中，而寄存器名在指令中指出。对 16 位操作数来说，寄存器可以为 8 个 16 位通用寄存器，而对 8 位操作数来说，寄存器只能为 AH、AL、BH、BL、CH、CL、DH、DL。在一条指令中，源操作数或/和目的操作数都可以采用寄存器寻址方式。这种寻址的指令长度短，操作数就在 CPU 内部进行，不需要使用总线周期，所以执行速度快。注意，使用时源与目标操作数应有相同的数据类型长度。

表 3-2 列出了各种寄存器寻址的 MOV 指令。注意，代码段寄存器不能用 MOV 指令来改变，因为若只改变 CS 而 IP 为未知数，则下一条指令的地址将是不确定的，这可能引起系统运行的紊乱。

表 3-1 使用立即寻址的 MOV 指令示例

汇编语句	长度/位	操　作
MOV AH,4CH	8	把 4CH 传送到 AH 中
MOV AX,1234H	16	把 1234H 传送到 AX 中
MOV DI,0	16	把 0000H 传送到 DI 中
MOV CL,100	8	把 100(64H)传送到 CL
MOV AI,′A′	8	把 ASCII 码 A(41H)传送到 AL 中
MOV AX,′AB′	16	把 ASCII 码 BA*(4241H)传送到 AX 中
MOV CL,10101101B	8	把二进制数 10101101 传送到 CL 中
MOV WORD PTR [SI], 6180H	16	把立即数 6180H 传送到数据段由 SI 和 SI+1 所指的两存储单元中

注：*′AB′在内存中的数据结构为 ASCII 码 BA。

表 3-2 使用寄存器寻址的 MOV 指令示例

汇编语句	长度/位	操　作
MOV AL,BL	8	把 BL 复制到 AL 中
MOV BH,BL	8	把 BL 复制到 BH 中
MOV CX,AX	16	把 AX 复制到 CX 中
MOV SP,BP	16	把 BP 复制到 SP 中
MOV DI,SI	16	把 SI 复制到 DI 中
MOV AX,ES	16	把 ES 复制到 AX 中

下面将讨论属于存储器寻址的各种寻找方式。指令系统中采用的复杂的寻址方式主要是针对存储器操作数而言的。当 CPU 寻找存储器操作数时,必须先经总线接口单元 BIU 的总线控制逻辑电路进行存取。当执行单元 EU 需要读写位于存储器的操作数时,应根据指令给出的寻址方式,由 EU 先计算出操作数地址的偏移量(即有效地址 EA),并将它送给 BIU,同时请求 BIU 执行一个总线周期,BIU 将某个段寄存器的内容左移 4 位,加上由 EU 送来的偏移量形成一个 20 位的物理地址,然后执行总线周期,读写指令所需的操作数。8086/8088 CPU 所寻址的操作数地址的有效地址 EA,是一个无符号的 16 位地址码,表示操作数所在段的首地址与操作数地址之间的字节距离。所以,它实际上是一个相对地址。EA 的值由汇编程序根据指令所采用的寻址方式自动计算得出。计算 EA 的通式为:

$$EA=基址值(BX 或 BP)+变址值(SI 或 DI)+位移量 DISP$$

3. 直接数据寻址

直接数据寻址有两种基本形式:直接寻址和位移寻址。

(1) 直接寻址

直接寻址简单、直观,其含义是指令中以位移量方式直接给出存储器操作数的偏移地址,即有效地址 EA=DISP。这种寻址方式的指令执行速度快,用于存储单元与 AL、AX 之间的 MOV 指令。

（2）位移寻址

位移寻址也以位移量方式直接给出存储器操作数的偏移地址，但适合于几乎所有将数据从存储单元传送到寄存器的指令。

以上两种方式都是把位移量加到默认的数据段地址或其他段地址上形成的。表 3-3 列出了使用 AX、AL 的直接寻址指令示例；表 3-4 列出了使用位移量的直接数据寻址的示例。

表 3-3　使用 AX,AL 的直接寻址指令示例

汇编语句	长度/位	操　作
MOV AX,[1680H]*	16	把数据段存储器地址 1680H 和 1681H 两单元的字内容复制到 AX 中
MOV AX,NUMBER	16	把数据段存储器地址 NUMBER 中的字内容复制到 AX 中
MOV TWO,AL	8	把 AL 的字节内容复制到数据段存储单元 TWO 中
MOV ES：[3000H],AX	16	把 AX 的字内容复制到附加数据段存储单元 3000H 中
MOV AX,DATA	16	把数据段存储单元 DATA 的字内容复制到 AX 中

注：* 汇编语言中很少采用绝对偏移地址，通常采用符号地址。

表 3-4　使用位移量的直接数据寻址指令示例

汇编语句	长度/位	操　作
MOV CL,COW	8	把数据段存储单元 COW 的内容(字节)复制到 CL 中
MOV ES,NUMBER	16	把数据段存储器地址 NUMBER 中的内容(字)复制到 ES 中
MOV CX,DATA2	16	把数据段存储单元 DATA2 中的内容(字)复制到 CX 中
MOV DATA3,BP	16	把基址指针寄存器 BP 的内容复制到数据段存储单元 DATA3 中
MOV DI,SUM	16	把数据段存储单元 SUM 的字内容复制到 DI 中
MOV NUMBER,SP	16	把 SP 的内容复制到数据段存储单元 NUMBER 中

位移寻址与直接寻址的操作相同，只是它的指令为 4B 长而不是 3B 长。

【例 3-1】　MOV CL,[2000H]指令与 MOV AL,[2000H]指令的操作相同，但 MOV CL,[2000H]指令为 4B 长，而 MOV AL,[2000H]指令为 3B 长。

4. 寄存器间接寻址

寄存器间接寻址的操作数一定是在存储器中，而存储单元的有效地址 EA 则由寄存器保存，这些寄存器是基址寄存器 BX、基址指针寄存器 BP、变址寄存器 SI 和 DI 之一或它们的某种组合。书写指令时，这些寄存器带有方括号[ ]。

【例 3-2】　设 BX=3000H,DS=2000H,当执行 MOV AX,[BX]指令后，则数据段存储单元为 23000H 处的字内容将被复制 AX 中，即 23000H 的内容送到 AL,23001H 的内容送到 AH。指令中的方括号[ ]在汇编语言中表示间接寻址。表 3-5 给出了寄存器间接寻址的指令示例。

表 3-5 寄存器间接寻址的指令示例

汇编语句	长度/位	操作
MOV AL,[BX]	8	把数据段中以 BX 作为有效地址的存储单元的内容(字节)复制到 AL 中
MOV [SI],BL	8	把寄存器 BL 的内容复制到数据段以 SI 作为有效地址的存储单元
MOV CX,[DX]	16	把数据段由 DX 寻址的存储单元的内容(字)复制到 CX 中
MOV [BP],CL*	8	把寄存器 CL 的内容复制到堆栈段以 BP 作为有效地址的存储单元中
MOV [SI],[BX]	—	除数据串操作指令外,不允许由存储器到存储器的传送

注: * 系统把由 BP 寻址的数据默认为在堆栈段中,其他间接寻址方式均默认为数据段。

当使用 BX、DI 和 SI 寻址存储器时,寄存器间接寻址或任何其他寻址方式都默认使用数据段,而使用基址指针寄存器 BP 寻址存储器时,则默认使用堆栈段。

在使用寄存器间接寻址时,要注意在某些情况下,要求用指定的类型运算伪指令 BYTE PTR、WORD PTR 或 DWORD PTR 来规定传送数据的长度。

【例 3-3】 MOV AL,[SI]指令的书写格式是对的,因为汇编程序能够清楚地根据 AL 来判明[SI]是指定存储器数据为字节传送类型。

【例 3-4】 MOV [SI],6AH 指令的书写格式是模糊的。因为,汇编程序不能根据立即数 6AH 确定[SI]存储单元的数据类型的长度。如果将此指令书写成 MOV BYTE PYR [SI],6AH,则汇编程序就能清楚地判明 SI 所寻址的存储单元为字节类型。

5. 基址加变址寻址

基址加变址寻址类似于间接寻址,它也是间接地寻址存储器数据。其操作数的有效地址 EA 是一个基址寄存器(BX 或 BP)的内容与一个变址寄存器(SI 或 DI)的内容之和。

【例 3-5】 MOV [BX+SI],CL 指令是将寄存器 CL 中的字节内容复制到数据段中由 BX 加 SI 寻址的存储单元中。

在使用基址加变址寻址时,通常用基址寄存器保持存储器数组的起始地址,而变址寄存器保持数组元素的相对位置。如果是用 BP 寄存器寻址堆栈段存储器数组,则由 BP 寄存器和变址寄存器两者生成有效地址。

【例 3-6】 当执行指令 MOV DX,[BP+SI]时,若 BP=2000H,SI=0300H,SS=1000H,则指令执行后,将把堆栈段中 12300H 单元的字数据传送到 DX 寄存器。表 3-6 给出了基址加变址寻址的指令示例。

6. 寄存器相对寻址

寄存器相对寻址是带有位移量 DISP 的基址或变址寄存器(BX、BP 或 DI、SI)寻址。

【例 3-7】 在 MOV AX,[SI+4000H]指令中,假设 SI=0500H,DS=2000H,则指令执行时,微处理器按段加偏移寻址机制得到的有效地址为 EA=SI+4000H=4500H,再加上 DS×10H=20000H,生成所寻址的存储器物理地址为 24500H,于是,指令执行后将把数据段存储单元 24500H 中的字内容送到 AX。表 3-7 给出了寄存器相对寻址的指令示例。

表 3-6　基址加变址寻址的指令示例

汇 编 语 句	长度/位	操　作
MOV CL,[BX+SI]	8	把以 BX+SI 作为有效地址的数据段存储单元的内容(字节)复制到 CL
MOV CX,[BP+DI]	16	把以 BP+DI 作为有效地址的堆栈段存储单元内的内容(字)复制到 CX
MOV [BX+DI],SP	16	把 SP 的内容(字)存入以 BX+DI 作为有效地址的数据段存储单元
MOV [BP+SI],CH	8	把寄存器 CH 的内容(字节)存入以 BP+SI 作为有效地址的堆栈段存储单元
MOV [AX+BX],CX	16	把 CX 中的内容(字)存入以 AX+BX 作为有效地址的数据段存储单元

表 3-7　寄存器相对寻址的指令示例

汇 编 语 句	长度/位	操　作
MOV CL,[SI+200H]	8	把以 SI+200H 作为有效地址的数据段存储单元的字节内容装入 CL
MOV ARRAY[DI],BL	8	把 BL 中的字节内容存入以 ARRAY+DI 作为有效地址的数据段存储单元
MOV LIST[DI+3],AX	16	把 AX 的字内容存入以 LIST+DI+3 之和作为有效地址的数据段存储单元
MOV AX,ARRAY[BX]	16	把数据段中以 ARRAY+BX 作为有效地址的字内容装入 AX
MOV SI,[AL+12H]	16	把以 AL+12H 作为有效地址的数据段存储单元的字内容装入 SI

7. 相对基址加变址寻址

相对基址加变址寻址是用基址、变址与位移量 3 个分量之和形成有效地址的寻址方式。

【例 3-8】　在 MOV AX,[BX+DI+200H]指令中,设 BX=0100H,DI=0300H,DS=4000H。当指令执行时,先计算出有效地址为 EA=BX+DI+200H=0600H,指令运行后,将把数据段存储单元 40600H 中的字内容装入 AX。表 3-8 给出了相对基址加变址寻址的指令示例。

相对基址加变址寻址方式一般很少使用,通常用来寻址存储器的二维数组数据。

【例 3-9】　存储器中有一个文件 FILE 包含 A、B、C、D 4 个记录,每个记录又包含 10 个元素,如果要求将其中存储在单元 RECA 中的记录 A 的元素 0 复制到记录 D 的元素 4,这时,可以用位移量寻址文件,用基址寄存器 BX 寻址记录,而用变址寄存器 DI 寻址记录中的元素。程序段如下。

```
MOV BX,OFFSET RECA        ;寻址记录 A 的存储单元 RECA
MOV DI,0                  ;寻址单元 0
```

```
MOV AL,FILE[BX+DI]          ;取出记录 A 的元素 0
MOV BX,OFFSET RECD          ;寻址记录 D 的存储单元 RECD
MOV DI,4                    ;寻址单元 4
MOV FILE[BX+DI],AL          ;复制到记录 D 的元素 4 中
```

表 3-8　相对基址加变址寻址的指令示例

汇 编 语 句	长度/位	操　作
MOV BL,[BX+SI+100H]	8	把以 BX+SI+100H 作为有效地址的数据段存储单元的字节内容装入 BL
MOV AX,ARRAY[BX+DI]	16	把以 ARRAY+BX+DI 之和作为有效地址的数据段存储单元的字内容装入 AX
MOV LIST[BP+DI],BX	16	把 BX 的字内容存入以 LIST+BP+DI 之和作为有效地址的堆栈段存储单元
MOV AL,LIST[BX+DI]	8	把以 LIST+BX+DI 之和作为有效地址的数据段存储单元的字节内容装入 AL
MOV FILE[BP+DI+2],DL	8	把 DL 存入以 BP+DI+2 之和作为有效地址的堆栈段存储单元

3.1.2　程序存储器寻址方式

程序存储器寻址方式即转移类指令(转移指令 JMP 和调用指令 CALL)的寻址方式。这种寻址方式最终是要确定一条指令的地址。

在 8086/8088 系统中,由于存储器采用分段结构,所以转移类指令有段内转移和段间转移之分。所有的条件转移指令只允许实现段内转移,而且是段内短转移,即只允许转移的地址范围在 $-128\sim+127$ 字节内,由指令中直接给出 8 位地址位移量。对于无条件转移和调用指令又可分为段内短转移、段内直接转移、段内间接转移、段间直接转移和段间间接转移 5 种寻址方式。

3.1.3　堆栈存储器寻址方式

表 3-9 列出了可以使用的一些 PUSH 和 POP 指令的示例。

表 3-9　PUSH 和 POP 指令的示例

汇 编 语 句	操　作
PUSHF	把标志寄存器 FLAGS 的内容复制到堆栈中
POPF	把从堆栈弹出的一个字装入标志寄存器 FLAGS
PUSH DS	把 DS 的内容复制到堆栈中
PUSH 12ABH	把 12ABH 压入堆栈
POP CS	非法操作
PUSH WORD PTR[BX]	把数据段中由 BX 寻址的存储单元内的字复制到堆栈中
PUSHA	把通用寄存器 AX、CX、DX、BX、SP、BP、DI、SI 的内容复制到堆栈中
POPA	从堆栈中弹出数据并顺序装入 SI、DI、BP、SP、BX、DX、CX、AX 中

3.1.4 其他寻址方式

1. 串操作指令寻址方式

数据串（或称字符串）指令不能使用正常的存储器寻址方式来存取数据串指令中使用的操作数。执行数据串指令时，源串操作数第 1 个字节或字的有效地址应存放在源变址寄存器 SI 中（不允许修改），目标串操作数第 1 个字节或字的有效地址应存放在目标变址寄存器 DI 中（不允许修改）。在重复串操作时，8086/8088 能自动修改 SI 和 DI 的内容，以使它们能指向后面的字节或字。因指令中不必给出 SI 或 DI 的编码，故串操作指令采用的是隐含寻址方式。

2. I/O 端口寻址方式

在 8086/8088 指令系统中，输入输出指令对 I/O 端口的寻址可采用直接或间接两种方式。

（1）直接端口寻址

这种寻址方式端口地址以 8 位立即数方式在指令中直接给出。例如，IN AL,n 指令是将端口号为 8 位立即数 n 的端口地址中的字节操作数输入到 AL，它所寻址的端口号只能在 0～255 范围内。

（2）间接端口寻址

这种寻址方式类似于寄存器间接寻址，16 位的 I/O 端口地址在 DX 寄存器中，即通过 DX 间接寻址，故可寻址的端口号为 0～65 535。例如，OUT DX,AL 指令是将 AL 的字节内容输出到由 DX 指出的端口中去。

下面将详细讨论 8086/8088 的指令系统。8086/8088 的指令按功能可分为 6 类：数据传送、算术运算、逻辑运算、串操作、程序控制和 CPU 控制。

3.2　数据传送类指令

数据传送类指令可完成寄存器与寄存器之间、寄存器与存储器之间以及寄存器与 I/O 端口之间的字节或字传送，除了 SAHF 和 POPF 指令对标志位有影响外，这类指令所具有的共同特点是不影响标志寄存器的内容。

3.2.1 通用数据传送指令

通用数据传送指令包括基本的传送指令 MOV，堆栈操作指令 PUSH 和 POP，数据交换指令 XCHG 与字节翻译指令 XLAT。

1. 基本的传送指令

MOV d,s;d←s

指令功能：将由源 s 指定的源操作数送到目标 d。

前面已介绍过 MOV 指令的使用例子。注意：源操作数可以是 8/16 位寄存器、存储器中的某个字节/字或者是 8/16 位立即数；目标操作数不允许为立即数，其他同源操作数。而且两者不能同时为存储器操作数。

MOV 指令可实现的数据传送类型可归纳为以下 7 种。

（1）MOV mem/reg1,mem/reg2

由 mem/reg2 所指定的存储单元或寄存器中的 8 位数据或 16 位数据传送到由 mem/reg1 所指定的存储单元或寄存器中，但不允许从存储器传送到存储器。这种双操作数指令中，必须有一个操作数是寄存器。例如，表 3-2～表 3-8 中所列的各种指令示例。

（2）MOV mem/reg,data

将 8 位或 16 位立即数 data 传送到由 mem/reg 所指定的存储单元或寄存器中。例如，表 3-1 所列的各种指令示例。

（3）MOV reg,data

将 8 位或 16 位立即数 data 传送到由 reg 所指定的寄存器中。

（4）MOV ac,mem

将存储单元中的 8 位或 16 位数据传送到累加器 ac 中。

（5）MOV mem,ac

将累加器 AL(8 位)或 AX(16 位)中的数据传送到由 mem 所指定的存储单元中。

（6）MOV mem/reg,segreg

将由 segreg 所指定的段寄存器(CS、DS、SS 或 ES)的内容传送到由 mem/reg 所指定的存储单元或寄存器中。

（7）MOV segreg,mem/reg

允许将由 mem/reg 指定的存储单元或寄存器中的 16 位数据传送到由 segreg 所指定的段寄存器(但代码段寄存器 CS 除外)中。

【例 3-10】 MOV DS,AX 指令是对的；MOV CS,AX 指令是错的。

注意，MOV 指令不能直接实现从存储器到存储器之间的数据传送，但可以通过寄存器作为中转站来完成这种传送。

【例 3-11】 MOV [SI],[BX]指令是错的；而用以下两条指令是对的。

MOV AX,[BX]
MOV [SI],AX

【例 3-12】 要将数据段存储单元 ARRAY1 中的 8 位数据传送到存储单元 ARRAY2 中，用 MOV ARRAY2,ARRAY1 指令是错的；而用以下两条指令则可以完成该操作。

MOV AL,ARRAY1
MOV ARRAY2,AL

2. 堆栈操作指令

（1）PUSH s

字压入堆栈指令，允许将源操作数 s(16 位)压入堆栈。

（2）POP d

字弹出堆栈指令,允许将堆栈中当前栈顶两相邻单元的数据字弹出到 d。

PUSH 和 POP 是两条成对使用的进栈与出栈指令,其中,s 和 d 可以是 16 位寄存器或存储器两相邻单元,以保证堆栈按字操作。

【例 3-13】 设当前 CS＝1000H,IP＝0030H,SS＝2000H,SP＝0040H,BX＝2340H,则 PUSH BX 指令的操作过程如图 3-2 所示。

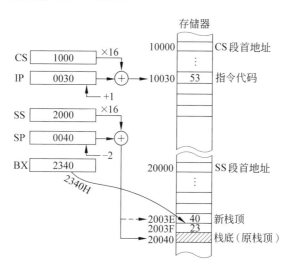

图 3-2　PUSH BX 指令的操作过程

该进栈指令执行时,堆栈指针被修改为 SP－2→SP,使之指向新栈顶 2003EH,同时将 BX 中的数据字 2340H 压入栈内 2003FH 与 2003EH 两单元中。

【例 3-14】 设当前 CS＝1000H,IP＝0020H,SS＝1600H,SP＝004CH,则 POP CX 指令执行时,将当前栈顶两相邻单元 1604CH 与 1604DH 中的数据字弹出并传送到 CX 中,同时修改堆栈指针,SP＋2→SP,使之指向新栈顶 1604EH。

PUSH 和 POP 两条指令可用来保存并恢复现场数据。由于堆栈中的内容是按 LIFO (后进先出)的次序进行传送的,因此,保存内容和恢复内容时,需按照对称的次序执行一系列压入指令和弹出指令。

【例 3-15】 若在一段子程序开头需要这样保存寄存器的内容:

PUSH AX
PUSH BX
PUSH DI
PUSH SI

则由子程序返回前,应该如下一一对应地恢复寄存器的内容:

POP SI
POP DI
POP BX
POP AX

使用堆栈指令时应该注意:

① 堆栈操作是按字(即两个字节)进行的,没有单字节的操作指令。

② 每执行一条压入堆栈的指令,堆栈地址指针 SP 减 2,推入堆栈的数据放在栈顶,高位字节先入栈放在较高地址单元,低位字节后入栈放在较低地址单元(真正的栈顶地址单元);而执行弹出指令时,正好相反,每弹出一个字,栈顶指针的值加 2。

③ CS 段寄存器的值可以压入堆栈,但却不能从堆栈中弹出一个字到 CS 段寄存器。

3. 数据交换指令

XCHG d,s

本指令的功能是将源操作数与目标操作数(字节或字)相互对应交换位置。

交换可以在通用寄存器与累加器之间、通用寄存器之间、通用寄存器与存储器之间进行。但不能在两个存储单元之间交换,段寄存器与 IP 也不能作为源或目标操作数。

【例 3-16】 XCHG AX,[SI+0400H]

设当前 CS=1000H,IP=0064H,DS=2000H,SI=3000H,AX=1234H,则该指令执行后,将把 AX 寄存器中的 1234H 与物理地址 23400H 单元开始的数据字(设为 ABCDH)相互交换位置,即 AX=ABCDH;(23400H)=34H,(23401H)=12H。

4. 字节翻译指令

XLAT

字节翻译指令又称为代码转换或查表指令,它特别适合于不规则代码的转换。

该指令通过查表方式完成代码转换功能,执行操作是:AL←[BX+AL]。执行结果是将待转换的序号转换成对应的代码,并送回 AL 寄存器中。代码转换的操作步骤如下。

① 建立代码转换表(其最大容量为 256B),将该表定位到内存中某个逻辑段的一片连续地址中,并将表的首地址的偏移地址置入 BX。

② 将待转换的一个十进制数在表中的序号(又叫索引值)送入 AL 寄存器中。该值实际上就是表中某一项与表格首地址之间的位移量。

③ 执行 XLAT 指令。

【例 3-17】 已知 7 段显示码的编码规则为:0——01000000;1——01111001;2——00100100;3——00110000;4——00011001;5——00010010;6——00000010;7——01111000;8——00000000;9——00010000。设有一个十进制数 0~9 的 7 段显示码表被定位在当前数据段中,其起始地址的偏移地址值为 0030H。假定当前 CS=2000H,IP=007AH,DS=4000H。若欲将 AL 中待转换的十进制数 5 转换成对应的 7 段码 12H,试分析执行 XLAT 指令的操作过程。

首先,将数据段中该转换表的首地址的偏移地址 0030H 置入 BX;再将待转换的十进制数在表中的序号 05H 送入 AL;然后,执行 XLAT 指令。代码转换指令的功能与操作过程如图 3-3 所示。

假设 0~9 的 7 段显示码表存放在偏移地址为 0030H 开始的内存中,则取出 5 所对应的 7 段码(12H)可以用如下 3 条指令的程序段完成。

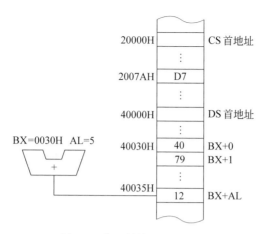

図 3-3 代码转换指令的功能

MOV BX,0030H
MOV AL,5
XLAT

3.2.2 目标地址传送指令

这是一类专用于传送地址码的指令,可传送存储器的逻辑地址(即存储器操作数的段地址或偏移地址)至指定寄存器中,共包含 3 条指令: LEA、LDS 和 LES。

1. LEA d,s

这是取有效地址指令,其功能是把用于指定源操作数(它必须是存储器操作数)的 16 位偏移地址(即有效地址),传送到一个指定的 16 位通用寄存器中。这条指令常用来建立串操作指令所需要的寄存器指针。

【例 3-18】 LEA BX,[SI+100AH]

设当前 CS＝1500H,IP＝0200H,DS＝2000H,SI＝0030H,源操作数 1234H 存放在 [SI+100AH] 开始的存储器内存单元中,则该指令的操作过程如图 3-4 所示。

该指令执行的结果,是将源操作数 1234H 的有效地址 103AH 传送到 BX 寄存器中。

请注意比较 LEA 指令和 MOV 指令的不同功能。

【例 3-19】 LEA BX,[SI] 指令是将 SI 指示的偏移地址(SI 的内容)装入 BX。而 MOV BX,[SI] 指令则是将由 SI 寻址的存储单元中的数据装入 BX。

通常,LEA 指令用来使某个通用寄存器作为地址指针。

【例 3-20】 LEA BX,[BP+DI] 指令是将内存单元的偏移量(BP+DI)送 BX。

LEA SP,[3768H] 指令是使堆栈指针 SP 为 3768H。

2. LDS d,s

这是取某变量的 32 位地址指针的指令,其功能是从由指令的源 s 所指定的存储单元开

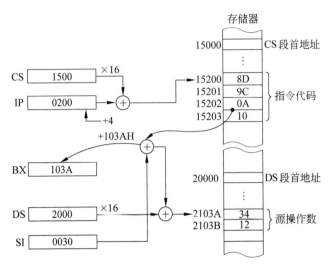

图 3-4 LEA BX,[SI+100AH]指令的操作过程

始,由 4 个连续存储单元中取出某变量的地址指针(共 4 个字节),将其前两个字节(即变量的偏移地址)传送到由指令的目标 d 所指定的某 16 位通用寄存器,后两个字节(即变量的段地址)传送到 DS 段寄存器中。

【例 3-21】 LDS SI,[DI+100AH]

设当前 CS=1000H,IP=0604H,DS=2000H,DI=2400H,待传送的某变量的地址指针其偏移地址为 0180H,段地址为 2230H,则该指令的操作过程如图 3-5 所示。

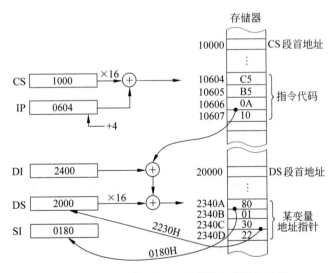

图 3-5 LDS SI,[DI+100AH]指令的操作过程

该指令执行后,将物理地址 2340AH 单元开始的 4 个字节中前两个字节(偏移地址值)0180H 传送到 SI 寄存器中,后两个字节(段地址)2230H 传送到 DS 段寄存器中,并取代它的原值 2000H。

3. LES d,s

这条指令与 LDS d,s 指令的操作基本相同,其区别仅在于将把由源操作数所指定的某变量的地址指针中后两个字节(段地址)传送到 ES 段寄存器,而不是 DS 段寄存器。

上述 3 条指令都是装入地址,但使用时要准确理解它们的不同含义。LEA 指令是将 16 位有效地址装入任何一个 16 位通用寄存器;而 LDS 和 LES 是将 32 位地址指针装入任何一个 16 位通用寄存器及 DS 或 ES 段寄存器。

3.2.3 标志位传送指令

这类指令用于传送标志位,共有 4 条标志位传送指令:LAHF、SAHF、PUSHF 和 POPF。

1. LAHF

指令功能:将标志寄存器 FLAGS 的低字节(共包含 5 个状态标志位)传送到 AH 寄存器中。

LAHF 指令执行后,AH 的 D_7、D_6、D_4、D_2 与 D_0 5 位将分别被设置成 SF(符号标志)、ZF(零标志)、AF(辅助进位标志)、PF(奇偶标志)与 CF(进位标志)5 位,而 AH 的 D_5、D_3、D_1 3 位没有意义。

2. SAHF

指令功能:将 AH 寄存器内容传送到标志寄存器 FLAGS 的低字节。

SAHF 与 LAHF 的功能相反,它常用来通过 AH 对标志寄存器 FLAGS 的 SF、ZF、AF、PF 与 CF 标志位分别置 1 或复 0。

上述两条指令只涉及对标志寄存器 FLAGS 的低 8 位进行操作,这是为了保持 8086 指令系统对 8088/8085 指令系统的兼容性。

3. PUSHF

指令功能:将 16 位标志寄存器 FLAGS 内容入栈保护。其操作过程与前述的 PUSH 指令类似。

4. POPF

指令功能:将当前栈顶和次栈顶中的数据字弹出送回到标志寄存器 FLAGS 中。

以上两条指令常成对出现,一般用在子程序和中断处理程序的首尾,用来保护和恢复主程序涉及的标志寄存器内容。必要时可用来修改标志寄存器的内容。

3.2.4 I/O 数据传送指令

1. IN 指令

IN 累加器,端口号

端口号可以用 8 位立即数直接给出；也可以将端口号事先安排在 DX 寄存器中，间接寻址 16 位长端口号（可寻址的端口号为 0～65 535）。IN 指令是将指定端口中的内容输入到累加器 AL/AX 中。其指令如下。

IN AL,PORT   ;AL←(端口 PORT)，即把端口 PORT 中的字节内容读入 AL
IN AX,PORT   ;AX←(端口 PORT)，即把由 PORT 两相邻端口中的字内容读入 AX
IN AL,DX   ;AL←(端口(DX))，即从 DX 所指的端口中读取一个字节内容送 AL
IN AX,DX   ;AX←(端口(DX))，即从 DX 和 DX+1 所指的两个端口中读取一个字内容送 AX

【例 3-22】 IN AL,40H

设当前 CS=1000H，IP=0050H；8 位端口 40H 中的内容为 55H，则该指令的操作过程如图 3-6 所示。

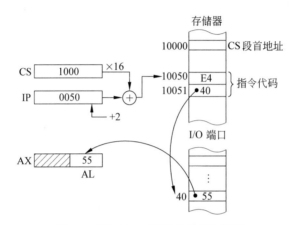

图 3-6 IN AL,40H 指令的操作过程

该指令执行后，把 40H 端口中输入的数据字节 55H 传送到累加器 AL 中。

2. OUT 指令

OUT 端口号,累加器

与 IN 指令相同，端口号可以由 8 位立即数给出，也可由 DX 寄存器间接给出。OUT 指令是把累加器 AL/AX 中的内容输出到指定的端口。其指令如下。

OUT PORT,AL   ;端口 PORT←AL，即把 AL 中的字节内容输出到由 PORT 直接指定的端口
OUT PORT,AX   ;端口 PORT←AX，即把 AX 中的字内容输出到由 PORT 直接指定的端口
OUT DX,AL   ;端口(DX)←AL，即把 AL 中的字节内容输出到由 DX 所指定的端口
OUT DX,AX   ;端口(DX)←AX，即把 AX 中的字内容输出到由 DX 所指定的端口

【例 3-23】 OUT DX,AL

设当前 CS=4000H，IP=0020H，DX=6A10H，AL=66H。则该指令的操作过程如图 3-7 所示。

该指令执行后，将累加器 AL 中的数据字节 66H 输出到 DX 指定的端口 6A10H 中。

注意，I/O 指令只能用累加器作为执行 I/O 数据传送的机构。另外，当用直接寻址的 I/O 指令时，寻址范围仅为 0～255，这适用于较小规模的微机系统；当需要寻址大于 255 的

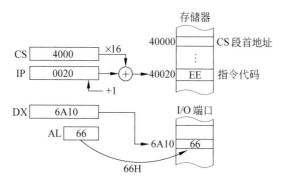

图 3-7　OUT DX,AL 指令的操作过程

端口地址时,则必须用间接寻址的 I/O 指令。在 IBM PC/XT 微机系统中,既用了 0～255 范围的端口地址,也用了 255～65 535 范围的端口地址。

从以上的讨论中可知,在 IN 和 OUT 指令中,I/O 设备(即 PORT,端口)的地址以两种形式存在:固定的端口和可变的端口。固定端口寻址允许 CPU 在 AL、AX 与使用 8 位 I/O 端口地址的设备之间传送数据。由于端口号在指令中是跟在指令操作码后面,所以称为固定端口寻址。如果固定端口地址存储在 RAM 中,它有可能被修改。

3.3　算术运算类指令

算术运算类指令有加、减、乘、除与十进制调整 5 种指令,它们能对无符号或有符号的 8/16 位二进制数以及无符号的压缩型/非压缩型(又称装配型/拆开型或者组合型/未组合型)十进制数进行运算。

3.3.1　加法指令

1. ADD d,s 　　;d←d+s

指令功能:将源操作数与目标操作数相加,结果保留在目标中。并根据结果置标志位。

源操作数可以是 8/16 位通用寄存器、存储器操作数或立即数;目标操作数不允许是立即数,其他同源操作数。而且不允许两者同时为存储器操作数。

【例 3-24】　ADD WORD PTR[BX+106BH],1234H

设当前 CS=1000H,IP=0300H,DS=2000H,BX=1200H,则该指令的操作过程如图 3-8 所示。

该指令执行后,将立即数 1234H 与物理地址为 2226BH 和 2226CH 中的存储器字 3344H 相加,结果 4578H 保留在目标地址 2226BH 和 2226CH 单元中。根据运算结果所置的标志位也示于图左下方。

【例 3-25】　寄存器加法。若将 AX、BX、CX 和 DX 的内容累加,再将所得的 16 位的和数存入 AX,则加法程序段如下。

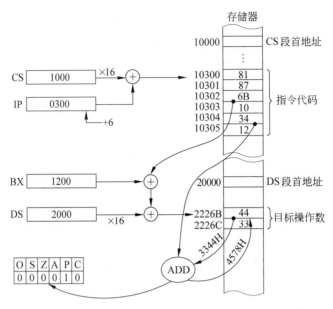

图 3-8　ADD WORD PTR[BX+106BH],1234H 指令的操作过程

```
ADD AX,BX      ;AX←AX+BX
ADD AX,CX      ;AX←AX+BX+CX
ADD AX,DX      ;AX←AX+BX+CX+DX
```

【例 3-26】 立即数加法。当常数或已知数相加时总是用立即数加法。若将立即数 12H 取入 DL,然后用立即数加法指令再将 34H 加到 DL 中的 12H 上,所得的结果(即和数 46H)放在 DL 中,则程序段如下。

```
MOV DL,12H
ADD DL,34H
```

程序执行后,标志位的改变为：OF=0(没有溢出),SF=0(结果为正),ZF=0(结果不 是 0),AF=0(没有半进位),PF=0(奇偶性为奇),CF=0(没有进位)。

【例 3-27】 存储器与寄存器的加法。假定要求将存储在数据段中其偏移地址为 NUMB 和 NUMB+1 连续单元的字节数据累加到 AL,则加法程序段如下。

```
MOV DI,OFFSET NUMB      ;偏移地址 NUMB 装入 DI
MOV AL,0                ;AL 清零
ADD AL,[DI]             ;将 NUMB 单元的字节内容加 AL,和数存 AL
ADD AL,[DI+1]           ;累加 NUMB+1 单元中的字节内容,累加和存 AL
```

【例 3-28】 数组加法。存储器数组是一个按顺序排列的数据表。假定数据数组 (ARRAY)包括从元素 0～9 共 10 个字节数。现要求累加元素 3、元素 5 和元素 7,则加法程序段如下。

```
MOV AL,0                ;存放和数的 AL 清 0
MOV SI,3                ;将 SI 指向元素 3
ADD AL,ARRAY[SI]        ;加元素 3
```

　计算机硬件技术基础(第 3 版)

```
ADD AL,ARRAY[SI+2]        ;加元素 5
ADD AL,ARRAY[SI+4]        ;加元素 7
```

本程序段中首先将 AL 清 0,为求累加和做好准备。然后,把 3 装入源变址寄存器 SI,初始化为寻址数组元素 3。ADD AL,ARRAY[SI]指令是将数组元素 3 加到 AL 中。接着的两条加法指令是将元素 5 和 7 累加到 AL 中,指令用 SI 中原有的 3 加位移量 2 来寻址元素 5,再用加 4 寻址元素 7。

2. ADC d,s   ;d←d+s+CF

带进位加法(ADC)指令的操作过程与 ADD 指令基本相同,唯一的不同是进位标志位 CF 的原状态也将一起参与加法运算,待运算结束,CF 将重新根据结果置成新的状态。例如:

```
ADC AX,BX            ;AX=AX+BX+C(进位位)
ADC BX,[BP+2]        ;由 BX+2 寻址的堆栈段存储单元的字内容加 BX 和进位位,结果存入 BX
```

ADC 指令一般用于 16 位以上的多字节数字相加的软件中。

【例 3-29】 假定要实现 BX 和 AX 中的 4 字节数字与 DX 和 CX 中的 4 字节数字相加,其结果存入 BX 和 AX 中,则多字节加法的程序段如下。

```
ADD AX,CX
ADC BX,DX
```

上述多字节相加的程序段中用了 ADD 与 ADC 两条不同的加法指令,由于 AX 和 CX 的内容相加形成和的低 16 位时,可能产生也可能不产生进位,而事先又不可能断定有无进位,因此,在高 16 位相加时,就必须要采用带进位位的加法指令 ADC。这样,ADC 指令在执行加法时,就会把在低 16 位相加后产生的进位标志 1 或 0,自动加到高 16 位的和数中去。最后,程序把 BX、AX 的 4 字节内容加到 DX、CX 两个寄存器,而和数则存入 BX、AX 两个寄存器中。

3. INC d   ;d←d+1

指令功能:将目标操作数当作无符号数,完成加 1 操作后,结果仍保留在目标中。

目标操作数可以是 8/16 位通用寄存器或存储器操作数,但不允许是立即数。例如:

```
INC SP                        ;SP=SP+1
INC BYTE PTR[BX+1000H]        ;把数据段中由 BX+1000H 寻址的存储单元的字节内容加 1
INC WORD PTR[SI]              ;把数据段中由 SI 寻址的存储单元的字内容加 1
INC DATA1                     ;把数据段中 DATA1 存储单元的内容加 1
```

注意,对于间接寻址的存储单元加 1 指令,数据的长度必须用 TYPE PTR、WORD PTR 或 DWORD PTR 类型伪指令加以说明;否则,汇编程序不能确定是对字节、字还是双字加 1。

另外,INC 指令只影响 OF、SF、ZF、AF、PF 5 个标志,而不影响进位标志 CF,故不能利用 INC 指令来设置进位位;否则,程序会出错。

3.3.2 减法指令

1. SUB d,s ;d←d−s

指令功能：将目标操作数减去源操作数，其结果送回目标，并根据运算结果置标志位。源操作数可以是 8/16 位通用寄存器、存储器操作数或立即数；目标操作数只允许是通用寄存器或存储器操作数。并且，不允许两个操作数同时为存储器操作数，也不允许做段寄存器的减法。

【例 3-30】 SUB AX,[BX]

设当前 CS=1000H,IP=60C0H,DS=2000H,BX=970EH,则该指令的操作过程如图 3-9 所示。

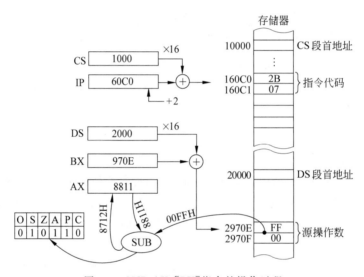

图 3-9 SUB AX,[BX]指令的操作过程

该指令执行后，将 AX 寄存器中的目标操作数 8811H 减去物理地址 2970EH 和 2970FH 单元中的源操作数 00FFH,并把结果 8712H 送回 AX 中。各标志位的改变为：O=0(没有溢出),S=1(结果为负),Z=0(结果不为 0),A=1(有半进位),P=1(奇偶性为偶),C=0(没有借位)。

SUB 指令的寻址方式和汇编语句形式也很多，例如：

SUB CL,BL	;CL=CL−BL
SUB AX,SP	;AX=AX−SP
SUB BH,6AH	;BH=BH−6AH
SUB AX,0AAAAH	;AX=AX−0AAAAH
SUB DI,TEMP[SI]	;从 DI 中减去由 TEMP+SI 寻址的数据段存储单元的字内容

2. SBB d,s ;d←d−s−CF

本指令与 SUB 指令的功能、执行过程基本相同，唯一不同的是完成减法运算时还要再减去进位标志 CF 的原状态。运算结束时,CF 将被置成新状态。这条指令通常用于比 16 位数宽的多字节减法,在多字节减法中,如同多字节加法操作时传递进位一样,它需要传递借位。

SBB 指令的汇编语句形式很多,例如:

```
SBB AX,BX                ;AX=AX-BX-CF
SBB WOLD PTR[DI],50A0H    ;从由 DI 寻址的数据段字存储单元的内容减去 50A0H 及 CF 的值
SBB DI,[BP+2]            ;从 DI 中减去由 BP+2 寻址的堆栈段字存储单元的内容及借位
```

【例 3-31】 假定从存于 BX 和 AX 中的 4 字节数减去存于 SI 和 DI 中的 4 字节数,则程序段为:

```
SUB AX,DI
SBB BX,SI
```

3. DEC d   ;d←d−1

减 1 指令功能:将目标操作数的内容减 1 后送回目标。

目标操作数可以是 8/16 位通用寄存器和存储器操作数,但不允许是立即数。例如:

```
DEC BL              ;BL=BL-1
DEC CX              ;CX=CX-1
DEC BYTE PTR[DI]    ;由 DI 寻址的数据段字节存储单元的内容减 1
DEC WORD PTR[BP]    ;由 BP 寻址的堆栈段字存储单元的内容减 1
```

从以上指令汇编语句的形式可以看出,对于间接寻址存储器数据减 1 指令,要求用 TYPE PTR 类型伪指令来标识数据长度。

4. NEG d   ;d←$\overline{d}$+1

NEG 是一条求补码的指令,简称求补指令。

指令功能:将目标操作数取负后送回目标。

目标操作数可以是 8/16 位通用寄存器或存储器操作数。

NEG 指令是把目标操作数当成一个带符号数,如果原操作数是正数,则 NEG 指令执行后将其变成绝对值相等的负数(用补码表示);如果原操作数是负数(用补码表示),则 NEG 指令执行后将其变成绝对值相等的正数。

若 AL=00000100=+4,执行 NEG AL 指令后将各位变反,末位加 1 得 11111100=[−4]$_补$;若 AL=11101110=[−18]$_补$,执行 NEG AL 指令后将变成 00010010=+18。

【例 3-32】 NEG BYTE PTR[BX]

设当前 CS=1000H,IP=200AH,DS=2000H,BX=3000H,且由目标[BX]所指向的存储单元(=DS×16+BX=23000H)已定义为字节变量(假定为 FDH),则该指令执行后,将物理地址 23000H 中的目标操作数 FDH=[−3]$_补$,变成+3 送回物理地址 23000H 单元中。

注意,执行 NEG 指令后,根据系统的约定,CF 通常被置成 1;这并不是由运算所置的新状态,而是该指令执行后的约定。只有当操作数为 0 时,才使 CF 为 0。这是因为 NEG 指令

在执行时,实际上是用 0 减去某个操作数,自然在一般情况下要产生借位,而当操作数为 0 时,无须借位,故这时 CF=0。

5. CMP d,s   ;d－s,只置标志位

指令功能:将目标操作数与源操作数相减但不送回结果,只根据运算结果置标志位。源操作数可以是 8/16 位通用寄存器、存储器操作数或立即数;目标操作数只可以是 8/16 位通用寄存器或存储器操作数。但不允许两个操作数同时为存储器操作数,也不允许进行段寄存器比较。比较指令使用的寻址方式与前面介绍过的加法和减法指令相同。例如:

```
CMP BL,CL            ;BL－CL
CMP AX,SP            ;AX－SP
CMP AX,1000H         ;AX－1000H
CMP [DI],BL          ;DI 寻址的数据段存储单元的字节内容减 BL
CMP CL,[BP]          ;用 CL 减由 BP 寻址的堆栈段存储单元的字节内容
CMP SI,TEMP[BX]      ;用 SI 减由 TEMP＋BX 寻址的数据段存储单元的字内容
```

注意,执行比较指令时,会影响标志位 OF、SF、ZF、AF、PF、CF。

当判断两比较数的大小时,应区分无符号数与有符号数的不同判断条件,对于两无符号数比较,只需根据借位标志 CF 即可判断;而对于两有符号数比较,则要根据溢出标志 OF 和符号标志 SF 两者的异或运算结果来判断。具体判断方法如下:若为两无符号数比较,当 ZF=1 时,则表示 d=s;当 ZF=0 时,则表示 d≠s。如 CF=0 时,表示无借位或够减,即 d≥s;如 CF=1 时,表示有借位或不够减,即 d<s。若为两有符号数比较,当 OF⊕SF=0 时,则 d≥s;当 OF⊕SF=1 时,则 d<s。通常,比较指令后面跟一条条件转移指令,检查标志位的状态以决定程序的转向。

【例 3-33】 假如要将 CL 的内容与 64H 作比较,当 CL≥64H 时,则程序转向存储器地址 SUBER 处继续执行。其程序段如下。

```
CMP CL,64H           ;CL 与 64H 作比较
JAE SUBER            ;如果等于或高于则跳转
```

以上的 JAE 为一条等于或高于的条件转移指令。

3.3.3 乘法指令

乘法指令用来实现两个二进制操作数的相乘运算,包括两条指令:无符号数乘法指令 MUL 和有符号数乘法指令 IMUL。

1. MUL s

MUL s 是无符号乘法指令,它完成两个无符号的 8/16 位二进制数相乘的功能。被乘数隐含在累加器 AL/AX 中;指令中由 s 指定的源操作数作乘数,它可以是 8/16 位通用寄存器或存储器操作数。相乘所得双倍位长的积,按其高 8/16 位与低 8/16 位两部分分别存放到 AH 与 AL 或 DX 与 AX 中去,即对 8 位二进制数乘法,其 16 位积的高 8 位存于 AH,低 8 位存于 AL;而对 16 位二进制数乘法,其 32 位积的高 16 位存于 DX,低 16 位存于 AX。

若运算结果的高位字节或高位字有效,即 AH≠0 或 DX≠0,则将 CF 和 OF 两标志位同时置 1;否则,CF＝OF＝0。据此,利用 CF 和 OF 标志可判断相乘结果的高位字节或高位字是否为有效数值。

【例 3-34】 MUL BYTE PTR[BX＋2AH]

设当前 CS＝3000H,IP＝0250H,AL＝12H,DS＝2000H,BX＝0234H,且源操作数已被定义为字节变量(66H),则指令的操作过程如图 3-10 所示。

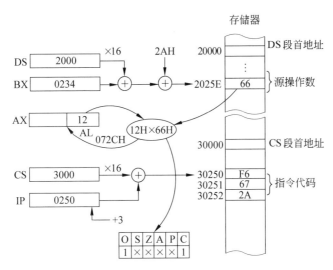

图 3-10 MUL BYTE PTR[BX＋2AH]指令的操作过程

该指令执行后,乘积 072CH 存放于 AX 中。根据机器的约定,因 AH≠0,故 CF 与 OF 两位置 1,其余标志位为任意状态,是不可预测的。

2. IMUL s

IMUL s 是有符号乘法指令,它完成两个带符号的 8/16 位二进制数相乘的功能。

对于两个带符号的数相乘,如果简单采用与无符号数乘法相同的操作过程,那么会产生完全错误的结果。为此,专门设置了 IMUL 指令。

IMUL 指令除计算对象是带符号二进制数以外,其他都与 MUL 是一样的,但结果不同。

IMUL 指令对 OF 和 CF 的影响是:若乘积的高一半是低一半的符号扩展,则 OF＝CF＝0;否则均为 1。它仍然可用来判断相乘的结果中高一半是否含有有效数值。另外,IMUL 指令对其他标志位没有定义。例如:

```
IMUL CL              ;AX←(AL)×(CL)
IMUL CX              ;DX、AX←(AX)×(CX)
IMUL BYTE PTR[BX]    ;AX←(AL)×[BX],即 AL 中的和 BX 所指内存单元中的两个 8 位有符号
                     ;数相乘,结果送 AX 中
IMUL WORD PTR[DI]    ;DX、AX←(AX)×[DI],即 AX 中的和 DI、DI＋1 所指内存单元中的两个
                     ;16 位有符号数相乘,结果送 DX 和 AX 中
```

有关 IMUL 指令的其他约定都与 MUL 指令相同。

3.3.4 除法指令

除法指令执行两个二进制数的除法运算,包括无符号二进制数除法指令 DIV 和有符号二进制数除法指令 IDIV 两条指令。

1. DIV s

DIV s 指令完成两个不带符号的二进制数相除的功能。被除数隐含在累加器 AX(字节除)或 DX、AX(字除)中。指令中由 s 给出的源操作数作除数,可以是 8/16 位通用寄存器或存储器操作数。

对于字节除法,所得的商存于 AL,余数存于 AH。对于字除法,所得的商存于 AX,余数存于 DX。根据 8086 的约定,余数的符号应与被除数的符号一致。

若除法运算所得的商数超出累加器的容量,则系统将其当作除数为 0 处理,自动产生类型 0 中断,CPU 将转去执行类型 0 中断服务程序作适当处理,此时所得商数和余数均无效。在进行类型 0 中断处理时,先是将标志位进堆栈,IF 和 TF 清 0,接着是 CS 和 IP 的内容进堆栈;然后,将 0、1 两单元的内容装入 IP,而将 2、3 两单元的内容装入 CS;最后,再进入 0 号中断的处理程序。

【例 3-35】 DIV BYTE PTR[BX+SI]

设当前 CS=1000H,IP=0406H,BX=2000H,SI=050EH,DS=3000H,AX=1500H,存储器中的源操作数已被定义为字节变量 22H,则该指令执行后,所得商数 9EH 存于 AL 中,余数 04H 存于 AH 中。

2. IDIV s

IDIV 指令完成将两个带符号的二进制数相除的功能。它与 DIV 指令的主要区别在于对符号位处理的约定,其他约定相同。

具体地说,如果源操作数是字节/字数据,被除数应为字/双字数据并隐含存放于 AX/DX、AX 中。如果被除数也是字节/字数据在 AL/AX 中,那么,应将 AL/AX 的符号位 $(AL_7)/(AX_{15})$ 扩展到 AH/DX 寄存器后,才能开始字节/字除法运算,运算结果商数在 AL/AX 寄存器中,AL_7/AX_{15} 是商数的符号位;余数在 AH/DX 中,AH_7/DX_{15} 是余数的符号位,它应与被除数的符号一致。在这种情况下,允许的最大商数为 +127/+32 767,最小商数为 −127/−32 767。例如:

```
IDIV BX           ;将 DX 和 AX 中的 32 位数除以 BX 中的 16 位数,商在 AX 中,余数在 DX 中
IDIV BYTE PTR[SI] ;将 AX 中的 16 位数除以 SI 所指内存单元的 8 位数,所得的商在 AL 中,余数
                  ;在 AH 中
```

3. CBW 和 CWD

CBW 和 CWD 是两条专门为 IDIV 指令设置的符号扩展指令,用来将被除数字节/字扩展为字/双字的符号,所扩充的高位字节/字部分均为低位的符号位。它们在使用时应安排在 IDIV 指令之前,执行结果对标志位没有影响。

CBW 指令将 AL 的最高有效位 D_7 扩展至 AH,即若 AL 的最高有效位是 0,则 AH=00H;若 AL 的最高有效位为 1,则 AH=FFH。该指令在执行后,AL 不变。

CWD 指令将 AX 的最高有效位 D_{15} 扩展形成 DX,即若 AX 的最高有效位为 0,则 DX=0000H;若 AX 的最高有效位为 1,则 DX=FFFFH。该指令在执行后,AX 不变。

符号扩展指令常用来获得除法指令所需要的被除数。例如,AX=FF00H,它表示有符号数-256;执行 CWD 指令后,则 DX=FFFFH,DX、AX 仍表示有符号数-256。

【例 3-36】 进行有符号数除法 AX÷BX 的指令如下。

```
CWD
IDIV BX
```

对无符号数除法应该采用直接使高 8 位或高 16 位清 0 的方法,以获得倍长的被除数。

3.3.5　十进制调整指令

上面介绍的算术运算指令都是针对二进制数的。为了能方便地进行十进制数的运算,就必须对二进制运算的结果进行十进制调整,以得到正确的十进制运算结果。为此,8086 专门为完成十进制数运算而提供了一组十进制调整指令。

十进制数在计算机中也是用二进制来表示的,这就是二进制编码的十进制数——BCD 码。8086 支持压缩 BCD 码和非压缩 BCD 码,相应的十进制调整指令也分为压缩 BCD 码调整指令和非压缩 BCD 码调整指令。其中,压缩 BCD 码调整指令有两条: DAA 与 DAS;非压缩 BCD 码调整指令有 4 条: AAA、AAS、AAM 与 AAD。这 6 条指令分别介绍如下。

1. DAA

DAA 是加法的十进制调整指令,它必须跟在 ADD 或 ADC 指令之后使用。其功能是将存于 AL 中的 2 位 BCD 码加法运算的结果调整为 2 位压缩型十进制数,仍保留在 AL 中。

AL 中的运算结果在出现非法码(1010B~1111B)或本位向高位(指 BCD 码)有进位(由 AF=1 或 CF=1 表示低位向高位或高位向更高位有进位)时,由 DAA 自动进行加 6 调整。由于 DAA 指令只能对 AL 中的结果进行调整,因此,对于多字节的十进制加法,只能从低字节开始,逐个字节地进行运算和调整。

【例 3-37】 设当前 AX=6698,BX=2877,如果要将这两个十进制数相加,结果保留在 AX 中,则需要用下列几条指令来完成。

```
ADD AL,BL        ;低字节相加
DAA              ;低字节调整
MOV CL,AL
MOV AL,AH
ADC AL,BH        ;高字节相加
DAA              ;高字节调整
MOV AH,AL
MOV AL,CL
```

2. DAS

DAS 是减法的十进制调整指令,它必须跟在 SUB 或 SBB 指令之后,将 AL 寄存器中的减法运算结果调整为 2 位压缩型十进制数,仍保留在 AL 中。

减法是加法的逆运算,对减法的调整操作是减 6 调整。

3. AAA

AAA 是加法的 ASCII 码调整指令,也是只能跟在 ADD 指令之后使用。其功能是将存于 AL 寄存器中的 1 位 ASCII 码数加法运算的结果调整为 1 位非压缩型十进制数,仍保留在 AL 中;如果向高位有进位(AF=1),则进到 AH 中。调整过程与 DAA 相似,其具体算法如下。

① 若 AL 的低 4 位是在 0~9 之间,且 AF=0,则跳过第②步,执行第③步。

② 若 AL 的低 4 位是在 0AH~0FH 之间,或 AF=1,则 AL 寄存器需进行加 6 调整,AH 寄存器加 1,且使 CF=1。

③ AL 的高 4 位虽参加运算,但不影响运算结果,无须调整,且清除之。

【例 3-38】 若 AX=0835H,BL=39H,则执行下列指令。

ADD AL,BL
AAA

结果是 AX=0904H,AF=1,且 CF=1。其运算与调整过程如下。

```
                    00110101 —— AL
                  + 00111001 —— BL
                   ─────────
        00001000    01101110 —— AL 低 4 位出现非法码,需进行加 6 调整
                  +     0110
                   ─────────
        00001001    01110100 —— AF=1,应进位到 AH 中,即 AH 加 1
                  ∧ 00001111 —— AL 高 4 位清 0,低 4 位不变
                   ─────────
        00001001    00000100
          └──┬──┘   └──┬──┘
            AH          AL
```

【例 3-39】 若有两个用 ASCII 码表示的 2 位十进制数分别存放在 AX 和 BX 寄存器中,即

AX=0011011000110111
BX=0011100100110101

现要求将两数相加,并把结果保留在 AX 中,如果有进位,将进位置入 DX 中,则完成上述功能的程序段如下。

```
MOV DX,0
MOV CX,AX          ;CX='67'
MOV AH,0
ADD AL,BL          ;AL←'7'+'5'
AAA                ;AH=01H,AL=02H
MOV CL,AL          ;CL=02H
MOV AL,CH          ;AL='6'
```

```
ADD AL,AH
AAA                    ;AL=07H
MOV AH,0
ADD AL,BH
AAA                    ;AH=01H,AL=06H
MOV CH,AL              ;CH=06H
ADD DL,AH              ;DL=01H
MOV AX,CX              ;AX=0602H
```

最后得到正确的十进制结果为162,并以非压缩型 BCD 码形式存放在 DX、AX 中,如下所示。

DX　`00000000` `00000001`　　　　　　AX　`00000110` `00000010`

4. AAS

AAS 是减法的 ASCII 码调整指令,它也必须跟在 SUB 或 SBB 指令之后,用来将 AL 寄存器中的减法运算结果调整为1位非压缩型十进制数;如果有借位,则保留在借位标志 CF 中。

5. AAM

AAM 是乘法的 ASCII 码调整指令。由于8086/8088指令系统中不允许采用压缩型十进制数乘法运算,故只设置了一条 AAM 指令,用来将 AL 中的乘法运算结果调整为2位非压缩型十进制数,其高位在 AH 中,低位在 AL 中。参加乘法运算的十进制数必须是非压缩型,故通常在 MUL 指令之前安排两条 AND 指令。例如:

```
AND AL,0FH
AND BL,0FH
MUL BL
AAM
```

执行 MUL 指令的结果,会在 AL 中得到8位二进制数结果,用 AAM 指令可将 AL 中结果调整为2位非压缩型十进制数,并保留在 AX 中。其调整操作是:将 AL 寄存器中的结果除以10,所得商数即为高位十进制数置入 AH 中,所得余数即为低位十进制数置入 AL 中。

6. AAD

AAD 是除法的 ASCII 码调整指令。它与上述调整指令的操作不同,它是在除法之前进行调整操作。

AAD 指令的调整操作是将累加器 AX 中的2位非压缩型十进制的被除数调整为二进制数,保留在 AL 中。其具体做法是将 AH 中的高位十进制数乘以10,与 AL 中的低位十进制数相加,结果保留在 AL 中。例如,一个数据为67,用非压缩型 BCD 码表示时,则 AH 中为00000110,AL 中为00000111;调整时执行 AAD 指令,该指令将 AH 中的内容乘以10,再加到 AL 中,故得到的结果为43H。

3.4 逻辑运算和移位循环类指令

这类指令可分为 3 种类型：逻辑运算、移位和循环指令。

3.4.1 逻辑运算指令

1. AND d,s   ;d←d∧s,按位"与"操作

源操作数可以是 8/16 位通用寄存器、存储器操作数或立即数；目标操作数只允许是通用寄存器或存储器操作数。

【例 3-40】 AND AX,ALPHA

设当前 CS=2000H,IP=0400H,DS=1000H,AX=F0F0H,ALPHA 是数据段中偏移地址为 0500H 和 0501H 地址中的字变量 7788H 的名字。则执行该指令后,将累加器 AX 中的 F0F0H 与物理地址 10500H 和 10501H 地址中的数据字 7788H 进行逻辑"与"运算后得结果为 7080H,并把它送回 AX 寄存器中。

2. OR d,s   ;d←d∨s,按位"或"操作

源操作数与目标操作数的约定同 AND 指令。

3. XOR d,s   ;d←d⊕s,按位"异或"操作

源操作数与目标操作数的约定同 AND 指令。

4. NOT d   ;d←d̄,按位取反操作

源操作数与目标操作数的约定同 AND 指令。

5. TEST d,s   ;d∧s,按位"与"操作,不送回结果

有关的约定和操作过程与 AND 指令相同,只是 TEST 指令不传送结果。

3.4.2 移位指令与循环移位指令

移位与循环移位指令的功能如图 3-11 所示。

移位指令分为算术移位和逻辑移位。算术移位是对带符号数进行移位,在移位过程中必须保持符号不变;而逻辑移位是对无符号数移位,总是用 0 来填补已空出的位。根据移位操作的结果置标志寄存器中的状态标志(AF 标志除外)。若移位位数是 1 位,移位结果使最高位(符号位)发生变化,则将溢出标志 OF 置 1;若移多位,则 OF 标志将无效。

循环移位指令是将操作数首尾相接进行移位,它分为不带进位位与带进位位循环移位。这类指令只影响 CF 和 OF 标志。CF 标志总是保持移出的最后一位的状态。若只循环移 1

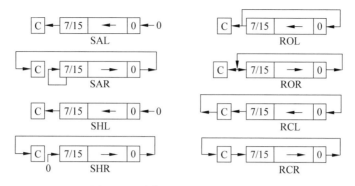

图 3-11　移位/循环移位指令功能

位,且使最高位发生变化,则 OF 标志置 1;若循环移多位,则 OF 标志无效。

所有移位与循环移位指令的目标操作数只允许是 8/16 位通用寄存器或存储器操作数,指令中的 count(计数值)可以是 1,也可以是 n($n \leqslant 255$)。若移 1 位,指令的 count 字段直接写 1;若移 n 位时,则必须将 n 事先装入 CL 寄存器中,故 count 字段只能书写 CL 而不能用立即数 n。例如:

SAL BX,1	;BX 的内容算术左移 1 位
ROR AX,1	;AX 的内容循环右移 1 位
MOV CL,6	
SAR DX,CL	;DX 的内容算术右移 6 位
RCL AX,CL	;AX 的内容连同 CF 循环左移 6 位

3.5　串操作类指令

串操作类指令是唯一能在存储器内的源与目标之间进行操作的指令。

串操作指令对向量和数组操作提供了很好的支持,可有效地加快处理速度、缩短程序长度。它们能对字符串进行各种基本的操作,如传送(MOVS)、比较(CMPS)、搜索(SCAS)、读(LODS)和写(STOS)等。对任何一个基本操作指令,可以用加一个重复前缀指令来指示该操作要重复执行,所需重复的次数由 CX 中的初值来确定。被处理的串长度可达 64KB。

为缩短指令长度,串操作指令均采用隐含寻址方式,源数据串一般在当前数据段中,即由 DS 段寄存器提供段地址,其偏移地址必须由源变址寄存器 SI 提供;目标串必须在附加段中,即由 ES 段寄存器提供段地址,其偏移地址必须由目标变址寄存器 DI 提供。如果要在同一段内进行串操作,必须使 DS 和 ES 指向同一段。串长度必须存放在 CX 寄存器中。在串指令执行之前,必须对 SI、DI 和 CX 进行预置,即将源串和目标串的首元素或末元素的偏移地址分别置入 SI 和 DI 中,将串长度置入 CX 中。这样,在 CPU 每处理完一个串元素时,就自动修改 SI 和 DI 寄存器的内容,使之指向下一个元素。

为加快串操作的执行,可在基本串操作指令的前方加上重复前缀,共有无条件重复(REP)、相等时重复(REPE)、为 0 时重复(REPZ)、不等时重复(REPNE)、不为 0 时重复

(REPNZ)5 种重复前缀。带有重复前缀的串操作指令,每处理完一个元素能自动修改 CX 的内容(按字节/字处理减 1/减 2),以完成计数功能。当 CX≠0 时,继续串操作,直到 CX＝0 才结束串操作。

无条件重复前缀(REP)常与串传送(MOVS)指令连用,完成传送整个串操作,即执行到 CX＝0 为止。REPE 和 REPZ 具有相同的含义,只有当 ZF＝1,且 CX≠0 时才重复执行串操作,常与串比较(CMPS)指令连用,比较操作一直进行到 ZF＝0 或 CX＝0 时为止。与此相反,REPNE 和 REPNZ 具有相同的含义,只有当 ZF＝0,且 CX≠0 时才重复执行串操作,常与串搜索(SCAS)指令连用,搜索操作一直进行到 ZF＝1 或 CX＝0 为止。

串操作指令对 SI 和 DI 寄存器的修改与两个因素有关,一是和被处理的串是字节串还是字串有关;二是和当前的方向标志 DF 的状态有关。当 DF＝0,表示串操作由低地址向高地址进行,SI 和 DI 内容应递增,其初值应该是源串和目标串的首地址;当 DF＝1 时,则情况正好相反。

8086/8088 有 5 种基本的串操作指令,现分述如下。

3.5.1 MOVS 目标串,源串

串传送(MOVS)指令的功能:将由 SI 作为指针的源串中的一个字节或字,传送到由 DI 作为指针的目标串中,且相应地自动修改 SI/DI,使之指向下一个元素。如果加上 REP 前缀,则每传送一个元素,CX 自动减 1,直到 CX＝0 为止。

【例 3-41】 REP MOVSB 指令。

设当前 CS＝6180H,IP＝120AH,DS＝1000H,SI＝2000H,ES＝3000H,DI＝1020H,CX＝0064H,DF＝0。则该指令的操作过程如图 3-12 所示。

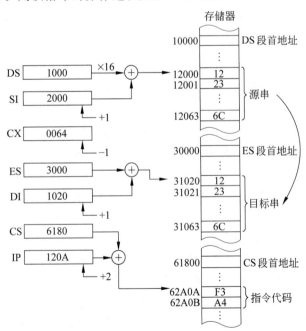

图 3-12　REP MOVSB 指令的操作过程

该指令执行后,将源串的 100 个字节传送到目标串,每传送 1B,SI+1,DI+1,CX-1,直到 CX=0 为止。

【例 3-42】 若要将源串的 100B 数据传送到目标串单元中去,设源串首元素的偏移地址为 2500H,目标串首元素的偏移地址为 1400H,则完成这一串操作的程序段如下。

```
CLD                 ;DF←0,地址自动递增
MOV CX,100          ;串的长度
MOV SI,2500H        ;源串首元素的偏移地址
MOV DI,1400H        ;目标串首元素的偏移地址
REP MOVSB           ;重复传送操作,直到 CX=0 为止
```

3.5.2　CMPS 目标串,源串

串比较(CMPS)指令的功能:将由 SI 作为指针的源串中的一个元素减去由 DI 作为指针的目标串中相对应的一个元素,不回送结果,只根据结果特征置标志位;并相应地修改 SI 和 DI 内容指向下一个元素。通常,在 CMPS 指令前加重复前缀 REPE/REPZ,用来确定两个串中的第 1 个不相同的数据。

【例 3-43】 试比较上例中两串是否完全相同,若两串相同,则 BX 寄存器内容为 0;若两串不同,则 BX 指向源串中第 1 个不相同字节的地址,且该字节的内容保留在 AL 寄存器中。完成这一功能的程序段如下。

```
        CLD
        MOV CX,100
        MOV SI,2500H
        MOV DI,1400H        ;初始化
        REPE CMPSB          ;串比较,直到 ZF=0 或 CX=0
        JZ EQQ
        DEC SI
        MOV BX,SI           ;第 1 个不相同字节的偏移地址送入 BX
        MOV AL,[SI]         ;第 1 个不相同字节的内容送入 AL
        JMP STOP
EQQ：    MOV BX,0            ;两串完全相同,BX=0
STOP：   HLT
```

3.5.3　SCAS 目标串

串搜索(SCAS)指令的功能:用来从目标数据串中搜索(或查找)某个关键字,要求将待查找的关键字在执行该指令之前事先置入 AX 或 AL 中。

搜索的实质是将 AX 或 AL 中的关键字减去由 DI 所指向的数据段目标数据串中的一个元素,不传送结果,只根据结果置标志位,然后修改 DI 的内容指向下一个元素。通常,在 SCAS 前加重复前缀 REPNE/REPNZ,用来从目标数据串中寻找关键字,操作一直进行到 ZF=1(查到了某关键字)或 CX=0(终未查找到)为止。

【例 3-44】 要求在长度为 N 的某字符串中查找是否存在 $ 字符。若存在,则将 $ 字符所在地址送入 BX 寄存器中,否则将 BX 清 0。假定字符串首元素的偏移地址为 DSTO。实现上述要求的程序段如下。

```
        CLD
        MOV CX,N            ;字符串长度赋给 CX
        LEA DI,DSTO         ;置目标数据串首元素的偏移地址至 DI
        MOV AL,'$'          ;把关键字 $ 的 ASCII 码送到 AL
        REPNE SCASB         ;找关键字,未找到则重复查找
        JNZ ZER             ;ZF=0,表示未查找到
        DEC DI              ;已查找到,则恢复关键字所在地址指针
        MOV BX,DI           ;关键字所在地址送 BX
        JMP STO
ZER:    MOV BX,0            ;未找到,则 BX 清 0
STO:    HLT                 ;已找到,则停机
```

3.5.4 LODS 源串

读串(LODS)指令的功能:用来将源串中由 SI 所指向的元素取到 AX/AL 寄存器中,修改 SI 的内容指向下一个元素。该指令一般不加重复前缀,常用来和其他指令结合起来完成复杂的串操作功能。

【例 3-45】 已知在数据段中有 100 个字组成的串,现要求将其中的负数相加,其和数存放到紧接着该串的下一个顺序地址中。若已知串首元素的偏移地址为 1680H,则可用如下程序段来完成上述要求。

```
        CLD
        MOV SI,1680H
        MOV BX,0
        MOV DX,0
        MOV CX,202          ;初始化
LOO:    DEC CX
        DEC CX
        JZ STO              ;计数是否已完
        LODSW               ;从源串中取一个字送 AX
        MOV BX,AX           ;暂存于 BX
        AND AX,8000H        ;该元素是否为负数
        JZ LOO              ;若为正数,则重取字串中的一个字
        ADD DX,BX           ;求负数元素之和并送至 DX
        JMP LOO
STO:    MOV [SI],DX         ;负数元素之和写入顺序地址中
        HLT
```

3.5.5 STOS 目标串

写串(STOS)指令的功能:用来将 AX/AL 寄存器中的一个字或字节写入由 DI 作为指

针的目标串中,同时修改 DI 以指向串中的下一个元素。该指令一般不加重复前缀,常与其他指令结合起来完成较复杂的串操作功能。若利用重复操作,可以建立一串相同的值。

【例 3-46】 要求将两串中各对应元素相加,所得到的新串写入目标串中。若已知当前目标串和源串的偏移地址分别为 0300H 和 0500H,串长度为 100B,则可用如下程序段完成上述要求。

```
        CLD
        MOV CX,100
        MOV BX,0300H
LL:     MOV SI,BX           ;初始化
        LODSB               ;将目标串先作为源串从中读一个元素送至 AL
        MOV DL,AL           ;目标串元素暂存于 DL
        ADD BX,0200H
        MOV SI,BX           ;确定源串的地址指针
        LODSB               ;读源串中的一个元素送至 AL
        ADD AL,DL           ;两串对应元素相加,结果存放在 AL
        SUB BX,0200H
        MOV DI,BX           ;恢复当前目标串地址指针
        STOSB               ;AL 中新元素(即和数)写入目标串中相应地址单元
        INC BX              ;确定下一个元素的地址
        DEC CX
        JNZ LL              ;CX≠0,则继续操作
        HLT
```

3.6　程序控制类指令

一般情况下,指令按顺序逐条执行。但在实际运行中,也经常会根据微处理器的状态和工作要求等不同情况而随时改变程序的流向。程序控制类指令就是用来控制程序流向的指令。本节介绍无条件转移、条件转移、循环控制和中断 4 种程序控制指令。

3.6.1　无条件转移指令

在无条件转移类指令中,除介绍无条件转移指令 JMP 外,也一并介绍无条件调用过程指令 CALL 以及从过程返回指令 RET,因为,后两条指令实质上也是无条件地控制程序流向的转移,不过它们在使用上与 JMP 有所不同。

1. JMP 目标标号

JMP 指令允许程序流无条件地转移到由目标标号指定的地址,去继续执行从该地址开始的程序。

转移可分为段内转移和段间转移两种。段内转移是指在同一代码段的范围之内进行转移,此时,只需要改变指令指针 IP 寄存器的内容,即用新的转移目标地址(指偏移地址)代替

原有的 IP 值就可实现转移。而段间转移则是要转移到一个新的代码段去执行指令,此时不仅要修改 IP 的内容,还要修改段寄存器 CS 的内容才能实现转移。当然,此时的转移目标地址,应由新的段地址和偏移地址两部分组成。根据目标地址的位置与寻址方式的不同,JMP 指令有以下 4 种基本格式。

（1）段内直接转移

段内直接转移是指目标地址就在当前代码段内,其偏移地址（即目标地址的偏移量）与本指令当前 IP 值（即 JMP 指令的下一条指令的地址）之间的字节距离（即位移量）将在指令中直接给出。此时,目标标号偏移地址为:

$$目标标号偏移地址＝(IP)＋指令中位移量$$

其中,(IP)是指 IP 的当前值。位移量的字节数则根据微处理器的位数而定。

对于 16 位微处理器而言,段内直接转移的指令格式又分为 2B 和 3B 两种,它们的第 1 字节是操作码,而第 2 字节或第 2、3 字节为位移量（最高位为符号位）。若位移量只有一个字节,则称为段内短转移,其目标标号与本指令之间的距离不能超过＋127 和－128 字节范围;若位移量占两个字节,则称为段内近转移,其目标标号与本指令之间的距离不能超过±32KB 范围。注意,段的偏移地址是周期性循环计数的,这意味着在偏移地址 FFFFH 之后的一个位置是偏移地址 0000H。由于这个原因,如果指令指针 IP 指向偏移地址 FFFFH,而要转移到存储器中的后两个字节地址,则程序流将在偏移地址 0001H 处继续执行。

【例 3-47】 JMP ADDR1 指令中是以目标标号 ADDR1 表示目标地址。若已知目标标号 ADDR1 与本指令当前 IP 值之间的距离（即位移量）为 1235H 个字节,CS＝1500H,IP＝2400H,则该指令执行后,CPU 将转移到物理地址 18638H。

注意,在计算当前 IP 值时,是将原 IP 值 2400H 加上了本指令的字节数 3,得到 2403H;然后,再将段基址（1500H×16＝15000H）加上此当前 IP 值 2403H 与位移量 1235H 之和 3638H,于是,可求得最终寻址的目标地址 18638H。其操作过程如图 3-13 所示。由图中可知,这是一个段内直接近转移的例子,其目标标号 ADDR1 就是一个符号地址。

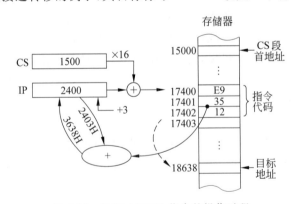

图 3-13 JMP ADDR1 指令的操作过程

（2）段内间接转移

段内间接转移是一种间接寻址方式,它是将段内的目标地址（指偏移地址或按间接寻址方式计算出的有效地址）先存放在某通用寄存器或存储器的某两个连续地址中,这时指令中只需给出该寄存器号或存储单元地址即可。

【例 3-48】 JMP BX 指令中的 BX 没有方括号[ ],但仍表示间接指向内存区的某地址单元。BX 中的内容即转移目标的偏移地址。设当前 CS＝1200H,IP＝2400H,BX＝3502H,则该指令执行后,BX 寄存器中的内容 3502H 取代原 IP 值,CPU 将转到物理地址15502H 单元中去执行后续指令。

注意,为区分段内的短转移(位移量为 8 位)和近转移(位移量为 16 位),其指令格式常以 JMP SHORT ABC 和 JMP NEAR PTR ABC 的汇编语言形式来表示。

（3）段间直接转移

段间转移是指程序由当前代码段转移到其他代码段,由于其转移的范围超过±32KB,故段间转移指令也称为远转移。在远转移时,目标标号是在其他代码段中,若指令中直接给出目标标号的段地址和偏移地址,则构成段间直接转移指令。

【例 3-49】 JMP FAR PTR ADDR2 是一条段间直接远转移指令,ADDR2 为目标标号。设当前 CS＝2100H,IP＝1500H,目标地址在另一代码段中,其段地址为 6500H,偏移地址为 020CH,则该指令执行后,CPU 将转移到另一代码段物理地址为 6520CH 目标地址中去执行后续指令。

一般来说,在执行段间直接(远)转移指令时,目标标号的段内偏移地址送入 IP,而目标标号所在段的段地址送入 CS。在汇编语言中,目标标号可使用符号地址,而机器语言中则要指定目标(或转向)地址的偏移地址和段地址。

（4）段间间接转移

段间间接转移是指以间接寻址方式来实现由当前代码段转移到其他代码段。

【例 3-50】 JMP DWORD PTR[BX＋ADDR3]

设当前 CS＝1000H,IP＝026AH,DS＝2000H,BX＝1400H,ADDR3＝020AH,(2160AH)＝0EH,(2160BH)＝32H,(2160CH)＝00H,(2160DH)＝40H,则执行指令时,目标地址的偏移地址 320EH 送入 IP,而其段地址 4000H 送入 CS,于是,该指令执行后,CPU 将转到另一代码段物理地址为 4320EH 的单元中去执行后续程序。

需要指出的是,段间转移和段内间接转移都必须用无条件转移指令,而条件转移指令则只能用段内直接寻址方式,并且,其转移范围只能是本指令所在位置前后的－128～＋127个字节。

2. CALL 过程名

这是无条件调用过程指令。

"过程"即"子程序",调用过程也即调用子程序。CALL 指令将迫使 CPU 暂停执行调用程序(又称主程序)后续的下一条指令(即断点),转去执行指定的过程;待过程执行完毕,再用返回指令 RET 将程序返回到断点处继续执行。

8086/8088 指令系统中把处于当前代码段的过程称为近过程,用 NEAR 表示,而把其他代码段的过程称为远过程,用 FAR 表示。当调用过程时,如果是近过程,只需将当前 IP 值入栈;如果是远过程,则必须将当前 CS 和 IP 的值一起入栈。

CALL 指令与 JMP 类似,也有 4 种不同的寻址方式和 4 种基本格式。举例如下。

（1）CALL N_PROC

N_PROC 是一个近过程名,采用段内直接寻址方式。

执行段内直接调用指令 CALL 时,第 1 步操作是把过程的返回地址(即调用程序中 CALL 指令的下一条指令的地址)压入堆栈中,以便过程返回调用程序(主程序)时使用。第 2 步操作则是转移到过程的入口地址去继续执行。指令中的近过程名将给出目标(转向)地址(即过程的入口地址)。

(2) CALL BX

这是一条段内间接寻址的调用过程指令,事先已将过程入口的偏移地址置入 BX 寄存器中。在执行该指令时,调用程序将转向由 BX 寄存器的内容所指定的某内存单元。

(3) CALL F_PROC

F_PROC 是一个远过程名,它可以采用段间直接和段间间接两种寻址方式来实现调用过程。在段间调用的情况下,则把返回地址的段地址和偏移地址先后压入堆栈。

【例 3-51】 CALL 2000H:5600H 是一条段间直接调用指令,调用的段地址为 2000II,偏移地址为 5600H。执行该指令后,调用程序将转移到物理地址为 25600H 的过程入口去继续执行。

【例 3-52】 CALL DWORD PTR[DI]是一条段间间接调用指令,调用地址在 DI、DI+1、DI+2、DI+3 所指的 4 个连续内存单元中,前 2 个字节为偏移地址,后 2 个字节为段地址。若 DI=0AH,DI+1=45H,DI+2=00H,DI+3=63H,则执行该指令后,将转移到物理地址为 6750AH 的过程入口去继续执行。

(4) RET 弹出值

过程返回(RET)指令应安排在过程的出口即过程的最后一条指令处,它的功能是从堆栈顶部弹出由 CALL 指令压入的断点地址值,迫使 CPU 返回到调用程序的断点去继续执行。RET 指令与 CALL 指令相呼应,CALL 指令安排在调用过程中,RET 指令安排在被调用的过程末尾处。并且,为了能正确返回,返回指令的类型要和调用指令的类型相对应。也就是说,如果一个过程是供段内调用的,则过程末尾用段内返回指令;如果一个过程是供段间调用的,则末尾用段间返回指令。此外,如果调用程序通过堆栈向过程传送了一些参数,过程在运行中要使用这些参数,一旦过程执行完毕,这些参数也应当弹出堆栈作废,这就是 RET 指令有时还要带弹出值的原因,其取值就是要弹出的数据字节数,因此,带弹出值的 RET 指令除了从堆栈中弹出断点地址(对近过程为 2 个字节的偏移量,对远过程为 2 个字节的偏移量和 2 个字节的段地址)外,还要弹出由弹出值 n 所指定的 n 个字节偶数的内容。n 可以为 0~FFFFH 范围中的任何一个偶数。但是弹出值并不是必须的,这取决于调用程序是否向过程传送了参数。

3.6.2 条件转移指令

条件转移指令是根据 CPU 执行上一条指令时,某一个或某几个标志位的状态而决定是否控制程序转移。如果满足指令中所要求的条件,则产生转移;否则,将继续往下执行紧接着条件转移指令后面的一条指令。条件转移指令的测试条件如表 3-10 所示。注意,为缩短指令长度,所有的条件转移指令都被设计成短转移,即转移目标与本指令之间的字节距离在 -128~+127 范围以内。

表 3-10　条件转移指令

指令名称			助记符		测试条件
无符号数	高于/不低于也不等于	转移	JA/JNBE	目标标号	CF＝0 AND ZF＝0
	高于或等于/不低于	转移	JAE/JNB	目标标号	CF＝0 OR ZF＝1
	低于/不高于也不等于	转移	JB/JNAE	目标标号	CF＝1 AND ZF＝0
	低于或等于/不高于	转移	JBE/JNA	目标标号	CF＝1 OR ZF＝1
带符号数	大于/不小于也不等于	转移	JG/JNLE	目标标号	(SF XOR OF) AND ZF＝0
	大于或等于/不小于	转移	JGE/JNL	目标标号	SF XOR OF＝0 OR ZF＝1
	小于/不大于也不等于	转移	JL/JNGE	目标标号	SF XOR OF＝1 AND ZF＝0
	小于或等于/不大于	转移	JLE/JNG	目标标号	(SF XOR OF) OR ZF＝1
单标志位	等于/结果为0	转移	JE/JZ	目标标号	ZF＝1
	不等于/结果不为0	转移	JNE/JNZ	目标标号	ZF＝0
	有进位/有借位	转移	JC	目标标号	CF＝1
	无进位/无借位	转移	JNC	目标标号	CF＝0
位条件转移	溢出	转移	JO	目标标号	OF＝1
	不溢出	转移	JNO	目标标号	OF＝0
	奇偶性为1/偶状态	转移	JP/JPE	目标标号	PF＝1
	奇偶性为0/奇状态	转移	JNP/JPO	目标标号	PF＝0
	符号位为1	转移	JS	目标标号	SF＝1
	符号位为0	转移	JNS	目标标号	SF＝0

【例 3-53】　JZ ADDR

设当前 CS＝1000H,IP＝300BH,ZF＝1,目标地址 ADDR 相对于本指令的字节距离为－9,则该指令执行后,由于 ZF＝1 满足条件,故 CPU 将转到目标地址为(CS×16＋IP＋2－9＝)13004H 的单元去执行后续程序。

在使用条件转移指令时,应注意以下特点。

① 由于条件转移指令都是短转移形式的,所以,其转移范围为－128～＋127。这样设计的好处是指令字节少,执行速度快。当需要转移到较远的目标地址时,可以先用条件转移指令转移到附近一个单元;然后,再从该单元起放一条无条件转移指令,这样,就可以通过该指令转移到较远的目标地址。这种情况一般是较少使用的。

② 有一部分条件转移指令是根据对两个数比较的结果来决定是否转移的,但由于对无符号数和带符号数的比较会产生不同的结果,所以,为了作出正确的判断,8086 指令系统分别为无符号数和带符号数的比较提供了两组不同的条件转移指令。对于无符号数的比较判断,用"高于"和"低于"来作为判断条件;而对于带符号数的比较判断,则用"大于"和"小于"来作为判断条件。例如,FFH 和 00H,如果将它们当作无符号数,则 FFH"高于"00H;如果将它们当作带符号数,则 FFH"小于"00H。

③ 在条件转移指令中,有一部分指令可以用两种不同的助记符来表示,但其指令功能是等同的。例如,一个数 M 高于另一个数 N 和 M 不低于也不等于 N 的结论是等同的,因此,条件转移指令 JA 和 JNBE 的功能是等同的。

3.6.3 循环控制指令

循环控制指令实际上是一组增强型的条件转移指令,但它是根据自己进行某种运算后来设置状态标志的。

循环控制指令都与 CX 寄存器配合使用,CX 中存放着循环次数。另外,这些指令所控制的目标地址的范围都在−128～+127 字节之内。

1. LOOP 目标标号

LOOP 指令的功能是先将 CX 寄存器内容减 1 后送回 CX,再判断 CX 是否为 0,若 CX≠0,则转移到目标标号所给定的地址继续循环,否则,结束循环顺序执行下一条指令。这是一条常用的循环控制指令,使用 LOOP 指令前,应将循环次数送入 CX 寄存器。其操作过程与条件转移指令类似,只是它的位移量应为负值。

2. LOOPE/LOOPZ 目标标号

LOOPE 和 LOOPZ 是同一条指令的两种不同的助记符,其指令功能是先将 CX 减 1 送 CX,若 ZF=1 且 CX≠0 时则循环;否则,顺序执行下一条指令。

3. LOOPNE/LOOPNZ 目标标号

LOOPNE 和 LOOPNZ 也是同一条指令的两种不同的助记符,其指令功能是先将 CX 减 1 送 CX,若 ZF=0 且 CX≠0 时则循环;否则,顺序执行下一条指令。

4. JCXZ 目标标号

JCXZ 指令不对 CX 寄存器内容进行操作,只根据 CX 内容控制转移。它是一条条件转移指令,也可用来控制循环,但循环控制条件与 LOOP 指令相反。

循环控制指令在使用时放在循环程序的开头或结尾处,以控制循环程序的运行。

【例 3-54】 若在存储器的数据段中有 100 个字节构成的数组,要求从该数组中找出 $ 字符,然后将 $ 字符前面的所有元素相加,结果保留在 AL 寄存器中。完成此任务的程序段如下。

```
        MOV CX,100
        MOV SI 00FFH            ;初始化
LL1：   INC SI
        CMP BYTE PTR［SI］,'$'
        LOOPNE LL1             ;找$字符
        SUB SI,0100H
        MOV CX,SI              ;$字符之前字节数
        MOV SI,0100H
        MOV AL,［SI］
        DEC CX                 ;相加次数
LL2：   INC SI
```

```
ADD AL,[SI]
LOOP LL2                    ;累加＄字符前的字节
HLT
```

3.6.4 中断指令

1. INT 中断类型

8086/8088 系统中允许有 256 种中断类型(0～255),各种类型的中断在中断向量表中占 4 个字节,前 2 个字节用来存放中断入口的偏移地址,后 2 个字节用来存放中断入口的段地址(即段值)。

CPU 执行 INT 指令时,首先将标志寄存器的内容入栈,然后清除中断标志 IF 和单步标志 TF,以禁止可屏蔽中断和单步中断进入,并将当前程序断点的段地址和偏移地址入栈保护,于是,从中断向量表中获得的中断入口的段地址和偏移地址,可分别置入段寄存器 CS 和指令指针 IP 中,CPU 将转向中断入口去执行相应的中断服务程序。

【例 3-55】 INT 20H

设当前 CS＝2000H,IP＝061AH,SS＝3000H,SP＝0240H,则 INT 20H 指令操作过程如图 3-14 所示。

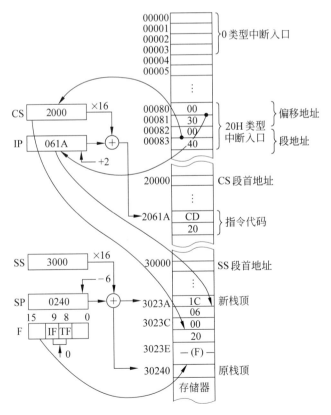

图 3-14 INT 20H 指令的操作过程

该指令执行时,标志寄存器内容先压入堆栈原栈顶 30240H 之上的两个单元 3023FH 和 3023EH;然后,再将断点地址的段地址 CS＝2000H 和指令指针 IP＝061AH＋2＝061CH 入栈保护,分别放入 3023DH、3023CH 和 3023BH、3023AH 连续 4 个单元中;最后,根据指令中提供的中断类型号 20H 得到中断向量的存放地址为 80H～83H,假定这 4 个单元中存放的值分别为 00H、30H、00H、40H,则 CPU 将转到物理地址为 43000H 的入口去执行中断服务程序。

2. INTO

为了判断有符号数的加减运算是否产生溢出,专门设计了一条 1 字节的 INTO 指令用于对溢出标志 OF 进行测试;当 OF＝1,立即向 CPU 发出溢出中断请求,并根据系统对溢出中断类型的定义,可从中断向量表中得到类型 4 的中断服务程序入口地址。该指令一般安排在带符号的算术运算指令之后,用于处理溢出中断。

3. IRET

IRET 指令总是安排在中断服务程序的出口处,由它控制从堆栈中弹出程序断点送回 CS 和 IP 中,弹出标志寄存器内容送回标志寄存器中,迫使 CPU 返回到断点继续执行后续程序。IRET 也是一条 1 字节指令。

3.7 处理器控制类指令

处理器控制类指令只完成对 CPU 的简单控制功能。

3.7.1 对标志位操作指令

1. CLC STC、CMC 指令

CLC、STC、CMC 指令用来对进位标志 CF 清 0、置 1 和取反。

2. CLD、STD 指令

CLD、STD 指令用来将方向标志 DF 清 0、置 1,常用于串操作指令之前。

3. CLI、STI 指令

CLI、STI 指令用来将中断标志 IF 清 0、置 1。当 CPU 需要禁止可屏蔽中断进入时,应将 IF 清 0,允许可屏蔽中断进入时,应将 IF 置 1。

3.7.2 同步控制指令

8086/8088 CPU 构成最大方式系统时,可与其他处理器一起构成多处理器系统,当

CPU 需要协处理器帮助它完成某个任务时,CPU 可用同步指令向协处理器发出请求,待它们接受这一请求,CPU 才能继续执行程序。为此,专门设置了 3 条同步控制指令。

1. ESC 外部操作码,源操作数

ESC 指令中的外部操作码是用于外部处理器的操作码,源操作数是用于外部处理器的源操作数。

ESC 指令是在最大方式系统中,CPU 要求协处理器完成某种任务的命令,它的功能是实现 8086 对 8087 协处理器的控制,使 8087 协处理器可以从 CPU 的程序中取得一条指令或一个存储器操作数。ESC 指令与 WAIT 指令、$\overline{\text{TEST}}$引线结合使用时,能够启动一个在某个协处理器中执行的子程序。

协处理器平时处于查询状态,一旦查询到 CPU 执行 ESC 指令且发出交权命令,被选协处理器便可开始工作,根据 ESC 指令的要求完成某种操作;待协处理器操作结束,便在$\overline{\text{TEST}}$状态线上向 8086 CPU 回送一个有效低电平信号,当 CPU 测试到$\overline{\text{TEST}}$有效时才能继续执行后续指令。

2. WAIT

WAIT 指令通常用在 CPU 执行完 ESC 指令后,用来挂起当前进程,等待外部事件,即等待$\overline{\text{TEST}}$线上的有效信号。当$\overline{\text{TEST}}=1$ 时,表示 CPU 正处于等待状态,并继续执行 WAIT 指令,CPU 每隔 5 个时钟周期就测试一次$\overline{\text{TEST}}$状态;一旦测试到$\overline{\text{TEST}}=0$,则 CPU 结束 WAIT 指令,继续执行后续指令。WAIT 与 ESC 两条指令是成对使用的,它们之间可以插入一段程序,也可以相连。

3. LOCK

LOCK 是 1 字节的指令前缀,而不是一条独立的指令,常作为指令的前缀,可位于任何指令的前端。凡带有 LOCK 前缀的指令,在该指令执行过程中都禁止其他协处理器占用总线,故它又称为总线锁定前缀。

总线封锁常用于资源共享的最大方式系统中。可利用 LOCK 指令,使任一时刻只允许子处理器之一工作而其他的均被封锁。

3.7.3 其他控制指令

1. HLT

HLT 是一条暂停指令,它用于迫使 CPU 暂停执行程序,直到接收到复位或中断信号为止。

2. NOP

NOP 是一条空操作指令,它并未使 CPU 完成任何有效功能,只是每执行一次该指令要占用 3 个时钟周期的时间,常用作延时,或取代其他指令用作调试。

本 章 小 结

8086/8088 寻址方式与指令系统的分类方法在不同版本的教材中基本上是一致的,但它们之间也有一些细微的差别。本章叙述的分类是典型的分类方法之一。

要熟悉指令的操作首先要掌握指令的寻址方式。8086/8088 的寻址方式主要分为数据寻址方式和程序存储器寻址方式两种。

数据寻址方式有立即寻址、寄存器寻址、直接数据寻址、寄存器间接寻址、基址加变址寻址、寄存器相对寻址、相对基址加变址寻址等多种。其中,除立即寻址与寄存器寻址外,其他的寻址方式都需要对存储器操作数(不包括立即数)进行寻址。它们的一个共同寻址机理是,先要由汇编程序根据书写的寻址方式汇编语句计算出有效地址(即偏移地址)EA,EA＝基址值(BX 或 BP)＋变址值(SI 或 DI)＋位移量 DISP。然后,再在地址加法器中将它与 16 位段地址左移 4 位后的 20 位段基地址相加,便得出寻址存储器某段中的一个 20 位的物理地址。

程序存储器寻址方式也就是转移类指令的寻址方式,它是寻址程序的地址(在代码段中)。其具体寻址方式可进一步分为 4 种类型:转移(包括无条件转移 JMP 与各种条件转移——其格式为 JX 的指令)、循环控制(包括无条件循环指令 LOOP 和 5 种条件循环指令)、过程调用(CALLY 与 RET)与中断控制(INT 与 IRET)。

此外,还有堆栈存储器寻址方式。它由堆栈段寄存器 SS 和堆栈指针 SP 来寻址。CPU 与堆栈之间的数据操作,是使用 PUSH 指令压入堆栈,用 POP 指令弹出堆栈。

其他类的寻址方式包括串操作指令寻址方式与 I/O 端口寻址方式两种。

8086/8088 的指令按功能可分为 6 类:数据传送、算术运算、逻辑运算、串操作、程序控制和 CPU 控制。表 3-11 列出了 8086/8088 指令系统中的全部指令助记符。要正确使用指令,必须掌握指令的功能,并理解它对标志寄存器的影响以及使用中的某些特定限制。学会指令的有效方法是,亲自动手进行编程练习并上机调试。只有实践,才会熟能生巧。

表 3-11 8086/8088 指令助记符

指令类型		助　记　符
数据传送	通用数据传送	MOV,PUSH,POP,XCHG,XLAT
	目标地址传送	LEA,LDS,LES
	标志位传送	LAHF,SAHF,PUSHF,POPF
	I/O 数据传送	IN,OUT
算术运算	加法	ADD,ADC,INC
	减法	SUB,SBB,DEC,NEG,CMP
	乘法	MUL,IMUL
	除法	DIV,IDIV,CBW,CWD
	十进制调整	AAA,DAA,AAS,DAS,AAM,AAD

指令类型			助　记　符
逻辑运算和移位、循环	逻辑运算		AND,OR,XOR,NOT,TEST
	移位		SAL,SAR,SHL,SHR
	循环		ROL,ROR,RCL,RCR
串操作	基本字符串指令		MOVS(MOVSB/MOVSW),CMPS(CMPSB/CMPSW),SCAS(SCASB/SCASW),LODS(LODSB/LODSW),STOS(STOSB/STOSW)
	重复前缀		REP,REPE,REPZ,REPNE,REPNZ
程序控制	转移	无条件转移	JMP
		条件转移　对无符号数	JA/JNBE,JAE/JNB,JB/JNAE,JBE/JNA
		单标志	JC,JNC,JE/JZ,JNE/JNZ
		对带符号数	JG/JNLE,JGE/JNL,JL/JNGE,JLE/JNG
		位条件转移	JO,JNO,JNP/JPO,JP/JPE,JNS,JS
	循环控制		LOOP,LOOPE/LOOPZ,LOOPNE/LOOPNZ,JCXZ
	过程调用		CALL,RET
	中断控制		INT,INTO,IRET
处理器控制	对标志位操作		CLC,STC,CMC,CLD,STD,CLI,STI
	同步控制		WAIT,ESC,LOCK
	其他		HLT,NOP

习　题　3

3-1　为什么要学习 8086/8088 CPU 的指令系统？它是按什么设计流派的理论来设计的？其主要特点是什么？

3-2　什么是寻址方式？8086/8088 微处理器有哪几种主要的寻址方式？

3-3　指出 8086/8088 下列指令源操作数的寻址方式。

(1) MOV AX,1200H　　　　　　(2) MOV BX,[1200H]

(3) MOV BX,[SI]　　　　　　　(4) MOV BX,[SI+1200H]

(5) MOV[BX+SI],AL　　　　　(6) ADD AX,[BX+DI+20H]

(7) MUL BL　　　　　　　　　(8) XLAT

(9) IN AL,DX　　　　　　　　(10) INC WORD PTR[BP+50H]

3-4　指出 8086/8088 下列指令中存储器操作数物理地址的计数表达式。

(1) MOV AL,[DI]　　　　　　　(2) MOV AX,[BX+SI]

(3) MOV AL,8[BX+DI]　　　　　(4) ADD AL,ES：[BX]

(5) SUB AX,[2400H]　　　　　　(6) ADC AX,[BX+DI+1200H]

(7) MOV CX,[BP+SI]　　　　(8) INC BYTE PTR[DI]

3-5　指出 8086/8088 下列指令的错误。

(1) MOV [SI],IP　　　　(2) MOV CS,AX

(3) MOV BL,SI+2　　　　(4) MOV 60H,AL

(5) PUSH 2400H　　　　(6) INC[BX]

(7) MUL −60H　　　　(8) ADD [2400H],2AH

(9) MOV [BX],[DI]　　　　(10) MOV SI,AL

3-6　设 SP＝2000H,AX＝3000H,BX＝5000H,执行下列片段程序后,问:SP＝? AX＝? BX＝?

PUSH AX
PUSH BX
POP AX

3-7　假定 PC 存储器低地址区有关单元的内容如下:

(20H)＝3CH,(21H)＝00H,(22H)＝86H,(23H)＝0EH 且 CS＝2000H,IP＝0010H,SS＝1000H,SP＝0100H,FLAGS＝0240H,这时若执行 INT 8 指令,试问:

(1) 程序转向从何处执行(用物理地址回答)?

(2) 栈顶 6 个存储单元的地址(用逻辑地址回答)及内容分别是什么?

3-8　阅读下列程序段,每条指令执行以后有关寄存器的内容是多少?

MOV AX, 0ABCH
DEC AX
AND AX,00FFH
MOV CL,4
SAL AL,1
MOV CL,AL
ADD CL,78H
PUSH AX
POP BX

3-9　某程序段为:

2000H:304CH ABC: MOV AX,1234H
　⋮
2000H:307EH　　　JNE ABC

试问:代码段中跳转指令的操作数为何值?

3-10　若 AX＝5555H,BX＝FF00H,试问在下列程序段执行后,AX＝? BX＝? CF＝?

AND AX,BX
XOR AX,AX
NOT BX

3-11　若 DS＝3000H,BX＝2000H,SI＝0100H,ES＝4000H,计算出下述各条指令中存储器操作数的物理地址:

(1) MOV [BX],AH　　　　(2) ADD AL,[BX+SI+1000H]

（3）MOV AL,[BX+SI]　　（4）SUB AL,ES：[BX]

3-12　试比较 SUB AL,09H 与 CMP AL,09H 这两条指令的异同,若 AL＝08H,分别执行上述两条指令后,SF＝？ CF＝？ OF＝？ ZF＝？

3-13　若要完成两个压缩 BCD 数相减(67－76),结果仍为 BCD 数,试编写该程序段。问执行程序后,AL＝？ CF＝？

3-14　试选用最少的指令,实现下述功能。

（1）AH 的高 4 位清零。

（2）AL 的高 4 位取反。

（3）AL 的高 4 位移到低 4 位,高 4 位清零。

（4）AH 的低 4 位移到高 4 位,低 4 位清零。

3-15　设 BX＝6D16H,AX＝1100H,写出下列两条指令执行后 BX 寄存器中的内容。

```
MOV CL,06H
ROL AX,CL
SHR BX,CL
```

3-16　设初值 AX＝0119H,执行下列程序段后,AX＝？

```
MOV CH,AH
ADD AL,AH
DAA
XCHG AL,CH
ADC AL,34H
DAA
MOV AH,AL
MOV AL,CH
HLT
```

3-17　设初值 AX＝6264H,CX＝0004H,在执行下列程序段后,AX＝？

```
AND AX,AX
JZ DONE
SHL CX,1
ROR AX,CL
DONE：OR AX,1234H
```

3-18　哪个段寄存器不能从堆栈弹出？

3-19　如果堆栈定位在存储器位置 02200H,试问 SS 和 SP 中将装入什么值？

3-20　若 AX＝1001H,DX＝20FFH,当执行 ADD AX,DX 指令以后,请列出和数及标志寄存器中每个位的内容(CF、AF、SF、ZF 和 OF)。

3-21　若 DL＝0F3H,BH＝72H,当从 DL 减去 BH 后,列出差数及标志寄存器各位的内容。

3-22　当两个 16 位数相乘时,乘积放在哪两个寄存器中？ 积的高有效位和低有效位分别放在哪个寄存器中？ CF 和 OF 两个标志位是什么？

3-23　当执行 8 位数除法指令时,被除数放在哪个寄存器中？ 当执行 16 位除法指令时,商数放在哪个寄存器中?

3-24　执行除法指令时,微处理器能检测出哪种类型的错误? 简述它的处理过程。

3-25　试写出一个程序段,用 CL 中的数据除 BL 中的数据,然后将结果乘 2,最后的结果存入 DX 寄存器中的 16 位数。

3-26　设计一个程序段,将 AX 和 BX 中的 8 位 BCD 数加 CX 和 DX 中的 8 位 BCD 数(AX 和 CX 是最高有效寄存器),加后的结果必须存入 CX 和 DX 中。

3-27　设计一个程序段,将 DI 中的最右 5 位置 1,而不改变 DI 中的其他位,结果存入 SI 中。

3-28　选择正确的指令以实现下列任务:

(1) 把 DI 右移 3 位,再把 0 移入最高位。

(2) 把 AL 中的所有位左移 1 位,使 0 移入最低位。

(3) AL 循环左移 3 位。

(4) EDX 带进位循环右移 1 位。

3-29　若要将 AL 中的 8 位二进制数按逆序重新排列,试编写一段程序实现该逆序排列。

3-30　REPE CMPSB 指令可实现什么功能? 它和 REPE CMPSD 指令有何区别?

3-31　REPZ SCASB 指令完成什么操作? 它和 REPZ SCASD 指令有何区别?

3-32　如果要使程序无条件地转移到下列几种不同距离的目标地址,应使用哪种类型的 JMP 指令?

(1) 假定位移量为 0120H 字节。　　　　(2) 假定位移量为 0012H 字节。

(3) 假定位移量为 12000H 字节。

3-33　已知指令 JMP NEAG PROG1 在程序代码段中的偏移地址为 2105H,其机器码为 E91234H。执行该指令后,问程序转移的偏移地址是多少?

3-34　JMP [DI] 与 JMP FAR PTR[DI] 指令的操作有什么区别?

3-35　用串操作指令设计实现如下功能的程序段:先将 100 个数从 6180H 处转移到 2000H 处;再从中检索出等于 AL 中字符的单元,并将此单元值换成空格符。

3-36　带参数的返回指令用在什么场合? 设栈顶地址为 2000H,当执行 RET 0008 后,SP 的值是多少?

3-37　在执行中断返回指令 IRET 和过程(子程序)返回指令 RET 时,具体操作内容有什么区别?

3-38　8086 的 LOOP 指令使什么寄存器减 1,并且为了决定是否发生转移测试它是否为 0?

3-39　设平面上有一点 P 的直角坐标 (x, y),试编写程序完成以下操作。

如 P 点落在第 i 象限,则 $K = i$;如 P 点落在坐标轴上,则 $K = 0$。

第 4 章　汇编语言程序设计

【学习目标】

汇编语言程序设计是开发微机系统软件的基本功,在程序设计中占有十分重要的地位。本章将选择广泛使用的 IBM PC 作为基础机型,着重讨论 8086/8088 汇编语言的基本语法和程序设计的基本方法,以掌握一般汇编语言程序设计的初步技术。

【学习要求】

◆ 理解 8086/8088 汇编语言的一般概念。

◆ 通过 8086/8088 汇编源程序实例,理解源程序结构:分段、行语句、字段。

◆ 学习汇编语言语句的类型及格式,掌握指令语句与伪指令语句的异同点。

◆ 学习 8086/8088 汇编语言的数据项时,着重分清变量与标号的区别。变量是标定伪指令的符号地址,而标号则是标定指令的符号地址。

◆ 学习表达式和运算符时,重点掌握地址表达式的 3 个属性。

◆ 汇编语言程序有顺序结构、分支结构、循环结构及其组合结构等形式,熟练掌握和灵活运用顺序结构、分支结构、循环结构 3 种基本结构。

4.1　程序设计语言概述

程序设计语言是专门为计算机编程所配置的语言。它们按照形式与功能的不同可分为:机器语言、汇编语言和高级语言。

机器语言(machine language)是由 0、1 二进制代码书写和存储的指令与数据。它的特点是能为机器直接识别与执行,程序所占内存空间较少。其缺点是难认、难记、难编、易错。

高级语言(high level language)是脱离具体机器(即独立于机器)的通用语言,不依赖于特定计算机的结构与指令系统。用同一种高级语言写的源程序,一般可以在不同计算机上运行而获得同一结果。

高级语言源程序也必须经编译程序或解释程序编译或解释生成机器码目标程序后方能执行。它的特点是简短、易读、易编。其缺点是编译程序或解释程序复杂,占用内存空间大,且产生的目标程序也比较长,因而执行时间就长;同时,目前用高级语言处理接口技术、中断技术还比较困难。所以,它不适合于实时控制。

汇编语言(assembly language)是介于机器语言与高级语言之间的一种中低级语言。它是用指令的助记符、符号地址、标号等书写程序的语言,简称符号语言。它的特点是易读、易写、易记。其缺点是不能为计算机所直接识别。

由汇编语言写成的语句,必须遵循严格的语法规则。现将与汇编语言相关的几个名词介绍如下。

汇编源程序:它是按严格的语法规则用汇编语言编写的程序,称为汇编语言源程序,简称汇编源程序或源程序。

汇编(过程):将汇编源程序翻译成机器码目标程序的过程称为汇编过程,简称汇编。

手工汇编与机器汇编:前者是指由人工进行汇编,而后者是指由计算机进行汇编。

汇编程序:为计算机配置的担任把汇编源程序翻译成目标程序的一种系统软件。

驻留汇编:又称本机自我汇编,是在小型机上配置汇编程序,并在译出目标程序后在本机上执行。

交叉汇编:是多用户终端利用某一大型机的汇编程序进行他机汇编,然后在各终端上执行,以共享大型机的软件资源。

汇编语言程序的上机与处理过程如图 4-1 所示。

图 4-1   汇编语言程序的上机与处理过程

图 4-1 中,椭圆表示系统软件及其操作,方框表示磁盘文件。椭圆中横线上部是系统软件的名称,横线下部是软件所作的操作。此图说明了从源程序输入、汇编到运行的全过程。首先,用户编写的汇编语言源程序要用编辑程序(如编辑程序 EDIT 或各种编辑器等)建立与修改,形成属性为.ASM 的汇编语言源文件;再经过汇编程序进行汇编,产生属性为.OBJ的以二进制代码表示的目标程序并存盘。.OBJ 文件虽然已经是二进制文件,但它还不能直接上机运行,必须经过连接程序(LINK)把目标文件与库文件以及其他目标文件连接在一起,形成属性为.EXE 的可执行文件,这个文件可以由 DOS 装入内存,最后才能在 DOS 环境下在机器上执行。

汇编程序分为小汇编程序 ASM 和宏汇编程序 MASM 两种,后者功能比前者强,可支持宏汇编。

4.2   8086/8088 汇编源程序

4.2.1   8086/8088 汇编源程序实例

在第 3 章中介绍过一些用汇编语言编写的程序,但这些程序都还不是完整的汇编语言源程序,在计算机上不能通过汇编生成目标代码,因而也就不能在机器上运行。正因为如此,所以将这些不能直接汇编与运行的程序称为程序段。什么是汇编源程序呢?下面先举一个完整的汇编源程序实例。

【例 4-1】 将数据段内存单元 DATA 中的数据 12H 与立即数 16H 相加,然后把和数存入 SUM 单元中保存。一个用完整的段定义语句编写的汇编语言源程序如下。

```
DSEG      SEGMENT            ;定义数据段,DSEG 为段名
DATA      DB 12H             ;用变量名 DATA 定义一个字节的内存单元,初值为 12H
SUM       DB 0               ;用变量名 SUM 定义一个字节,初值为 0
DSEG      ENDS               ;定义数据段结束
SSEG      SEGMENT STACK      ;定义堆栈段,这是组合类型伪指令,其后必须跟 STACK 类型名
          DB 512 DUP(0)      ;在堆栈段内定义 512 个字节的连续内存空间,且初值为 0
SSEG      ENDS               ;定义堆栈段结束
CSEG      SEGMENT            ;定义代码段开始
          ASSUME DS：DSEG,SS：SSEG,CS：CSEG  ;由 ASSUME 伪指令定义各段寄存器的内容
START：MOV AX,   DSEG        ;设置数据段的段地址
       MOV DS,   AX
       MOV AL,   DATA        ;将变量 DATA 中的 12H 置入 AL
       ADD AL,   16H         ;将 AL 的 12H 加上 16H 的和置入 AL 中
       MOV SUM, AL           ;将 AL 中的和数送 SUM 单元保存
       MOV AH,   4CH         ;DOS 功能调用语句,机器将结束本程序的运行,返回 DOS 状态
       INT  21H
CSEG      ENDS               ;定义代码段结束
       END  START            ;整个汇编程序结束,规定入口地址
```

由以上实例可以看到汇编源程序在结构和语句格式上有以下几个特点。

第一,汇编源程序一般由若干段组成,每个段都有一个名字(叫段名),以 SEGMENT 作为段的开始,以 ENDS 作为段的结束,这两者(伪指令)前面都要冠以相同的名字。从段的性质上看,可分为代码段、堆栈段、数据段和附加段 4 种,但代码段与堆栈段是不可少的,数据段与附加段可根据需要设置。在上面的例子中,程序分 3 段：第一段为数据段,段名是 DSEG,段内存放原始数据和运算结果;第二段为堆栈段,段名是 SSEG,其功能用于存放堆栈数据;第三段为代码段,段名是 CSEG,它用于包含实现基本操作的指令。在代码段中,用 ASSUME 命令(伪指令)告诉汇编程序,在各种指令执行时所要访问的各段寄存器将分别对应哪一段。程序中不必给出这些段在内存中的具体位置,而由汇编程序自行定位。各段在源程序中的顺序可任意安排,段的数目原则上也不受限制。

第二,汇编源程序的每一段是由若干行汇编语句组成的,每一行只有一条语句,且不能超过 128 个字符,但一条语句允许有后续行,最后均以回车作结束。整个源程序必须以 END 语句来结束,它通知汇编程序停止汇编。END 后面的标号 START 表示该程序执行时的起始地址。

第三,每一条汇编语句最多由 4 个字段组成,它们均按照一定的语法规则分别写在一个语句的 4 个区域内,各区域之间用空格或制表符(Tab 键)隔开。汇编语句的 4 个字段是：名字或标号、操作码(指令助记符)或伪操作命令、操作数表(操作数或地址)、注释。

4.2.2 8086/8088 汇编语言语句的类型及格式

1. 汇编语言语句的类型

汇编语言源程序的语句可分为两大类：指令性语句(简称指令语句)和指示性语句(又

称伪指令语句）。

指令性语句是指由指令组成的一种可执行的语句,它在汇编时,汇编程序将产生与它一一对应的机器目标代码。例如：

汇编指令　　　　　　机器码

MOV　　DS,AX　　　8E D8
ADD　　AX,BX　　　03 C3

指示性语句是指由伪指令组成的一种只起说明作用而不能执行的语句,它在汇编时只为汇编程序提供进行汇编所需要的有关信息,如定义符号、分配存储单元、初始化存储器等,而本身并不生成目标代码。例如：

DATA　　SEGMENT
AA　　　DW 20H,−30H
DATA　　ENDS

这 3 条伪指令语句只是告诉汇编程序定义一个段名为 DATA 的数据段。在汇编时,汇编程序将把变量 AA 定义为一个字类型数据区的首地址,在内存区的数据段中使数据的存放形式为：

　　AA：20H,00H,0D0H,0FFH

该数据段在内存中的数据存放示意图如图 4-2 所示。

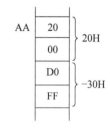

图 4-2　AA 字变量数据存放示意图

2. 汇编语言语句的格式

汇编语言源程序的语句一般由 4 个字段组成,但它们在指令性语句和指示性语句中的含义有些区别。现分述如下。

（1）指令性语句的格式

[标号：][前缀]指令助记符[操作数表][;注释]

其中,[]表示可以任选的部分;操作数表是由逗号分隔开的多个操作数。

① 标号

标号代表：后面的指令所在的存储地址,供 JMP、CALL 和 LOOP 等指令作操作数使用,以寻找转移目标地址。除此之外,它还具有一些其他"属性"。

② 前缀

8086/8088 中有些特殊指令,它们常作为前缀同其他指令配合使用,例如,与"串操作指令"(MOVS、CMPS、SCAS、LODS 与 STOS)连用的 5 条"重复指令"(REP、REPE/REPZ、REPNE/REPNZ),以及总线封锁指令 LOCK 等,都是前缀。

③ 指令助记符

包括 8086/8088 的全部指令助记符,以及用宏定义语句定义过的宏指令名。宏指令在汇编时将用相应指令序列的目标代码插入。

④ 操作数表

对 8086/8088 的一般性执行指令来说,操作数表可以是一个或两个操作数,若是两个操作数,则称左边的操作数为目标操作数,右边的操作数为源操作数;对宏指令来说,可能有多个操作数。操作数之间用逗号分隔开。

⑤ 注释

以分号(;)开始,用来简要说明该指令在程序中的功能,以提高程序的可读性。

(2) 伪指令语句的格式

[名字]伪操作命令[操作数表][;注释]

其中,"名字"可以是标识符定义的常量名、变量名、过程名、段名等。所谓标识符是由字母开头,由字母、数字、特殊字符(如?、下划线、@等)组成的字符串。

注意,名字的后面没有冒号,这是它同指令语句中的标号在格式上的主要区别。

4.3　8086/8088 汇编语言的数据项与表达式

操作数是汇编语言语句中的一个重要字段。它可以是寄存器、存储器单元或数据项。而汇编语言能识别的数据项又可以是常量、变量、标号和表达式。

4.3.1　常量

常量是指汇编时已经有确定数值的量,它有多种表示形式,常见的有二进制数、十六进制数、十进制数和 ASCII 码字符串。其中,十六进制数的第一个数值必须是 0～9,如7A65H、0FA9H 等;ASCII 字符串是用单引号括起来的一个或多个字符,如′IBM PC′、′OK′等。

常量可以用数值形式直接写在汇编语言的语句中,也可以用符号形式预先给它定义一个"名字",供编程时直接引用。用"名字"表示的常量称为符号常量,符号常量是用伪指令EQU 或＝来定义的。例如:

ONE EQU 1
DATA1＝2 * 12H
MOV AX,DATA1＋ONE

即把 25H 送 AX。

常量是没有属性的纯数据,它的值是在汇编时确定的。

4.3.2　变量

变量是内存中一个数据区的名字,即数据所存放地址的符号地址,它可以作为指令中的存储器操作数来引用。由于存储器是分段使用的,因而对源程序中所定义的变量也有 3 种属性:段属性(变量所在段的段地址)、偏移值属性(该变量与起始地址之间相距的字节数)和类型属性(数据项的存取长度单位)。

应当注意,"变量"与"标号"有以下区别。

① 变量指的是数据区的名字;而标号是某条执行指令起始地址的符号表示。

② 变量的类型是指数据项存取单位的字节数大小(即字节、字、双字、四字或十字),而标号的类型则是指使用该标号的两条指令之间的距离远近(即 NEAR 或 FAR)。

变量名应由字母开头,其长度不能超过 31 个字符。在定义变量时,变量名对应的是数据区的首地址。若需对数据区中其他数据项进行操作时,必须修改地址值以指出哪个数据项是指令中的操作数。

例如,MOV SI,[WDATA +2]语句是指要取 WDATA 存储单元下面的第 2 个数据项给 SI。

4.3.3 标号

标号是为指令性语句所在地址所起的名字,它表明该指令在存储器中的位置,用来作为程序转移的转向地址(目标地址)。和变量一样,标号也具有 3 个属性:段属性、偏移地址属性和类型属性(距离属性)。标号的段属性和偏移地址属性分别是指它的段地址和段内偏移地址,而距离属性(或类型属性)则分 NEAR 与 FAR 两种。

标号是用标识符定义的,即以字母开头,由字母、数字、特殊字符组成的字符串表示。标号的最大长度一般不超过 31 个字符,除宏指令名外,标号不能与保留字相同。保留字包括:CPU 寄存器名、指令助记符、伪指令、某些已由系统赋予有特定含义的名字。

标号最好用在程序功能方面具有一定含义的英文单词或单词缩写表示,以便于阅读。

标号也可单列一行,紧跟的下一行为执行性指令。例如:

SUBROUT:
MOV AX,3000H

"标号"通常只在循环、转移和调用指令中使用。使用时要注意两种类型标号的不同:NEAR 类型的标号是指标号所在的语句和调用指令或转移指令在同一个代码段中,执行调用指令或转移指令时,只需要把标号的偏移地址送给 IP,就可以实现调用或转移,并不需要改变码段的段值;而 FAR 类型的标号则不同,它所在的语句与其调用指令或转移指令不在同一码段中,执行调用指令或转移指令时,不仅需要改变偏移地 IP 的值,而且还需要改变代码段寄存器 CS 的值。

4.3.4 表达式和运算符

以上介绍的常量、变量和标号是汇编语言中表示数据的 3 种基本形式。在实际使用时,通常需要将它们用运算符组合成所谓表达式作为汇编语言的数据。注意,表达式并不是指令,所以它本身不能执行,而只能在汇编时由汇编程序预先对它们进行运算,然后再将所得的值作为操作数参加指令规定的操作。也就是说,表达式的求值是由汇编程序来完成的。

8086/8088 汇编语言中使用的表达式有两类:一类是数值表达式,它在汇编时只产生一个数值,仅具有大小而无其他属性,可作为执行性指令中的立即数和数据区中的初值使用;另一类是地址表达式,它产生的结果表示一个存储器地址,其值一般都是段内的偏移地址,因此它具有段属性、偏移值属性和类型属性。地址表达式主要用来表示执行性指令中的操作数。

表达式由运算对象和运算符组成。运算对象可根据不同的运算符选用常量、变量或标号,常用的运算符主要包括以下几种类型。

1. 算术运算符

常用的算术运算符包括加(+)、减(-)、乘(*)、除(/)和模除 MOD(取余数)、左移(SHL)和右移(SHR)共 7 种。其中,MOD 运算符表示两整数相除以后取余数,如 17 MOD 7 结果为 3。SHR 为右移运算符,SHL 为左移运算符。如设 NUMB=01010101B,则 NUMB SHL 1 后,NUMB=10101010B。

算术运算符用于数值表达式时,其汇编结果是一个数值。

注意,除了加和减运算符可以使用变量或标号外,其他算术运算符只适用于常量的数值运算。

2. 逻辑运算符

逻辑运算符包括 AND(与)、OR(或)、XOR(异或)、NOT(非)共 4 种。逻辑运算符只能用于数值表达式,用来对数值进行按位逻辑运算,并得到一个数值;而对地址进行逻辑运算则无意义。这 4 种运算符与逻辑运算指令中的助记符书写的名称一样,但它们在语句中的位置和作用不同。表达式中的逻辑运算符出现在语句的操作数部分,并且是在汇编时由汇编程序完成的;而逻辑运算指令中的助记符出现在指令的操作码部分,其运算是在指令执行时完成的。如 MOV AL,0ADH AND 0EAH 等价于 MOV AL,0A8H。

3. 关系运算符

关系运算符包括 EQ(或=)、NE(或≠)、LT(或<)、GT(或>)、LE(或≤)、GE(或≥)共 6 种。

在数值表达式中参与关系运算的必须是两个数值,或同一段中的两个存储单元地址,关系运算的结果是一个逻辑值(常数),其数值在汇编时获得。当关系成立(为真)时,结果为 0FFFFH;当关系不成立(为假)时,结果为 0。例如:

AND AX,((NUMB LT 5)AND 30)OR((NUMB GE 5)AND 20)

当 NUMB<5 时,指令含义为 AND AX,30;
当 NUMB≥5 时,指令含义为 AND AX,20。

此例中,操作符 AND 与操作数表达式中的 AND 具有不同的含义,前者是助记符,后者是伪运算。

4. 数值返回运算符

数值返回运算符用来分析一个存储器操作数(即变量或标号)的属性,即将它分解为其组成部分(段地址、偏移值、类型、数据字节总数、数据项总数等),并在汇编时以数值形式返回给存储器操作数。运算符总是加在运算对象前,返回的结果是一个数值。这里介绍几个常用的数值返回运算符 SEG、OFFSET、TYPE、LENGTH、SIZE。

(1) SEG 运算符

SEG 运算符加在变量名或标号前,它返回的数值是位于其后的变量或标号的段地址。

MOV AX,SEG DATA   ;将变量 DATA 的段地址送 AX

如果变量 DATA 的段地址为 0618H,则该指令执行后,AX＝0618H。

(2) OFFSET 运算符

OFFSET 运算符加在变量或标号前,它返回的数值是位于其后的变量或标号的偏移值。

MOV SI,OFFSET DATA1   ;将变量 DATA1 的偏移地址送 SI

(3) TYPE 运算符

TYPE 运算符加在变量或标号前,它返回的数值是反映该变量或标号类型的一个数值,如果是变量,则返回数值为字节数：DB 为 1,DW 为 2,DD 为 4,DQ 为 8,DT 为 10;如果是标号,则返回数值为代表该标号类型的数值：NEAR 为－1(FFH),FAR 为－2(FEH)。

(4) SIZE 运算符

SIZE 运算符加在变量前,它返回的数值是变量所占数据区的字节总数。

(5) LENGTH 运算符

LENGTH 运算符加在变量前,它返回的数值是变量数据区的数据项总数。如果变量是用重复数据操作符 DUP 说明的,则返回外层 DUP 前面的数值;如果没有 DUP 说明,则返回的数值总是 1。

DATA1 DW 100 DUP(?)

则 LENGTH DATA1 的值为 100,SIZE DATA1 的值为 200,TYPE DATA1 的值为 2。

5. 属性运算符

属性运算符用来说明或修改存储器操作数的某个属性。这里介绍常用的 PTR 和 THIS。

(1) PTR 运算符

PTR 运算符用来说明或修改位于其后的存储器操作数的类型。

CALL DWORD PTR[BX]   ;说明存储器操作数为 4 个字节长,即调用远过程
MOV AL,BYTE PTR[SI]   ;将 SI 指向的存储器字节数送 AL

如果一个变量已经定义为字变量,利用 PTR 运算符可以修改它的属性。例如,变量 VAR 已定义为字类型,若要将 VAR 当作字节操作数写成 MOV AL,VAR 则会出错,因为两个操作数的字长类型不同;如果将指令写成 MOV AL,BYTE PTR VAR 就是合法的,因为指令中已经用 BYTE PTR 将 VAR 修改为字节类型操作数。注意,PTR 运算符只对当前指令有效。

(2) THIS 运算符

THIS 运算符用来把它后面指定的类型和距离属性赋给当前的变量、标号或地址表达式,但不分配新的存储单元,它所定义的存储器地址的段和偏移量部分与下一个能分配的存储单元的段和偏移量相同。

DATA B EQU THIS BYTE
DATAW DW ?

上面语句中 DATAB 与 DATAW 的段地址和偏移量相同,但变量 DATAB 的类型是字节,而变量 DATAW 的类型是字。

注意,运算符 THIS 和 PTR 有类似的功能,但具体用法有所不同,其中,THIS 是为当前存储单元定义一个指定类型的变量或标号,也就是说为下一个能分配存储单元的变量或标号定义新的类型,因此它必须放在被修改的变量之前。如上例第一句中的 THIS 运算符就是放在下一个字类型变量 DATAW 之前,以便将 DATAW 定义为字节类型变量 DATAB。而运算符 PTR 则是对已经定义的变量或标号修改其属性,它可以放在被修改的变量之前,也可以放在被修改的变量之后。

4.4 8086/8088 汇编语言的伪指令

伪指令其实是微处理器指令表中所没有的一个伪操作命令集。汇编语言的伪指令较多,而且版本越高则伪指令功能越强。本节介绍 8086/8088 汇编语言中常用的几种伪指令。

4.4.1 数据定义伪指令

数据定义伪指令用来为数据项定义变量的类型、分配存储单元,且为该数据项提供一个任选的初始值。

常用的数据定义伪指令有:DB、DW、DD、DQ、DT。

(1) DB(定义字节)

DB 伪指令用于定义一个数据项为字节的数据区,需要时可以用数值表达式赋予初值。如果将该数据区定义作为一个变量,则变量类型是 BYTE。DB 也常用来定义字符串。

(2) DW(定义字)

DW 伪指令定义的数据项为字,它允许用地址表达式为数据项赋初值(即偏移量属性),变量类型是 WORD。

(3) DD(定义双字)

DD 伪指令定义的数据项为双字,它允许用地址表达式为数据项赋初值(即段属性及偏移量属性),变量类型为 DWORD。

(4) DQ(定义四字)

DQ 伪指令定义的数据项为 4 字(8B),变量类型为 QBYTE。

(5) DT(定义十字节)

DT 伪指令定义的数据项为 10B,变量类型为 TBYTE。DT 后面的每个操作数都为 10 个字节的压缩 BCD 数。

数据定义伪指令后面的操作数可以是常数、表达式或字符串。一个数据定义伪指令可以定义多个数据元素,但每个数据元素的值不能超过由伪指令所定义的数据类型限定的范围。如 DB 伪指令定义数据的类型为字节,则它所定义的数据元素的范围为 0～255(无符号数)或－128～＋127(有符号数)。字符和字符串都必须用单引号括起来。超过两个字符的字符串只能用于 DB 伪指令。

当一个变量用 DB、DW 和 DD 定义时,变量名出现在伪指令 DB、DW 和 DD 的左边,伪指令给出了该变量的类型属性,变量在汇编时的偏移量等于段首址到该变量的字节数(即偏移值属性),其段地址为当前段首址的高 16 位。若某变量所表示的是一个数组(向量),则其类型属性为变量的单个元素所占用的字节数。

【例 4-2】

```
DSEG        SEGMEMT
TABLE       DW 12
            DW 34
DATA1       DB 5
TABLE2      DW 67
            DW 89
            DW 1011
DATA2       DB 12
RATES       DW 1314
OTHRAT      DD 1718
DSEG        ENDS
```

这段程序用 DB、DW 和 DD 定义了若干变量,根据上述对数据定义命令的约定,则各变量及其属性可列于表 4-1 中。

表 4-1   变量及其属性

变 量 名	段属性(SEG)	偏移值属性(OFFSET)	类型属性(TYPE)
TABLE	DSEG	0	2
DATA1	DSEG	4	1
TABLE2	DSEG	5	2
DATA2	DSEG	11	1
RATES	DSEG	12	2
OTHRAT	DSEG	14	4

所有变量的段属性(分量)均为 DSEG。DB、DW、DD 右边的表达式或数值即相应存储单元中的内容,汇编后的存储器分配情况如图 4-3 所示。

DB、DW、DD 可用于初始化存储器。这些伪指令的右边有一个表达式,表达式的值即该存储"单位"的初值。一个存储单位可以是字节、字、双字。

表达式有数值表达式与地址表达式之分,在使用地址表达式来初始化存储器时,这样的表达式只可在 DW 或 DD 伪指令中出现,绝不允许出现在 DB 中。"DW 变量"语句表示利用该变量的偏移量来初始化相应的存储字;"DD 变量"语句表示利用该变量的段地址和偏移量来初始化相应的两个连续的存储字,低位字中是偏移量,高位字中是段地址。

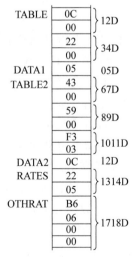

图 4-3   汇编后存储器分配情况

计算机硬件技术基础(第 3 版)

【例 4-3】

```
FOO SEGMENT AT 55H
ZERO DB 0
ONE DW ONE                    ;内容为 0001H
TWO DD TWO                    ;内容为 00550003H,即高位字为 55H,低位字为 3
FOUR DW FOUR+5                ;内容为 7+5=12
SIX DW ZERO-TWO               ;内容为 0-3=-3
ATE DB 5*6                    ;内容为 30
FOO ENDS
```

这段程序对存储器初始化以后的情况如图 4-4 所示。

以语句 TWO DD TWO 为例说明如下。

① 从 0003H 单元开始分配 4 个存储单元。

② 为 0003H~0006H 4B 存储单元设置初值。汇编后将变量 TWO 的偏移量 0003H 存入其前两个字节内存单元;而将段 FOO 的段地址 0055H 存入其后两个字节内存单元中。DD 伪指令中的两个字即表示变量 TWO 的偏移地址及段地址。

一个字节的操作数也可以是某个字符的 ASCII 代码,注意只允许在 DB 伪指令中用字符串来初始化存储器。

```
STRING1    DB  'HELLO'
STRING2    DB  'AB'
STRING3    DW  'AB'
```

这 3 个语句在汇编后,存储器初始化的情况如图 4-5 所示。

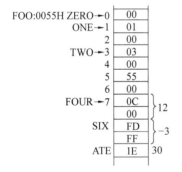

图 4-4 对存储器初始化的情况   图 4-5 对字符串的存储器初始化情况

在数据定义伪指令中的操作数还可以是问号(?),它表示只给变量保留相应的存储单元,而不给变量赋予确定的值。

另外,若操作数有多次重复时,可用重复操作符 DUP 表示。

DUP 的一般格式为:

[变量名]数据定义伪指令 n DUP(初值[,初值…])

其中,n 为重复次数,圆括号内的项为重复的内容。若用 n DUP(?)作为数据定义伪指令的唯一操作数,则汇编程序只是保留 n 个元素大小的数据区。例如:

D1 DB 40 DUP(?)   ;为变量 D1 分配 40B 的数据区,初值为任意值
D2 DW ?   ;为变量 D2 分配 2B 的数据区,初值为任意值
D3 DB 40 DUP(60H)   ;为变量 D3 分配 40B 的数据区,初值为 60H

4.4.2 符号定义伪指令

在程序中,对于多次出现的同一个表达式,通常要预先为它赋予一个名字,以便于在需要修改该表达式的值时,只需修改名字即可。符号定义伪指令就是用来给一个表达式赋予名字的。

1. EQU(赋值伪指令)

格式:

名字 EQU 表达式

EQU 伪指令给表达式赋予一个名字。语句中的"名字"为任何有效的标识符;"表达式"可以是常数、符号、数值表达式、地址表达式,甚至可定义为指令助记符。

EQU 伪指令只用来为常量、表达式、其他符号等定义一个符号名,但并不申请分配内存。表达式的更改只需修改其赋值指令(或语句),使原名字具有新赋予的值,而使用名字的各条指令可保持不变。下面分别举例说明。

(1) 为常量定义一个符号

ONE EQU 1
TWO EQU 2   ;数值赋给符号名
SUM EQU ONE+TWO   ;把 1+2=3 赋给符号名 SUM

(2) 给变量或标号定义新的类型属性并取一个新的名字

BYTES DB 4 DUP(?)   ;为变量 BYTES 先定义保留 4 个字节类型的连续内存单元
FIRSTW EQU WORD PTR BYTES   ;给变量 BYTES 重新定义为字类型

(3) 给由地址表达式指出的任意存储单元定义一个符号名
符号名可以是"变量"或标号,取决于地址表达式的类型。

XYZ   EQU [BP+3]   ;变址寻址引用赋予符号名 XYZ
A   EQU ARRAY[BX][SI]   ;基址加变址寻址引用赋予符号名 A
B   EQU ES:ALPHA   ;加段前缀的直接寻址引用赋予符号名 B

(4) 为汇编语言中的任何符号定义一个新的名字
格式:

新的名字   EQU   原符号名
COUNT   EQU   CX   ;为寄存器 CX 定义新的符号名 COUNT
LD   EQU   MOV   ;为指令助记符 MOV 定义新的符号名 LD

在以后的程序中,可以用 COUNT 作 CX 寄存器的名字,而用 LD 作与 MOV 同含义的助记符。

注意,EQU 伪指令不能重复定义已使用过的符号名。

2. ＝(等号伪指令)

等号伪指令与 EQU 基本类似,也用于赋值,但有以下区别。

① 使用＝定义的符号名可以被重新定义,使符号名具有新值。

X＝18   ;先将 18 赋予符号名 X
X＝X+1   ;将符号名 X 重新定义使其具有新值 19

② 习惯上＝主要用来定义符号常量。

3. LABEL(类型定义伪指令)

LABEL 伪操作命令为当前存储单元定义一个指定类型的变量或标号。其格式为:

变量名或标号名 LABEL 类型

对于数据项,类型可以是 BYTE、WORD、DWORD;对于可执行的指令代码,类型为 NEAR 和 FAR。

LABEL 伪指令不仅给名字(标号或变量)定义一个类型属性,而且隐含有给名字定义 段属性和段内偏移量属性。

ARRAY_BYTE LABEL BYTE   ;为变量 ARRAY_BYTE 定义一个字节类型的数据区
ARRAY_WORD DW 50 DUP(?)   ;为变量 ARRAY_WORD 定义一个字类型的数据区

下面程序中可用指令:

MOV AL,ARRAY_BYTE   ;将该数据区的第 1 个字节数据送 AL
MOV BX,ARRAY_WORD   ;将该数据区的第 1 个字节和第 2 个字节数据送 BX

这两个变量名具有同样的段值属性和偏移值属性,只是类型属性不同,前者是 BYTE, 后者是 WORD。

4.4.3 段定义伪指令

8086 的存储器是分段管理的,段定义伪指令就用来定义汇编语言源程序中的逻辑段, 即指示汇编程序如何按段来组织程序和使用存储器。段定义的命令主要有 SEGMENT、 ENDS、ASSUME 与 ORG。

1. SEGMENT 和 ENDS 伪指令

SEGMENT 和 ENDS 伪指令用来把程序模块中的指令或语句分成若干逻辑段,其格式 如下:

段名　SEGMENT　[定位类型][组合类型]['类别名']
　　　⋮　　　　　;一系列汇编指令
段名　ENDS

格式中 SEGMENT 与 ENDS 必须成对出现,它们两者之间为段体,给其赋予一个名字,名字由用户指定,是不可省略的,而定位类型、组合类型和类别名是可选的。

(1) 定位类型

定位类型又称"定位方式",它指示汇编程序如何确定逻辑段的起始边界地址,定位类型有以下 4 种。

① BYTE 即字节型,指示逻辑段的起始地址从字节边界开始,即可以从任何地址开始。这时本段的起始地址可以紧接在前一个段的最后一个存储单元。

② WORD 即字型,指示逻辑段的起始地址从字边界开始,即本段的起始地址必须是偶数。

③ PARA 即节型,指示逻辑段的起始地址从一个节(16 个字节称为一个节)的边界开始,即起始地址应能被 16 整除,也就是段起始物理地址＝XXXX0H。PARA 为隐含值,即如果省略"定位类型",则汇编程序按 PARA 处理。

④ PAGE 即页型,指示逻辑段的起始地址从页边界开始。256 字节称为一页,故本段的起始物理地址＝XXX00H。

(2) 组合类型

组合类型又称"联合方式"或"连接类型",它主要用在具有多个模块的程序中,指示连接程序如何将某个逻辑段在装入内存时与其他段进行组合。连接程序不但可以将不同模块的同名段进行组合,并根据组合类型,可将各段顺序地连接在一起或重叠在一起。共有以下 6 种组合类型。

① NONE,表示本段与其他段在逻辑上不发生关系,这是隐含的组合类型,若省略"组合类型"项即为 NONE。

② PUBLIC,表示在不同程序模块中,凡是用 PUBLIC 说明的同名同类别的段在汇编时将被连接成一个大的逻辑段,而运行时又将它们装入同一物理段中,并使用同一段基址。

③ STACK,在汇编连接时,将具有 STACK 类型的同名段连接成一个大的堆栈段,由各模块共享,而运行时,堆栈段地址 SS 和堆栈指针 SP 指向堆栈段的开始位置。

④ COMMON,表示本段与其他模块中由 COMMON 说明的所有同名同类别的其他段连接时,将被重叠地放在一起,其长度是同名段中最长的那个段的长度,这样可以使不同模块的变量或标号使用同一存储区域,便于模块之间的通信。

⑤ MEMORY,表示当几个逻辑段连接时,由 MEMORY 说明的本逻辑段被放在所有段的最后(高地址端)。若有几个段的组合类型都是 MEMORY,则汇编程序只将所遇到的第 1 个段作为 MEMORY 组合类型,而其他的段则被当作 COMMON 段处理。

⑥ AT 表达式,表示本逻辑段以表达式指定的地址值来定位 16 位段地址,连接程序将把本段装入由该段地址所指定的存储区内。例如,AT 0C16H 表示本段从物理地址 0C160H 开始装入。但要注意,这一组合类型不能用来指定代码段。

(3) 类别名

类别名是用单引号括起来的字符串,以表示该段的类型。连接时,连接程序只把类别名相同的所有段存放在连续的存储区内。典型的类别名如′STACK′、′CODE′、′DATA′等,也允许用户在类别名中用其他的表示。

以上是对定位类型、组合类型和类别名 3 个参数的说明,各常数之间用空格分隔。在选用时,可以只选其中一个或两个参数项,但不能改变它们之间的顺序。

2. ASSUME 伪指令

ASSUME 伪指令一般出现在代码段中,它用来告诉汇编程序,如何设定各段(通过段名)与对应段寄存器的相互关系。当在程序中使用这条语句后,汇编程序就能将设定的段作为当前可访问的段处理。它也可以用来取消某段寄存器与其原来设定段之间的对应关系(使用 NOTHING 即可)。引用该伪指令后,汇编程序才能对使用变量或标号的指令汇编出正确的目标代码。其格式为:

ASSUME 段寄存器:段名[,段寄存器名:段名]

其中,段寄存器是 CS、DS、SS、ES 中的一个,"段名"可以是 SEGMENT/ENDS 伪指令语句中已定义过的任何段名或组名,也可以是表达式"SEG 变量"或"SEG 标号",或者是关键词 NOTHING。例如:

ASSUME CS:SEGA,DS:SEGB,SS:NOTHING

其中,CS:SEGA 与 DS:SEGB 表示 CS 与 DS 分别被设定为以 SEGA 和 SEGB 为段名的代码段与数据段的两个段地址寄存器;SS:NOTHING 表示以前为 SS 段寄存器所作的设定已被取消,以后指令运行时将不再用到该寄存器,除非再用 ASSUME 给其重新定义。

注意,使用 ASSUME 伪指令,仅告诉汇编程序,有关段寄存器将被设定为内存中哪一个段的段地址寄存器,而其中段地址值(CS 的值除外)的真正装入还必须通过给段寄存器赋值的执行性指令来完成。例如:

```
SEGA    SEGMENT
        ASSUME CS:SEGA,DS:SEGB,SS:NOTHING
        MOV AX,SEGB
        MOV DS,AX              ;为 DS 段寄存器赋段值
        ⋮
```

代码段寄存器 CS 的值是由系统在初始化时自动设置的,程序中不能用以上方法装入段值。但 ASSUME 伪指令中一定要给出 CS 段寄存器对应段的正确段名——ASSUME 所在段的段名(这里是 SEGA)。

数据段寄存器 DS 中的段地址值是在程序执行 MOV AX,SEGB 与 MOV DS,AX 两条语句后装入的。

堆栈段寄存器 SS 原来建立的段对应关系已被取消,故程序运行时将不再访问该段寄存器。

3. ORG 伪指令

ORG 伪指令用来指出其后的程序段或数据块所存放的起始地址的偏移量。当汇编程序对源程序中的段进行汇编时,将段名填入段表,并为该段配备一个初值为 0 的位置计数器。计数器依次累计段内语句被汇编后生成的目标代码字节个数。为了改变该位置计数器的内容,可用 ORG 实现。其格式为:

ORG 表达式

汇编程序把语句中表达式之值作为起始地址,连续存放程序和数据,直到出现一个新的 ORG 指令。若省略 ORG,则从本段起始地址开始连续存放。

4.4.4　过程定义伪指令

在程序设计中,常常把具有一定功能并可能多次重复使用的程序设计成一个"过程"。"过程"也称为"子程序",在主程序中任何需要的地方都可以调用它。控制从主程序转移到"过程",被定义为"调用";"过程"执行结束后将返回主程序。在汇编语言中,用 CALL 指令来调用过程,用 RET 指令结束过程并返回 CALL 指令的后续指令。过程定义伪指令格式如下:

```
过程名        PROC〔类型〕
             ⋮        ;指令序列
             RET
过程名        ENDP
```

其中,伪指令 PROC 和 ENDP 必须成对出现,过程名是为该过程起的名字,但它被 CALL 指令调用时作为标号使用。过程的属性除了段和偏移量之外,其类型属性可选作 NEAR 或 FAR。选 NEAR 时,该过程一定要与主程序在一个段;选 FAR 时,该过程可以与主程序在同一个段,也可与主程序不在同一个段。如果类型省略,则系统取 NEAR 类型。由于过程是被 CALL 语句调用的,因此过程中必须包含返回指令 RET。

4.5　8086/8088 汇编语言程序设计基本方法

在 DOS 环境下的 8086/8088 汇编语言程序结束时,通常用 DOS 的 4CH 号中断调用,使程序控制返回 DOS。即采用如下两条指令:

```
MOV      AH,4CH
INT      21H
```

有关 DOS 及 BIOS 的中断调用将在后续部分详细说明。

下面,将根据程序的几种基本结构(顺序结构、分支结构、循环结构、子程序和 MASM 的源程序基本组成)分别举例,介绍 8086/8088 汇编语言程序设计的一般方法。

4.5.1　顺序结构程序

顺序结构程序的特点是 CPU 将根据指令的顺序排列而逐条依次执行,直至结束用户程序。设计顺序程序时,只要按顺序编写指令即可。

【例 4-4】　对两个 8 字节无符号数求和,这两个数分别用变量 D1 及 D2 表示。将两数之和的最高位进位放在 AL 中,两数之和的其他位按从高到低顺序依次放在 SI、BX、CX、DX 中。

分析：有两个 8 字节无符号数参加求和计算，先要分配两个 8 字节存储单元存放这两个操作数；定义代码段和数据段；将两个 8 字节的操作数分别取入 4 个 16 位寄存器中；依次从低位向高位逐次完成加法运算；最后退出用户程序，返回 DOS 状态。

程序如下：

```
D    SEGMENT
D1   DB 12H,34H,56H,78H,9AH,0ABH,0BCH,0CDH    ;定义第 1 个源操作数
D2   DB 0CDH,0BCH,0ABH,9AH,78H,56H,34H,12H    ;定义第 2 个源操作数
D    ENDS
C    SEGMENT
     ASSUME CS：C,DS：D             ;说明代码段、数据段
BG：MOV AX，D
     MOV DS，AX                    ;给 DS 赋段值
     LEA  DI， D1                  ;将 D1 表示的偏移地址送 DI
     MOV DX，[DI]                  ;取第 1 操作数到寄存器中
     MOV CX，[DI+2]
     MOV BX，[DI+4]
     MOV SI，[DI+6]
     LEA  DI， D2                  ;将第 2 个操作数 D2 表示的偏移地址送 DI
     ADD DX，[DI]                  ;两个操作数的低字节相加
     ADC CX，[DI+2]                ;依次执行两个操作数的高位字节相加
     ADC BX，[DI+4]
     ADC SI，[DI+6]
     MOV AL，0
     ADC AL，0
     MOV AH，4CH
     INT  21H                     ;退出用户程序，返回 DOS 状态
C    ENDS
     END  BG
```

设这一源程序名为 ABC.ASM，即利用任一编辑软件产生一个 ASCII 文件 ABC.ASM；然后，用 MASM 汇编 ABC.ASM，产生文件 ABC.OBJ；再用 LINK 软件对文件 ABC.OBJ 进行连接，产生文件 ABC.EXE；最后，在 DOS 环境下运行文件 ABC.EXE。当然，这个程序的最终运行结果是存放在寄存器中，而在 DOS 环境下运行时，看不到任何结果。为了能观察结果，可在 DEBUG 环境下，在程序返回 DOS 处设一个"断点"，然后在 DEBUG 中连续运行文件 ABC.EXE，当运行到"断点"处，程序会暂停，这时 DEBUG 会将 CPU 寄存器的内容显示在屏幕上，即显示结果。

【例 4-5】 试编写计算 $f=(w-(x*y+z-5000))/x$ 的程序。其中，w、x、y、z 均为有符号 16 位二进制数，并假设 w、x、y、z 的值分别为 5000、200、-250、20 000。程序运行后，将计算结果存入变量 F，而余数存入变量 $F+2$ 中。

分析：输入数据为 w、x、y、z；输出数据为 f。由 f 算式可知，它是一个双字操作数除以字操作数所得的商，故 f 占一个字。由于中间结果 $x*y$ 是双字操作数，所以，w、z 均应将符号扩展成双字操作数之后再进行加减运算。计算的所有中间结果也都应按 32 位带符号二进制数处理。

现设定存储单元分配为：字变量 W、X、Y、Z 分别存放 w、x、y、z 的值；字变量 F、$F+2$ 中分别用来存放除法运算所得的商、余数。寄存器 CX、BX 用来存放运算的 32 位中间结果。则计算 f 值的步骤如下。

① $x*y \rightarrow$ CX、BX。

② 将 z 变量扩展成双字 $\rightarrow$ DX、AX。

③ (CX、BX)＋(DX、AX) $\rightarrow$ CX、BX。

④ (CX、BX)－5000 $\rightarrow$ CX、BX。

⑤ 将 w 扩展成双字 $\rightarrow$ DX、AX。

⑥ (DX、AX)－(CX、BX) $\rightarrow$ DX、AX。

⑦ (DX、AX)$/x$，其商 $\rightarrow F$，余数 $\rightarrow F+2$。

计算程序如下。

```
STACK     SEGMENT   ACK
          DB    200 DUP(0)
STACK     ENDS
DATA      SEGMENT
W         DW 5000
X         DW 200
Y         DW －250
Z         DW 20000
F         DW 2 DUP(?)
DATA      ENDS
CODE      SEGMENT
          ASSUME CS：CODE,DS：DATA,SS：STACK
BEGIN：MOV AX，  DATA
       MOV DS，  AX              ;为 DS 赋值
       MOV AX，  X
       IMULY
       MOV CX，  DX
       MOV BX，  AX              ;x * y→CX,BX
       MOV AX，  Z
       CWD                      ;将 z 扩展成双字→DX,AX
       ADD BX，  AX
       ADC CX，  DX              ;(CX,BX)＋(DX,AX)→(CX,BX)
       SUB BX，  5000
       SBB CX，  0               ;(CX,BX)－5000→CX,BX
       MOV AX，  W
       CWD                      ;将 W 扩展成双字→DX,AX
       SUB AX，  BX
       SBB DX，  CX              ;(DX,AX)－(CX,BX)→DX,AX
       IDIV X
       MOV F，   AX
       MOV F+2， DX              ;(DX,AX)/x,商→F,余数→F+2
       MOV AH，  4CH
```

```
              INT  21H                    ;退出用户程序,返回 DOS 状态
CODE    ENDS
        END  BEGIN
```

程序运行后,在变量 F 中存入了 200,对应的十六进制数 00C8H,而余数 0 送入变量 F+2 中。

4.5.2 分支结构程序

分支结构程序的特点是:CPU 将根据不同的条件,使程序跳转到某个指定的地址去执行不同的指令。有两种分支形式:一是一次只引出两个分支;二是可能引出多个分支。设计分支程序时,通常要根据分支条件的情况,利用 CMP、AND、OR、TEST 等指令把分支条件转换为某个标志位的状态,再通过条件转移指令控制 CPU 转向不同的程序段去执行。

【例 4-6】 比较以存储变量 D1 和 D2 表示的两个有符号字数据(即 -123 与 -120)的大小,将其中较大数据放在 BX 寄存器中。

程序如下。

```
DATA     SEGMENT
D1       DW  -123H                   ;补码为 FF85H
D2       DW  -120H                   ;补码为 FF88H
DATA     ENDS
CODE     SEGMENT
         ASSUME CS:CODE,DS:DATA       ;说明代码段、数据段
BEGIN:MOV AX, DATA
      MOV DS,  AX                    ;给 DS 赋段值
      MOV BX, D1
      CMP BX, D2
      JGE  NEXT                      ;若 D1≥D2,则不交换,较大数已存入 BX,转 NEXT
      MOV BX, D2                     ;若 D1<D2,则交换
NEXT:MOV AH, 4CH
      INT  21H                       ;返回 DOS 状态
CODE     ENDS
         END  BEGIN
```

【例 4-7】 试编制计算下列函数值的程序(设 x、y 为带符号 8 位二进制数):

$$a = \begin{cases} 1 & \text{当 } x \geqslant 0, y \geqslant \text{时} \\ -1 & \text{当 } x < 0, y < 0 \text{ 时} \\ 0 & \text{当 } x、y \text{ 异号时} \end{cases}$$

分析:依题意,输入数据为 x、y,输出数据为 a。假定存储单元分配为:变量 X、Y 中存放 x、y 的值,变量 A 用来存放函数值 a。则函数中各变量均为字节类型。

程序如下。

```
DATA     SEGMENT
X        DB-12
```

```
Y          DB 9
A          DB ?
DATA       ENDS
STACK      SEGMENT STACK
           DB 200 DUP(0)
STACK      ENDS
CODE       SEGMENT
           ASSUME CS：CODE,DS：DATA,SS：STACK
BEGIN：     MOV AX， DATA
           MOV DS， AX              ;为 DS 赋值 DATA
           CMP X，  0               ;判 x 是否为负
           JS  L1                  ;若 x<0,则转 L1
           CMP Y，  0               ;判 y 是否小于零
           JL  L2                  ;若 x≥0、y<0,则转 L2
           MOV A，  1
           JMP  EXIT               ;若 x≥0,y≥0 时,则 1→A,无条件转 EXIT
L1：        CMP Y，  0
           JGE L2                  ;若 x<0,y≥0 时,则转 L2
           MOV A，  -1
           JMP  EXIT               ;若 x<0,y<0 时,则-1→A 且无条件转 EXIT
L2：        MOV A，  0               ;若 x 与 y 异号时,则 0→A
EXIT：      MOV AH， 4CH
           INT  21H
CODE       ENDS
           END  BEGIN
```

4.5.3 循环结构程序

循环结构程序的特点是：按设计的循环控制数,重复地对不同对象做相同的操作过程。在编程时,可根据循环控制条件放在循环体前后的位置,分为两种结构形式。一种是将循环控制条件放在循环体的入口处,先判断条件,满足条件则执行循环体的程序段,否则退出循环;另一种则相反,将循环控制条件放在循环体的出口处,先执行循环体,然后再判断循环控制条件,不满足条件则继续执行循环操作,一旦满足条件则退出循环。不论哪一种循环结构形式,其程序都由设置循环初始化、循环体和循环控制 3 个部分组成。

【例 4-8】 找出从无符号字节数据存储变量 VAR 开始存放的 N 个数中的最大数放在 BH 中。现假定 VAR 数据存储变量中的 N 个无符号数为 5,7,19H,23H 与 0A0H。
程序如下。

```
DSEG       SEGMENT
VAR        DB 5,7,19H,23H,0A0H
N          EQU $-VAR
DSEG       ENDS
CSEG       SEGMENT
```

```
                  ASSUME CS：CSEG,DS：DSEG        ;说明代码段、数据段
BG：      MOV AX,   DSEG
          MOV DS,   AX                           ;给 DS 赋段值
          MOV CX,   N-1                          ;置循环控制数
          MOV SI,   0
          MOV BH,   VAR[SI]                      ;取第 1 字节数到 BH
          JCXZ LAST                              ;置循环控制条件,如果 CX=0 则转至结束
AGIN：    INC   SI                               ;进入循环体入口
          CMP BH,   VAR[SI]
          JAE   NEXT                             ;若判断 BH 中为较大数,则跳转至循环体入口
          MOV BH,   VAR[SI]                      ;若判断 BH 中为较小数,则先交换,使 BH 中存较
                                                  大数后,再跳转至循环体入口
NEXT：    LOOP AGIN                              ;CX←CX-1,若 CX 不等于 0 则转回到循环体入口
LAST：    MOV AH,   4CH
          INT   21H                              ;用户程序结束,返回 DOS 状态
CSEG      ENDS
          END  BG
```

这个例子的程序结构是顺序、分支、循环 3 种结构的复合。在应用实例中,程序结构不会是单一的顺序、单一的分支或者单一的循环,而是多种基本结构的复合。保证了这一点,程序的结构就是比较良好的。为了增强程序的可读性,使程序功能的层次性更加分明,便于较大软件设计的分工合作,往往将一个大的程序中的诸多功能用功能子程序来实现,主程序采用"调用"的形式来组装这些功能子程序。

【例 4-9】 将一组有符号存储字节数据按照从小到大的顺序排序。设数组变量为 VAR,数组元素个数为 N。

分析:这是一个排序问题,可采用汽泡浮起(或称冒泡排序法)的算法思想来实现上述要求。这种算法的原理是:从第一个数开始依次对相邻的数作两两比较,并使相邻的两数按从小到大顺序排列,直到数组中任意两个相邻的数都是从小到大时,则排序结束。为简单起见,不妨设该组数是-1,8,-5,-8 等 4 个数,来说明这种算法思想。

具体排序过程可参见表 4-2。

表   4-2

排序前数据顺序	第 1 轮比较	第 2 轮比较	第 3 轮比较
VAR[1]=-1	-1	-5	-8
VAR[2]=8	-5	-8	-5
VAR[3]=-5	-8	-1	-1
VAR[4]=-8	8	8	8
数组变量 VAR 有 4 个数,但元素按-1、8、-5、-8 先后次序无序排列	从第 1 个数-1 开始做 3 次两两相邻的数据比较,使这一组数中的最大数 8 被排在最后	因第 1 轮比较后已将最大数"沉入"最底部,故第 2 轮比较只需对前 3 个数进行排序,即做 2 次比较	因 2 轮比较后已将最大的两个数"沉入"最底部,故第 3 轮比较只需对前 2 个数进行排序,即做 1 次比较

经上述分析后可知：对 N 个元素的排序采用这种算法思想最多要作 $N-1$ 轮比较；第 i 轮比较时，应作 $N-i$ 次两两比较及交换。

如果对第 i 轮的比较及交换用一子程序来实现，即子程序功能是从第 1 个元素开始作 $N-i$ 次两两比较交换，主程序对该子程序作 $N-1$ 次调用，即完成对 N 个数的排序。

设子程序名为：SUBP。

子程序的输入为：DX 表示当前是第几轮比较。

数组为：VAR。

子程序的输出为：作了第 DX 轮比较及交换的数组。

现将 SUBP 作为段内过程，则气泡浮起程序如下。

```
D        SEGMENT
VAR      DB −1,−10,−100,27H,0AH,47H
N        EQU $−VAR
D        ENDS
C        SEGMENT
         ASSUME CS：C,DS：D      ;说明代码段、数据段
B：      MOV  AX，  D
         MOV  DS，  AX           ;给 DS 赋段值
         MOV  CX，  N−1          ;设置 N−1 轮比较次数
         MOV  DX，  1            ;比较轮次计数,输入子程序
AG：      CALL SUBP
         INC  DX
         LOOP AG
         MOV  AH，  4CH
         INT  21H
SUBP     PROC
         PUSH CX
         MOV  CX，  N
         SUB  CX，  DX
         MOV  SI，  0
RECMP：  MOV  AL，  VAR[SI]
         CMP  AL，  VAR[SI+1]
         JLE  NOCH
         XCHG AL，  VAR[SI+1]
         XCHG AL，  VAR[SI]
NOCH：   INC  SI
         LOOP RECMP
         POP  CX
         RET
SUBP     ENDP
C        ENDS
         END  B
```

在此例中,若用子程序中的指令序列代替主程序中的 CALL 指令,则程序结构为一个多重循环结构。由此可知,解决某一个具体问题的程序,其结构可以多样化。采用何种结

构,由程序员决定。但采用良好的结构,即用上列几种基本结构复合,则有利于增强程序的可维护性、可读性、正确性等。

本 章 小 结

汇编语言程序设计是编程人员必须掌握的基本功;而对大多数非编程人员来说,学习它的语法特点、程序结构和编程方法,对于深入理解硬软件的相互关系和工作原理,也是一个重要的基础。

在理解和应用汇编语言时,先要弄清汇编源程序、汇编、手工汇编与机器汇编、汇编程序等名词的含义。分清程序段与源程序的区别,理解用汇编语言书写的程序是不能为机器所识别和执行的,而必须翻译成机器代码组成的目标文件。

汇编语言源程序的语句可分为指令性语句和指示性语句两大类。它们的区别在于语句中是使用指令还是使用伪指令。在表达两种语句时,常用变量和标号来分别表示它们后面的两个不同含义的符号地址,前者表示某个数据在数据存储段中的地址,而后者表示某条指令在代码存储段中的地址。变量后面没冒号(:),而标号后面一定带冒号。

汇编语言中的伪指令有数据定义伪指令(DB、DW、DD、DQ、DT 等)、符号定义伪指令(EQU、= 与 LABEL)、段定义伪指令(SEGMENT 与 ENDS、ASSUME、ORG)、过程定义伪指令(PROC 与 ENDP)等类。

编写汇编语言程序的基本步骤是:分析问题,建立数学模型,确定算法;设计程序的逻辑结构,编制程序流程图;合理分配内存空间;编制程序与静态检查;程序调试(动态检查)。

汇编程序设计的一般方法有:顺序结构、分支结构和循环结构 3 种程序结构设计。主要掌握分支结构和循环结构程序结构设计。

最后需要指出的是,不同的汇编程序版本所支持的 CPU 指令集和伪指令会有所不同,汇编程序的版本越高,支持的硬指令和伪指令越多,功能也就越强。

习　题　4

4-1　说明 MOV BX,DATA 和 MOV BX,OFFSET DATA 指令之间有何区别。

4-2　指令语句 AND AX,OPD1 AND OPD2 中,OPD1 和 OPD2 是两个已赋值的变量,两个 AND 在含义上和操作上有何区别?

4-3　已知一数组语句定义为:

ARRAY DW 100 DUP(567H,3 DUP(?)),5678H

请指出下列指令执行后,各个寄存器中的内容是多少。

MOV BX,OFFSET ARRAY
MOV CX,LENGTH ARRAY
MOV SI,0

```
ADD SI,TYPE ARRAY
```

4-4　已知某数据段中有

```
COUNT1      EQU      16H
COUNT2      DW       16H
```

下面两条指令有何异同?

```
MOV AX,COUNT1
MOV BX,COUNT2
```

4-5　下列程序段执行后,寄存器 AX、BX 和 CX 的内容分别是多少?

```
            ORG 0202H
DA_WORD DW 20H
            MOV AX,DA_WORD
            MOV BX,OFFSET DA_WORD
            MOV CL,BYTE PTR DA_WORD
            MOV CH,TYPE DA_WORD
```

4-6　已知下列数组语句:

```
    ORG 0100H
ARY DW 3,$+4,5,6
CNT EQU $-ARY
    DB 7,8,CNT,9
```

执行语句 MOV AX,ARY+2 和 MOV BX,ARY+10 后,AX=? BX=?

4-7　假设数据段的定义如下:

```
P1          DW ?
P2          DB 32 DUP(?)
PLENTH      EQU $-P1
```

试问 PLENTH 的值为多少?它表示什么意义?

4-8　在 MOV AX,[BX+SI]与 MOV AX,ES：[BX+SI]两个语句中,数据项段的属性有什么不同?

4-9　某程序设置的数据区如下:

```
DATA    SEGMENT
DB1     DB 12H,34H,0,56H
DW1     DW 78H,90H,0AB46H,1234H
ADR1    DW DB1
ADR2    DW DW1
AAA     DW $-DB1
BUF     DB 5 DUP(0)
DATA    ENDS
```

画出该数据段内容在内存中的存放形式(要求用十六进制补码表示,按字节组织)。

4-10　分析下列程序:

```
A1      DB 10 DUP(?)
A2      DB 0,1,2,3,4,5,6,7,8,9
        ⋮
        MOV CX,LENGTH A1
        MOV SI,SIZE A1−TYPE A1
LP:     MOV AL,A2[SI]
        MOV A1[SI],AL
        SUB SI,TYPE A1
        DEC CX
        JNZ LP
        HLT
```

(1) 该程序的功能是什么?

(2) 该程序执行后,A1 单元开始的 10 个字节内容是什么?

4-11   假设 BX＝45A7H,变量 VALUE 中存放的内容为 78H,下列各条指令单独执行后 BX＝?

(1) XOR BX,VALUE

(2) SUB BX,VALUE

(3) OR BX,VALUE

(4) XOR BX,0FFH

(5) AND BX,00H

(6) TEST BX,01H

4-12 已知:

```
DABY1   DB   6BH
DABY2   DB   3DUP(0)
```

试编写一段程序,把 DABY1 字节单元中的数据分解成 3 个八进制数,其最高位八进制数据存放在 DABY2 字节单元中,最低位存放在 DABY2＋2 字节单元中。

4-13   从 BUF 地址处起,存放有 60 个字节的字符串,设其中有一个以上的 A 字符,试编程查找出第一个 A 字符相对起始地址的距离,并将其存入 LEN 单元。

4-14   以 BUF1 和 BUF2 开头的两个字符串,其长度均为 LEN,试编程实现:

(1) 将 BUF1 开头的字符串传送到 BUF2 开始的内存空间。

(2) 将 BUF1 开始的内存空间全部清零。

4-15   试分析下列程序:

```
BUF     DB    0BH
        MOV   AL,BUF
        CALL  FAR PTR HECA
HECA    PROC FAR
        CMP   AL,  10
        JC    LP
        ADD   AL,  7
LP:     ADD   AL,  30H
```

```
        MOV   DL，  AL
        MOV   SH，  2
        INT   21H
        RET
HECA    ENDP
```

（1）该程序是什么结构的程序？功能是什么？

（2）程序执行后，DL＝？

（3）屏幕上显示输出的字符是什么？

4-16   分析下列程序：

```
DATA    SEGMENT
NUM     DB   06H
SUM     DB   ？
DATA    ENDS
STACK   SEGMENT PARA STACK 'STACK'
STAPN   DW 100 DUP（？）
STACK   ENDS
CODE    SEGMENT
        ASSUME CS：CODE,DS：DATA,SS：STACK
START：  MOV   AX，  DATA
        MOV   DS，  AX
        PUSH AX
        PUSH DX
        CALL  AAA
        MOV   AH，  4CH
        INT   21H
AAA     PROC
        XOR   AX，  AX
        MOV   DX，  AX
        INC   DL
        MOV   CL，  NUM
        MOV   CH，  00H
BBB：    ADD   AL，  DL
        DAA
        INC   DL
        LOOP BBB
        MOV   SUM，AL
        RET
AAA     ENDP
CODE    ENDS
END     START
```

（1）程序执行到 MOV AH,4CH 语句时，AX＝？ DX＝？ SP＝？

（2）BBB：ADD AL,DL 语句的功能是什么？

（3）整个程序的功能是什么？

4-17 试编写一个程序,找出 BUF 数据区中 N 个带符号数(设为 11H、22H、33H、44H、55H、66H、77H、88H)中的最大数和最小数。

4-18 试编写一个程序,统计出某数组中相邻两数间符号变化的次数。

4-19 若 AL 中的内容为 2 位压缩的 BCD 数,即 6AH,试编程实现下列功能。

(1)将其拆开成非压缩的 BCD 码,高低位分别存入 BH 和 BL 中。

(2)将上述已求出的 2 位 BCD 码变换成对应的 ASCII 码,并存入 CH 和 CL 中。

4-20 设一存储区中存放有 10 个带符号的单字节数(设为 -10、15H、20H、-1、-23、46H、16H、-33、65H、88H),现要求分别求出其绝对值后存放到原单元中,试编写出汇编源程序。

第 **5** 章 存储器系统

【学习目标】

本章首先以半导体存储器为对象,在讨论存储器及其基本电路、基本知识的基础上,讨论存储芯片及其与 CPU 之间的连接和扩充问题;然后,介绍内存的技术发展以及外部存储器;最后,简要介绍存储器系统的分层结构。

【学习要求】

- ◆ 存储器的分类、组成及功能。着重理解行选与列选对 1 位信息的读出。
- ◆ 重点掌握位扩充与地址扩充技术。
- ◆ 理解存储器与 CPU 的连接方法。
- ◆ 着重理解内存技术的发展。
- ◆ 理解存储器系统的分层结构。

5.1 存储器的分类与组成

计算机的存储器可分为两大类:一类为内部存储器,简称内存或主存,其基本存储元件多以半导体材料制造;另一类为外部存储器,简称外存,多以磁性材料或光学材料制造。

5.1.1 半导体存储器的分类

半导体存储器的分类如图 5-1 所示。按使用的功能可分为两大类:随机存取存储器(random access memory,RAM)和只读存储器(read only memory,ROM)。

RAM 按工艺又可分为双极型 RAM 和 MOS RAM 两类,而 MOS RAM 又可分为静态(static)和动态(dynamic)RAM 两种。双极型 RAM 的特点是存取速度快,但集成度低,功耗大,主要用于速度要求高的位片式微机中;静态 MOS RAM 的集成度高于双极型 RAM,而功耗低于双极型 RAM;动态 RAM 比静态 RAM 具有更高的集成度,靠电路中的栅极电容存储信息。由于电容器上的电荷会泄漏,因此,它需要定时进行刷新。

只读存储器 ROM 按工艺也可分为双极型和 MOS 型,但一般根据信息写入的方式不同,而分为不可编程掩膜式 ROM,可编程 ROM(PROM)和可擦除、可再编程 ROM(紫外线擦除 EPROM 与电子擦除 E^2PROM 以及 Flash ROM)等几种。

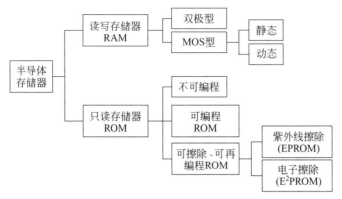

图 5-1 半导体存储器的分类

5.1.2 半导体存储器的组成

半导体存储器的组成框图如图 5-2 所示。它一般由存储体、地址选择电路、输入输出电路和控制电路组成。

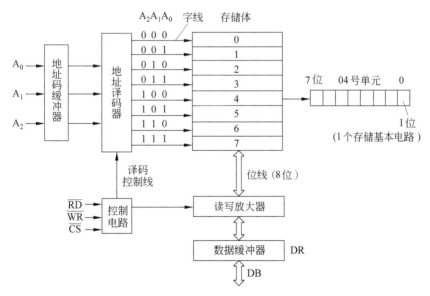

图 5-2 半导体存储器组成框图

1. 存储体

存储体是存储 1 或 0 信息的电路实体,它由许多个存储单元组成,每个存储单元赋予一个编号,称为地址单元号。而每个存储单元由若干相同的位组成,每个位需要一个存储元件。对存储容量为 1K（1024 个单元）× 8 位的存储体，其总的存储位数为 1024×8 位＝8192 位。

存储器的地址用一组二进制数表示，其地址线的位数 n 与存储单元的数量 N 之间的关系为 $2^n = N$。

地址线数与存储单元数的关系如表 5-1 所示。

表 5-1 地址线数与存储单元数的关系

地址线数 n	3	4	…	8	9	10	11	12	13	14	15	16
存储单元数 $N=2^n$	8	16	…	256	512	1024	2048	4096	8192	16 384	32 764	65 536
存储容量/B	8	16	…	256	512	1K	2K	4K	8K	16K	32K	64K

2. 地址选择电路

地址选择电路包括地址码缓冲器、地址译码器等。

地址译码器用来对地址码译码。设其输入端的地址线根数为 n，输出线数为 N，则它分别对应 2^n 个不同的地址码，作为对存储体地址单元的选择线。这些输出的选择线又称字线。

地址译码方式有以下两种。

（1）单译码方式（或称字结构）

它的全部地址码只用一个地址译码器电路译码，译码输出的字选择线直接选中与输入地址码对应的存储单元。如图 5-2 所示，有 A_2、A_1、A_0 3 根输入地址线，经过地址译码器输出 8 种不同编号的字线：000、001、010、011、100、101、110、111。这 8 条字线分别对应 8 个不同的地址单元。这种单译码方式需要的选择线数较多，只适用于容量较小的存储器。

（2）双译码方式（或称重合译码）

双译码方式存储器结构如图 5-3 所示。它将地址码分为 X 与 Y 两部分，用两个译码电路分别译码。X 向译码又称行译码，其输出线称行选择线，它选中存储矩阵中一行的所有存

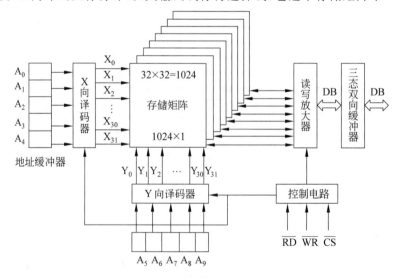

图 5-3 双译码存储器结构

计算机硬件技术基础（第 3 版）

储单元。Y 向译码又称列译码,其输出线称列选择线,它选中存储矩阵中一列的所有存储单元。只有 X 向和 Y 向的选择线同时选中的那一位存储单元,才能进行读或写操作。由图可见,具有 1024 个基本单元电路的存储体排列成 32×32 的矩阵,它的 X 向和 Y 向译码器各有 32 根译码输出线,共 64 根。若采用单译码方式,则有 1024 根译码输出线。显然,双译码方式所需要的选择线数目较少,也简化了存储器的结构,故它适用于大容量的存储器。

3. 读写电路与控制电路

读写电路包括读写放大器、数据缓冲器(三态双向缓冲器)等,它是数据信息输入和输出的通道。

外界对存储器的控制信号有读信号($\overline{\text{RD}}$)、写信号($\overline{\text{WR}}$)和片选信号($\overline{\text{CS}}$)等,通过控制电路以控制存储器的读或写操作以及片选。只有片选信号处于有效状态,存储器才能与外界交换信息。

5.2 随机存取存储器

随机存储器(random access memory,RAM)既可以读出,也可以写入。读出时并不损坏原来存储的内容,只有写入时才修改原来所存储的内容。断电后,存储内容立即消失,即具有易失性。它用于保存各种处理器需要使用的数据,可以加快计算机的运算速度。RAM可分为静态(static RAM,SRAM)和动态(dynamic RAM,DRAM)两种。常用静态内存(SRAM)作为系统的高速缓存(通常用于一级缓存和二级缓存),而平常所提到的内存指的是动态内存,即 DRAM。

5.2.1 静态随机存取存储器

1. SRAM 基本存储电路

SRAM 的基本存储电路,是由 6 个 MOS(金属氧化物半导体)管组成的 RS 触发器,如图 5-4 所示。

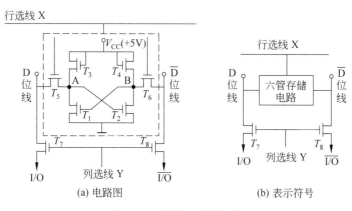

(a) 电路图　　　　　　　(b) 表示符号

图 5-4　六管静态存储电路

在图 5-4 中，T_3、T_4 为负载管，T_1、T_2 交叉耦合组成了一个 RS 触发器，具有两个稳定状态。在 A 点(相当于 Q 端)与 B 点(相当于 $\overline{Q}$ 端)可以分别寄存信息 1 和 0。T_5、T_6 为行向选通门，受行选线上的电平控制。T_7、T_8 为列向选通门，受列选线上的电平控制。由此，组成了双译码方式。当行选线与列选线上的信号都为高电平时，则分别将 T_5、T_6 与 T_7、T_8 导通，使 A、B 两点的信息经 D 与 $\overline{D}$ 两点分别送至输入输出电路的 I/O 线及 $\overline{I/Q}$ 线上，从而存储器某单元位线上的信息同存储器外部的数据线相通。这时，就可以对该单元位线上的信息进行读写操作。

写入时，被写入的信息从 I/O 和 $\overline{I/O}$ 线输入。如写 1 时，使 I/O 线为高电平，$\overline{I/O}$ 线为低电平，经 T_7、T_5 与 T_8、T_6 分别加至 A 端和 B 端，使 T_1 截止而 T_2 导通，于是 A 端为高电平，触发器为存 1 的稳态；反之亦然。

读出时，只要电路被选中，T_5、T_6 与 T_7、T_8 导通，则 A 端与 B 端的电位就会送到 I/O 及 $\overline{I/O}$ 线上。若原存的信息为 1，则 I/O 线上为 1，$\overline{I/O}$ 线上为 0；反之亦然。读出信息时，触发器的状态不受影响，故为非破坏性读出。

2. SRAM 的组成

SRAM 的结构组成原理图，如图 5-5 所示。存储体是一个由 $64 \times 64 = 4096$ 个六管静态存储电路组成的存储矩阵。在存储矩阵中，X 地址译码器输出端提供 $X_0 \sim X_{63}$ 计 64 根行选择线，而每一行选择线接在同一行中的 64 个存储电路的行选端，故行选择线能同时为该行64 个行选端提供行选择信号。Y 地址译码器输出端提供 $Y_0 \sim Y_{63}$ 计 64 根列选择线，而同一列中的 64 个存储电路共用同一位线，故由列选择线可以同时控制它们与输入输出电路(I/O电路)连通。显然，只有行、列均被选中的某个单元存储电路(即 1 位)，在其 X 向选通门与 Y 向选通门同时被打开时，才能进行信息的读出和写入操作。

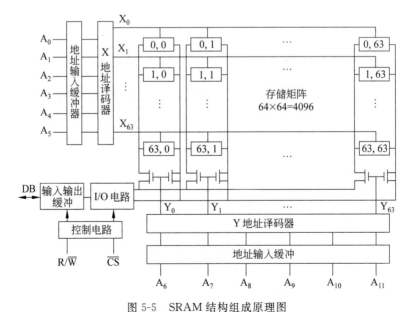

图 5-5　SRAM 结构组成原理图

图 5-5 中的存储体是容量为 $4K \times 1$ 位的存储器，因此，它仅有一个 I/O 电路，用于存取

各存储单元中的 1 位信息。如果要组成字长为 4 位或 8 位的存储器,则每次存取时,同时应有 4 个或 8 个单元存储电路与外界交换信息。因此,在这种存储器中,要将列的列向选通门控制端引出线按 4 位或 8 位来分组,使每根列选择线能控制一组的列向门同时打开;相应地,I/O 电路也应有 4 个或 8 个。每一组的同一位,共用一个 I/O 电路。这样,当存储体的某个存储单元在一次存取操作中,被地址译码器输出端的有效输出电平选中时,则该单元内的 4 位或 8 位信息被一次读写完毕。

必须指出,在图 5-5 中所示的存储体如果是 4K×1 位的存储矩阵,则在读写操作时每次只能存取 1 位信息。如果是 8 个 4K×1 位的存储矩阵,则在读写操作时每次才能存取 8 位信息,这时的存储容量为 4K×8 位。通常,一个 RAM 芯片的存储容量是有限的,需要用若干片才能构成一个实用的存储器。这样,地址不同的存储单元,可能处于不同的芯片中,因此,在选中地址时,应先选择其所属的芯片。对于每块芯片,都有一个片选控制端($\overline{CS}$),只有当片选端加上有效信号时,才能对该芯片进行读或写操作。一般来说,片选信号由地址码的高位译码(通过译码器输出端)产生。

3. SRAM 的读写过程

SRAM 的读写过程参见图 5-5。

(1)读出过程

① 地址码 $A_0 \sim A_{11}$ 加到 RAM 芯片的地址输入端,经 X 与 Y 地址译码器译码,产生行选与列选信号,选中某一存储单元,该单元中存储的代码,经一定时间,出现在 I/O 电路的输入端。I/O 电路对读出的信号进行放大、整形,送至输出缓冲寄存器。缓冲寄存器一般具有三态控制功能,没有开门控制信号,所存数据还不能送到数据总线 DB 上。

② 在送上地址码的同时,还要送上读写控制信号(R/$\overline{W}$ 或 $\overline{RD}$、$\overline{WR}$)和片选信号($\overline{CS}$)。读出时,使 R/$\overline{W}$=1,$\overline{CS}$=0,这时,输出缓冲寄存器的三态门被打开,所存信息送至 DB 上,于是,存储单元中的信息被读出。

(2)写入过程

① 同上述读出过程①,先选中相应的存储单元,使其可以进行写操作。

② 将要写入的数据放在 DB 上。

③ 加上片选信号 $\overline{CS}$=0 及写入信号 R/$\overline{W}$=0。这两个有效控制信号打开三态门使 DB 上的数据进入输入电路,送到存储单元的位线上,从而写入该存储单元。

4. SRAM 芯片举例

常用的 SRAM 芯片有 6116、6264、62256、628128、628512、6281024 等。

例如,Intel 6116 是一个 2K×8 位的 CMOS SRAM 芯片,属双列直插式、24 引脚封装。它的存储容量为 2K×8 位,其引脚图及内部结构框图如图 5-6 所示。

Intel 6116 芯片内部的存储体是一个由 128×128=16 384 个静态存储电路组成的存储矩阵。$A_0 \sim A_{10}$ 11 根地址线供对其进行行地址、列地址译码,以便对 2^{11}=2048 个存储单元进行选址。每当选中一个存储单元,将从该存储单元中同时读或写 8 位二进制信息,故 6116 有 8 根数据输入输出线 $I/O_0 \sim I/O_7$。6116 存储矩阵内部基本存储电路上的信息,正是通过 I/O 控制电路和数据输入输出缓冲器与 CPU 的数据总线连通的。数据的读出或写

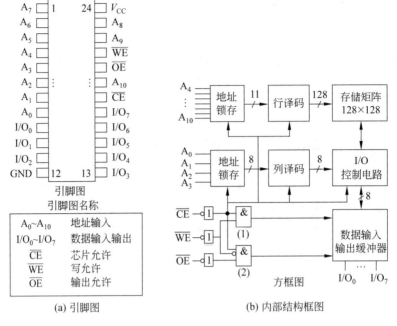

A₀~A₁₀	地址输入
I/O₀~I/O₇	数据输入输出
$\overline{CE}$	芯片允许
$\overline{WE}$	写允许
$\overline{OE}$	输出允许

(a) 引脚图   (b) 内部结构框图

图 5-6 Intel 6116 芯片的引脚图及内部结构框图

入将由片选允许信号$\overline{CE}$、写允许信号$\overline{WE}$以及数据输出允许信号$\overline{OE}$一起控制。当$\overline{CE}$有效而$\overline{WE}$为低电平时,1 门导通,使数据输入缓冲器打开,信息由 I/O₀～I/O₇ 写入被选中的存储单元;当$\overline{CE}$与$\overline{OE}$同时有效而$\overline{WE}$为高电平时,2 门导通,使数据输出缓冲器打开,CPU 从被选中的存储单元由 I/O₀～I/O₇ 读出信息送往数据总线。无论是写入或读出,一次都是读写 8 位二进制信息。

Intel 6264 芯片的结构及工作原理与 6116 相似,是一个存储容量为 8K×8 位的 CMOS SRAM 芯片,其外部引脚如图 5-7 所示。它有 28 条引脚,包括 13 根地址线($A_{12}～A_0$)、8 根双向数据线($D_7～D_0$)以及 4 根控制线(片选信号线$\overline{CS_1}$、CS₂、输出允许信号$\overline{OE}$与写允许信号),另外,还有 3 根其他信号线(+5V 电源端 V_{CC}、接地端 GND、空端 NC)。这些引脚的功能及其用法是很容易理解的,不再赘述。

需要补充的是,6264 芯片有两个片选端$\overline{CS_1}$与 CS₂,在 CPU 选择 6264 芯片时,必须使其两个片选信号$\overline{CS_1}$与 CS₂同时有效才行。事实上,一个微机系统的内存空间通常是由若干块存储器芯片组成的,各个存储器芯片究竟映射到内存空间的哪一段地址区间,是由高位地址信号决定的。系统中的一组高位地址信号和控制信号通过译码器译码可产生对应的一组片选信号,但每次只有一个特定的高位地址会将某个存储器芯片映射到所需要的地址范围上。

NC	1	28	V_{CC}
A₁₂	2	27	$\overline{WE}$
A₇	3	26	CS₂
A₆	4	25	A₈
A₅	5	24	A₉
A₄	6	23	A₁₁
A₃	7	22	$\overline{OE}$
A₂	8	21	A₁₀
A₁	9	20	$\overline{CS_1}$
A₀	10	19	D₇
D₀	11	18	D₆
D₁	12	17	D₅
D₂	13	16	D₄
GND	14	15	D₃

图 5-7 SRAM 6264 外部引脚图

5.2.2 动态随机存取存储器

动态随机存储器(DRAM)芯片是以 MOS 管栅极电容是否充有电荷来存储信息的,其基本单元电路一般由四管、三管和单管组成,以三管和单管较为常用。由于它所需要的管子较少,故可以扩大每片存储器芯片的容量,并且其功耗较低,所以在微机系统中,大多数采用 DRAM 芯片。

1. 动态基本存储电路

下面重点介绍常用的三管和单管两种基本存储电路。

(1) 三管动态基本存储电路

三管动态基本存储电路如图 5-8 所示,它由 T_1、T_2、T_3 3 个管子和两条字选择线(读、写选择线),以及两条数据线(读、写数据线)组成。T_1 是写数控制管;T_2 是存储管,用它的栅极电容 C_g 存储信息;T_3 是读数控制管;T_4 是一列基本存储电路上共同的预充电管,以控制对输出电容 C_D 的预充电。

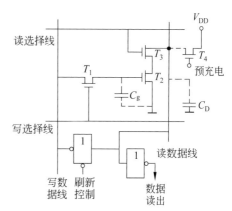

写入操作时,写选择线上为高电平,T_1 导通。待写入的信息由写数据线通过 T_1 加到 T_2 管的栅极上,对栅极电容 C_g 充电。若写入 1,则 C_g 上充有电荷;若写入 0,则 C_g 上无电荷。写操作结束后,T_1 截止,信息被保存在电容 C_g 上。

读出操作时,先在 T_4 管栅极加上预充电脉冲,使 T_4 管导通,读数据线因有寄生电容 C_D 而预

图 5-8 三管动态基本存储电路

充到 1(V_{DD})。然后使读选择线为高电平,T_3 管导通。若 T_2 管栅极电容 C_g 上已存有 1 信息,则 T_2 管导通。这时,读数据线上的预充电荷将通过 T_3、T_2 而泄放,于是,读数据线上为 0。若 T_2 管栅极电容上所存为 0 信息,T_2 管不导通,则读数据线上为 1。因此,经过读操作,在读数据线上可以读出与原存储相反的信息。若再经过读出放大器反相后,就可以得到原存储信息了。

对于三管动态基本存储电路,即使电源不掉电,C_g 的电荷也会在几毫秒之内逐渐泄漏掉,而丢失原存 1 信息。为此,必须每隔 1~3ms 定时对 C_g 充电,以保持原存信息不变,此即动态存储器的刷新(或叫再生)。

刷新要有刷新电路,若周期性地读出信息,但不往外输出(这由读信号 $\overline{RD}$ 为高电平来保证),经三态门(由刷新信号 $\overline{RFSH}$ 为低电平时使其导通)反相,再写入 C_g,就可实现刷新。

(2) 单管动态基本存储电路

单管动态基本存储电路如图 5-9 所示,它由 T_1 管和寄生电容 C_S 组成。

写入时,使字选线上为高电平,T_1 管导通,待写入的信息由位线 D(数据线)存入 C_S。

读出时,同样使字选线上为高电平,T_1 管导通,则存储在 C_S 上的信息通过 T_1 管送到 D 线上,再通过放大,即可得到存储信息。

为了节省面积,电容 C_S 不可能做得很大,一般使 $C_S < C_D$。这样,读出 1 和 0 时电平差别不大,故需要鉴别能力高的读出放大器。此外,C_S 上的信息被读出后,其已存的电压由 0.2V 下降为 0.1V。这是一个破坏性读出,要保持原存信息,读出后必须重写。因此,使用单管电路,其外围电路比较复杂。但由于使用管子最少,4KB 以上容量较大的 RAM,大多采用单管电路。

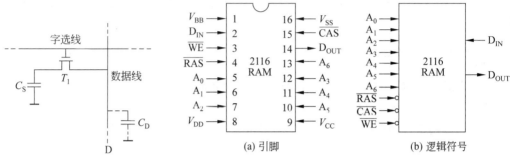

图 5-9 单管动态基本存储电路   图 5-10 Intel 2116 引脚及逻辑符号

2. 动态 RAM 芯片举例

Intel 2116 单管动态 RAM 芯片的引脚和逻辑符号如图 5-10 所示。

Intel 2116 的引脚名称如表 5-2 所示。

表 5-2 Intel 2116 的引脚名称

$A_0 \sim A_6$	地址输入	$\overline{WE}$	写(或读)允许
$\overline{CAS}$	列地址选通	V_{BB}	电源(−5V)
$\overline{RAS}$	行地址选通	V_{CC}	电源(+5V)
D_{IN}	数据输入	V_{DD}	电源(+12V)
D_{OUT}	数据输出	V_{SS}	地

Intel 2116 芯片的存储容量为 16K×1 位(简写 16K×1),需用 14 条地址输入线,但 2116 只有 16 条引脚。由于受封装引线的限制,只用了 $A_0 \sim A_6$ 7 条地址输入线,数据线只有 1 条(1 位),而且数据输入(D_{IN})和输出(D_{OUT})端是分开的,它们有各自的锁存器。写允许信号 $\overline{WE}$ 为低电平时允许写入,为高电平时可以读出,如表 5-2 所示,它需要3 种电源。

Intel 2116 的内部结构如图 5-11 所示。

为了解决用 7 条地址输入线传送 14 位地址码的矛盾,2116 采用地址线分时复用技术,用 $A_0 \sim A_6$ 7 根地址线分两次将 14 位地址按行、列两部分分别引入芯片,即先把 7 位行地址 $A_0 \sim A_6$ 在行地址选通信号 $\overline{RAS}$ 有效时,通过 2116 的 $A_0 \sim A_6$ 地址输入线送至行地址锁存器,而后把 7 位列地址 $A_7 \sim A_{13}$ 在列地址选通信号 $\overline{CAS}$ 有效时,通过 2116 的 $A_0 \sim A_6$ 地址输入线送至列地址锁存器,从而实现了 14 位地址码的传送。

7 位行地址码经行译码器译码后,某一行的 128 个基本存储电路都被选中,而列译码器只选通 128 个基本存储电路中的一个(即 1 位),经列放大器放大后,在定时控制发生器及写信号锁存器的控制下送至 I/O 电路。

—————— 计算机硬件技术基础(第 3 版)

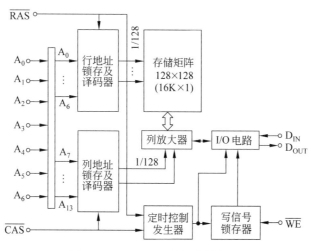

图 5-11　Intel 2116 内部结构框图

2116 没有片选信号 $\overline{CS}$，它的行地址选通信号 $\overline{RAS}$ 兼作片选信号，且在整个读、写周期中均处于有效状态，这是与其他芯片的不同之处。

此外，地址输入线 $A_0 \sim A_6$ 还用作刷新地址的输入端，刷新地址由 CPU 内部的刷新寄存器 R 提供。

与 Intel 2116 芯片类似的还有 2164、3764、4164 等 DRAM 芯片。

综上所述，动态基本存储电路所需管子的数目比静态的要少，提高了集成度，降低了成本，存取速度快。但由于要刷新，需要增加刷新电路，外围控制电路比较复杂。静态 RAM 尽管集成度低一些，但静态基本存储电路工作较稳定，也不需要刷新，所以外围控制电路比较简单。究竟选用哪种 RAM，要综合比较各方面的因素决定。

5.3　只读存储器

只读存储器(read only memory，ROM)只能读出原有的内容，不能由用户再写入新内容。原来存储的内容是采用掩膜技术由厂家一次性写入的，并永久保存下来。它一般用来存放专用的固定程序和数据，不会因断电而丢失。

5.3.1　只读存储器存储信息的原理和组成

ROM 的存储元件如图 5-12 所示，它可以看作是一个单向导通的开关电路。当字线上加有选中信号时，如果电子开关 S 是断开的，位线 D 上将输出信息 1；如果 S 是接通的，则位线 D 经 T_1 接地，将输出信息 0。

ROM 的组成结构与 RAM 相似，一般也是由地址译码电路、存储矩阵、读出电路及控制电路等组成。图 5-13 是有 16 个存储单元、字长为 1 位的 ROM 示意图。16 个存储单元，地址码应为 4 位，因采用复合译码方式，其行地址译码和列地址译码各占 2 位地址码。对某一固定地址单元而言,仅有一根行选线和一根列选线有效,其相交单元即为选中单元,再根据被选中单元的开关状态,数据线上将读出 0 或 1 信息。例如,若地址 $A_3 \sim A_0$ 为 0110,则行选线 X_2 及列选线 Y_1 有效(输出低电平),图中,有 * 号的单元被选中,其开关 S 是接通的,故读出的信息为 0。当片选信号有效时,打开三态门,被选中单元所存信息即可送至外面的数据总线上。图 5-13 中所示仅是 16 个存储单元的 1 位,8 个这样的阵列,才能组成一个 16×8 位的 ROM 存储器。

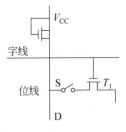

图 5-12　ROM 存储元件

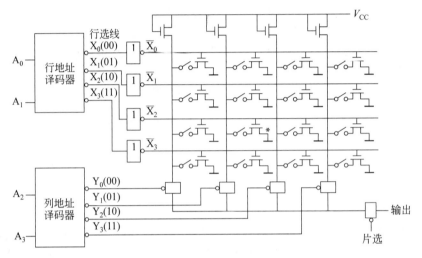

图 5-13　16×1 位 ROM 结构图

5.3.2　只读存储器的分类

1. 不可编程掩膜式 MOS 只读存储器

不可编程掩膜式 MOS ROM 又称为固定存储器,其内部存储矩阵的结构如图 5-13 所示。它是由器件制造厂家根据用户事先编好的机器码程序,把 0、1 信息存储在掩膜图形中而制成的 ROM 芯片。这种芯片制成以后,它的存储矩阵中每个 MOS 管所存的信息 0 或 1 被固定下来,不能再改变,而只能读出。如果要修改其内容,只有重新制作。因此,它只适用于大批量生产,不适用于科学研究。

2. 可编程只读存储器

为了克服上述掩膜式 MOS ROM 芯片不能修改内容的缺点,设计了一种可编程序的只读存储器(programmable ROM,PROM),用户在使用前可以根据自己的需要编制 ROM 中的程序。

熔丝式 PROM 的存储电路相当于图 5-12 的元件原理图,其中的电子开关 S 改为一段熔丝,熔丝可用镍铬丝或多晶硅制成。假定在制造时,每一单元都由熔丝接通,则存储的都是 0 信息。如果用户在使用前根据程序的需要,利用编程写入器对选中的基本存储电路通

—— 计算机硬件技术基础(第 3 版)

以 20～50mA 的电流,将熔丝烧断,则该单元将存储信息 1。这样,便完成了程序修改。由于熔丝烧断后,无法再接通,所以,PROM 只能一次编程。编程后,不能再修改。

3. 可擦除、可再编程的只读存储器

PROM 芯片虽然可供用户进行一次修改程序,但仍很局限。为了便于研究工作,试验各种 ROM 程序方案,就研制了一种可擦除、可再编程的 ROM(erasable PROM,EPROM)。

在 EPROM 芯片出厂时,它是未编程的。若 EPROM 中写入的信息有错或不需要时,可用两种方法来擦除原存的信息。一种是利用专用的紫外线灯对准芯片上的石英窗口照射 15～20min,即可擦除原写入的信息,以恢复出厂时的状态,经过照射擦除了原写入信息后的 EPROM,就可以再写入信息。写好信息的 EPROM 为防止光线照射,常用遮光胶纸贴于窗口上。这种方法只能把存储的信息全部擦除后再重新写入,它不能只擦除个别单元或某几位的信息,而且擦除的时间也很长。

还有一种方法是采用金属-氮-氧化物-硅(NMOS)工艺来生产 NMOS 型 PROM,它是一种利用电来改写的可编程只读存储器,即 E^2PROM,这种只读存储器能解决上述问题。当需要改写某存储单元的信息时,只要让电流通入该存储单元,就可以将其中的信息擦除并重新写入信息,而其余未通入电流的存储单元的信息仍然保留。用这种方法改写数万次,只需要 0.1～0.6s,信息存储时间可达十余年之久,这给需要经常修改程序和参数的应用领域带来了极大的方便。但是,E^2PROM 有存取时间较慢,完成改写程序需要较复杂的设备等缺点。现在正在迅速发展和应用高密度、高存取速度的 E^2PROM 技术和闪存(Flash Memory)技术。

5.3.3 常用 ROM 芯片举例

1. Intel 2732 芯片

2732 EPROM 芯片的容量为 4K×8 位,采用 HNMOS-E(高速 NMOS 硅栅)工艺制造和双列直插式封装,其引脚如图 5-14 所示。

2732 EPROM 芯片有 24 条引脚。

A_{11}～A_0:12 条地址输入线,可寻址 2732 芯片内部的 4KB 存储单元。

O_7～O_0:8 位数据输入、输出线,都通过缓冲器输入、输出。

$\overline{CE}$ 与 $\overline{OE}$:2 条控制线。$\overline{CE}$ 为片选控制线,低电平有效。$\overline{OE}$ 为芯片编程后存储单元信息读出控制线,低电平有效。

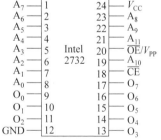

图 5-14 2732 EPROM 的引脚

V_{PP}:编程电源。V_{PP} 与 $\overline{OE}$ 共用一条引脚,在编程时应输入规定的编程电压,一般 V_{PP} 有 +12.5V 和 +25V 两种。

V_{CC}:工作电压,为 +5V。

GND:地线。

2732 EPROM 的工作方式如表 5-3 所示。

表 5-3 2732 EPROM 的工作方式

引脚 工作方式	$\overline{CE}(18)$	$\overline{OE}/V_{PP}(20)$	$A_9(22)$	$V_{CC}(24)$	输出($9\sim11,13\sim17$)
读	V_{IL}	V_{IL}	$\times$	$+5V$	D_{OUT}
输出禁止	V_{IL}	V_{IH}	$\times$	$+5V$	高阻抗
待机	V_{IH}	$\times$	$\times$	$+5V$	高阻抗
编程	V_{IL}	V_{PP}	$\times$	$+5V$	D_{IN}
编程禁止	V_{IH}	V_{PP}	$\times$	$+5V$	高阻抗
读标识码	V_{IL}	V_{IL}	V_H	$+5V$	标识码

与 2732 属于同一类的常用 EPROM 芯片还有 2764、27128、27256、27512 以及 271024 等,它们的内部结构与外部引脚分配基本相同,主要是存储容量逐次成倍递增为 4K×8 位、8K×8 位、16K×8 位、32K×8 位、64K×8 位以及 128K×8 位等。

2. E²PROM 芯片举例

常用的 E²PROM 芯片有 2816/2816A、2817/2817A、2864A 等,其中,以 2864A 的 8K×8b 容量为最大,它与 6264 兼容。其主要特点是能像 SRAM 芯片一样读写操作,读访问时间可为 45～450ns,在写之前自动擦除原内容。但它并不能像 RAM 芯片那样随机读写,而只能有条件地写入,即只有当一个字节或一页数据编程写入结束后,方可以写入下一个字节或下一页数据。在 E²PROM 的应用中,若需读其某一个单元的内容,只要执行一条存储器读指令,即可读出;若需对其内容重新编程,可在线直接用字节写入或页写入方式写入。

3. Flash ROM 芯片

常用的 Flash ROM 芯片类型和型号很多。如 AMD 28F020/12V(2M)、29F002(N)T/5V(2M)、29F400BT/5V(4M) 等;INTEL E82802AB/3.3V(4M)、E82802AC/3.3V(8M)等。

在 Pentium CPU 以上的主板中普遍采用了 Flash ROM 芯片来作为 BIOS 程序的载体。Flash ROM 也称为闪速存储器,在本质上属于 E²PROM。平常情况下 Flash ROM 与 EPROM 一样是禁止写入的,在需要时,加入一个较高的电压就可以写入或擦除。为预防误操作删除 Flash ROM 中的内容导致系统瘫痪,一般在 Flash ROM 中固化了一小块启动程序(BOOT BLOCK)用于紧急情况下接管系统的启动。

一般主板上有关 Flash ROM 的跳线开关用于设置 BIOS 的只读/可读写状态。关机后在主板上找到它将其设置为可写(Enable 或 Write),重新开机,即可重写 BIOS 升级。Flash ROM 升级需要两个软件:一个是 Flash ROM 写入程序,一般由主板附带的驱动程序盘提供;另一个是新版 BIOS 的程序数据,需要到 Internet 或 BBS 上下载。升级前检查 BIOS 数据的编号及日期,确认它是否比本机正使用的 BIOS 版本更新,同时也应检查它与现行 BIOS 是否是同一产品系列,如 TX 芯片组的 BIOS 不宜用于 VX 的主板,避免出现不兼容问题。BIOS 升级程序只能在 DOS 实模式运行,因此,开机启动时应按 F5 跳过 Config. sys 和 Autoexec. bat,并且不能进入 Windows。

5.4 存储器的扩充及其与 CPU 的连接

本节要解决两个问题：一个是如何用容量较小、字长较短的芯片,组成微机系统所需的存储器;另一个是存储器与 CPU 的连接方法与应注意的问题。

5.4.1 存储器芯片的扩充技术

1. 位扩充

一块实际的存储芯片,其存储单元的位数（即字长）通常与实际内存单元的字长并不相等,如 SRAM 芯片 2114 为 $1K \times 4$ 位,DRAM 芯片 2164 为 $64K \times 1$ 位等。显然,要用这些芯片来构成实际上按字节组织的内存空间,就需要进行位的扩充,以满足字长的要求。

用 1 位或 4 位的存储器芯片构成 8 位字长的存储器,可采用位并联的方法。例如,可以用两片 $4K \times 4$ 位（简写 $4K \times 4$）的存储器芯片经位扩充构成 4KB 的存储器,如图 5-15 所示。这时,每个单元中的 8 位二进制数被分别存放在两块芯片上,即一个芯片存储该单元内容的高 4 位,另一个芯片存放该单元内容的低 4 位,而两芯片的地址线及控制线则分别并联在一起。

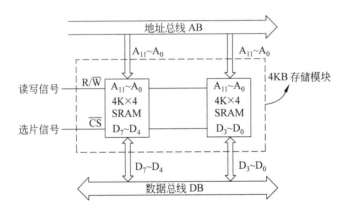

图 5-15 用 $4K \times 4$ 位 SRAM 芯片进行位扩展以构成容量为 4KB 的存储器

2. 字扩充

字扩充即存储容量的扩充（也称为地址的扩充）。当扩充存储容量时,采用地址串联的方法。这时,要用到地址译码电路,以其输入的地址码来区分高位地址,而以其输出端的控制线来对具有相同低位地址的几片存储器芯片进行片选。

地址译码电路是可以将地址码翻译成相应控制信号的电路。例如,图 5-16 所示是一个 2-4 译码器,输入端 A_0、A_1 为 2 位地址码,输出为 4 根控制线,对应于地址码的 4 种状态,不论地址码 A_0、A_1 为何值,输出总是只有一根线处于有效状态,如逻辑关系表中所示,输出以低电平有效。

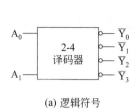

输入		输出			
A_1	A_0	$\overline{Y}_0$	$\overline{Y}_1$	$\overline{Y}_2$	$\overline{Y}_3$
0	0	0	1	1	1
0	1	1	0	1	1
1	0	1	1	0	1
1	1	1	1	1	0

(a) 逻辑符号   (b) 逻辑关系表

图 5-16   2-4 译码器

【例 5-1】 图 5-17 是用 4 片 16K×8 位(简称 16K×8)的存储器芯片(或是经过位扩充的芯片组)组成 64K×8 位存储器连接线路。

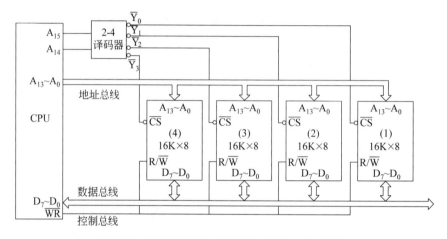

图 5-17   用 16K×8 位芯片组成 64K×8 位存储器

16K 存储器芯片的地址为 14 位,而 64K 存储器的地址码应有 16 位。连接时,各芯片的 14 位地址线可直接接地址总线的 $A_0 \sim A_{13}$,而地址总线的 A_{15}、A_{14} 则接到 2-4 译码器的输入端,其输出端 4 根选择线分别接到 4 片芯片的片选 $\overline{CS}$ 端。因此,在任一地址码时,仅有一片芯片处于被选中的工作状态,各芯片的取值范围如表 5-4 所示。

表 5-4   存储器芯片取址范围

地 址			译码器输出	选中的芯片	地 址 范 围
A_{15}	A_{14}	$A_{13} \sim A_0$			
0	0	从全 0 到全 1	$\overline{Y}_0$	1 号	0000H~3FFFH
0	1	从全 0 到全 1	$\overline{Y}_1$	2 号	4000H~7FFFH
1	0	从全 0 到全 1	$\overline{Y}_2$	3 号	8000H~BFFFH
1	1	从全 0 到全 1	$\overline{Y}_3$	4 号	C000H~FFFFH

当需要同时位扩充与字扩充时,可以将上述两种方法结合起来使用。例如当用 16K×1 位的芯片组成 64K×8 位的存储器时,共需用 32 片 16K×1 位的芯片。先用位线并联方法将每 8 片组成一组 16K×8 位存储器,再用字扩充方法,选用 2-4 译码器组成的译码电路,组成 4 组 16K×8 位共 64K×8 位存储器。

5.4.2 存储器与 CPU 的连接

1. 只读存储器与 8086 CPU 的连接

ROM、PROM 和 EPROM 芯片都可以与 8086 系统总线连接,以组成程序存储器。例如,Intel 2716、2732、2764 和 27128 这一类 EPROM 芯片,由于它们属于以 1B 宽度输出组织的,因此,在连接到 8086 系统时,为了存储 16 位指令字,要使用两片这类芯片并联组成一组。图 5-18 给出了两片 2732 EPROM 与 8086 系统总线的连接示意图。

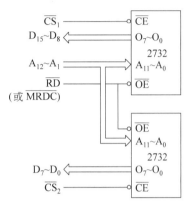

图 5-18　两片 2732 组成 4K 字程序存储器

如图 5-18 所示,由于 2732 芯片是一个 4K×8 位的 EPROM 芯片,所以该存储器子系统可提供 4K 字的程序存储器(即存放指令代码的只读存储器)。图中,上、下两片 2732 芯片分别代表高 8 位与低 8 位存储体;为了能寻址 4K 字存储单元,将 8086 系统的 A_{12}～A_1 12 根地址线接至两片 2732 的 A_{11}～A_0 引脚上;8086 其余的高位地址线和 M/$\overline{IO}$(为高电平)以及 A_0 或 $\overline{BHE}$(图中未画出)用来参加译码,以产生两个片选信号 $\overline{CS_1}$ 与 $\overline{CS_2}$,并分别接至上、下两片 2732 的片选端 $\overline{CE}$,而两片 2732 的输出允许端 $\overline{OE}$ 将和 8086 系统的控制信号 $\overline{RD}$(最小模式时)或 $\overline{MRDC}$(最大模式时)连接,只有在 $\overline{CE}$ 和 $\overline{OE}$ 同时为低电平时,2732 才能把被选中存储单元的指令代码读出到数据总线上。

2. 静态 RAM 与 8086 CPU 的连接

一般,当微机系统的存储器容量少于 16K 字时,宜采用静态 RAM 芯片,因为大多数动态 RAM 芯片都是以 16K×1 位或 64K×1 位来组织的,并且,动态 RAM 芯片还要求动态刷新电路,这种附加的支持电路会增加存储器的成本。

8086 CPU 无论是在最小模式或最大模式下,都可以寻址 1MB 的存储单元,存储器均按字节编址。图 5-19 所示为 2K 字的读写存储器子系统。存储器芯片选用 SRAM 6116 (2K×8 位)。该存储器子系统接成最小工作模式,由两片 6116 构成 2K 字的数据存储器。8086 可以通过软件从存储器中读取字节、字和双字数据。

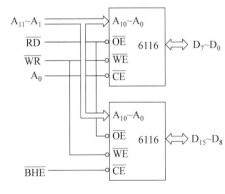

图 5-19　两片 6116 组成 2K 字数据存储器

图 5-19 中,上面的一片 6116 用作低 8 位 RAM 存储体,它的 I/O 引线和数据总线 D_7～D_0 相连,它代表了偶数地址字节数据;下面的一片 6116 用作高 8 位 RAM 存储体,它的 I/O 引线和数据总线 D_{15}～D_8 相连,它代表了奇数地址字节数据。利用 A_0 与 $\overline{BHE}$ 可对偶数地址的低位库与

奇数地址的高位库分别进行选择。数据的读出或写入,在保持 6116 的片选信号$\overline{CE}$为低电平的同时,将取决于输出允许信号$\overline{OE}$或者写允许信号$\overline{WE}$为低电平。例如,在执行偶地址边界上的字操作时,8086 将使 A_0 与$\overline{BHE}$都为低电平。这样,两个存储体都被允许执行读写操作,读写数据的高位字节和低位字节将同时在 16 位数据总线上传送。若此时$\overline{OE}=0$ 而$\overline{WE}=1$,则字数据将从所选中的存储单元读出;反之,若此时$\overline{OE}=1$ 而$\overline{WE}=0$,则字数据将从数据总线上写入被选中的存储单元。

图 5-19 是一个只有两片一组其容量为 2K 字的 RAM 子系统,故只有组内两片间的高、低位库选择和片内低位寻址,而没有若干组之间的高位片选。如果 RAM 子系统的容量增大,需要扩充为若干组 RAM 芯片,那么,就会涉及组与组之间的高位片选问题。当使用 6116 RAM 芯片时,若$\overline{OE}$与$\overline{WE}$已分别接至 8086 系统的$\overline{RD}$与$\overline{WR}$两条控制线,则每一片 6116 只剩下一个片选允许信号端$\overline{CE}$可供作为唯一的片选信号端CS来使用。这时,由于既要考虑用 8086 的高位地址线和 M/$\overline{IO}$(高电平)控制信号来控制片选信号$\overline{CS}$,又要考虑用 A_0 与$\overline{BHE}$两个信号来控制选择高、低位库,因此,必须同时通过逻辑电路来连接这些信号,以实现上述多种控制要求。从下面的例子中,将看到这种连接与控制的具体情况。

3. EPROM、SRAM 与 8086 CPU 连接的实例

图 5-20 给出了由 8086 CPU 组成的单处理器系统的典型结构。图中,8086 连接成最小工作模式(MN/$\overline{MX}$引脚置逻辑高电平)。当机器复位时,由于 CS=FFFFH,IP=0000H,故 8086 将执行 FFFF0H 单元的指令。

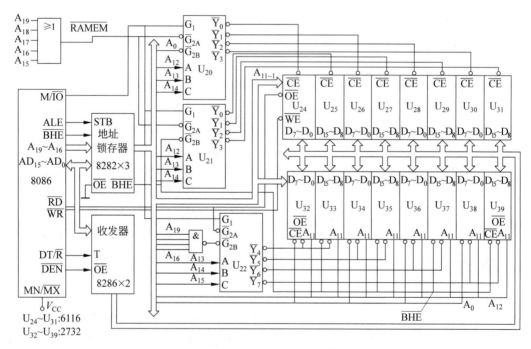

图 5-20 8086 单处理器系统连接实例

本系统具有 32KB 的 EPROM 区,使用了 8 片 2732(4K×8 位)EPROM 芯片,分别以 U_{32}~U_{39} 表示。这 8 个芯片按每两片一组分别组成 4 组 4K 字的 EPROM 区,它们分别用

$A_{19} \sim A_{13}$ 7 条地址线和 $M/\overline{IO}$ 线以及 $\overline{RD}$ 线作为 U_{22} 的输入信号。U_{22} 为 74LS138 译码器。当 $A_{19} \sim A_{16}$ 4 条地址线经与非门输出一个低电平信号接入 U_{22} 的 $\overline{G}_{2B}$ 端,通过 U_{22} 的 4 个输出端信号 $\overline{Y}_4 \sim \overline{Y}_7$ 控制该 4 组 2732 的输出允许信号端 $\overline{OE}$。同时,还要用 8086 的 A_0 与 $\overline{BHE}$ 两个信号分别接入各片的 $\overline{CE}$ 端来控制各组内两片高、低位库的选择。显然,U_{32}、U_{34}、U_{36}、U_{38} 是受 A_0 控制的偶数地址低位库,而 U_{33}、U_{35}、U_{37}、U_{39} 是受 $\overline{BHE}$ 控制的奇数地址高位库。并且,4 组 EPROM(2732) 的地址范围可以很容易被确定,如表 5-5 所示。

表 5-5   EPROM 区地址分配表

组　　别	EPROM 芯片(2732)		地 址 范 围
	偶地址	奇地址	
第 1 组	U_{32}	U_{33}	F8000H～F9FFFH
第 2 组	U_{34}	U_{35}	FA000H～FBFFFH
第 3 组	U_{36}	U_{37}	FC000H～FDFFFH
第 4 组	U_{38}	U_{39}	FE000H～FFFFFH

本系统还具有 16KB 的 RAM,使用了 8 片 6116(2K×8 位) SRAM 芯片,它们分别以 $U_{24} \sim U_{31}$ 表示。这 8 个芯片也按每两片一组分别组成 4 组 2K 字的 RAM 区,它们分别用 A_{14}、A_{13}、A_{12} 3 条地址线和 $M/\overline{IO}$ 线以及 $\overline{RAMEM}$ 线作为输入信号,通过 U_{20} 和 U_{21}(均为 74LS138 译码器) 各自的 4 个输出端信号 $\overline{Y} \sim \overline{Y}_3$ 控制该 4 组 6116 的 8 个片选端 $\overline{CE}$。同时,还要用 8086 的 A_0 和 $\overline{BHE}$ 作为输入信号接至 U_{20} 和 U_{21} 的 $\overline{G}_{2B}$ 端,通过对 U_{20} 和 U_{21} 是否允许输出有效电平的选通,来实现对 4 组 RAM 芯片内高、低位库的选择。U_{20} 为偶地址译码器,它们分别选择 U_{24}、U_{26}、U_{28} 和 U_{30};U_{21} 为奇地址译码器,它们分别选择 U_{25}、U_{27}、U_{29} 和 U_{31}。系统读($\overline{RD}$)、写($\overline{WR}$)信号直接接到 RAM 芯片的 $\overline{OE}$ 和 $\overline{WE}$ 端,以控制数据的传送方向。RAM 芯片本身低位地址的寻址由 $A_{11} \sim A_0$ 12 条地址线决定。此外,6116 剩余的 $A_{19} \sim A_{15}$ 5 条地址线全为 0,并通过一个或门输出 0 电平(即 $\overline{RAMEM}$ 信号)接入 U_{20} 和 U_{21} 的 $\overline{G}_{2A}$ 端。这时,4 组 RAM 的地址范围也可以很容易被确定,如表 5-6 所示。

表 5-6   静态 RAM 区地址分配表

组　　别	SRAM 芯片(6116)		地 址 范 围
	偶地址	奇地址	
第 1 组	U_{24}	U_{25}	00000H～00FFFH
第 2 组	U_{26}	U_{27}	01000H～01FFFH
第 3 组	U_{28}	U_{29}	02000H～02FFFH
第 4 组	U_{30}	U_{31}	03000H～03FFFH

4. 32 位或 64 位存储器接口

32 位存储器接口或 64 位存储器接口原理同上面介绍的 16 位存储器接口基本一致。其主要区别在于 32 位存储器接口与 64 位存储器接口需要的存储体个数分别为 4 个与 8 个。此外,由于 16 位、32 位或 64 位微处理器地址线数目的不同,它们分别所能寻址的空间大小是不同的。例如,在 32 位存储器接口中,微处理器有 32 条地址线,其寻址空间为 4GB;而在 Pentium 系统中,微处理器可以被设置为 36 条地址线,其最大寻址空间则为 64GB。至于在存储器接口中,存储体与微处理器之间的具体连接方法还涉及译码器的选用与连接等问题,这里不再赘述。

5.5 内存的技术发展

内存历来都是系统中最大的性能瓶颈之一,特别是在 PC 技术发展的初期,PC 上所使用的内存是一块块的集成电路芯片(IC),且将其焊接在主板上,这给后期维护与维修都带来了许多麻烦。

随着 PC 技术的发展,PC 设计人员首次在 80286 主板上推出了模块化的条装内存,使每一条上集成了多块内存 IC,并在主板上也设计了相应的内存插槽,这样的内存条就大大方便了安装与拆卸,内存的维修与升级也变得非常简单。此后,内存条从规格、技术到总线带宽等不断更新换代,使内存的性能瓶颈问题获得较大改善。图 5-21 为多个内存条针脚与接口设计的示意图。

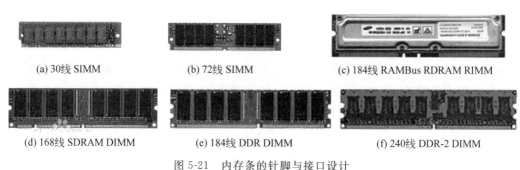

(a) 30线 SIMM   (b) 72线 SIMM   (c) 184线 RAMBus RDRAM RIMM

(d) 168线 SDRAM DIMM   (e) 184线 DDR DIMM   (f) 240线 DDR-2 DIMM

图 5-21 内存条的针脚与接口设计

1. SIMM 内存

最初(1982 年)出现在 80286 主板上的“内存条”,采用的是单边接触内存模组(single inline memory modules,SIMM)接口,容量为 30 线、256KB,由 8 片数据位和 1 片校验位组成 1 个存储区块(bank),因此一般见到的 30 线 SIMM 都是 4 条一起使用。

在 1988 年至 1990 年,PC 技术进入 32 位的 386 和 486 时代,推出了 72 线 SIMM 内存,它支持 32 位快速页模式内存,内存带宽得以大幅度提升。72 线 SIMM 内存单条容量一般为 512KB ～2MB,要求两条同时使用。

注意:72 线的 SIMM 内存引进了一个 FP DRAM(又称快速页面动态内存),在 386 时代很流行。

2. EDO DRAM 内存

外扩充数据模式动态存储器(extended date out DRAM,EDO DRAM)是 1991 年至 1995 年之间盛行的内存条,EDO DRAM 同 FP DRAM 极其相似,其速度比普通的 DRAM

快 15％～30％。工作电压为一般为 5V，带宽 32 位，主要应用在当时的 486 及早期的 Pentium 计算机中。

随着 EDO DRAM 在成本和容量上的突破，加上制作工艺的飞速发展，当时单条 EDO DRAM 内存的容量已达到 4 MB～16MB。后来由于 Pentium 及更高档的 CPU 数据总线宽度都是 64 位甚至更高，所以 EDO RAM 与 FPM RAM 都必须成对使用。

3. SDRAM 时代

自 Intel Celeron 系列以及 AMD K6 处理器以及相关的主板芯片组推出后，EDO DRAM 内存性能再也无法满足需要，于是内存又开始进入比较经典的 SDRAM 时代。

第一代 SDRAM 内存为 PC66 规范，之后有 PC100、PC133、PC150 等规范，其频率从早期的 66MHz，发展到 100MHz、133MHz 等。由于 SDRAM 的带宽为 64 位，正好对应 CPU 的 64 位数据总线宽度，因此它只需要一条内存便可工作，便捷性进一步提高。在性能方面，由于其输入输出信号保持与系统外频同步，因此速度明显超越 EDO 内存。

4. Rambus DRAM 内存

SDRAM PC133 内存的带宽可提高带宽到 1064MB/s，但仍不能满足后来 CPU 主频的提升需求，此时 Intel 与 Rambus 联合推出了 Rambus DRAM 内存（简称 RDRAM 内存）。与 SDRAM 不同的是，它采用了新一代高速简单内存架构，基于一种类 RISC 理论，可以减少数据的复杂性，使得整个系统性能得到提高。

硬件技术竞争的特点是频率竞争，由于 CPU 主频的不断提升，Intel 在推出高频 Pentium Ⅲ 和 Pentium 4 CPU 的同时，推出了 Rambus DRAM 内存。Rambus DRAM 内存以高时钟频率来简化每个时钟周期的数据量，因此内存带宽相当出色，如 PC 1066，1066 MHz 32 位带宽可达到 4.2GB/s，它曾一度被认为是 Pentium 4 的绝配。

尽管如此，Rambus RDRAM 内存并未在市场竞争中立足长久，很快被更高速度的 DDR 所取代。

5. DDR 时代

双倍速率 SDRAM（double date rate SDRAM，DDR SDRAM）简称 DDR，实际上是 SDRAM 的升级版本，在时钟信号的上升沿和下降沿都可以传输数据，因而时钟率可以加倍提高，传输速率和带宽也相应提高。

内存发展到 SDRAM 末期，出现了 RDRAM 和 DDR 的路线之争。RDR AM 的技术核心是串行，DDR 的技术核心是数据预取。

在传统的 SDRAM 中，每次读取只能操作一个数据。DDR 扩大了缓存区，改进了读写设计，将每次读取操作的数据数量由 1 个变成 2 个（即使用了 2 位预取，记为 2n）。例如，同为 100MHz，SDRAM 在 64 位下每秒可以移动 0.8GB/s（$100 \times 64 \div 8 = 800MB/s$）的数据，DDR 在 100MHz、64 位位宽下每秒可移动的数据量就会直接提升到 1.6GB/s（$100 \times 64 \times 2 \div 8 = 1600MB/s$），它的等效频率（等效频率是假定预取依旧是 1n 的情况下，DDR 相当于 SDRAM 的频率，又称名义频率），也就是表面上的数据直接提升了一倍。

DDR SDRAM 内存有 184 个引脚，引脚部分有一个缺口，其作用是在安装内存条时防止插反,以及用于区分不同类型的内存条。

第一代 DDR200 规范未得到普及,第二代 PC266 DDR SRAM(133MHz 时钟×2 倍数据传输＝266MHz 带宽)是由 PC133 SDRAM 内存衍生而来(不少赛扬和 AMD K7 处理器都采用了 DDR266 规格的内存),其后来的 DDR333 内存也属于一种过度;双通道 DDR400 内存已经成为前端总线 800FSB 处理器搭配的基本标准。

6. DDR2 时代

随着 CPU 性能的不断提高,对内存性能的要求也逐步升级,JEDEC 组织很早就开始酝酿 DDR2 标准。针对 PC 等市场的 DDR2 内存拥有 400MHz、533MHz、667MHz 等不同的时钟频率,高端的 DDR2 内存速度已经提升到 800MHz/1066MHz。DDR2 内存实现了在每个时钟周期处理多达 4 位的数据,比传统 DDR 内存可以处理的 2 位数据高了一倍。DDR2 内存采用 200/220/240 针脚的 FBGA 封装形式,它可以提供更良好的电气性能与散热性。LGA775 接口的 915/925 和 945 等平台都支持 DDR2 内存。

7. DDR3 时代

2007 年 JEDEC 确定了 DDR3 内存规范。DDR3 在 DDR2 基础上采用新型设计,其工作电压更低,从 DDR2 的 1.8V 降落到 1.5V,性能更好、更省电;从 DDR2 的 4 位预读升级为 8 位预读;等效频率从 DDR3 800 提升到 DDR3 1600 甚至 DDR3 2133。

DDR3 已提升数据预取至 8n,若在 100MHz、64 位的环境下,DDR3 的带宽提升到 6.4GB/s(100×64×8÷8＝6400MB/s),等效频率是 DDR3 800。在实际发展中,由于工艺进步,内存实际的频率出现了如 133MHz、166MHz、200MHz 甚至 266MHz 的内存,在 DDR3 上,其等效频率分别是 DDR3 1066、DDR3 1333、DDR3 1600、DDR3 2133。

面向 64 位构架的 DDR3 显然在频率和速度上拥有更多的优势,此外,由于 DDR3 所采用的根据温度自动自刷新、局部自刷新等其他一些功能,在功耗方面 DDR3 也出色得多。在 CPU 外频提升迅速的 PC 台式机领域,DDR3 的应用进一步扩大。市场对 DDR3 内存的需求顶点在 2012 年达成,其市场占有率约为 71%。

8. DDR4 时代

2012 年 JEDEC 又发布了新的 DDR4 规范。JEDEC 的内存规范极其详尽,包括芯片设计、PCB 层数、频率等重要参数。DDR4 的主要改进如下。

1) DDR4 的硬件外观改进——呈弯曲状

首先,DDR4 内存的金手指呈弯曲状。DDR4 将内存下部设计为中间稍突出、边缘稍短的形状。这样的设计既可以保证 DDR4 内存的金手指和内存插槽触点有足够的接触面,信号传输稳定,又可以让中间凸起的部分和内存插槽产生足够的摩擦力稳定内存。改善了之前的全部平直的内存金手指插入内存插槽后,受到的摩擦力较大,内存存在难以拔出和难以插入的情况。

其次,DDR4 内存的金手指本身设计有比较明显变化。金手指中间的"防呆口"的位置相比 DDR3 更靠近中央。在金手指触点数量方面,普通 DDR4 内存有 284 个,比 DDR3 的 240 个要多。笔记本电脑内存上使用的 SO-DIMM DDR4 内存有 256 个触点,长度相比触点只有 204 个的 SO-DIMM DDR3 内存变化不大。

再次,标准尺寸的 DDR4 内存在 PCB 层数、长度和高度上,也为未来的发展进行了一定调整。

2）DDR4 新技术亮点是一切以速度为核心

内存发展的核心目标是不断提升速度。DDR4 需要在预取数没有改变的情况下,将等效频率从 DDR4 1600 起,短期内提升至 DDR4 3200,未来会进一步发展到 DDR4 4266 及以上。DDR4 成功使用了很多新技术来保证高频率下的稳定性,例如 TCSE（temperature compensated self-fefresh,温度补偿自刷新）、TCAR（temperature compensated auto refresh,温度补偿自动刷新）等技术,此外,DDR4 采用了全新的点对点总线,内存设计上使用了 3DS(3-dimensional stack)堆叠封装技术,随着工艺的进一步进化,DDR4 将能够运行在更高的频率上,为未来的计算释放出强大的数据带宽。

3）内部的"多通道"Bank Group

DDR 在发展过程中,一直都以增加数据预取值为主要的性能提升手段。在 DDR3 上使用了 8 位预取。预取在已达到 8 n 的情况下难以进一步提升。设计者想出了新的办法：在内部设计了 Bank Group 架构。这样的技术只是在内存内部的结构做出优化设计,并没有直接提升最根本的数据预取值,相当于组建了内存内部的多通道。

如果内存内部设计了两个独立的 Bank Group,相当于每次操作 16 位的数据,变相地将内存预取值提高到了 16n,如果是 4 个独立的 Bank Group,则变相的预取值提高到了 32n。Bank Group 带来了 DDR4 内部数据传输能力的大幅度提升,让 DDR4 在物理频率没有太大提升的情况下大幅度提升数据存取能力。

总之,凭借 Bank Group 技术,DDR4 获得了非常大的发展空间,这是技术型产品需要长期发展不可或缺的重要内容。

4）点对点总线

Bank Group 是 DDR 4 提升内存带宽的关键技术,而点对点总线则是 DDR4 整个存储系统的关键性设计。在传统的 DDR 3 等内存上,内存和内存控制器连接依靠的是多点分支总线(multi-drop bus)。这种总线允许在一个接口上挂接许多同样规格的芯片。

点对点总线的特性是：内存控制器每个通道只能支持唯一的一根内存,即有效利用了每个内存的位宽。点对点的优点很多,比如设计比较简单、容易达到更高的频率等。它的问题也很明显：一个重要因素是点对点总线每个通道只能支持一根内存,因此如果 DDR4 内存单条容量不足,将很难有效提升系统的内存总量。

5）堆叠技术可以获得更大容量

DDR4 启用了 3DS 堆叠封装技术来增大单个芯片的容量,这也是 DDR4 内存中最关键的技术之一。

常见的大容量内存单条容量为 8GB(单个芯片 512MB,共 16 个),而 DDR4 最大容量可以达到 64GB,甚至 128GB,将彻底解决点对点总线容量不足的问题。另外,即使堆叠层数没有那么多,DDR4 内存在 4 层堆叠的情况下也至少可以达到单条 32GB,双通道 64GB,基本可以满足未来 3～5 年的内存容量需求。

6）稳定性设计

DDR4 内存最为重要的部分是功耗优化,其余几个重要目标分别是性能优化以及信号和可靠性优化。

功耗优化。DDR4内存采用了TCSE、TCAR和DBI等新技术以降低功耗。作为新一代内存,降低功耗最直接的方法是采用更新的制程以及更低的电压。目前,DDR4使用20nm以下的工艺来制造,电压从DDR3的1.5V降低至DDR4的1.2V,移动版的SO-DIMMD DR4的电压还会降得更低。除了降低功耗外,DDR4的信号稳定性也受到重视。

总之,DDR4在功耗控制和信号控制技术上比较成熟,使用的都是已广泛应用、成熟的技术。

7) 未来的绝对主力DDR4

DDR4 2014年开始生产。预计在2016年DDR4将会彻底取代DDR3成为主流产品,其市场占有率可能超过50%。

DDR4采用了Bank Group技术,再加上全新的点对点传输、大量的功控制和信号完整性控制技术,呈现出极为优异的发展态势。图5-22为内存的工作电压规格路线图,图5-23为内存频率规格的发展示意图。

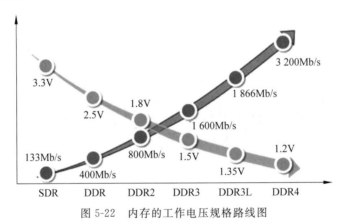

图 5-22　内存的工作电压规格路线图

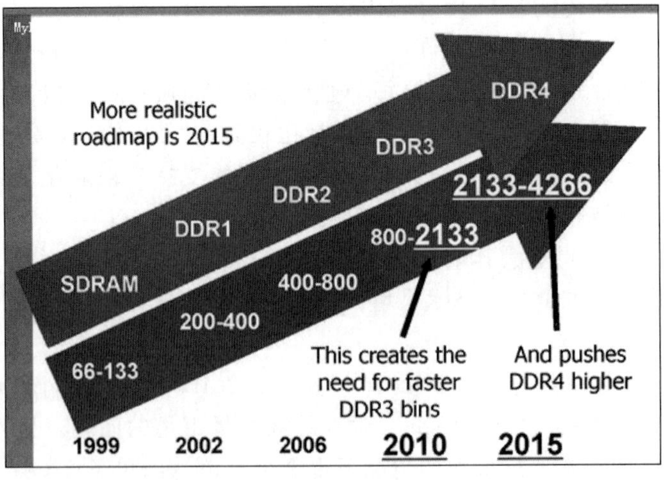

图 5-23　内存频率规格的发展示意图

5.6　外部存储器

随着信息量的不断增大,人们对存储介质容量的要求越来越大,对介质的存取速度要求也越来越高。作为外存储器的硬盘、CD-ROM 等为计算机提供了大容量、永久性存储功能。

硬盘(Hard Disk)是计算机最重要的外部存储设备,包括操作系统在内的各种软件、程序、数据都需要保存在硬盘上,其性能直接影响计算机的整体性能。随着硬盘技术的不断改进,它正朝着容量更大、体积更小、速度更快、性能更高、价格更便宜的方向发展。光盘存储技术是采用磁盘以来最重要的新型数据存储技术,它具有容量大、速度高、工作稳定可靠以及耐用性强等许多独特的优良性能,特别适合于多媒体应用技术发展的需要。

5.6.1　硬盘

硬盘是一种固定的存储设备,其存储介质是若干个钢性磁盘片,其特点是:速度快、容量大、可靠性高,几乎不存在磨损问题。常见的硬盘接口是 IDE 接口和 SATA 接口。主要厂商有迈拓(Maxtor)、希捷(Seagate)、IBM 等。图 5-24 给出了硬盘内部图解。

主轴
盘片
读写磁头

数据接口
主从设置跳线器
电源接口

图 5-24　硬盘内部图解

硬盘内部的主要组成部件有记录数据的磁头、刚性磁片、马达及定位系统、电子线路、接口等。硬盘的核心部件被密封在净化腔体内,而控制电路及外围电路则布置在硬盘背面的一块电路板上,主要是控制硬盘读/写数据及硬盘与计算机之间的数据传输。这块电路板上有几颗较大的芯片,包括主控芯片、缓存芯片等。

硬盘作为一种重要的存储部件,其容量决定着个人计算机的数据存储量大小的能力。1956 年 9 月 IBM 公司制造的世界上第一台磁盘存储系统只有 5MB,而现今更大容量的硬盘还将不断推出。2014 年 12 月希捷发布了 Archive HDD 系列硬盘,接口均为 SATA 6Gb/s,缓存 128MB,转速 5900RPM,最大持续数据传输率 190MB/s,平均读写速度 150MB/s。该系列有 5TB、6TB、8TB 三种容量,其中 5TB 的是四碟装,单碟容量为 1.25TB;6/8TB 的是六碟装,单碟容量达到了 1.33TB,都使用了叠瓦式磁记录(SMR)技术。硬盘技术还将继续发展。

5.6.2　硬盘的接口

硬盘接口决定着硬盘与计算机之间数据的传输速度。这里,将简要介绍 IDE 接口硬盘和 SATA 接口硬盘。

1. IDE 硬盘

IDE(Integrated Device Electronics)硬盘曾在计算机中使用广泛,采用 PATA 接口。通过专用的数据线(40 芯 IDE 排线)与主板的 IDE 接口相连。人们也习惯用 IDE 称谓最早出现的 IDE 类型硬盘 ATA-1,而其后发展分支出更多类型的硬盘接口,比如 ATA、Ultra ATA、DMA、Ultra DMA 等接口都属于 IDE 硬盘。图 5-25 所示为 IDE 硬盘接口、数据线与主板上的 IDE 接口式样。

(a) IDE接口硬盘　　　　(b) IDE数据线　　　　(c) 主板上的IDE接口

图 5-25　IDE 接口硬盘、数据线与主板上的 IDE 接口样式

2. SATA 硬盘

SATA(serial ATA,串行 ATA)接口的硬盘又称串口硬盘。2001 年正式确立了 Serial ATA 1.0 规范,2002 年确立了 Serial ATA 2.0 规范。SATA 主要用于取代已经遇到瓶颈的 PATA(并行 ATA)接口技术。在传输方式上,SATA 比 PATA 先进,提高了数据传输的可靠性,抗干扰能力更强。另外,串行接口还具有结构简单、支持热插拔的优点。图 5-26 为 SATA 硬盘接口、数据线与主板上 SATA 接口。

(a) SATA硬盘接口　　　　(b) 数据线　　　　(c) 主板上的SATA接口

图 5-26　SATA 硬盘接口、数据线与主板上 SATA 接口

SATA Ⅱ 是 Intel 公司与 Seagate(希捷)公司合作在 SATA 的基础上发展起来的,其主要特征是外部传输率从 SATA 的 150MB/s 进一步提高到 300MB/s。SATA Ⅲ(SATA Revision 3.0)是串行 ATA 国际组织(SATA-IO)在 2009 年 5 月份发布的规范,主要传输速度达到 600MB/s。

值得注意的是,无论是 SATA 还是 SATA Ⅱ,其实对硬盘性能的影响都不大。因为硬盘性能的瓶颈集中在由硬盘内部机械机构和硬盘存储技术、磁盘转速所决定的硬盘内部数据传输率。

从 2011 年开始，行标制定者开始构建 SATA 3.0 之后的 SATA 规范。作为 SATA 6Gb/s 的后继者，其被命名为 SATA Express，它的最大改变在于实现了从传统 SATA 环境到 PCI-E 的转变。SATA 版本及其带宽与速度如表 5-7 所示。

表 5-7　SATA 版本及其带宽与速度

SATA 版本	带宽	速度	SATA 版本	带宽	速度
SATA Express	16Gb/s	809MB/s	SATA 2.0	3Gb/s	300MB/s
SATA 3.0	6Gb/s	600MB/s	SATA 1.0	1.5Gb/s	150MB/s

5.6.3　硬盘的主要参数

1. 单碟容量

单碟容量是硬盘重要的参数之一，在一定程度上决定着硬盘的性能档次的高低。一块硬盘是由多个存储碟片组合而成，单碟容量就是一个存储碟片所能存储的最大数据量。

单碟容量越大技术越先进，而且更容易控制成本及提高硬盘工作稳定性。它的增加意味着在同样大小的盘片上建立更多的磁道数，盘片每转到一周，磁头所能读出的数据就越多，在相同转速的情况下，硬盘单碟容量越大其内部数据传输速度就越快。

2. 硬盘的转速

转速是指硬盘内主轴的转动速度。转速的快慢是决定硬盘内部传输率的关键因素之一，硬盘的转速越快，硬盘寻找文件的速度就越快，传输速度也就越快。

较高的转速可以缩短硬盘的平均寻道时间，但同时也会产生硬盘温度升高、电机主轴磨损加大、工作噪音增大等影响。

台式机硬盘有 5400RPM（转/分钟）和 7200RPM（转/分钟）两种转速。在容量价格都差不多的情况下，可首选转速快的 7200RPM 的硬盘产品。

3. 硬盘的传输速率

不同的硬盘接口，其传输速率不同，IDE 接口硬盘有 ATA/66、ATA/100、ATA/133 几种规格，在理论上的外部最大传输速率分别为 66MB/s、100MB/s、133MB/s；SATA 1.0 的传输速率为 150MB/s，SATA 2.0 的传输速率为 300MB/s，SATA 3.0 的传输速率为 600MB/s。

4. 缓存容量

硬盘的缓存是集成在硬盘控制器上的一块内存芯片，用于缓存硬盘内部和外界接口之间的交换数据。缓存的大小与速度是直接关系到硬盘的传输速度的重要因素，较大的缓存可以大幅度地提高硬盘整体性能。

主流硬盘的缓存容量为 8MB、16MB 等，一些高端产品的缓存容量甚至达到了 64MB。

5. 平均寻道时间

平均寻道时间(Average Seek Time)是指硬盘在收到系统指令后，硬盘磁头移动到数据所在磁道时所需要的平均时间，是影响硬盘内部数据传输率的重要参数，单位为毫秒(ms)。时间值越小，硬盘的性能就越高。

平均寻道时间是由转速、单碟容量等多个因素决定的，一般来说，硬盘的转速越高，单碟容量越大，其平均寻道时间就越小。

5.7　光盘驱动器

光盘存储技术是采用磁盘以来最重要的新型数据存储技术，它具有容量大、速度高、工作稳定可靠以及耐用性强等许多独特的优良性能，特别适合于多媒体应用技术发展的需要。

5.7.1　光驱的分类

按照读取方式和读取光盘类型的不同，可以将光盘驱动器分为 CD-ROM、DVD-ROM 与刻录机 3 种。

1. CD-ROM

只读光盘驱动器 CD-ROM 曾是使用最广泛的光驱类型，可读取 CD 和 VCD 两种格式的光盘。随着 DVD-ROM 逐渐占据主流市场，CD-ROM 已逐渐停止生产。

2. DVD-ROM

DVD-ROM 既可以读 CD 光盘，也可读取容量更大的 DVD 光盘，是只读光盘驱动器。

3. 刻录机

刻录机可以分为 CD 刻录机、COMBO 刻录机以及 DVD 刻录机。其中 CD 刻录机和 COMBO 刻录机已逐渐淡出市场。

DVD 刻录机不仅可以读取 DVD 光盘，还可将数据刻录到 DVD 或 CD 光盘中，是市场上的主流产品。

5.7.2　光驱的倍速

通常我们是以多少倍速来描述光驱速度的。在制定 CD-ROM 标准时，把 150K 字节/秒的传输率定为标准，随着驱动器的传输速率越来越快，就出现了倍速、四倍速直至现在的 32 倍速、40 倍速或者更高。

1. 刻录速度

（1）CD 刻录速度

CD 刻录速度是指该光驱所支持的最大 CD-R 刻录倍速。主流内置式 CD-RW 产品最大能达到的是 52 倍速的刻录速度，还有部分 40 倍速、48 倍速的产品；外置式的 CD-RW 刻录机市场上的产品速度差异较大，有 24 倍速、40 倍速、48 倍速和 52 倍速等。

（2）DVD 刻录速度

市场中的 DVD 刻录机能达到的最高刻录速度为 24 倍速。常见的 DVD 刻录机，刻录一张 4.7GB 的 DVD 盘片，若采用 8 倍速刻录需 7～8 分钟。DVD 刻录速度和刻录品质是购买 DVD 刻录机的首要因素，购买时，尽可能选择高倍速且刻录品质较好的 DVD 刻录机。

2. 读取速度

（1）CD 读取速度

CD 读取速度是指光驱在读取 CD-ROM 光盘时，所能达到最大光驱倍速。目前 CD-ROM 所能达到的最大 CD 读取速度是 56 倍速；DVD-ROM 读取 CD-ROM 速度方面要略低一点，达到 52 倍速的产品还较少，大部分为 48 倍速；COMBO 产品基本都达到了 52 倍速。

（2）DVD 读取速度

DVD 读取速度是指光驱在读取 DVD-ROM 光盘时，所能达到最大光驱倍速。常见的 DVD-ROM 驱动器，其 DVD 读取速度是 16 倍速；DVD 刻录机，其 DVD 读取速度是 12 倍速等。

3. 复写速度

CD/DVD 复写速度是指刻录机在刻录可复写的 CD-RW 或 DVD-RW 光盘时，对其进行数据擦除并刻录新数据的最大刻录速度。较快 CD-RW 刻录机在对 CD-RW 光盘复写操作时可以达到 32 倍速；主流 DVD 刻录机中能达到的 DVD 复写速度为 8 倍速。

5.7.3　DVD 光盘的类型

由于 CD 刻录盘性价比（容量/价格）上的劣势，一般都倾向于选择容量更大的 DVD 刻录盘。这里将重点讨论 DVD 刻录盘。

（1）DVD-R 与 DVD＋R

DVD-R 与 DVD＋R 是市面上较多的两种 DVD 刻录盘。"R"是 Recordable（可记录）的意思。DVD-R/DVD＋R 代表光盘可以写入数据，但只能一次性写入，刻录上数据后不能再被删除或更改。

DVD-R 是先锋（Pioneer）主导研发的一种一次性 DVD 刻录规格（1997 年面世）。现在的 DVD-R 盘片都是后续的 Ver.2.0 版本，容量 4.7GB(12cm 光盘)/1.46GB(8cm 光盘)。

第一张 DVD＋R 诞生于 2002 年，容量也是 4.7GB。从物理结构上 DVD＋R 更优秀一些。图 5-27 是 SONY 的 8X DVD＋R，图 5-28 是 Maxell 的 16X DVD-R。

（2）DVD±RW

"RW"是 Re-Writable（可覆写）的缩写，它可实现光盘的重复写入/删除数据。由于光盘的光感层上使用的有机染料的不同,DVD±RW 的可覆写次数从几百次到一千次不等。图 5-29 和图 5-30 是常用的 DVD±RW。

图 5-27 SONY DVD+R

图 5-28 Maxell DVD-R

图 5-29 SONY DVD-RW

图 5-30 Maxell DVD+RW

(3) DVD+R DL 与 DVD-R DL

DVD±R DL(Dual Layer)有两个数据层,容量是 8.5GB,而普通 DVD 只有一个数据层,容量是 4.7GB。常见 DVD 的格式分为 4 种:DVD-5(单面单层)、DVD-9(单面双层)、DVD-10(双面单层)以及 DVD-18(双面双层)。几种盘片容量的比较参见表 5-8 所示。

表 5-8 常见光盘的参数比较

盘片规格	标称容量	面数/层数	播放时间
CD-ROM	650MB	单面	最多 74 分钟音频
DVD-5	4.7GB	单面单层	超过 2 小时视频
DVD-9	8.5GB	单面双层	约 4 小时视频
DVD-10	9.4GB	双面单层	约 4.5 小时视频
DVD-18	17GB	双面双层	超过 8 小时视频

(4) 光盘随机存储器(DVD Random Access Memory,DVD-RAM)

DVD-RAM 是以日本的日立、松下、东芝为首的集团开发的一种可复写 DVD。DVD-RAM 盘片的最大优点是可以复写 10 万次以上,1999 年后改为单层 4.7GB ,2000 年时,其双层容量为 9.4GB。不过 DVD-RAM 盘片易碎。图 5-31 为 Panasonic 5X DVD-RAM。

(5) 蓝光光盘

蓝光(blue-ray)是由索尼、松下、日立、先锋等多家公司共同推出的新一代 DVD 光盘标准,并以 SONY 为首于 2006 年开始全面推出相关产品。蓝光光盘可存储高品质的影音和高容量的数据,由于采用波长 405nm 的蓝色激光光束来进行读写操作(DVD 采用 650nm 波长的红光读写器,CD 是采用 780nm 波长)而得名。蓝光技术已在数字娱乐和数据备份等方面发挥了重要作用。

图 5-31 Panasonic
DVD-RAM

蓝光有着不可取代的优势,例如其备份数据的可靠性要比硬盘高。超硬涂层极大提高了蓝光光盘表面抗磨损、抗刮擦、抗污垢的能力,强度完全超越了 CD、DVD 光盘,保存和拿取都不用再小心翼翼。常见的蓝光光盘有单层(SL)和双层(DL)两种,数据容量分别是 25GB 和 50GB。2010 年 6 月,蓝光光盘协会发布了 BDXL 标准规格,即容量为 100GB 的三层(TL)可擦写和一次性刻录光盘,以及 128GB 的四层(QL)一次性刻录光盘的技术标准,如表 5-9 所示。

表 5-9　蓝光光盘的缩标及其容量参数

蓝光光盘格式	含　义	数据容量(GB)
BD-R(SL/DL/TL/QL)	蓝光刻录光盘(单层/双层/三层/四层)	25GB/50GB/100GB/128GB
BD-RE(SL/DL/TL)	蓝光可擦写光盘(单层/双层/三层)	25GB/50GB/100GB
BD-ROM(SL/DL)	蓝光只读光盘(单层/双层)	25GB/50GB

5.8　存储器系统的分层结构

存储系统的性能在计算机中的地位日趋重要,主要原因是:①冯·诺依曼体系结构是构建在存储程序概念的基础上,访存操作约占中央处理器(CPU)时间的 70% 左右。②存储管理与组织的好坏影响到整机效率。③现代的信息处理,如图像处理、数据库、知识库、语音识别、多媒体等对存储系统的要求很高。

在计算机系统中存储层次可分为高速缓冲存储器、主存储器、辅助存储器三级。高速缓冲存储器用来改善主存储器与中央处理器的速度匹配问题。辅助存储器用于扩大存储空间。

图 5-32 给出了存储器的分级结构示意图。从图中可以看出,最内层是 CPU 中的通用

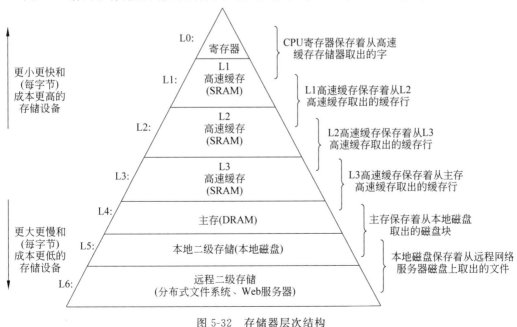

图 5-32　存储器层次结构

寄存器,很多运算可直接在其中进行,减少了 CPU 与主存的数据交换,很好地解决了速度匹配的问题,但通用寄存器的数量有限。高速缓冲存储器(cache)设置在 CPU 和主存之间,可以放在 CPU 内部或外部。其作用也是解决主存与 CPU 的速度匹配问题。cache 一般是由高速 SRAM 组成,有一级 cache、二级 cache 和三级 cache 等。

以上两层仅解决了速度匹配问题,存储器的容量仍受到内存容量的制约。因此,在多级存储结构中又增设了辅助存储器和大容量存储器(如硬盘、光盘等)。随着操作系统和硬件技术的完善,主存之间的信息传送均可由操作系统中的存储管理部件和相应的硬件自动完成,从而弥补了主存容量不足的问题。

采用由多级存储器组成的存储体系,可以把几种存储技术结合起来,较好地解决存储器大容量、高速度和低成本这三者之间的矛盾,满足了计算机系统的应用需要。

本 章 小 结

本章重点介绍了半导体存储器。

半导体存储器由存储体、地址选择电路存储器的组成。

存储体是存储 1 或 0 信息的电路实体,由许多个存储单元组成,对每个存储单元要赋予一个编号,称为地址单元号。每个存储单元由若干相同的位组成,每个位需要一个存储元件。存储器的地址用一组二进制数表示,其地址线的位数 n 与存储单元的数量 N 之间的关系为 $2^n = N$。

地址选择电路包括地址码缓冲器、地址译码器以及读/写电路与控制电路等部分。地址译码方式有两种:单译码方式(或称字结构)、双译码方式(或称重合译码)。

读写电路包括读写放大器、数据缓冲器(三态双向缓冲器)等。它是数据信息输入和输出的通道。外界对存储器的控制信号有读信号($\overline{RD}$)、写信号($\overline{WR}$)和片选信号($\overline{CS}$)等,通过控制电路以控制存储器的读或写操作以及片选。

SRAM 由 6 个 MOS 管组成的 RS 触发器组成。每一个触发器构成存储体的一位。

SRAM 的存储体由存储矩阵构成。在存储矩阵中,只有行、列均被选中的某个单元存储电路(即 1 位),在其 X 向选通门与 Y 向选通门同时被打开时,才能进行读出信息和写入信息的操作。

通常,一个 RAM 芯片的存储容量是有限的,需要用若干片才能构成一个实用的存储器。地址不同的存储单元,可能处于不同的芯片中,在选中地址时,应先选择其所属的芯片。对于每块芯片,都有一个片选控制端($\overline{CS}$),只有当片选端加上有效信号时,才能对该芯片进行读或写操作。一般,片选信号由地址码的高位译码(通过译码器输出端)产生。

需要着重理解,无论是存储器读或存储器写,都必须保证能从存储器中读到或写入到存储器中一个稳定的数据。在读写信号有效期间,数据线和地址线也必须是稳定的。

DRAM 芯片是以 MOS 管栅极电容是否充有电荷存储信息的,其基本单元电路一般由四管、三管和单管组成,以三管和单管较为常用。它所需要的管子较少,可以扩大每片存储器芯片的容量,并且其功耗较低,所以在微机系统中,大多数采用 DRAM 芯片。

ROM 的存储元件可以看作是一个单向导通的开关电路。其组成结构与 RAM 相似,一般也是由地址译码电路、存储矩阵、读出电路及控制电路等部分组成。ROM 有不可编程掩膜式 ROM,可编程序的只读存储器 PROM,可擦除、可再编程的只读存储器 EPROM,电改写的可编程只读存储器 EEPROM(或称 E^2PROM)以及闪速 E^2PROM 等多种。

为了使存储器与 CPU 正确地接口,必须了解存储器芯片的扩充技术和存储器芯片的接口特性。

内存历来是系统中最大的性能瓶颈之一,随着 PC 技术的发展,内存条从规格、技术、总线带宽等已不断更新换代。

硬盘是计算机最重要的外部存储设备;光盘存储技术是采用磁盘以来最重要的新型数据存储技术。

微机中都采用了分层结构的存储系统,其目的是使整个存储器系统达到速度、容量与价格三者优势互补和均衡发展。

习　题　5

5-1　试简要说明半导体存储器如何分类。

5-2　常用的地址译码方式有几种? 各有哪些特点?

5-3　常用虚拟存储器寻址由哪两级存储器组成? 通过什么实现从虚拟地址到物理地址的变换?

5-4　设有一个具有 13 位地址和 8 位字长的存储器,试问:

(1) 存储器能存储多少字节信息?

(2) 如果存储器由 1K×4 位 RAM 芯片组成,共计需要多少芯片?

(3) 需要用哪几个高位地址作为片选译码来产生芯片选择信号?

5-5　下列 RAM 芯片各需要多少条地址线进行寻址? 需要多少条数据 I/O 线?

(1) 512×4 位　　　(2) 1K×4 位

(3) 1K×8 位　　　(4) 2K×1 位

(5) 4K×1 位　　　(6) 16K×4 位

(7) 64K×1 位　　　(8) 256K×4 位

5-6　分别用 1024×4 位和 4K×2 位芯片构成 64KB 的随机存取存储器,各需多少片?

5-7　在有 16 根地址总线的微机系统中,若采用 2K×8 位存储器芯片,形成 16KB 存储器,设计出存储器片选的译码电路及 CPU 与存储器芯片的连接电路。

5-8　何谓静态存储器? 何谓动态存储器? 试比较两者的不同点。

5-9　使用下列 RAM 芯片,组成所需的存储容量,问各需多少 RAM 芯片? 各需多少 RAM 芯片组? 共需多少寻址线? 每块芯片需多少寻址线?

(1) 512×2b 的芯片,组成 8KB 的存储容量。

(2) 1K×4b 的芯片,组成 64KB 的存储容量。

5-10　在 8086 微机系统中,存储器的高低位库与 CPU 连接时应该注意什么问题?

5-11　简述存储器的读周期和写周期的区别。

5-12 已知某 SRAM 芯片的部分引脚如图 5-33 所示,要求用该芯片构成 A0000H～ABFFFH 寻址空间的内存。

(1) 问应该选几片芯片?

(2) 给出各芯片的地址分配表。

(3) 画出采用 74LS138 译码器时,它与存储器芯片之间的连接电路图。

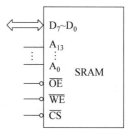

图 5-33 SRAM 芯片部分引脚

5-13 已知某 RAM 芯片的容量为 4K×4 位,该芯片有数据线 $D_3 \sim D_0$,地址线 $A_{11} \sim A_0$,读写控制线 $\overline{WE}$ 和片选信号线 $\overline{CS}$。

(1) 若用这种 RAM 芯片构成 0000H ～ 1FFFH 与 6000H～7000H RAM1 与 RAM2 两个寻址空间的内存区,问需要几片这种 RAM 芯片? 共分几个芯片组? 该 RAM 芯片有几根地址线? 有几根数据线?

(2) 设 CPU 现有 20 根地址线、8 根数据线,将这些芯片与 74LS138 译码器连接,试画出其 RAM 的扩展连接图。

5-14 什么是存储器的分层结构? 并简要说明其特点。

第 6 章　浮点部件

【学习目标】

浮点部件是为提高微处理器计算浮点数能力而专门设计的电路。本章简要介绍浮点部件的发展演变与基本知识。

【学习要求】

◆ 了解 80x86 微处理器的几种浮点部件(如 8087、8089、80130 以及 80387 等协处理器)的基本功能。
◆ 了解 80486 浮点部件的主要设计特点。
◆ 了解 Pentium 微处理器的浮点部件流水线组成及其基本功能。

6.1　80x86 微处理器的浮点部件概述

浮点部件(floating point unit,FPU)是为提高微处理器计算浮点数能力而专门设计的电路。

本章简要介绍 80x86 和 Pentium 微处理器浮点部件的基本知识。

6.1.1　iAPx86/88 系统中的协处理器

早在 8086 CPU 时代,为了提高 CPU 自身的功能以及扩大应用的需要,Intel 公司在 8086 的基础上,对它进行了横向性能的提升,配接了各种协处理器。

iAPx86/88 系列的几个主要协处理器是 8087、8089 和 80130。

1. 数值数据协处理器 8087

8087 是一种专门为提高系统处理数值数据运算能力而设计的协处理器(numeric data processor,NDP)。

8087 内部结构可分为两大部分:控制单元(CU)和数值处理单元(NEU)。CU 保持与 CPU 同步操作,一旦CPU取指,CU就与CPU一起并行对指令译码,从中识别并取得由

8087 执行的指令。CU 执行控制类指令,并读写存储器以获得操作数和传送运算结果。NEU 中设置有指令队列,而且与 8086/8088 CPU 中的指令队列一致;并且由 CU 检测 8087 所配合的主 CPU 是 8086 还是 8088。CU 将设置与 CPU 相同长度的指令队列。NDP 执行所有的数值运算指令,并以交权指令(ESC)的形式给出。当 CU 得到一条 ESC 指令时,就根据指令的类型确定是由 CU 本身完成的控制类指令,还是由 NEU 执行的数值运算指令。NEU 完成的运算任务包括算术运算、逻辑运算、超越函数运算、数据传送类及常数类指令。NEU 内部数据宽度可达到 80 位(64 位尾数,15 位阶码和 1 位符号位),因此,其数据传送速率很高。

8087 内部寄存器组包括 8 个 80 位字长的数据寄存器,它们构成一个寄存器堆栈,也是按"后进先出"原则完成压栈和弹出操作,但其操作方式与存储器中的堆栈不同,它被称为"硬堆栈",而存储器中的堆栈称为"软堆栈"。另外,有 4 个专用寄存器,即 16 位控制寄存器 CR、16 位状态寄存器 SR、32 位指令指示器 IP 和 32 位数据指示器 DP。

8087 芯片的封装外形与 8086 基本相同,它也有 40 条双列直插式引脚。由于接口简单,只需用 8086/8088 和 8087 组合的复合模块代替原来的 CPU,就能很容易地改进现有的最大方式 8086/8088 系统的性能。

8087 NDP 的指令系统共包括 69 条指令。它不仅提供各种形式的高精度的加、减、乘、除运算指令,还提供求平方根、绝对值、指数、正切等指令。采用最大方式工作的 iAPx86/20(或 21)的多处理器系统,比 8086 CPU 的系统在数学运算能力方面提高了 100 倍,也弥补了它所缺少的双倍字长以上的各种算术运算功能。由于增加了 32 位、64 位、80 位浮点运算和 18 位 BCD 码数据运算的指令,其运算速度之快和运算种类之多都远远超过其他 16 位微处理器。

2. 输入输出协处理器 8089

8089 是一种专门为提高系统输入输出处理功能而设计的协处理器(input/output processor,IOP)。它可方便地将 8086/8088 CPU 与 8/16 位的外部设备连接起来相互通信;它具有自己的指令系统,能执行程序,除了可完成输入输出操作外,还可对传送的数据进行装配、拆卸、变换、校验或比较等多种功能,从而大大减轻 CPU 在输入输出处理过程中的开销,有效地提高系统的性能。当系统中设置了 8089IOP 以后,8086/8088 CPU 必须以最大方式工作。对配有 8089 的 CPU 来说,所有的输入输出操作中,数据都是整块地成批发送或接收。在整个数据块的输入输出过程中,CPU 都不必去干预,而可以并行地执行其他操作。

8089 IOP 与 8086/8088 CPU 协同工作时,有两种基本的结构方式。一是本地方式,在这种方式下,8089 与 8086/8088 CPU 共享系统总线和 I/O 总线,可在不增设其他硬件的情况下完成两个 DMA 通道的功能。这时,8086/8088 CPU 是系统总线和 I/O 总线的主控者,而 8089 IOP 是 CPU 的从属设备。当需要使用总线时,8089 可向 CPU 申请总线使用权;CPU 响应这一请求后,可将总线使用权授予 8089。一旦 8089 使用完总线,将自动放弃总线使用权,然后才能由 CPU 重新接管总线。二是远程方式,这是一种高效率的工作方式,在这种方式下,8089 与 CPU 之间仍然共享系统总线,但 8089 还有自己的局部 I/O 总线。系统总线与局部 I/O 总线可并行操作,可大大提高 8089 IOP 与 CPU 之间并行工作的程度。

8089 IOP 的内部结构由公共控制单元(CCU)、算术逻辑运算单元(ALU)、装配/拆卸寄存器、取指令部件、总线接口单元(BIU)和两个独立的"智能"型 DMA 通道。每个通道都有自己的寄存器组和 I/O 控制器。I/O 控制器用来管理通道的 DMA 操作和向 CPU 发出中断请求。两个通道可根据各自的优先级交替地工作。通道传输速度最高可达 1.25MB/s。8089 除能完成一般的输入输出操作之外,还具有执行程序的能力,所执行的程序称为通道程序(即源程序模块)。通道程序是用汇编语言 ASM-89 编写的,经汇编后得到一个可浮动的目标程序模块,此目标程序模块交由 8089 即可执行。

8089 IOP 芯片有 40 条双列直插式引脚,53 条指令,可编制通道程序以完成各种 I/O 操作功能,具有寻址 1MB 的存储空间。

3. 操作系统固件 80130

80130 是以固件形式提供的一个定义完好、已调试的多任务操作系统原型,为 iAPx86/88 系统的实时多任务系统的实现提供了一个方便的硬件平台。当 80130 与 8086/8088 CPU 配接后,就构成了一个完整的操作系统处理机(operation system processor,OSP)。

80130 也具有 40 条双列直插式引脚,还具有 35 条操作系统原语指令。

此外,80130 还能配接到有 8087 协处理器的系统中,其接口可与 MULTIBUS 总线兼容。

iAPx86/88 系统,增加了作业、任务、信箱、段和区域等多种数据类型,可以实现多道程序和多任务的运行,解决 16 位微机只适用于单任务、单设备系统所出现的内存容量闲置问题,充分利用了系统资源。

6.1.2 80387/80486 系统中的浮点部件

1. 80387 协处理器

80387 协处理器在性能和指令功能上都大大超过 80287,它的内部运行时钟可达 16MHz。为了达到这一速度,它和 80386 的接口保持时钟同步,并包括一个全 32 位数据总线。

(1) 80387 的内部体系结构与功能

80387 的内部体系结构基本上由两部分组成:一个是总线控制逻辑部件,可把它当成 80387 的专用总线控制器用;另一个是 80387 的核心部件,可完成各种运算。这两部分之间使用的 10 字节深度的先进先出栈 FIFO,允许 80386 用尽可能少的等待状态去处理读写(1 为写,0 为读)。80387 的总线接口与 80386 能始终保持同步运行。

(2) 80387 的内部寄存器

80387 的内部寄存器组,包括 8 个 80 位的堆栈寄存器($R_0 \sim R_7$)组成运算寄存器,1 个 16 位的状态寄存器,1 个 16 位的控制寄存器,1 个 16 位的标记字寄存器,1 个 48 位的指令指示寄存器和 1 个 48 位的数据指示寄存器。

80387 使用 80 位的内部结构,实现了 IEEE 浮点格式,包括 32 位单精度实型数、64 位双精度实型数、80 位的扩展实型数、16 位字整型数、32 位短整型数、64 位长整型数和 18 位 BCD 整数 7 种数据类型的运算。它还扩充了 80386 的指令系统,所增加的指令有三角函数、对数、指数和针对所有数据类型的算术运算指令。此外,80387还支持与80386数据总线的全部32位接口,可以在12MHz和16MHz的时钟下运行,并且有在20MHz时钟下运行的潜力。

80387支持7种数据类型。在取指令的同时,可以把数据放在协处理器堆栈上,并把7种数据中的一种自动转换成扩展的实型数据格式。而在存储指令时,从协处理器的堆栈中带回数据存到存储器中,这样就以相反的方向完成转换处理。

80387的软件与8087和80287软件完全兼容。

2. 80486 的浮点部件

80386 CPU采用外部分离的协处理器部件,在制造和使用方面都存在一些不足,从80486 CPU开始,就将具有80387功能的类似协处理器部件集成到CPU模块内部,这就是80486 CPU内部的浮点运算单元FPU。

由2.5.3小节可知,80486 CPU的体系结构与80386的相比,除保留了80386的6个基本部件外,增加了浮点运算数学单元(相当于增强的387)和8KB cache单元(4KB指令和4KB数据cache)。

80486片内的4KB指令cache和4KB数据cache,具有极高的命中率。在cache中存放了最频繁使用的指令和数据信息,大大加快了存取速度。特别是,80486采用了EISA(Extended Industrial System Architecture)扩展的工业标准结构总线以及双层的总线插座,保证了在开发多处理器系统时其他处理器能正常工作。

80486片内含有浮点运算数学单元,相当于把80387也集中到片内,具有强大的浮点处理能力,适用于处理三维图像。

6.2　Pentium 微处理器的浮点部件

Pentium的浮点部件是在80486浮点部件的基础上重新设计而成的。在Pentium及其之后的微处理器,都像80486一样继续把浮点部件与整数部件、分段部件、分页部件等集成到同一芯片之内,而且执行流水线操作方式。为了充分发挥浮点部件的运算功能,把整个浮点部件设计成每个时钟周期都能够进行一次浮点操作,利用Pentium CPU的U、V双流水线使其在每个时钟周期可以接受两条浮点指令(但其中的一条浮点指令必须是交换类的指令)。

从程序设计模型的观点来看,可以把Pentium微处理器片内的浮点部件FPU看成为一组辅助寄存器,只不过是数据类型的扩展;还可以把浮点部件的指令系统看成是Pentium微处理器指令系统的一个子集。本节简要介绍Pentium微处理器片内浮点部件的流水线操作。

Pentium体系结构中最重要的特点之一就是它设计了3条流水线:1条浮点流水线和2条整数流水线(即U、V管道)。这种能同时执行多条流水线的体系结构,就称为超标量流水线体系结构。图6-1给出了超标量流水线分级结构组成的详细图解。

由图可知,Pentium的两条独立的整数流水线都是由5级流水线组成的,即预取PF;首

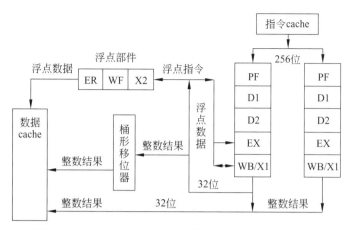

图 6-1　Pentium 超标量流水线分级结构组成的详细图解

次译码 D1(对指令译码);二次译码 D2(生成地址和操作数);存储器和寄存器的读操作 EX(由 ALU 执行指令);WB(将结果写回到寄存器或存储单元中)。

Pentium 的 1 条浮点流水线由 8 级组成,其前 5 级与整数流水线一样,只是在第 5 级 WB 重叠了用于浮点执行开始步骤的 X1 级(浮点执行步骤 1,它是将外部存储器数据格式转换成内部浮点数据格式,还要把操作数写到浮点寄存器上),此级也称为 WB/X1 级;而后 3 级是:二次执行 X2(浮点执行步骤 2);写浮点数 WF(完成舍入操作,并把计算后的浮点结果写到浮点寄存器);出错报告 ER(报告出现的错误/更新状态字的状态)。

Pentium 的浮点部件是在 80486 的基础上重新设计而成的,不仅增加为 8 级浮点流水线,且引入了新的快速算法。一些常用指令如加法(ADD)、乘法(MUL)以及装入(LOAD)指令的操作速度提高了 3 倍以上。

Pentium 流水线的操作步骤如下。

① Pentium 处理器在每个时钟周期可以发出 2 条整数指令或一条浮点指令。每条整数流水线的操作按预取 PF、首次译码 D1(对指令译码)、二次译码 D2(生成地址和操作数)、读操作 EX(由 ALU 执行指令)与回写 WB 5 个步骤依次进行。

② 当执行整数指令时,先要在 D1 译码级作出决定,是否将 2 条整数指令同时发送给 U、V 整数流水线,再由 2 个平行的译码部件 D1 同时工作,去确定这 2 条当前整数指令是否可以同时执行。

③ 当整数指令执行后,要将所得整数结果送入高速缓存(即数据 cache),或写回 ALU 中去继续计算。在写入高速缓存之前,可以将结果数据送入桶形移位器进行加载存储、加减、逻辑和移位等处理,这将减少 ALU 的操作负担。

④ 浮点流水线实际上是 U 管道的扩充,是在 5 级整数流水线的基础上,增加了后 3 级,总共为 8 级。浮点指令的操作数为 64 位,故两个整数算逻部件合作去准备将浮点指令送入浮点流水线。

⑤ 当执行 1 条浮点指令时,到 X1 级就将浮点数据先变换成浮点部件使用的格式,并将变换结果写入某个寄存器中。

⑥ 将浮点指令送入采用新电路的 X2 级,可以将一些常用操作(如 LOAD、ADD、MUL

等)的执行速度提高 3 倍。

⑦ 在 WF 级,对浮点数据进行四舍五入操作。

⑧ 最后,由 ER 级报告浮点操作是否有出错信息,并修改状态标志。

以上 8 个步骤清楚地说明 Pentium 流水线的流向,特别是对浮点流水线与整数流水线的关系给予了详细的解析。

本 章 小 结

浮点部件在提高微处理器计算浮点数性能方面具有十分重要的作用。从 iAPx86/88 中的数值数据协处理器 8087、输入输出协处理器 8089 与操作系统固件 80130 到 80386 系统中的协处理器 80387,都是独立设计于微处理器之外的单独部件;而从 80486 系统开始,现代微处理器系统中的浮点部件则都是重新设计成嵌入在微处理器之内的几个电路模块。

在 Pentium 及其之后的微处理器系统中,浮点部件设计的特点是扩充了辅助寄存器组的数量及扩展了其存取数据的类型。

Pentium 微处理器中的浮点部件具有 8 级浮点流水线,并引入了新的快速算法,使一些常用的加法(ADD)、乘法(MUL)以及装入(LOAD)指令的速度提高了 3 倍以上。

了解 Pentium 浮点流水线的基本组成及其操作功能,可进一步加深对 Pentium 体系结构特点的理解。

习 题 6

6-1 使 iAPx86/88 系列微机性能获得横向提升的协处理器有哪些? 简述它们的基本功能。

6-2 80387 的内部体系结构由哪两个基本部分组成? 它们使用什么内部数据和数据格式?

6-3 80387 的内部寄存器组是如何组成的? 它们的主要功能是什么?

6-4 80486 的浮点部件与 80386 的浮点部件 80387 比较有何特点?

6-5 Pentium 的浮点部件在设计上有何特点?

6-6 Pentium 体系结构中的浮点流水线有多少级? 它们是如何组成的?

6-7 Pentium 的浮点流水线当执行 1 条浮点指令时,是从在哪一级开始将浮点数据变换成浮点部件能使用的格式? 浮点指令在哪一级进行处理操作和报告出错信息?

第 7 章 输入输出与中断技术

【学习目标】

输入输出(I/O)设备是计算机的主要组成部分。I/O 接口是 CPU 同输入输出设备之间进行信息交换的重要枢纽。由于输入输出设备的多样性以及 I/O 接口电路的复杂性,所以,CPU 同外设之间不能简单地进行连接,而必须通过 I/O 接口来实现。

本章首先介绍 I/O 接口的基本概念、CPU 与 I/O 设备的数据传送方式与控制方式。然后,重点讨论 8086/8088 的中断系统以及中断控制器 8259A 芯片的功能与应用。

【学习要求】

◆ 着重理解接口基本结构的特点。
◆ 掌握 CPU 与外设之间数据的传送方式与控制方式。
◆ 正确理解中断源、向量中断、中断优先权等基本概念。
◆ 重点掌握 8086/8088 中断系统及其用户定义的内部中断处理方法。能正确理解和灵活运用中断向量表。
◆ 掌握 8259A 内部 8 个部件的功能及其关系。
◆ 重点掌握 8259A 初始化编程。

7.1 输入输出接口概述

7.1.1 CPU 与外设间的连接

计算机在应用中,必然同各种各样的外设打交道。比如,当它被用于管理、生产过程的检测与控制以及科学计算时,都要求把控制程序和原始数据(或从现场采集到的信息)通过相应的输入设备送入计算机。CPU 在程序的控制下,对这些信息进行加工处理,然后把结果以用户所需要的方式通过输出设备予以输出,如显示、打印或发出控制信号去驱动有关的执行机构等。外设越丰富,即硬件资源越多,其功能也越强。

CPU 与外设的连接不能像存储器那样直接挂到总线(DB、AB、CB)上,而必须通过各自的专用接口电路(或接口芯片)来实现,这些接口电路简称为 I/O 接口。I/O 接口和存储器

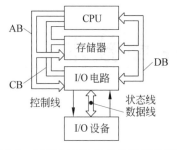

图 7-1 CPU 与 I/O 设备的连接示意图

接口虽然都是接口,但由于存储器通常是在 CPU 的同步控制下工作的,所以它的接口电路比较简单;而 I/O 接口由于其连接的外设品种繁多,其相应的接口电路也就比较复杂。通常,人们所说的接口都是指 I/O 接口。CPU 与 I/O 设备的连接示意图如图 7-1 所示。

CPU 对外设的输入输出操作类似于存储器的读/写操作,但外设与存储器有许多不同点,其比较如表 7-1 所示。

表 7-1   存储器与外设的比较

	存 储 器	I/O 设备
不同点	品种有限	品种繁多
	功能单一	功能多样
	传送一个字节	传送规律不同
	与 CPU 速度匹配	与 CPU 速度不匹配
	易于控制	难于控制
结论	可与 CPU 直接连接	需经过 I/O 电路与 CPU 连接

7.1.2　接口电路的基本结构

接口电路的基本结构同它传送的信息种类有关。信息可分为 3 类：数据信息、状态信息和控制信息。

1. 数据信息

数据信息是最基本的一种信息,包括以下内容。

(1) 数字量

数字量通常为 8 位二进制数或 ASCII 代码。

(2) 模拟量

当计算机用于检测、数据采集或控制时,大量的现场信息是连续变化的物理量(如温度、压力、流量、位移、速度等),经传感器把非电量转换成电量并经放大即得到模拟电流或电压,这些模拟量,计算机不能直接接收和处理,必须经过模/数(A/D)转换,才能输入计算机;而计算机输出的数字量也必须经数/模(D/A)转换后才能去控制执行机构。

(3) 开关量

开关量是一些 0 或 1 两个状态的量,用一位 0 或 1 二进制数表示。一台字长为 8 位的微机一次输入或输出可控制 8 个这类物理量。

数据是通过数据通道传送的。

　　计算机硬件技术基础(第 3 版)

2. 状态信息

状态信息是反映外设当前所处工作状态的信息,以作为 CPU 与外设间可靠交换数据的条件。当输入时,它告知 CPU:有关输入设备的数据是否准备好(READY=1?);输出时,它告知 CPU:输出设备是否空闲(Busy=0?)。CPU 是通过接口电路来掌握输入输出设备的状态,以决定可否输入或输出数据。

3. 控制信息

控制信息用于控制外设的启动或停止。接口电路基本结构及其连接如图 7-2 所示。接口电路根据传送不同信息的需要,其基本结构安排有以下特点。

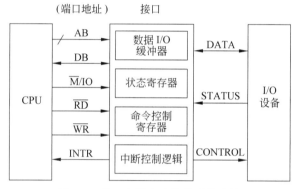

图 7-2　接口电路基本结构及其连接

① 3 种信息(数据、状态、控制)的性质不同,应通过不同的端口分别传送。如数据输入输出寄存器(缓冲器)、状态寄存器与命令控制寄存器各占一个端口,每个端口都有自己的端口地址,故能用不同的端口地址来区分不同性质的信息。

② 在用输入输出指令来寻址外设(实际寻址端口)的 CPU(例如 8086/8088)中,外设的状态作为一种输入数据,而 CPU 的控制命令,是作为一种输出数据,从而可通过数据总线来分别传送。

③ 端口地址由 CPU 地址总线的低 8 位或低 16 位(如在 8086 用 DX 间接寻址外设端口时)地址信息来确定,CPU 根据 I/O 指令提供的端口地址来寻址端口,然后同外设交换信息。

7.2　CPU 与外设数据传送的方式

本节将以 8086/8088 为例,来说明 CPU 与外设之间数据传送的方式。为了实现 CPU 与外设之间的数据传送,通常采用以下 3 种 I/O 传送方式。

7.2.1　程序传送

程序传送是指 CPU 与外设间的数据交换在程序控制(即 IN 或 OUT 指令控制)下

进行。

1. 无条件传送

无条件传送又称同步传送,这种传送方式只对固定的外设(如开关、继电器、7段显示器、机械式传感器等简单外设),在规定的时间内,用 IN 或 OUT 指令来进行信息的输入或输出,其实质是用程序来定时同步传送数据。对少量数据传送来说,它是最省时间的一种传送方法,适用于各类巡回检测和过程控制。一般,这些外设随时做好了数据传送的准备,而无须检测其状态。

这里先要弄清有关输入缓冲与输出锁存的基本概念。

输入数据时,因简单外设输入数据的保持时间相对于 CPU 的接收速度比较长,故输入数据通常不用加锁存器来锁存,而直接使用三态缓冲器与 CPU 数据总线相连即可。

输出数据时,一般需要锁存器将要输出的数据保持一段时间,其长短和外设的动作相适应。锁存时,在锁存允许端$\overline{CE}=1$(为无效电平)时,数据总线上的新数据不能进入锁存器。只有当确知外设已取走 CPU 上次送入的数据,方能在$\overline{CE}=0$(为有效电平)时将新数据再送入锁存器保留。

输入输出(无条件程序传送)原理图如图 7-3 所示。

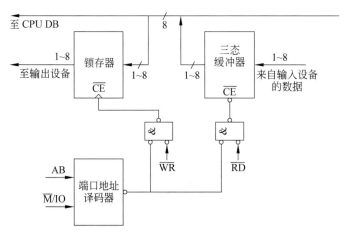

图 7-3 无条件程序传送的输入输出方式

在输入时,假定来自外设的数据已输入三态缓冲器,于是当 CPU 执行 IN 指令时,所指定的端口地址经地址总线的低 16 位或低 8 位送至地址译码器,CPU 进入了输入周期,选中的地址信号和$\overline{M}/IO$(以及$\overline{RD}$)相"与"后,去选通输入三态缓冲器,把外设的数据与数据总线连通并读入 CPU。显然,这样做必须是当 CPU 执行 IN 指令时,外设的数据是已准备好的,否则就会读错。

在输出时,假定 CPU 的输出信息经数据总线已送到输出锁存器的输入端。当 CPU 执行 OUT 指令时,端口的地址由地址总线的低 8 位地址送至地址译码器,CPU 进入了输出周期,所选中的地址信号和$\overline{M}/IO$(以及$\overline{WR}$信号)相"与"后,去选通锁存器,把输出信息送至锁存器保留,由它再把信息通过外设输出。显然,在 CPU 执行 OUT 指令时,必须确信所选外设的锁存器是空的。

【例 7-1】 一个采用同步传送的数据采集系统如图 7-4 所示。

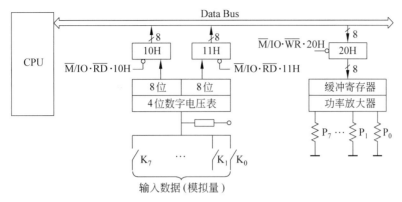

图 7-4 无条件输入的数据采集系统接口框图

这是一个 16 位精度的数据采集系统。被采集的数据是 8 个模拟量,由继电器绕组 P_0、P_1、…、P_7 分别控制触点 K_0、K_1、…、K_7 逐个接通。每次采样用一个 4 位(每位为一个十进制数)数字电压表测量,把被采样的模拟量转换成 16 位 BCD 代码(即对应 4 位十进制数的 4 个 BCD 码),高 8 位和低 8 位通过两个不同的端口(其地址分别为 10H 和 11H)输入。CPU 通过端口 20H 输出控制信号,以控制某个继电器的吸合,实现采集不同通道的模拟量。

采集过程要求:

◆ 先断开所有的继电器线圈及触头,不采集数据。

◆ 延迟一段时间后,使 K_0 闭合,采集第 1 个通道的模拟量,并保持一段时间,以使数字电压表能将模拟电压转换为 16 位 BCD 码。

◆ 分别将高 8 位与低 8 位 BCD 码存入内存,完成第 1 个模拟量的输入与转存。

◆ 利用移位与循环实现 8 个模拟量的依次采集、输入与转存。

数据采集程序如下。

```
START:    MOV DX,0100H          ;01H→DH,置吸合第 1 个继电器代码
                                ;00H→DL,置断开所有继电器代码
          LEA BX,DSTOR          ;置输入数据缓冲器的地址指针
          XOR AL,AL             ;清 AL 及进位位 CF
AGAIN:    MOV AL,DL
          OUT 20H,AL            ;断开所有继电器线圈
          CALL NEAR DELAY1      ;模拟继电器触点的释放时间
          MOV AL,DH
          OUT 20H,AL            ;先使 P₀ 吸合
          CALL NEAR DELAY2      ;模拟触点闭合及数字电压表的转换时间
          IN AX,10H             ;输入
          MOV [BX],AX           ;存入内存
          INC BX
          INC BX
          RCL DH,1              ;DH 左移(大循环)1 位,为下一个触点吸合作准备
          JNC AGAIN             ;8 位都输入完了吗? 没有,则循环
DONE:     ↘                     ;输入已完,则执行别的程序段
```

注意：无条件传送方式下的程序设计比较简单,当程序执行 I/O 指令时,没有其他约束条件,而只是按程序安排,让 CPU 与外设实现同步操作。此即 CPU 定时输入输出操作,而非条件操作。

2. 程序查询传送

程序查询传送与前述无条件的同步传送不同,是有条件的异步传送。此条件是：在执行输入(IN 指令)或输出(OUT 指令)前,要先查询接口中状态寄存器的状态。

输入时,由该状态信息指示要输入的数据是否已"准备就绪";输出时,又由它指示输出设备是否"空闲",由此条件来决定执行输入或输出。

(1) 程序查询输入

当输入装置的数据已准备好后,发出一个 $\overline{STB}$ 选通信号,一边把数据送入锁存器,一边使 D 触发器为 1,给出"准备好"(READY)的状态信号。而数据与状态必须由不同的端口分别输入 CPU 数据总线。当 CPU 要由外设输入数据时,CPU 先输入状态信息,检查数据是否已准备好;当数据已准备好后,才输入数据。读入数据的命令,使状态信息清 0(通过先使 D 触发器复位),以便为下次输入一个新数据作准备,其方框图如图 7-5 所示。

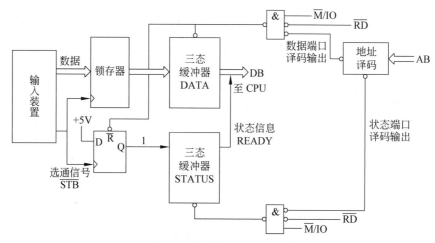

图 7-5　查询式输入的接口电路

读入的数据是 8 位,而读入的状态信息往往是 1 位,如图 7-6 所示。所以,不同的外设其状态信息可以使用同一个端口,但只要使用不同的位就行。

这种查询输入方式的程序流程图如图 7-7 所示。

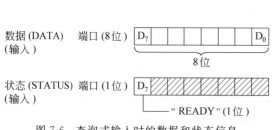

图 7-6　查询式输入时的数据和状态信息

图 7-7　查询式输入程序流程图

　计算机硬件技术基础(第 3 版)

下面是查询输入部分的程序。

```
POLL:     IN AL,STATUS_PORT        ;读状态端口的信息
          TEST AL,80H              ;设"准备就绪"(READY)信息在 D₇ 位
          JE POLL                  ;未"准备就绪",则循环再查
          IN AL,DATA_PORT          ;已"准备就绪"(READY=1),则读入数据
```

这种 CPU 与外设的状态信息的交换方式,称为应答式,状态信息称为"联络"(hand shake)。

(2) 程序查询输出

在输出时 CPU 也必须了解外设的状态,看外设是否有"空闲"(即外设的数据锁存器已空,或正处于输出状态),若有"空闲",则 CPU 执行输出指令;否则,就等待再查。因此,接口电路中也必须有状态信息的端口,其方框图见图 7-8。

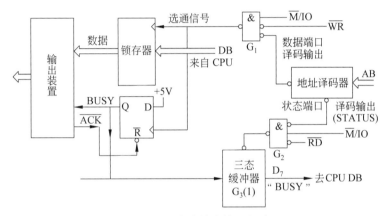

图 7-8 查询式输出接口电路

输出过程:当输出装置把 CPU 输出的数据输出以后,发出一个 $\overline{ACK}$(acknowledge)信号,使 D 触发器置 0,也即使 BUSY 线为 0(empty=BUSY),当 CPU 输入这个状态信息后(经 G₃→D₇),知道外设为"空",于是就执行输出指令。待输出指令执行后,由地址信号和 $\overline{M/IO}$ 及 $\overline{WR}$ 相"与",经 G₁ 发出选通信号,把在数据总线上的输出数据送至锁存器;同时,触发 D 触发器为 1 状态,它一方面通知外设输出数据已准备好,可以执行输出操作,另一方面在数据由输出装置输出以前,一直为 1,告知 CPU(CPU 通过读状态端口知道)外设忙,阻止 CPU 输出新的数据。

查询式输出端口信息与程序流程图分别如图 7-9 和图 7-10 所示。

图 7-9 查询式输出端口信息图   图 7-10 查询式输出程序流程图

下面是查询输出部分的程序。

```
POLL:    IN AL,STATUS_PORT    ;查状态端口中的状态信息 D7
         TEST AL,80H
         JNE POLL             ;D7=1 即忙线=1,则循环再查
         MOV AL,STORE         ;否则,外设空闲,则由内存读取数据
         OUT DATA_PORT,AL     ;输出到 DATA 地址端口单元
```

其中,STATUS 和 DATA 分别为状态端口和数据端口的符号地址;STORE 为待输出数据的内存单元的符号地址。

（3）一个采用查询方式的数据采集系统

【例 7-2】 一个有 8 个模拟量输入的数据采集系统,用查询方式与 CPU 传送信息,电路如图 7-11 所示。

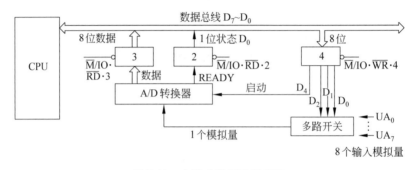

图 7-11 查询式数据采集系统

8 个输入模拟量,经过多路开关——它由端口 4 输出的 3 位二进制码（D_2、D_1、D_0）控制（000 对应于 UA_0 输入,001 对应于 UA_1 输入,……,111 对应于 UA_7 输入）,每次送出一个模拟量至 A/D 转换器;同时,A/D 转换器由端口 4 输出的 D_4 位控制启动与停止。A/D 转换器的 READY 信号由端口 2 的 D_0 输入至 CPU 数据总线;经 A/D 转换后的数据由端口 3 输入至数据总线。所以,这样的一个数据采集系统,需要用到 3 个端口,它们有各自的地址。

采集过程要求:

◆ 初始化。

◆ 先停止 A/D 转换。

◆ 启动 A/D 转换,查输入状态信息 READY。

◆ 当输入数据已转换完（READY＝1,即准备就绪）,则经由端口 3 输入至 CPU 的累加器 AL 中,并转送内存。

◆ 设置下一个内存单元与下一个输入通道,循环 8 次。

数据采集过程的程序如下。

```
START: MOV DL,0F8H      ;设置启动 A/D 转换的信号,且低 3 位选通多路开关通道
       MOV AX,SEG DSTOR ;设置输入数据的内存单元地址指针
       MOV ES,AX
       LEA DI,DSTOR
AGAIN: MOV AL,DL
       AND AL,0EFH       ;使 D4＝0
```

	OUT 04,AL	;停止 A/D 转换
	CALL DELAY	;等待停止 A/D 转换操作的完成
	MOV AL,DL	
	OUT 04,AL	;选输入通道并启动 A/D 转换
POLL:	IN AL,02	;输入状态信息
	SHR AL,1	;查 AL 的 D_0
	JNC POLL	;判 READY＝1? 若 D_0＝0,未准备好,则循环再查
	IN AL,03	;若已准备就绪,则经端口 3 将采样数据输入至 AL
	STOSB	;输入数据转送内存单元
	INC DL	;输入模拟量通道增 1
	JNE AGAIN	;8 个模拟量未输入完则循环
	↘	;输入完毕,则执行别的程序

总结上述程序查询输入传送方式和输出传送方式的执行过程,其步骤如下。

① CPU 从 I/O 接口的状态端口中读入所寻址的外设的状态信息 READY 或 BUSY。

② 根据读入的状态信息进行判断。程序查询输入时,若状态信息 READY＝0,则外设数据未准备好,CPU 继续等待查询,直至 READY＝1,外设已准备好数据,执行下一步操作;程序查询输出时,若状态信息 BUSY＝1,则外设正在"忙",CPU 继续等待查询,直至外设"空闲",BUSY＝0 时,执行下一步操作。

③ 执行输入输出指令,进行 I/O 传送。完成数据的输入输出,同时将外设的状态信息复位,一个 8 位的数据传送结束。

当计算机工作任务较轻或 CPU 不太忙时,可以应用程序查询输入输出传送方式,它能较好地协调外设与 CPU 之间定时的差别;程序和接口电路比较简单。其主要缺点是:CPU 必须作程序等待循环,不断测试外设的状态,直至外设为交换数据准备就绪时为止。这种循环等待方式很花费时间,大大降低了 CPU 的运行效率。

7.2.2 中断传送

上述程序查询传送方式不仅要降低 CPU 的运行效率,而且,在一般实时控制系统中,往往有数十乃至数百个外设,由于它们的工作速度不同,要求 CPU 为它们服务是随机的,有些要求很急迫,若用查询方式,除浪费大量等待查询时间外,还很难使每一个外设都能工作在最佳工作状态。

为了提高 CPU 执行有效程序的工作效率和提高系统中多台外设的工作效率,可以让外设处于能主动申请中断的工作方式,这在有多个外设及速度不匹配时,尤为重要。

所谓中断是外设或其他中断源中止 CPU 当前正在执行的程序,转向为该外设服务(如完成它与 CPU 之间传送一个数据)的程序,一旦服务结束,又返回原程序继续工作。这样,外设处理数据期间,CPU 就不必浪费大量时间去查询它们的状态,只待外设处理完毕主动向 CPU 提出请求(向 CPU 发中断请求信号),而 CPU 在每一条指令执行的结尾阶段,均查询是否有中断请求信号(这种查询是由硬件完成的,不占用 CPU 的工作时间),若有中断请求信号,则暂停执行现行的程序,转去为申请中断的某个外设服务,以完成数据传送。

中断传送方式的好处是大大提高了 CPU 的工作效率。

关于中断的详细工作情况将在本章后两节专门进行讨论。

7.2.3　直接存储器存取传送

利用程序中断传送方式,虽然可以提高 CPU 的工作效率,但它仍需由 CPU 通过程序来传送数据,并在处理中断时,还要"保护现场"和"恢复现场",而这两部分操作的程序段又与数据传送没有直接关系,却要占用一定时间,使每传送一个字节需要几十微秒到几百微秒。这对于高速外设以及成组交换数据的场合,就显得太慢了。

直接存储器存取(direct memory access,DMA)方式,又称数据通道方式,是一种由专门的硬件电路执行 I/O 交换的传送方式,它让外设接口可以直接与内存进行高速的数据传送,而不必经过 CPU,这样就不必进行保护现场之类的额外操作,可实现对存储器的直接存取。这种专门的硬件电路就是 DMA 控制器,简称 DMAC。图 7-12 给出了 8086 用 DMA 方式传送单个数据(输出过程)的示意图。

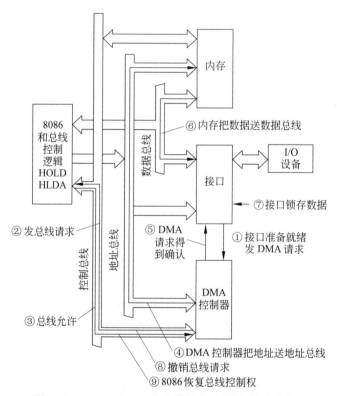

图 7-12　8086 用 DMA 方式传输单个数据(输出数据)

如图 7-12 所示,当接口准备就绪,便向 DMA 控制器发 DMA 请求,接着 CPU 通过 HOLD 引脚接收 DMA 控制器发出的总线请求。通常,CPU 在完成当前总线操作以后,就会在 HLDA 引脚上向 DMA 控制器发出允许信号而响应总线请求,DMA 控制器接收到此信号后就接管了对总线的控制权。此后,当 DMA 传送结束,DMA 控制器就将 HOLD 信号变为低电平,并放弃对总线的控制。8086 检测到 HOLD 信号变为低电平后,也将 HLDA 信号变为低电平,于是 CPU 又恢复对系统总线的控制权。至于 DMA 控制器什么时候交还对总线的控制权,取决于是进行单个数据传输,还是进行数据块传输,它总是在传输完单个数据或数据块后才交出总线控制权。

7.3 中 断 技 术

中断技术是一种十分重要而复杂的软硬件相结合的技术。本节将介绍中断的基本概念、中断的响应与处理过程、优先权的安排等有关问题。

7.3.1 中断概述

1. 中断与中断源

如前所述,中断是指 CPU 正常执行程序时,由于某种随机出现的事件(包括外设请求或 CPU 内部的异常事件),使 CPU 暂停运行原来的程序而应更为急迫事件的需要转向去执行为中断源服务的程序(称为中断服务程序),待该程序处理完后,再返回运行原程序,这一控制过程就称为中断(或中断技术)。

所谓中断源,是指引起中断的事件或原因,或发出中断申请的来源。中断源可分为外部中断源和内部中断源两类。

(1) 外部中断源

外部中断源是指由 CPU 的外部事件引发的中断,主要包括:①一般中、慢速外设,如键盘、打印机、鼠标等;②数据通道,如磁盘、数据采集装置、网络等;③实时时钟,如定时器定时已到,发中断申请;④故障源,如电源掉电、外设故障、存储器读出出错以及越限报警等事件。

(2) 内部中断源

内部中断源是指由 CPU 的内部事件(异常)引发的中断,主要包括:①由 CPU 执行中断指令 INT n 引起的中断;②由 CPU 的某些运算错误引起的中断,如除数为 0 或商数超过了寄存器所能表达的范围、溢出等;③为调试程序设置的中断,如单步中断、断点中断;④由特殊操作引起的异常,如存储器越限、缺页等。

2. 中断系统及其功能

中断系统是指为实现中断而设置的各种硬件与软件,包括中断控制逻辑及相应管理中断的指令。

中断系统应具有下列功能。

(1) 能响应中断、处理中断与从中断返回

当某个中断源发出中断请求时,CPU 能根据条件决定是否响应该中断请求。若允许响应,则 CPU 必须在执行完现行指令后,保护断点和现场(即把断点处的断点地址和各寄存器的内容与标志位的状态推入堆栈),然后再转到需要处理的中断服务程序的入口,同时,清除中断请求触发器。当处理完中断服务程序后,再恢复现场和断点地址,使 CPU 返回断

点,继续执行主程序。中断的简单过程示意图如图 7-13 所示。

(2) 能实现优先权排队

通常,在实际系统中有多个中断源时,有可能出现两个或两个以上中断源同时提出中断请求的情况,而 CPU 接受中断申请的可屏蔽中断请求线往往只有一条。如何解决多个中断源同时请求中断而只有一条中断请求线的矛盾？这就要求 CPU 能根据中断源被事先确定的优先权由高到低依次响应中断申请。

(3) 高级中断源能中断低级的中断处理

中断嵌套示意图如图 7-14 所示。假定有两个中断源 A 和 B,CPU 正在对中断源 B 进行中断处理。若 A 的优先权高于 B,当 A 发出中断请求时,则 CPU 应能中断对 B 的中断服务,即允许 A 能中断(或嵌套)B 的中断处理;在高级中断处理完以后,再继续处理被中断的服务程序,它处理完毕,最后返回主程序。反之,若 A 的优先权同于或低于 B 时,则 A 不能嵌套于 B。这是两重中断(或两级嵌套),还可以进行多重中断(或多级嵌套)。

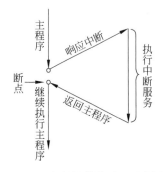

图 7-13　中断的简单过程示意图

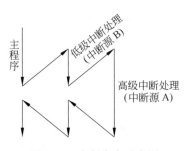

图 7-14　中断嵌套示意图

CPU 可以通过软件查询技术或硬件排队电路两种方法来实现按中断优先权对多个中断源的管理。也有专门用于协助 CPU 按中断优先权处理多个中断源并实现中断嵌套功能的中断控制芯片,如 7.5 节中将要介绍的 8259A 芯片。

3. 中断的应用

中断除了能解决快速 CPU 与中、慢速外设速度不匹配的矛盾以提高主机的工作效率外,在实现分时操作、实时处理、故障处理、多机连接以及人机联系等方面均有广泛的应用。

7.3.2　中断源的中断过程

任何一个中断源的中断过程都应包括中断请求、中断响应、中断处理和中断返回等基本环节。

1. 中断源向 CPU 发中断请求信号的条件

中断源是通过其接口电路向 CPU 发中断请求信号的,该信号能否发给 CPU,应满足下列两个条件。

(1) 设置中断请求触发器

每一个中断源,要能向 CPU 发中断请求信号,首先应能由它的接口电路提出中断请求,并且该请求能保持着,直至 CPU 接受并响应该中断请求后,才能清除它。为此,要求在每个中断源的接口电路中设置一个中断请求触发器 A,由它产生中断请求,即 $Q_A = 1$,如图 7-15 所示。

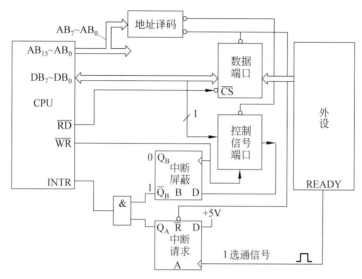

图 7-15　具有中断请求与中断屏蔽的接口电路

(2) 设置中断屏蔽触发器

中断源的中断请求能否允许以中断请求信号(如 INTR)发向 CPU,应能受 CPU 的控制,以增加处理中断的灵活性,为此,在接口电路中,还要增设一个中断屏蔽触发器 B。当允许中断时,由 CPU 控制使 Q_B 端为 0(不屏蔽),$\overline{Q_B}$ 端为 1,于是,与门开启,中断请求(Q_A)被允许并经过与门以中断请求信号 INTR 发向 CPU;反之,当禁止中断时,由 CPU 控制其 Q_B 端置 1(屏蔽),$\overline{Q_B}$ 端为 0,与门关闭,即使有中断请求产生,但并不能以 INTR 发向 CPU。

若有多个中断源,如 8 个外设,则可将 8 个外设的中断屏蔽触发器组成一个端口,用输出指令(即利用 $\overline{WR}$ 有效信号)来控制它们的状态。

2. CPU 响应中断的条件

当中断源向 CPU 发出 INTR 信号后,CPU 若要响应它,还应满足下列条件。

(1) CPU 开放中断

CPU 采样到 INTR 信号后是否响应它,由 CPU 内设置的中断允许触发器(如 IFF)的状态决定,如图 7-16 所示。当 IFF=1(即开放中断,简称开中断)时,CPU 才能响应中断;若 IFF=0(即关闭中断,简称关中断)时,即使有 INTR 信号,因与门 1 被 IFF 的 Q 端关闭,CPU 也不响应它。而 IFF 的状态可以由专门设置的开中断与关中断指令来改变,即执行开中断指令时,使 IFF=1,即 CPU 开中断,于是,与门 1 的输出端置 1(即允许中断);而执行关中断指令时,经或门 2 使 IFF=0,即 CPU 关中断,于是,禁止中断。此外,当 CPU 复位或响应中断后,也能使 CPU 关中断。

(2) CPU 在现行指令结束后响应中断

在 CPU 开中断时,若有中断请求信号发至 CPU,它也并不立即响应。只有当现行指令

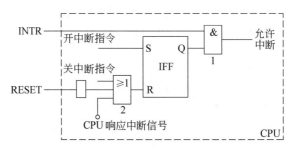

图 7-16 CPU 内设置中断允许触发器 IFF

运行到最后一个机器周期的最后一个 T 状态时,CPU 才采样 INTR 信号;若有此信号,则把与门 1 的允许中断输出端置 1,于是,CPU 进入中断响应周期。其时序流程如图 7-17 所示。

3. CPU 响应中断及处理过程

当满足上述条件后,CPU 就响应中断,转入中断周期。对于单个中断源,CPU 处理中断将完成下列几步操作。

（1）关中断

CPU 响应中断后,在发出中断响应信号（在 8086/8088 中为 $\overline{\text{INTA}}$）的同时,内部自动地（由硬件）实现关中断,以免在响应中断后处理当前中断时又被新的中断源中断,以至破坏当前中断服务的现场。

（2）保留断点

CPU 响应中断后,立即封锁断点地址,且把断点地址压栈保护,以备在中断处理完毕后,CPU 能返回断点处继续运行主程序。

（3）保护现场

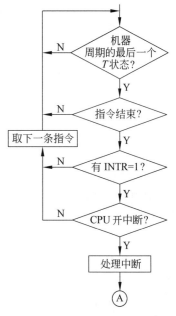

图 7-17 中断时序流程图

在 CPU 处理中断服务程序时,有可能用到各寄存器,从而改变它们原来运行主程序时所暂存的中间结果和状态标志,这就破坏了原主程序中的现场信息。为使中断服务程序不影响主程序的正常运行,故要把主程序运行到断点处时的有关寄存器的内容和标志位的状态压栈保护起来。

（4）给出中断入口（地址）,转入相应的中断服务程序

8086/8088 是由中断源提供中断类型号,并根据中断类型号在中断向量表中取得中断服务程序的入口地址。

在中断服务程序完成后,还要执行下述的(5)、(6)两步操作。

（5）恢复现场

把被保留在堆栈中的各有关寄存器的内容和标志位的状态从堆栈中弹出,送回 CPU 中它们原来的位置。本操作是在中断服务程序中用 POP 指令来完成的。

（6）开中断与返回

在中断服务程序的最后,要开中断（以便 CPU 能响应新的中断请求）和安排一条返回

指令,将堆栈内保存的断点值(对 8 位 CPU 为程序指针 PC;对 8086/8088CPU 来说为 IP 和 CS 值)弹出,CPU 就恢复到断点处继续运行。上述过程如图 7-18(a)所示。

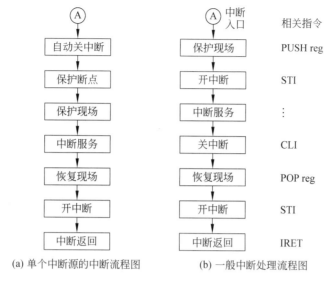

(a) 单个中断源的中断流程图   (b) 一般中断处理流程图

图 7-18   中断处理过程流程图

注意:以上描述的是单个中断源响应中断的简单过程。如果有多个中断源,则其中断响应过程就要复杂一些,主要是应考虑在处理中断过程中要允许高级中断源能对低级中断源有中断嵌套的问题。为此,其中断处理流程图会有所变化,即在 CPU 进入中断入口并保护现场后要用软件(STI)开中断,以便在执行中断服务程序时能响应更高级别的中断请求,而在完成中断服务返回主程序前应立即用软件(CLI)关中断,以保证恢复现场时不被新的中断所打扰。在恢复现场后应再次用软件(STI)开中断,以便中断返回后可响应新的中断。这时,一般中断处理过程流程图如图 7-18(b)所示。

7.4   8086/8088 的中断系统和中断处理

本节将详细阐述 8086/8088 的中断系统及其中断处理的全过程。

7.4.1   8086/8088 的中断系统

8086/8088 有一个简要、灵活而多用的中断系统,它采用中断向量结构,使每个不同的中断都可以通过给定一个特定的中断类型号(又称中断类型码或中断向量号)供 CPU 识别,来处理多达 256 种类型的中断。这些中断可以来自外部,即由硬件产生,也可以来自内部,即由软件(中断指令)产生,或者满足某些特定条件(陷阱)后引发 CPU 中断。

8086/8088 的中断系统结构如图 7-19 所示,图中给出了各主要的中断源。

1. 外部中断

外部中断又称硬件中断,是由外部硬件或外设接口产生的。8086/8088 CPU 的外部中

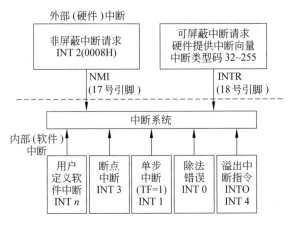

图 7-19　8086/8088 中断系统结构

断是通过两条引脚供外部中断源请求中断的：一条是高电平有效的可屏蔽中断 INTR；另一条是正跳变有效的非屏蔽中断 NMI。

(1) 可屏蔽中断

可屏蔽中断是用户可以用指令禁止和允许的外部硬件中断，由 8086/8088 CPU 的 INTR 引脚进入。当 INTR 引脚上出现一个高电平有效请求信号时，它必须保持到当前指令的结束。这是因为 CPU 只在每条指令的最后一个时钟周期才对 INTR 引脚的状态进行采样，如果 CPU 采样到有可屏蔽中断请求信号 INTR 产生，它是否响应还要取决于中断允许标志位 IF 的状态。若 IF=0，此时 CPU 是处于关中断状态，则不响应 INTR；若 IF=1，则 CPU 是处于开中断状态，将响应 INTR，并通过 $\overline{\text{INTA}}$ 引脚向产生 INTR 的设备接口（中断源）发回响应信号，启动中断过程。

8086/8088 CPU 在发回第 2 个中断响应信号 $\overline{\text{INTA}}$ 时，将使发出中断请求信号的接口把 1 字节的中断类型号通过数据总线传送给 CPU。由该中断类型号指定了中断服务程序入口地址在中断向量表中的位置。中断允许标志 IF 位的状态可用指令 STI 使其置位，即开中断；也可用 CLI 指令使其复位，即关中断。由于 8086/8088 CPU 在系统复位以后或任一种中断被响应以后，IF=0，即 CPU 自动关中断，所以根据实际需要，在执行程序的过程中要用 STI 指令开中断，以便 CPU 有可能响应新的可屏蔽中断请求。

(2) 非屏蔽中断

非屏蔽中断是用户不能用指令禁止和允许的中断，由 8086/8088 CPU 的 NMI 引脚进入。当 NMI 引脚上出现一上升沿的边沿触发有效请求信号时，它将由 CPU 内部的锁存器将其锁存起来。8086/8088 要求 NMI 上的请求脉冲的有效宽度（高电平的持续时间）大于两个时钟周期。一旦此中断请求信号产生，不管标志位 IF 的状态如何，即使在关中断（IF=0）的情况下，CPU 也能响应它。非屏蔽中断通常用来处理系统中出现重大故障或紧急事件的情况。例如，在 IBM PC 中，设计了 3 种非屏蔽中断源：系统板上动态 RAM 出现奇偶校验错，扩展槽中的 I/O 通道奇偶校验错以及浮点运算协处理器 8087 的中断请求。3 个中断源均可独立申请中断，能否形成 NMI 信号，还必须将口地址为 0AH 的寄存器的 D_7 位置 1 后，方能允许产生 NMI 信号。由于 NMI 比 INTR 引脚上产生的任何中断请求的级别都高，因此，若在指令执行过程中，INTR 和 NMI 引脚上同时都有中断请求信号，则 CPU 将首先响应 NMI 引脚上的中断请求。由于在设计 8086/8088 芯片时,已将 NMI 的中断类型号预先定义为类型 2,所以,CPU 响应非屏蔽中断时,不要求外部向 CPU 提供中断类型号,CPU 在总线上也不发 $\overline{\text{INTA}}$ 信号。

2. 内部中断

8086/8088 的内部中断又称软件中断,它包括以下几种内部中断。

(1) 除法出错中断——类型 0

当执行 DIVs(除法)或 IDIVs(整数除法)指令时,若发现除数为 0 或商数超过了寄存器所能表达的范围,则立即产生一个类型为 0 的内部中断,CPU 转向除法出错的中断服务程序,其中断服务一般由系统软件处理。它是优先级最高的一种内部中断。

(2) 溢出中断——类型 4

溢出中断用于检查带符号数的运算是否产生溢出。若上一条算术运算指令执行的结果使溢出标志位置 1(OF=1),则在执行溢出中断指令(INTO)时,将通过自动检查 OF 溢出标志位的状态而引起类型 4 的内部中断,CPU 就可以转入对溢出错误进行处理的中断服务程序。若 OF=0 时,则本指令执行空操作,程序执行下一条指令。INTO 指令常常紧跟在算术运算指令后,以便在该指令执行产生溢出时由 INTO 指令进行特殊的处理。与除法出错中断不同,出现溢出状态时不会由上一条指令自动产生中断,必须由 INTO 指令明确地规定溢出中断。应当说明的是,在溢出中断服务程序中,无须保存状态标志寄存器的内容(PSW),因为 CPU 在中断响应程序中能自动完成这一操作。

(3) 单步中断——类型 1

8086/8088 CPU 的状态标志寄存器中有一个跟踪(陷阱)标志位 TF。当 TF 被置位(TF=1)时,8086/8088 处于单步工作方式,即 CPU 每执行完一条指令后就自动地产生一个类型 1 的内部中断,程序控制将转入单步中断服务程序。CPU 响应单步中断后将自动把状态标志压入堆栈,然后清除 TF 和 IF 标志位,使 CPU 在单步中断服务程序引入以后退出单步工作方式,在正常运行方式下执行单步中断服务程序。单步中断服务程序结束时,再通过执行一条 IRET 中断返回指令,将 CS 与 IP 的内容退栈并恢复状态标志寄存器的内容,使程序返回到断点处。由于在中断时 TF 位被保护起来了,中断返回时 TF 位又被重新恢复(TF=1),所以 CPU 在中断返回以后仍然处于单步工作方式。

在 8086/8088 指令集中,没有直接用来设置或清除 TF 状态位的指令。但可以借助于压栈指令 PUSHF 和出栈指令 POPF 通过改变堆栈中的值来设置或清除 TF 位。例如,先用 PUSHF 指令将标志寄存器的内容(PSW)压入堆栈,再将堆栈栈顶的值(即 PSW)和 0100H 相"或"(OR),或和 FEFFH 相"与"(AND),然后用 POPF 指令将上述操作的结果从堆栈中弹出,达到设置或清除 TF 位的目的。

单步中断方式是一种很有用的调试手段,通过它可以逐条观察指令执行的结果,做到精确跟踪指令流程,并确定程序出错的位置。

(4) 断点中断——类型 3

8086/8088 指令系统中有一条设置程序断点的单字节中断指令(INT 3),执行该指令以后就会产生一个中断类型为 3 的内部中断,CPU 将转向执行一个断点中断服务程序,以便进行一些特殊的处理。

断点中断指令主要用于软件调试中,程序员可用它在程序中设置一个程序断点。一般来说,断点可以设置在程序的任何位置,但在实际调试程序时,只需在一些关键性的地方设置断点。例如,可以用这种方法显示寄存器或存储器的内容,检查程序运行的结果是否正确。由于断点指令 INT 3 是一个单字节指令,所以借助该指令可以很容易地在程序的任何地方设置断点。

(5)用户定义的软件中断——类型 n

在 8086/8088 的内部中断中,有一个可由用户定义的双字节的中断指令 INT n,其第 1 个字节为 INT 的操作码,第 2 个字节 n 是它的中断类型号。中断类型号 n 由程序员编程时给定,用它指出对应的中断向量及其中断服务程序的入口地址。

3. 内部中断的特点

内部中断有如下特点。

① 内部中断由一条 INT n 指令直接产生,其中断类型号 n 或者包括在指令中,或者已由系统预先定义。

② 除单步中断外,所有内部中断都不能被屏蔽。

③ 所有内部中断都没有中断响应 $\overline{\text{INTA}}$ 机器总线周期,这是因为内部中断不必通过查询外部来获得中断类型号。

④ 硬件、软件中断的优先级排队如表 7-2 所示。8086/8088 中断系统规定,除了单步中断以外,所有内部中断的优先权都比外部中断的优先权高。如果在执行一个能引起内部中断指令的同时,在 NMI 或 INTR 引脚端也产生了外部中断请求,则 CPU 将首先处理内部中断。

表 7-2　8086/8088 的中断

优 先 级	中 断 名	中 断 类 型	说 明
高 ↑ 低	除法错	类型 0	商大于被除数(软件中断)
	INT n	类型 n	内部检查用中断(软件中断)
	INTO	类型 4	溢出用(软件中断)
	NMI	类型 2	非屏蔽中断(硬件中断)
	INTR	由外设送入	可屏蔽中断(硬件中断)
	单步	类型 1	调试用(软件中断)

⑤ 作为软件调试手段,单步中断是逐条跟踪调试,而断点中断是逐段调试,它们均可用中断服务程序在屏幕上显示有关的各种信息。如果所有断点处要求打印的信息都相同,就可以一律使用单字节的断点中断 INT 3 指令;但若要打印的信息不同,则指令中就需使用其他中断类型号。图 7-20 说明了如何用双字节的 INT n 指令进行程序调试的方法。其中,INT 指令中就分别使用了 5、6、7 这 3 个中断类型号,以指定不同的中断入口服务地址。

⑥ 为了避开由外设硬件产生 INTR 中断请求信号和提供中断类型号的麻烦,可以用软件中断指令 INT nn 来模拟外设提供的硬件中断,方法是使 nn 类型号与该外设的类型号相同,从而可控制程序转入该外设的中断服务程序。也就是说,用户定义的软件中断也可用来

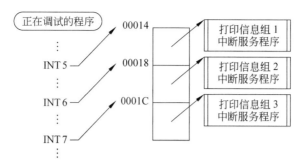

图 7-20 用 INT *n* 指令调试程序

启动由硬件启动的外设中断服务程序。

4. 中断向量表

8086/8088 的中断系统为了管理中断的方便,将 256 个中断向量制成了一张中断向量表,256 级中断的中断向量表如图 7-21 所示。图中给出了与中断类型对应的 256 个中断向量,每个向量应包含 4 个字节,2 个低地址字节是 IP 偏移量,2 个高地址字节是 CS 段地址,因此,用来存放 256 个向量的中断向量表需要占用 1KB 的存储空间,且设置在存储器的最低端,即 000H~3FFH。这样,每个中断都可转到 1MB 空间的任何地方。

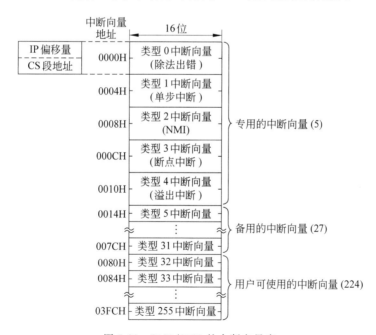

图 7-21 8086/8088 的中断向量表

当 CPU 响应中断访问中断向量表时,外设应通过接口将一个 8 位的中断类型编码放在数据总线上,CPU 对编号 *n* 乘以 4 得到 4*n* 指向该中断向量的首字节;4*n* 和 4*n*＋1 单元中存放的是中断向量的偏移地址值,其低字节在 4*n* 地址中,高字节在 4*n*＋1 地址中;4*n*＋2 和 4*n*＋3 单元中存放的是中断向量的段地址值,也是低字节在前,高字节在后。实现中断转移时,CPU 将把有关的标志位和断点地址的 CS 和 IP 值入栈,然后通过中断向量间接转入中断服务程序。中断处理结束,用返回指令弹出断点地址的 IP 与 CS 值以及标志位,然后返回被中断的程序。

注意:图 7-21 的中断向量表被明确地分为 3 个部分。第 1 部分是类型 0 到类型 4 共 5 种类型已定义为专用中断,它们占表中的 000H～013H,共 20 个字节,这 5 种中断的入口已由系统定义,不允许用户修改。第 2 部分是类型 5 到类型 31 为系统备用中断,占用表中 014H～07FH 共 108 个字节。这是 Intel 公司为软、硬件开发保留的中断类型,一般不允许用户用作其他用途,其中许多中断已被系统开发使用,例如类型 21 已用作系统功能调用的软中断。第 3 部分是类型 32 到类型 255,占用表中的 080H～3FFH 共 896 个字节,可供用户使用。这些中断可由用户定义为软中断,由 INT n 指令引入,也可以是通过 INTR 端直接引入的或者通过中断控制器 8259A 引入的可屏蔽中断(即硬件中断),使用时用户要自行置入相应的中断向量。

为了进一步说明 8086/8088 中断系统的中断机制,弄清从中断类型号取得中断程序入口地址的过程,请看图 7-22 所给出的例子。

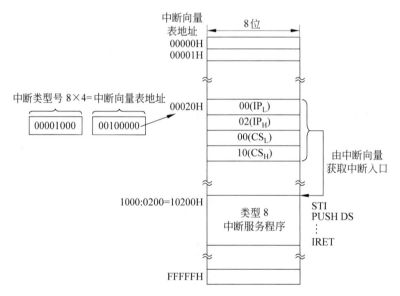

图 7-22 从中断类型号码取得中断服务程序入口地址

图 7-22 中,设中断类型号为 8,则由此类型号可计算出对应的中断向量表地址为:$8 \times 4 = 32 = 00100000B = 20H$。根据中断向量表地址可得到对应的 4 字节中断向量在表中的位置为 00020H、00021H、00022H、00023H。

假定中断类型 8 指定的中断向量为 CS = 1000H,IP = 0200H;即(00020H)= IP_L = 00H、(00021H)= IP_H = 02H、(00022H)= CS_L = 00H、(00023H)= CS_H = 10H。则由该中断向量形成的服务程序的入口地址将为 $CS \times 16 + IP = 1000H \times 16 + 0200H = 10200H$。CPU 一旦响应中断类型 8,则将转向去执行从地址 10200H 开始的类型号为 8 的中断服务程序。

7.4.2 8086/8088 的中断处理过程

1. 8086/8088 CPU 中断处理的流程

8086/8088 CPU 中断处理的流程图如图 7-23 所示。对该流程图的结构特点与功能说明如下。

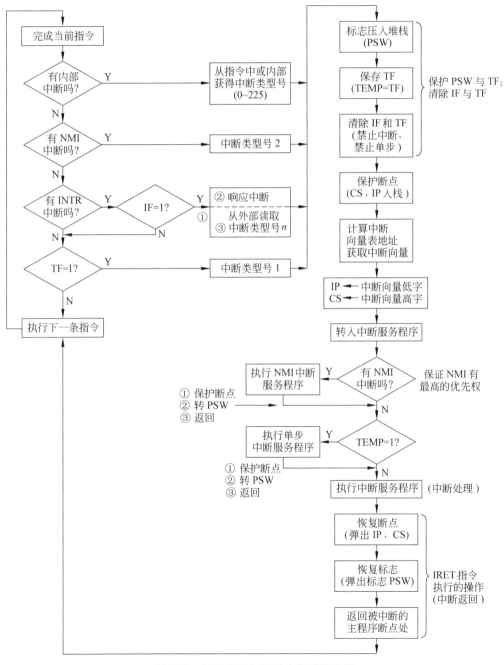

图 7-23 8086/8088 CPU 中断处理流程

① 所有中断处理流程的基本过程都包括中断请求、中断响应、中断处理与中断返回等环节。

② 对各中断源中断请求的响应顺序均按预先设计的中断优先权来响应。优先权由高到低依次为内部中断、NMI 中断、INTR 中断、单步中断。

③ 关于 CPU 开始响应中断的时刻,在一般情况下,都要待当前指令执行完后方可响应中断申请。但有少数特殊的情况是在下一条指令完成之后,才响应中断请求。例如,REP(重复前缀),LOCK(封锁前缀)和段超越前缀等指令都应当将前缀看作只是指令的一部分,在执行前缀及其后续指令之间不允许中断。另外,段寄存器的传送指令 MOV 和段寄存器的弹出指令 POP 也是一样,在执行完下一条指令之前都不能响应中断。

④ 在 WAIT 指令和重复数据串操作指令执行的过程中间可以响应中断请求,但必须等一个基本操作或一个等待检测周期完成后才能响应中断。

⑤ 因为 NMI 引脚上的中断请求是需要立即处理的,所以在进入执行任何中断(包括内部中断)服务程序之前,都要安排测试 NMI 引脚上是否有中断请求,以保证它实际上有最高的优先权。若此时有 NMI 请求,CPU 就要为转入执行 NMI 中断服务程序而再次保护现场、断点,并在执行完 NMI 中断服务程序后返回到所中断的服务程序,如内部中断或 INTR 中断的中断服务程序。

⑥ 若在执行某个中断服务时无 NMI 中断请求发生,则接着去查看暂存寄存器 TEMP 的状态。若 TEMP＝1,则表明在执行原有中断服务程序时 CPU 已处于单步工作方式,此时 CPU 就要和 NMI 一样重新保护现场和断点,转入单步中断服务程序;若 TEMP＝0,也就是在执行中断服务程序前 CPU 处于非单步工作方式,则这时 CPU 将转去执行最先引起中断的原有某个中断源的中断服务程序。

⑦ 待中断处理程序结束时,由中断返回指令将堆栈中存放的 IP、CS 和 PSW 值还原给指令指针 IP、代码段寄存器 CS 和程序状态字 PSW。

2. 可屏蔽中断的处理全过程

图 7-24 所示的是可屏蔽中断从中断发生到中断服务结束并返回主程序的整个操作过程的示意图,其具体操作步骤如下:

① 中断请求信号 INTR 由外部设备接口电路产生并送至 8086 的 INTR 引脚上。

② CPU 是否响应取决于 CPU 内部的 IF 标志,如果 IF 标志为 0,则在 IF 变成 1 前 CPU 不会识别中断;当 IF＝1 并出现 INTR 请求信号时,CPU 在完成正在执行的指令后,便开始响应中断。

③ CPU 响应中断时,首先从外部设备接口电路读取中断类型号 n。CPU 将通过其 $\overline{\text{INTA}}$引脚向中断接口电路发响应信号,并启动中断过程;这个响应信号将使发出中断请求的接口把其 1 字节的中断类型号通过数据总线送给 CPU。

④ 按先后顺序把 PSW、CS 和 IP 的当前内容压入堆栈,以保护现场与断点。

⑤ 清除 IF 和 TF 标志,禁止在中断响应过程中有其他可屏蔽中断进入,也禁止单步中断。

⑥ 取中断向量新值,把 $4 \times n$ 的字存储单元中内容读入 IP 中,把 $4 \times n + 2$ 的字存储单元中的内容读入 CS 中。

计算机硬件技术基础(第 3 版)

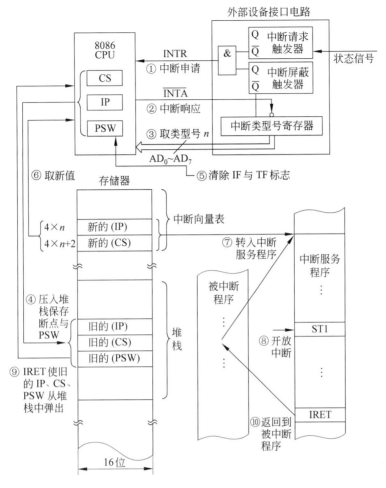

图 7-24　可屏蔽中断全过程的示意图

⑦ CPU 从新的中断向量 CS:IP 值得到中断入口地址,开始转入中断服务程序。

⑧ 若允许中断嵌套,则一般在中断服务程序保存各寄存器内容之后安排一条 STI 开放中断指令,这是因为 CPU 响应中断后便自动清除了 IF 与 TF 位,当执行了 STI 指令后,IF=1,以便优先权较高的中断源获准中断响应。

⑨ 在中断服务程序结尾安排一条 IRET 中断返回指令,把保存在堆栈中的原 IP、CS 与 PSW 等值依次弹出堆栈。

⑩ 由弹出的原中断向量 CS:IP 控制 CPU 返回到发生中断的断点处去。

3. 非屏蔽中断和内部中断的响应过程

至于 CPU 响应 NMI 或内部中断请求时的操作顺序基本上与上述过程相同,只是不需要第③项操作,因为它们的中断类型号是直接从指令中获得或由 CPU 内部自动产生。一旦 CPU 接到 NMI 引脚上的中断请求或内部中断请求时,CPU 就会自动地转向它们各自的中断服务程序。

4. 中断类型号的获得

中断类型号通过以下途径获得。

① 除法错误、单步中断、非屏蔽中断、断点中断和溢出中断分别由 CPU 芯片内的硬件自动提供类型号 0～4。

② 用户自己确定的软件中断则是从指令流中,即在 INT n 的第 2 个字节中读得中断类型号。

③ 外部可屏蔽中断 INTR 可以用不同的方法获得中断类型号。例如,在 PC 系列微机中,可由 8259A 芯片或集成了 8259A 的超大规模集成外围芯片来提供中断类型号。

7.4.3 中断响应时序

下面以 8086 CPU 的最小方式以及用户定义的硬件中断为例,讨论中断响应的时序,如图 7-25 所示。

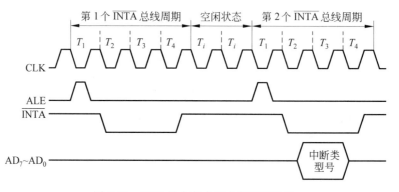

图 7-25 8086 最小方式的中断响应时序

如果在前一个总线周期中 CPU 的中断系统检测到 INTR 引脚是高电平,而且程序状态字的 IF 位为 1,则 CPU 在完成当前的一条指令后,便执行一个中断响应时序。8086 的中断响应时序由两个 $\overline{INTA}$ 中断响应总线周期组成,中间由两个空闲时钟周期 T_i 隔开。在两个总线周期中,$\overline{INTA}$ 输出为低电平,以响应这个中断。

第 1 个 $\overline{INTA}$ 总线周期表示一个中断响应正在进行,在第一个周期,使数据总线浮空,这样可以使申请中断的设备有时间去准备在第 2 个 $\overline{INTA}$ 总线周期内发出中断类型号。第 2 个 $\overline{INTA}$ 总线周期中,被响应的外设必须将中断类型号数据 n 送到 16 位数据总线的低半部分($AD_7 \sim AD_0$)以上传 8086 CPU。因此,提供中断类型号的中断接口电路(如 8259A)的 8 位数据线是接在 16 位数据总线的低半部上。在中断响应总线周期内,经 $DT/\overline{R}$ 和 $\overline{DEN}$ 控制线的配合作用,使得 8086 可以从申请中断的接口电路中取得一个单字节的中断类型号 n。

综上所述,CPU 响应可屏蔽中断的全过程可以归纳如下。

① 执行两个中断响应总线周期时,中断接口电路在第 2 个中断响应总线周期内送出一个单字节数据作为中断类型号。这个数据字节左移 2 位后,得到中断向量地址,存入内部暂存器。

② 执行一个写总线周期时,CPU 把程序状态字 PSW 的内容压入堆栈。

③ 保存单步标志 TF。把程序状态字中的中断允许标志位(IF)和单步陷阱标志位(TF)复 0,从而禁止在中断响应过程中有其他可屏蔽中断和单步中断进入。

④ 再执行两个写总线周期,CPU 分别将断点的 CS 和 IP 内容压入堆栈。

⑤ 执行一个读总线周期,CPU 将从 $4 \times n$ 的字存储单元(向量地址的前两个字节)中读取中断服务程序的偏移地址送入指令指示器 IP 中。

⑥ 再执行一个读总线周期,CPU 将从 $4 \times n + 2$ 的字存储单元(向量地址的后两个字节)中读取中断服务程序的代码段值送入段寄存器 CS 内。于是,CPU 根据 CS:IP 中的值转入中断入口去执行中断服务程序。

⑦ 从图 7-25 中可以看到,在两个中断响应周期之间插入了两个空闲状态,这是 8086 执行中断响应过程的情况,也有插入 3 个空闲状态的情况。但是,在 8088 CPU 的两个中断响应周期之间,并没有插入空闲状态。

当一个非屏蔽中断或一个软件中断或一个单步中断被响应时,以上的第②步至第⑥步均要执行,因为中断类型号已知,故第①步不存在。

对于由软件产生的中断,除了没有执行中断响应总线周期外,其余的则执行同样序列的总线周期。

7.5 中断控制器 8259A

中断控制器是专门用来处理中断的控制芯片。它用于在有多个中断源的系统中,协助 CPU 实现对外部中断请求的管理,对它们进行优先权排队以及选中当前优先权最高的中断请求向 CPU 发出中断请求信号,并能在 CPU 响应中断后允许具有更高优先权的中断源进行嵌套。Intel 8259A 就是一个可编程的 8 输入端中断控制器,其功能很强,也很灵活,但使用比较复杂。它具有以下主要功能。

① 单片 8259A 能管理 8 级中断。采用级联方式,可用 9 片 8259A 构成 64 级主从式中断系统。每一级中断可由程序单独屏蔽或允许。

② 当有多个中断请求时,能在判别其优先权后,将其最高优先权的中断请求送 CPU 处理,并能在处理中断时允许中断嵌套。

③ 在 CPU 响应中断后,它可在中断响应周期内提供相应的中断类型号,使 CPU 立即转向中断入口地址去执行中断服务程序。

④ 8259A 可通过编程按多种不同方式工作,从而能方便地满足多种类型微机中断系统的需要。

7.5.1 8259A 的引脚与功能结构

8259A 是一个 28 引脚的双列直插式芯片。图 7-26 是其引脚图和功能结构示意图。
8259A 芯片引脚定义如下。
$D_0 \sim D_7$:8 根双向数据线。在小系统中,它们直接和 CPU 的数据总线相连;在大系统

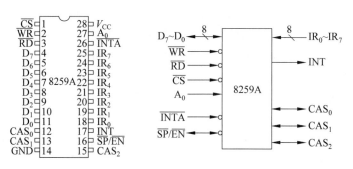

图 7-26　8259A 引脚及功能结构示意图

中,它们一般通过总线驱动器间接与 CPU 相连。

$\overline{RD}$:读控制信号,低电平有效。它用来通知 8259A 将其内部某个寄存器的内容读到 CPU 的数据总线上。它连至系统的 $\overline{IORC}$ 控制线。

$\overline{WR}$:写控制信号,低电平有效。它用来通知 8259A 准备从数据线上接收数据,这些数据实际上就是 CPU 发往 8259A 的命令字。它连至系统的 $\overline{IOWC}$ 控制线。

$\overline{CS}$:片选信号端,低电平有效。它一般来自地址译码器的输出,用于选通 8259A。

A_0:地址线。它与 $\overline{CS}$、$\overline{RD}$、$\overline{WR}$ 信号相配合,用来选择 8259A 内部的寄存器。在 8088 中,由 CPU 的 A_0 接入 8259 的 A_0 端;在 8086 中,由 CPU 的 A_1 接入 8259 的 A_0 端。这样连接可同时满足在 8 位或 16 位两种系统中,都能利用 16 位总线的低 8 位进行所有的数据传输。

$IR_0 \sim IR_7$:8 级中断请求输入端。用于接收来自外设的中断请求。在主从级联方式的系统中,主片的 $IR_0 \sim IR_7$ 端分别与各从片的 INT 端相连,用来接收来自从片的中断请求。

INT:中断请求线(输出)。它连至 CPU 的 INTR 端,用来向 CPU 发中断请求信号。

$\overline{INTA}$:中断响应线(输入)。它连至 CPU 的 $\overline{INTA}$ 端,用于接收来自 CPU 的中断响应信号。当接收 CPU 的响应信号后,8259A 就把中断类型号送到数据总线,CPU 将在中断响应信号的第 2 个 $\overline{INTA}$ 负脉冲结束时,读取数据总线上的中断类型号。

$\overline{SP/EN}$:此引脚是双功能、双向信号线,分别表示主从定义/缓冲器方式。在主从方式中,它作为输入信号线 $\overline{SP}$ 使用,由其高低电平来区分是"主"或"从"8259A:若 $\overline{SP}$=1,则本芯片为"主"8259A;若 $\overline{SP}$=0,则本芯片为"从"8259A。只有一个 8259A 时,它应接高电平。在缓冲方式时,则它作为输出信号线 $\overline{EN}$,用于控制缓冲器的传送方向:若 $\overline{EN}$=1,则 CPU 将把数据写入 8259A;若 $\overline{EN}$=0,将把数据由 8259A 读出至 CPU。

$CAS_0 \sim CAS_2$:3 根级联控制信号。系统中最多可以把 8 级中断请求扩展为 64 级主从式中断请求,当 8259A 作为主片时,$CAS_0 \sim CAS_2$ 为输出信号,当 8259A 作为从片时,$CAS_0 \sim CAS_2$ 为输入信号。在主从级联方式系统中,将根据"主"8259A 的这 3 根引线上的信号编码来具体指明是哪一个 8259A"从"片。

7.5.2　8259A 内部结构框图和中断工作过程

1. 8259A 内部结构框图

8259A 中断控制器包括 8 个主要功能部件,其内部结构框图如图 7-27 所示。

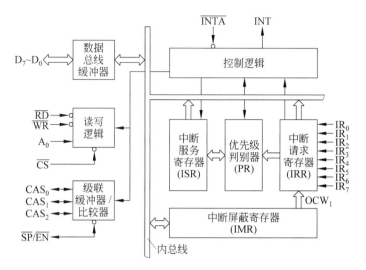

图 7-27　8259A 内部结构框图

（1）数据总线缓冲器

此 8 位双向三态缓冲器,用作 CPU 与 8259A 之间的数据接口,由 CPU 写入 8259A 的控制命令字或由 8259A 读到 CPU 的数据都要经过它进行交换。

（2）读写逻辑

读写逻辑电路用于接收来自 CPU 的读写信号（$\overline{RD}/\overline{WR}$）和片选信号（$\overline{CS}$）,还要接收 A_0 地址信号。当 CPU 执行 IN 指令时,$\overline{RD}$信号与 A_0 配合,将 8259A 内部寄存器的内容读入 CPU;当 CPU 执行 OUT 指令时,$\overline{WR}$信号与 A_0 配合,将来自 CPU 的控制命令字写入 8259A 某个指定的内部寄存器。由于一片 8259A 只有两个端口,所以,只需要将 CPU 地址总线的 A_0 端接到 8259A 的 A_0 端即可选定某个端口,而端口的其他高位地址将作为片选信号$\overline{CS}$输入 8259A。

（3）级联缓冲器/比较器

级联缓冲器/比较器为 8259A 提供级联控制信号 $CAS_0 \sim CAS_2$ 与双向、双功能信号 $\overline{SP}/\overline{EN}$。

（4）控制逻辑

控制逻辑是 8259A 的内部控制电路,用于向 CPU 发中断请求信号 INT 或接收来自 CPU 的中断响应信号$\overline{INTA}$,并保持同 8259A 内部各功能部件之间的联系,以便协调它们完成全部中断处理功能。

（5）中断请求寄存器（interrupt request register,IRR）

此 8 位寄存器用于接收外部中断请求。IRR 的 8 位分别与引脚 $IR_0 \sim IR_7$ 相对应。当某一个 IR_i 端接收中断请求信号呈现高电平时,则 IRR 的相应位将置为 1（即对该中断请求锁存）;若最多有 8 个中断请求信号同时进入 $IR_0 \sim IR_7$ 端,则 IRR 的 8 位将全置为 1。当中断请求被响应时,IRR 的相应位复位。

（6）中断服务寄存器（interrupt service register,ISR）

此 8 位寄存器用来存放或记录正在服务中的中断请求信号。当某一级中断请求被响应,CPU 正在执行其中断服务程序时,则 ISR 中相应的位将被置为 1,并将一直保持到该级中断处理过程结束为止。在多重中断时,ISR 中可能有多位同时被置 1,即同时记录多个中断请求。ISR 某位被置为 1 的过程是:若有一个或多个中断源同时请求中断,它们将先由优先级判别器选出当前在 IRR 中置为 1 的各种中断优先级别中最高者,并用 $\overline{\text{INTA}}$ 负脉冲选通送入 ISR 寄存器的对应位。

(7) 中断屏蔽寄存器(interrupt mask register,IMR)

此 8 位中断屏蔽寄存器可用来存放 CPU 发出的按位屏蔽信号,即中断屏蔽字,以屏蔽锁存在 IRR 中的任何一个中断请求级,其每一位与 $IR_0 \sim IR_7$ 相对应。对所有要屏蔽的中断请求线,将相应的位置 1 即可。IMR 中置 1 的那些位表示与之对应的 IRR 中相应的请求不能进入系统的下一级即优先级判别器 PR 去判优。注意,对于较高优先权的中断进行屏蔽并不影响其他较低优先权的中断允许。

(8) 优先级判别器(priority resolver,PR)

优先级判别器用来对已进入 IRR 中的各中断请求的优先级进行判别。当出现中断嵌套时,则由 PR 判定是否允许所出现的新的请求去打断当前正在处理的中断服务而被优先处理。若 PR 判定出新的中断请求比当前锁存在 ISR 中的中断请求优先级高时,则通过相应的逻辑电路使 8259A 的输出端 INT 为 1,向 CPU 发出一个新的中断请求,让优先权更高的中断优先处理。

8259A 内部除上述几个处理 8 级中断请求($IR_0 \sim IR_7$)的功能部件 IRR、ISR 和 PR 外,还有一组用于寄存控制命令字的 8 位寄存器(图中未画出),关于它们的格式与功能将在后面详细介绍。

2. 8259A 的中断工作过程

在系统通电后,首先要对 8259A 初始化,包括写入控制字,指定其工作方式等。当初始化完成后,8259A 就处于就绪状态,其内部的 8 个功能部件组成一个有机的整体,共同协调处理它的整个中断工作过程。其具体的中断过程如下。

① 当外部中断源使 8259A 的一条或几条中断请求线($IR_0 \sim IR_7$)变成高电平时,则先使 IRR 的相应位置为 1。

② 系统是否允许某个已锁定在 IRR 中的中断请求进入 ISR 寄存器的对应位,可用 IMR 对 IRR 设置屏蔽或不屏蔽来控制。如果已有几个未屏蔽的中断请求锁定在 ISR 的对应位,还需要通过优先级判别器(PR)进行裁决,才能把当前未屏蔽的最高优先级的中断请求从 INT 输出,送至 CPU 的 INTR 端。

③ 若 CPU 是处于开中断状态,则它在执行完当前指令后,就用 $\overline{\text{INTA}}$ 作为响应信号送至 8259A 的 $\overline{\text{INTA}}$。8259A 在收到 CPU 的第 1 个中断应答 $\overline{\text{INTA}}$ 信号后,先将 ISR 中的中断优先级最高的那一位置为 1,再将 IRR 中刚才置为 1 的相应位复位成 0。

④ 8259A 在收到第 2 个 $\overline{\text{INTA}}$ 信号后,将把与此中断相对应的一个字节的中断类型号 n 从一个名为中断类型寄存器的内部部件中送到数据线,CPU 读入该中断类型号 n,并根据此类型号 n 从中断向量表中取得相对于它的中断向量,并由它指定中断入口地址,立即转入相应的中断服务子程序。

⑤ 在 CPU 对某个中断请求作出的中断响应结束后,8259A 将根据一个名为方式控制器的结束方式位的不同设置,在不同时刻将 ISR 中置为 1 的中断请求位复位为 0。具体地

说,在自动结束中断(AEOI)方式下,8259A会将ISR中原来在第1个$\overline{\text{INTA}}$负脉冲到来时设置的1(即响应此中断请求位)在第2个$\overline{\text{INTA}}$脉冲结束时,自行复位成0。而在非自动结束中断(EOI)方式下,则ISR中该位的1状态将一直保持到中断过程结束,由CPU发EOI命令才能将其复位成0。

8级中断请求信号所对应的中断类型码(或中断向量)如表7-3所示。其前5位$T_7 \sim T_3$是由用户在8259A初始化编程时选择的,后3位则是由8259A自动插入的。

表7-3 中断类型码字节内容

中断请求优先级 (由高到低)	中断类型码							
	D_7	D_6	D_5	D_4	D_3	D_2	D_1	D_0
IR_0	T_7	T_6	T_5	T_4	T_3	0	0	0
IR_1	T_7	T_6	T_5	T_4	T_3	0	0	1
IR_2	T_7	T_6	T_5	T_4	T_3	0	1	0
IR_3	T_7	T_6	T_5	T_4	T_3	0	1	1
IR_4	T_7	T_6	T_5	T_4	T_3	1	0	0
IR_5	T_7	T_6	T_5	T_4	T_3	1	0	1
IR_6	T_7	T_6	T_5	T_4	T_3	1	1	0
IR_7	T_7	T_6	T_5	T_4	T_3	1	1	1

7.5.3 8259A 的工作方式

8259A的工作方式即中断管理方式有多种,了解这些工作方式有助于通过设置控制字来实现中断管理。

1. 中断优先级循环方式

(1)中断优先级自动循环方式

这种自动循环方式适用于多个中断源的优先级相等的场合,在初始化时,按$IR_0 \sim IR_7$的高低顺序自动排列。当一个中断源被服务后,其中断优先级将自动排到最低,而把最高优先级赋给原来比它低一级的中断请求,其他以此类推。如IR_0的请求未来,则IR_1为最高优先级。如只有IR_3的请求到来,则IR_3为最高。当对IR_3请求处理完后,则IR_4自动排为最高优先级,依次为IR_5、IR_6、IR_7、IR_0、IR_1、IR_2等,构成自动循环方式。

(2)中断优先级特殊循环方式

这种特殊循环方式适合于各个中断源的优先级可随意改变的场合。它的初始优先级是由编程决定的。初始化时规定了最低优先级,则最高优先级也就确定了。如初始化时指定IR_1为最低优先级,则IR_2为最高优先级,其他以此类推。

2. 中断优先级嵌套方式

(1)全嵌套方式

这是8259A最普通的工作方式,所以,又称普通全嵌套方式。若在初始化编程后,没有设置其他优先级方式,则8259A会自动进入全嵌套方式。在全嵌套方式中,中断请求按优先级 0~7 进行处理,0 级中断的优先级最高,7 级的优先级最低。在处理中断的过程中,只有当更高级的中断请求到来时,才能进行嵌套;当同级中断请求到来时,则不会予以响应。

（2）特殊全嵌套方式

特殊的全嵌套方式是相对于全嵌套方式而言的,两者基本相同,只有一点区别,即特殊的嵌套方式在处理某一级中断时,允许响应或嵌套同级的中断请求。通常,特殊的全嵌套方式适用于多个 8259A 级联的系统。在这种情况下,对主片编程时,让其工作于特殊的全嵌套方式;而对从片编程时,仍让其处于其他优先级方式(包括全嵌套方式以及优先级自动循环方式或优先级特殊循环方式)。

3. 中断屏蔽方式

中断屏蔽方式有普通屏蔽方式和特殊屏蔽方式两种。

（1）普通屏蔽方式

8259A 通过对中断屏蔽寄存器 IMR 中某一位或几位置 1,即可将对应位的中断请求屏蔽掉,从而使该中断请求不能从输入端进入优先级判别器。它是通过写操作命令字 OCW_1 来实现屏蔽中断请求的。

（2）特殊屏蔽方式

适合于某些特殊的场合,即在执行某优先级中断服务程序时,允许响应优先级更低的中断请求。特殊屏蔽方式是通过设置 OCW_3 的 $D_6 D_5 = 11$,使 8259A 脱离当前的优先级方式,而按照特殊屏蔽方式工作的。此时,除 OCW_1 中置 1 位对应的中断级被屏蔽外,置 0 的那些未屏蔽位所对应的中断,无论其中断级别如何,只要 IF=1,都可被响应。

4. 中断查询方式

这种方式既有中断的特点,又有查询的特点。从外设来说,仍然是靠中断方式来请求服务,并且既可用边沿触发,也可用电平触发;而对 CPU 来说,是靠查询方式来确定是否有外设要求服务以及要为哪个外设服务。

在这种方式下,CPU 不是靠接收 8259A 发出的 INT 信号来进入中断处理过程,而是通过不断向 8259A 发送查询命令,读取查询字来获取外设当前请求中断服务的优先级,从而转入相应中断服务程序。

CPU 通过设置 OCW_3 的 D_2(即 P 位)=1,就可以进入中断查询方式工作。

5. 中断结束方式

中断结束方式是指当 8259A 对某一级中断处理结束时,使当前中断服务寄存器中对应的某位 ISR_n 设置清 0 的一种操作方式。

8259A 提供了两种中断结束方式:自动中断结束(AEOI)和非自动中断结束(EOI)。可通过 OCW_2 来设置。

自动中断结束方式只能用在系统中只有一片 8259A,且多个中断不要求嵌套的场合。在这种方式中,由于系统一旦进入中断过程,8259A 就自动将当前 ISR 中的对应位 ISR_n 清除,所以,它不再需要在中断服务程序中给出中断结束命令。这是一种最简单的方式。

当设定为非自动中断结束方式时,中断服务程序要借助于 OCW_2 发出中断结束命令 EOI。EOI 命令又有两种形式:工作在全嵌套方式下的非特殊(或普通)EOI 命令和工作于非嵌套方式下的特殊 EOI 命令。前者由 OCW_2 的最高 3 位为 001 规定;后者由 OCW_2 的最高 3 位为 011 规定,同时必须由其最低 3 位指定需复位的 ISR 中的中断级编码。

注意:在多片级联系统中,一般不用中断自动结束方式,而用非自动结束方式。在非自动结束方式下,不管是用非特殊 EOI 命令还是用特殊 EOI 命令,一个中断处理程序结束时,在从片的中断服务程序中都要发出两次 EOI 命令,一次是对主片发的,另一次是对从片发的。

6. 中断请求触发方式

中断请求触发方式有边沿触发方式和电平触发方式。边沿触发方式以上升沿(正跳变)向 8259A 请求中断。在中断请求输入端出现上升沿触发信号后,可以一直维持高电平而不会再引起中断。电平触发方式以高电平申请中断,但在响应中断后必须及时清除高电平,以防引起第二次误中断。

7. 读状态方式

8259A 内部的 IRR、ISR 和 IMR 3 个寄存器的状态,可以通过适当的输入命令读入 CPU 中,以供用户了解 8259A 的工作状态。若设置 OCW_3 中的 RR(即 D_1)=1、RIS(即 D_0)=0,则构成了对 IRR 寄存器的读出命令,下一条输入指令再对偶地址端口执行读操作,所读的内容就是 IRR 寄存器的值;若设置 OCW_3 中的 RR(即 D_1)=1、RIS(即 D_0)=1,则构成了对 ISR 寄存器的读出命令,下一条输入指令所读的内容就是 ISR 寄存器的值。

对 8259A 屏蔽寄存器 IMR 的值,可随时通过输入指令从奇地址端口读取。

8. 连接系统总线的方式

连接系统总线有缓冲方式和非缓冲方式两种。

(1)缓冲方式

在多片 8259A 级联的大系统中,让 8259A 通过总线驱动缓冲器与数据总线相连,即构成缓冲方式。在缓冲方式下,为了启动总线驱动器,将 8259A 的 $\overline{SP}/\overline{EN}$ 端与总线驱动器的允许端相连。因为 8259A 在缓冲方式时,会在输出状态字或中断类型码的同时,从 $\overline{SP}/\overline{EN}$ 端输出一个低电平,于是,就利用 $\overline{SP}/\overline{EN}=0$ 作为启动信号来启动缓冲器工作。由 ICW_4 中的 D_3(BUF)=1 来对主片和从片同时进行设定。

(2)非缓冲方式

在只有一片或少数几片 8259A 级联的系统中,将 8259A 直接与数据总线相连,即构成非缓冲方式。非缓冲方式是通过设定 8259A 的初始化命令字 ICW_4 中的 D_3(BUF)=0 来实现的。

9. 级联方式

在一个系统中,可将多片 8259A 级联。级联后,一片 8259A 为主 8259A,若干片 8259A

为从 8259A;最多可用 8 个从片将系统的中断源扩展到 64 个。

7.5.4 8259A 的控制字格式

8259A 的中断处理功能和各种工作方式,都是通过编程设置的,具体地说,是对 8259A 内部有关寄存器写入控制命令字来实现控制的。按照控制字功能及设置的要求不同,可分为两种类型的命令字:①初始化命令字(initialization command word,ICW)——$ICW_1 \sim ICW_4$,它们必须在初始化时分别写入 4 个相应的寄存器。并且一旦写入,一般在系统运行过程中就不再改变;②工作方式命令字或操作命令字(operation command word,OCW)——$OCW_1 \sim OCW_3$,它们必须在设置初始化命令后方能分别写入 3 个相应的寄存器,用来对中断处理过程进行动态的操作与控制,在一个系统运行过程中,操作命令字可以被多次设置。

上述控制命令字应按图 7-28 流程次序写入。

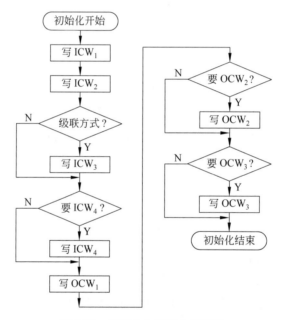

图 7-28 控制命令字写入流程图

1. 初始化命令字

(1) ICW_1

ICW_1 是芯片控制初始化命令字,用于启动 8259A 中的初始化顺序。该字写入 8 位的芯片控制寄存器。写 ICW_1 的标记为 $A_0 = 0$,$D_4 = 1$,其控制字格式如图 7-29 所示。

ICW_1 控制字各位的具体含义如下。

$D_7 \sim D_5$:这 3 位在 8086/8088 系统中不用,只能用于 8080/8085 系统中。

D_4:此位总是设置为 1,它是指示 ICW_1 的标志位,表示现在设置的是 ICW_1,而不是其他命令字,因为,后面将要介绍在设置 ICW_2 和 OCW_3 时,此位总是设置为 0。

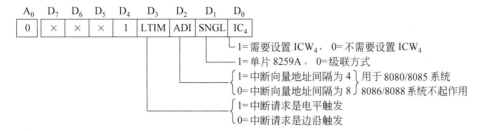

图 7-29 ICW_1 控制字格式

D_3（LTIM）：这一位设定中断请求信号触发的方式。如 LTIM 为 1,则表示为电平触发方式;如 LTIM 为 0,则表示为边沿触发方式,且为上升沿触发,并保持高电平。

D_2（ADI）：这一位在 8086/8088 系统中不起作用。

D_1（SNGL）：这一位用来指定系统中是用单片 8259A 方式（D_1=1）,还是用多片 8259A 级联方式（D_1=0）。

D_0（IC_4）：这一位用来指出后面是否将设置 ICW_4。若初始化程序中使用 ICW_4,则 IC_4 必须为 1,否则为 0。

（2）ICW_2

ICW_2 是设置中断类型码的初始化命令字。该字写入 8 位的中断类型寄存器。

写 ICW_2 的标记为 A_0=1。其控制字格式如图 7-30 所示。

A_0	D_7	D_6	D_5	D_4	D_3	D_2	D_1	D_0
1	A_{15}/T_7	A_{14}/T_6	A_{13}/T_5	A_{12}/T_4	A_{11}/T_3	A_{10}	A_9	A_8

图 7-30 ICW_2 控制字格式

$A_{15} \sim A_8$ 为中断向量的高 8 位,用于 MCS 8080/8085 系统;$T_7 \sim T_3$ 为中断向量类型码,用于 8086/8088 系统。中断类型码的低 3 位是由引入中断请求的引脚 $IR_7 \sim IR_0$ 决定的。例如,设 ICW_2 为 40H,则 8 个中断类型码分别为 40H、41H、42H、43H、44H、45H、46H 和 47H。中断类型码的数值与 ICW_2 的低 3 位无关。

（3）ICW_3

ICW_3 是标志主片/从片的初始化命令字,该字写入 8 位的主/从标志寄存器,它只用于级联方式。写 ICW_3 的标记为 A_0=1。

① 对于主 8259A（输入端 $\overline{SP}$=1）：控制字格式如图 7-31 所示。图中,$S_7 \sim S_0$ 分别与 $IR_7 \sim IR_0$ 各位对应。

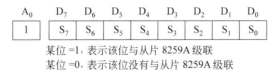

某位 =1,表示该位与从片 8259A 级联
某位 =0,表示该位没有与从片 8259A 级联

图 7-31   主 8259A ICW_3 控制字格式

例如,当 ICW_3=F0H 时,则表示在 IR_7、IR_6、IR_5、IR_4 引脚上接有 8259A 从片,而 IR_3、IR_2、IR_1、IR_0 引脚上未接从片。注意,置 0 的位,其对应的 IR_i 上可直接连接外设来的中断

请求信号端。

② 对于从 8259A(输入端 $\overline{SP}=0$)：控制字格式如图 7-32 所示。主从 8259A 级联方式如图 7-33 所示。

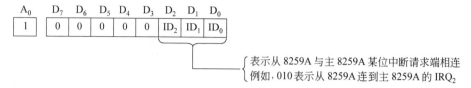

图 7-32 从 8259A ICW$_3$ 控制字格式

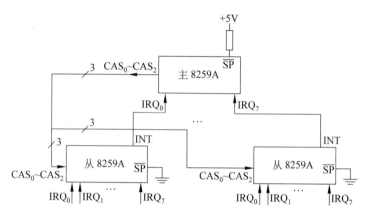

图 7-33 8259A 主从级联方式

在 IBM PC/XT 机中,仅用一片 8259A,能提供 8 级中断请求。在 IBM PC/AT 机中用两片 8259A 组成级联方式,最多可以提供 15 级中断请求。

(4) ICW$_4$

ICW$_4$ 是方式控制初始化命令字。该字写入 8 位的方式控制寄存器。写 ICW$_4$ 控制字标记为 A$_0$=1。其控制字格式如图 7-34 所示。

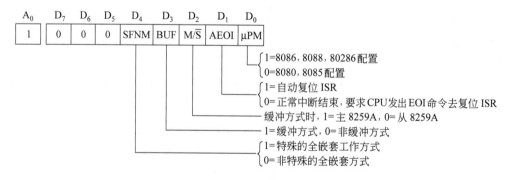

图 7-34 ICW$_4$ 控制字格式

ICW$_4$ 控制字各位的具体含义如下。

D$_7$~D$_5$：这 3 位总为 0,用于表示 ICW$_4$ 的识别码。

D$_4$(SFNM)：如 SFNM=1,则为特殊的全嵌套工作方式;如 SFNM=0,则为非特殊的全嵌套方式。

D_3(BUF)：如 BUF 为 1，则为缓冲方式。在缓冲方式下，将 8259A 的 $\overline{SP}/\overline{EN}$ 端和总线驱动器的允许端相连，利用从 $\overline{SP}/\overline{EN}$ 端输出的低电平，可以作为总线驱动器的启动信号。如果 8259A 直接同 CPU 数据总线相连，则为非缓冲方式，BUF 位应设置为 0。此外，在单片 8259A 的系统中，$\overline{SP}/\overline{EN}$ 端接高电平。

D_2(M/$\overline{S}$)：此位在缓冲方式下用来表示本片是主片还是从片。当 BUF = 1 时，若 M/$\overline{S}$ 为 1，则表示本片为主片；若 M/$\overline{S}$ 为 0，则表示本片为从片。当 BUF = 0 时，则 M/$\overline{S}$ 不起作用。

D_1(AEOI)：如 AEOI 为 1，则设置中断自动结束方式。在此方式下，当第 2 个 $\overline{INTA}$ 脉冲结束时，当前 ISR 中的相应位会自动复位。所以，一进入中断，在 8259A 看来，中断处理过程就似乎结束了，从而，允许其他任何级别的中断请求进入系统。

D_0(μPM)：如 μPM 为 1，则表示 8259A 当前处于 8086/8088 系统中；如 μPM 为 0，则表示 8259A 当前处于 8080/8085 系统中。

2. 操作命令字

当 8259A 经预置 ICW_1 后已进入初始化状态，便可接收来自 IR_i 端的中断请求。然后自动进入操作命令状态，准备接收由 CPU 写入 8259A 的操作命令 OCW_i。

（1）OCW_1

写 OCW_1 的标记为 $A_0 = 1$。OCW_1 用来写入 IMR 寄存器，其控制字格式如图 7-35 所示。

A_0	D_7	D_6	D_5	D_4	D_3	D_2	D_1	D_0	M_7~M_0 对应于 IMR 各位，M_i=1 表示该位中断被
1	M_7	M_6	M_5	M_4	M_3	M_2	M_1	M_0	屏蔽，M_i=0 表示该位允许中断

图 7-35 OCW_1 的控制字格式

OCW_1 控制字各位的具体含义如图 7-35 所示，当某一位 $M_i = 1$ 时，则对应于该位的中断请求就受到屏蔽；若某一位 $M_i = 0$ 时，则对应于该位的中断请求得到允许进入系统。

例如，$OCW_1 = 15H$，则 IR_4、IR_2 和 IR_0 引脚上的中断请求被屏蔽，其他引脚上的中断请求则允许进入系统。

（2）OCW_2

OCW_2 是用来设置中断优先级循环方式和中断结束方式的操作命令字。

写 OCW_2 的标记为 $A_0 = 0$，$D_3 = D_4 = 0$。OCW_2 的控制字格式如图 7-36 所示。

其中的 R 位决定了系统的中断优先级是否按自动循环方式设置。如 R 为 1，表示采用优先级自动循环方式；如 R 为 0，则为非自动循环方式。

SL 位决定了 OCW_2 中的 L_2、L_1、L_0 是否有效，如 SL 为 1 则 L_2、L_1、L_0 3 位都有效，否则为无效。L_2、L_1、L_0 3 位有两个功能：一是当 OCW_2 通过使 SL=1 设置为特殊的中断结束命令时，则 L_2、L_1、L_0 将指出要清除当前 ISR 中的哪一位；二是当 OCW_2 给出特殊的优先级循环方式命令字时，L_2、L_1、L_0 将指出循环开始时哪个中断的优先级最低。在这两种情况下，SL 都必须为 1，否则，L_2、L_1、L_0 均无效。

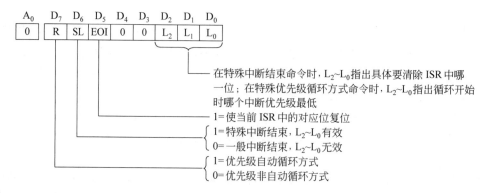

图 7-36　OCW_2 的控制字格式

如上所述，OCW_2 具有两方面的功能：一是它可以用来设置 8259A 采用优先级的循环方式；二是它可以组成中断结束命令（包括普通中断结束命令与特殊的中断结束命令）。

EOI 为中断结束命令位。当 EOI 为 1 时，使当前 ISR 中的对应位 ISR_i 复位。

如前所述，若 ICW_4 中的 AEOI 位为 1，则在第 2 个中断响应脉冲 $\overline{INTA}$ 结束后，8259A 会自动清除当前 ISR 中的对应位 ISR_i，即采用自动结束中断方式。但如果 AEOI 为 0，则 ISR_i 位就要用 EOI 命令位来清除。EOI 命令就是通过 OCW_2 中的 EOI 位设置的。

下面对 R、SL 和 EOI 3 位不同编码的功能列表加以说明，如表 7-4 所示。

表 7-4　OCW_2 的编码及功能说明

R、SL、EOI	功　能　说　明
001	定义普通 EOI 方式。一旦中断服务结束，将给 8259A 送出 EOI 结束命令，8259A 将使当前中断服务程序对应的 ISR_i 位清 0，并使系统仍工作在非循环的优先级方式下。此种编码一般用于系统预先被设置为全嵌套（包括特殊全嵌套）的工作情况
011	定义特殊 EOI 方式。当 L_2、L_1、L_0 3 位设置一定的值，便可以组成一个特殊的中断结束命令。例如，设 $OCW_2 = 64H$，则 IR_4 在当前 ISR 中的对应位 ISR_4 被清除
101	定义普通 EOI 循环方式。一旦某中断服务结束，8259A 一方面将 ISR 中当前中断处理程序对应的 ISR_i 位清 0，另一方面将刚结束的中断请求 IR_i 降为最低优先级，而将最高优先级赋给中断请求 IR_{i+1}，其他中断请求的优先级则仍按循环方式顺序改变
111	定义特殊 EOI 循环方式。一旦某中断服务结束，8259A 将使 ISR 中由 L_2、L_1、L_0 字段给定最低级别的相应位 ISR_i 清 0，而最高优先级将赋给 IR_{i+1}，其他级按循环方式顺序改变
100	定义自动 EOI 循环方式（置位）。它会使 8259A 工作在中断优先级自动循环方式，CPU 将在中断响应总线周期中第 2 个中断响应信号 $\overline{INTA}$ 结束时，将 ISR 中的相应位 ISR_i 清 0，并将最低优先级赋给 IR_i，而最高优先级赋给 IR_{i+1}，其他中断请求的优先级则按循环方式依次安排
000	定义取消自动 EOI 循环方式（复位）。在自动 EOI 循环方式下，一般通过 ICW_4 中的 AEOI 位置 1，使中断服务程序自动结束，所以，此方法无论是启动还是终止，都无须使 EOI 位为 1
110	置位优先级循环命令。它将使最低优先级赋给 L_2、L_1、L_0 字段所给定的中断请求 IR_i，而最高优先级赋给 IR_{i+1}，其他各级则以此类推，系统将按优先级特殊循环方式工作
010	OCW_2 无意义

（3）OCW$_3$

OCW$_3$ 是多功能操作命令字。

写 OCW$_3$ 的标记为 A$_0$＝0、D$_7$＝D$_4$＝0、D$_2$＝1。该命令字有 3 项功能：一是设置和撤销特殊屏蔽方式；二是设置中断查询方式；三是设置对 8259A 内部寄存器的读出命令。其控制字格式如图 7-37 所示。其中，ESMM 称为特殊的屏蔽方式允许位，SMM 为特殊的屏蔽方式位，通过给这两位置 1，便可使 8259A 脱离当前的优先级方式，而按照特殊屏蔽方式工作。只要 CPU 内标志寄存器的 IF＝1，系统就可以响应任何一级的未屏蔽的中断请求。若使 ESMM＝1，而 SMM＝0，则系统将恢复原来的优先级工作方式。

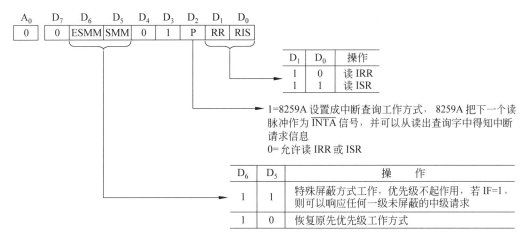

图 7-37　OCW$_3$ 的控制字格式

7.5.5　8259A 应用举例

在 IBM PC/XT 系统中，只用一片 8259A 中断控制器，用来提供 8 级中断请求，其中 IR$_0$ 优先级最高，IR$_7$ 优先级最低。它们分别用于日历时钟中断、键盘中断、保留、网络通信、异步通信中断、硬盘中断、软盘中断和打印机中断。设 8259A 的 ICW$_2$ 高 5 位 T$_7$～T$_3$＝00001，对应的中断类型码为 08H～0FH；片选地址为 20H、21H。8259A 的使用步骤如下。

1. 初始化

```
MOV   AL,13H    ;写 ICW1,单片,边沿触发,需要 ICW4
OUT   20H,AL
MOV   AL,8      ;写 ICW2,中断类型号从 8 开始
OUT   21H,AL
MOV   AL,0DH    ;写 ICW4,缓冲工作方式,8086/8088 配置
OUT   21H,AL
MOV   AL,0      ;写 OCW1,允许 IR0～IR7 全部 8 级中断请求
OUT   21H,AL
```

2. 送中断向量

根据中断源的中断类型码送中断向量。例如,异步通信中断 IR_4,其中断向量类型码为 $8+4=12(0CH)$,则中断向量的偏移量(IP 值)与段地址(CS)在中断向量表中的存放地址为 $12×4=48(30H)$、$49(31H)$、$50(32H)$、$51(33H)$。其中 30H、31H 存放指令指针 IP,32H、33H 存放指令段码 CS。

3. 中断子程序结束

由于 8259A 采用中断工作方式,且 ICW_4 中的 D_1 位(即 AEOI)为 0,这意味着采用正常结束中断,因此,在中断子程序结束前必须发 EOI 命令和 IRET 命令。

```
MOV   AL,20H      ;写 OCW₂ 命令,使 ISR 相应位复位(即发 EOI 命令)
OUT   20H,AL
IRET             ;开放中断允许,并从中断返回
```

4. 中断嵌套

为了使中断嵌套,即在中断响应过程中,允许比本中断优先级高的中断进入,只要在进入中断处理程序后,执行开中断指令 STI 即可达到目的。

本 章 小 结

输入输出接口是微处理器同外部设备之间信息交换的重要枢纽,也是微机应用的基础内容。CPU 对外设的 I/O 操作类似于存储器的读写操作;但外设与存储器(即内存)有许多不同点。主存储器可以与 CPU 直接连接,而 I/O 设备则需要经过接口电路(即 I/O 适配器)与 CPU 连接。

接口电路的基本结构同它传送的信息种类有关。根据传送不同信息的需要,接口电路的基本结构安排也有一些特点:3 种信息(数据、状态、控制)由于性质不同,应通过不同的端口分别传送;在用输入输出指令来寻址外设(实际寻址端口)的 CPU 中,外设的状态作为一种输入数据,而 CPU 的控制命令作为一种输出数据,从而可通过数据总线来分别传送;端口地址由 CPU 地址总线的低 8 位或低 16 位(如在 8086 用 DX 间接寻址外设端口时)地址信息来确定。

CPU 与外设之间数据传送的方式有程序传送、中断传送与 DMA 传送 3 种方式。其中,中断是控制异步数据传送的一种软、硬件相结合的关键技术,可以看成是由中断源引起(即硬件随机激发或软件激发)的一次过程调用。所有中断过程都是由中断系统实现的。中断系统应能响应中断、处理中断和从中断返回,能实现优先权排队,并且能够实现中断嵌套。

8086/8088 的中断系统采用中断向量结构,使每个不同的中断都可以通过给定一个特定的中断类型号(或中断类型码)供 CPU 识别,来处理多达 256 种类型的中断。这些中断可以来自外部,即由硬件产生,也可以来自内部,即由软件(中断指令)产生,或者满足某些特定

条件(陷阱)后引发 CPU 中断。

  8086/8088 CPU 有可屏蔽中断(INTR)与非屏蔽中断(NMI)两根引脚来接受外部硬件中断请求。可屏蔽中断要受标志寄存器的中断允许标志位 IF 的控制。若 IF＝0，则 CPU 处于关中断状态，不响应 INTR；若 IF＝1，则 CPU 处于开中断状态，将响应 INTR，并在 CPU 发回第 2 个中断响应信号 $\overline{\text{INTA}}$ 时，通过 $\overline{\text{INTA}}$ 引脚向产生 INTR 的设备接口(中断源)发回响应信号，启动中断过程。而非屏蔽中断不受标志寄存器的中断允许标志位 IF 的控制。

  8086/8088 CPU 内部中断又叫软件中断，它包括除法出错中断(类型 0)、溢出中断(类型 4)、单步中断(类型 1)与断点中断(类型 3)；还有用户定义的软件中断(类型 n)。应着重掌握用户定义的软件中断(类型 n)。

  8086/8088 CPU 中断处理的过程比较复杂。首先要掌握单个中断源的基本中断处理过程：中断请求、中断响应、中断处理和中断返回。当同时发生多个中断请求时，CPU 将根据各中断源优先权的高低来处理。

  利用中断向量表来实现向量中断是 8086/8088 中断方法的设计特点。中断向量表又称中断入口地址表。每个中断向量具有一个相应的中断类型号，由中断类型号确定在中断向量表中的中断向量。中断类型号乘 4，将给出中断向量表中的中断向量入口第 1 字节的物理地址。

  8086/8088 CPU 在响应 INTR 中断时，首先要读取中断类型号 n；然后按先后顺序把 PSW、CS 和 IP 的当前内容压入堆栈并且清除 IF 和 TF 标志；再把 $4 \times n + 2$ 的字存储单元中的内容读入 CS 中，把 $4 \times n$ 的字存储单元中的内容读入 IP 中。于是，CPU 从新的 CS：IP 值确定中断入口地址后，便开始执行中断服务程序。至于 CPU 响应 NMI 或内部中断请求时的操作顺序与上述过程基本相同，只是不需要读取中断类型号 n 的操作。

  在响应中断时是严格按时序进行的。8086 的中断响应时序由两个 $\overline{\text{INTA}}$ 中断响应总线周期组成，第 1 个 $\overline{\text{INTA}}$ 总线周期表示一个中断响应正在进行中，第 2 个 $\overline{\text{INTA}}$ 总线周期中，中断类型号必须在 16 位数据总线的低半部分($\text{AD}_0 \sim \text{AD}_7$)上传送给 8086。

  为了便于处理中断，专门设计了可编程中断控制器 8259A。8259A 的功能很强，它可以对中断源进行扩充和管理，通过编程可以实现各种中断处理功能和各种工作方式。

  要结合教材中的实例，着重掌握单片 8259A 的使用步骤和编程方法。包括如何完成初始化编程；如何送中断向量；如何正常地结束中断子程序；如何实现中断嵌套。并在此基础上，能够通过自学进一步掌握由多片 8259A 组成的主从式中断系统的工作原理及其编程方法。

习 题 7

  7-1 CPU 与外设的连接为什么要通过 I/O 接口才能挂到总线上？

  7-2 接口电路的基本结构有哪些特点？

  7-3 CPU 与外设交换数据的传送方式可分为哪几种？试简要说明它们各自的特点。

  7-4 在 CPU 与外设之间的数据接口上一般加有三态缓冲器，其作用是什么？

  7-5 什么叫中断？什么叫中断源？有哪些中断源？

7-6 什么叫中断系统？中断系统有哪些功能？微机的中断技术有什么优点？

7-7 CPU 响应中断有哪些条件？为什么需要这些条件？

7-8 CPU 在中断周期要完成哪些主要的操作？

7-9 在 I/O 控制方式中，中断和 DMA 有何主要异同？

7-10 向量中断与中断向量在概念上有何区别？中断向量和中断入口地址又有何区别？

7-11 什么是中断向量表？在 8086/8088 的中断向量表中有多少个不同的中断向量？若已知中断类型号，举例说明如何在中断向量表中查找中断向量。

7-12 试比较主程序与中断服务程序和主程序调用子程序的主要异同点。

7-13 试比较保护断点与保护现场的主要异同点。

7-14 对 8086/8088 CPU 的 NMI 引脚上的中断请求应当如何处理？

7-15 若 8086 从 8259A 中断控制器中读取的中断类型号为 76H，其中断向量在中断向量表中的地址指针是什么？

7-16 简述 8086 中断系统响应可屏蔽中断的全过程。

7-17 8086/8088 响应可屏蔽中断的主要操作有哪些？

7-18 假设某中断程序入口地址为 21378H，放置在中断向量表中的位置为 00020H，问此中断向量号为多少？入口地址在向量表中如何放置？

7-19 已知 8086/8088 的非屏蔽中断（NMI）服务程序的入口地址标号为 NMITS，试编程将入口地址填写到中断向量表中。

7-20 8259A 中断控制器的主要功能是什么？

7-21 试说明 8259A 中断控制器的全嵌套方式与特殊的全嵌套方式的区别。它们在应用上有什么不同？

7-22 8259A 中断屏蔽寄存器 IMR 和 8086、8088 CPU 的中断允许标志 IF 有什么差别？在中断响应过程中它们如何配合工作？

7-23 当用 8259A 中断控制器时，其中断服务程序为什么要用 EOI 命令来结束中断服务？

7-24 简述 8259A 中断控制器的中断请求寄存器 IRR 和中断服务寄存器 ISR 的功能。

7-25 某 80x86 系统中，若 8259A 处于单片、全嵌套工作方式，并且采用非特殊屏蔽和非特殊结束方式，中断请求采用边沿触发，IR_0 的中断类型码为 60H，试编写 8259A 的初始化程序。设 8259A 的端口地址为 93H、94H。

7-26 怎样用 8259A 的屏蔽命令字来禁止 IR_2 和 IR_4 引脚上的中断请求？又怎样撤销这一禁止命令？设 8259A 的端口地址为 53H、54H。

7-27 单片 8259A 能够管理多少级可屏蔽中断？若用 3 片级联，问能管理多少级可屏蔽中断？

7-28 一个 8259A 主片，连接两个 8259A 从片，从片分别经主片的 IR_2 及 IR_5 引脚接入，问系统中优先排列次序如何？

7-29 当中断控制器 8259A 的 A_0 接向地址总线 A_1 时，若其中一个口地址为 62H，问另一个口地址为多少？若某外设的中断类型码为 56H，则该中断源应加到 8259A 中的中断请求寄存器 IRR 的哪个输入端？

第 8 章 可编程接口芯片

【学习目标】

微机与外设交换信息,都必须通过接口电路实现。随着大规模集成电路技术的发展,已生产了各种各样的可编程接口芯片,不同系列的微处理器都有标准化、系列化的接口芯片可供选用。

本章将介绍典型可编程接口芯片的工作原理和使用方法,这是掌握微机接口技术的重要基础。

【学习要求】

◆ 理解 Intel 系列的 8253-5、8255A 以及 NINS 8250 等几种典型通用的接口芯片的工作原理。

◆ 重点掌握 8253-5 与 8255A 的编程技术。

◆ 掌握 8250 的初始化编程方法。

◆ 理解 A/D 和 D/A 转换器在微机应用中的作用。

◆ 掌握 ADC 0809 与 DAC 0832 和微机的接口方式以及连接方法。

8.1 接口的分类及功能

1. 接口的分类

按接口的功能可分为通用接口和专用接口两类。通用接口又可分为并行接口和串行接口。并行接口是按字节传送的;串行接口和 CPU 之间按并行传送,而和外设之间是按串行传送的,如图 8-1 所示。专用接口仅适用于某台外设或某种微处理器,用于增强 CPU 的功能。此外,在微机控制系统中专为某个被控制的对象而设计的接口,也是专用接口。

按接口芯片功能选择的灵活性来分,还可分为硬布线逻辑接口芯片和可编程接口芯片。前者的功能选择是由引线的有效电平决定的,其适用范围有限;而后者的功能可由指令控制,即用编程的方法可使接口选择不同的功能。

2. 接口的功能

接口的功能很丰富,根据具体的接口芯片而定,其主要功能如下。

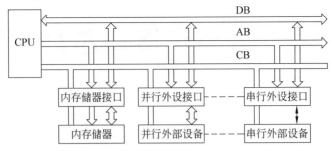

图 8-1　并行接口和串行接口示意图

（1）缓冲锁存数据

通常 CPU 与外设工作速度不可能完全匹配，在数据传送过程中难免有等待的时候。为此，需要把传输数据暂存在接口的缓冲寄存器或锁存器中，以便缓冲或等待；而且，要为 CPU 提供有关外设的状态信息，如外设"准备好"、"忙"，或缓冲器"满"、"空"等。

（2）地址译码

在微机系统中，每个外设都被赋予一个相应的地址编码，外设接口电路能进行地址译码，以选择设备。

（3）传送命令

外设与 CPU 之间有一些联络信号，如外设的中断请求，CPU 的响应回答等信号都需要接口来传送。

（4）码制转换

在一些通信设备中，信号是以串行方式传输的，而计算机的代码是以并行方式输入输出的，这就需要进行并行码与串行码的互相转换；在转换中，根据通信规程还要加进一些同步信号等，这些工作也是接口电路要完成的任务之一。

（5）电平转换

一般 CPU 输入输出的信号都是 TTL 电平，而外设的信号就不一定是 TTL 电平。为此，在外设与 CPU 连接时，要进行电平转换，使 CPU 与外设的电压（或电流）相匹配。

除上述功能之外，一般接口电路都是可以编程控制的，能根据 CPU 的命令进行功能变换。以上是就一般接口功能而言的，实际上接口的功能不只是这些，还有如定时、中断和中断管理、时序控制等。

8.2　可编程计数器/定时器 8253-5

8253-5 是可编程计数器/定时器。

8.2.1　8253-5 的引脚与功能结构

8253-5 是一种 24 脚封装的双列直插式芯片，其引脚和功能结构示意图如图 8-2 所示。8253-5 各引脚的定义如下。

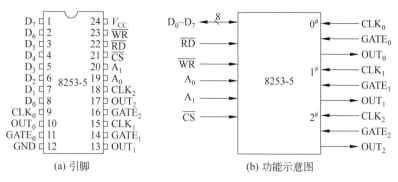

图 8-2 8253-5 引脚和功能结构示意图

$D_0 \sim D_7$：数据线。

A_1、A_0：地址线,用于选择 3 个计数器中的一个以及选择控制字寄存器。

$\overline{RD}$：读控制信号,低电平有效。

$\overline{WR}$：写控制信号,低电平有效。

$\overline{CS}$：片选端,低电平有效。

$CLK_{0 \sim 2}$：计数器 0、1、2 的时钟输入端。

$GATE_{0 \sim 2}$：计数器 0、1、2 的门控制脉冲输入端,由外部设备送入门控脉冲。

$OUT_{0 \sim 2}$：计数器 0、1、2 的输出端,由它接至外部设备以控制其启停。

8253-5 的功能体现在两个方面,即计数与定时。两者的工作原理在实质上是一样的,都是利用计数器作减 1 计数,减至 0 发信号;两者的差别只是用途不同。

8.2.2 8253-5 的内部结构和寻址方式

1. 内部结构

8253-5 的内部结构如图 8-3 所示。它有 3 个独立结构完全相同的 16 位计数器和 1 个 8 位控制字寄存器。在每个计数器内部,又可分为计数初值寄存器 CR、计数执行部件 CE 和输出锁存器 OL 3 个部件,它们都是 16 位寄存器,也可以作 8 位寄存器来用。在计数器工作

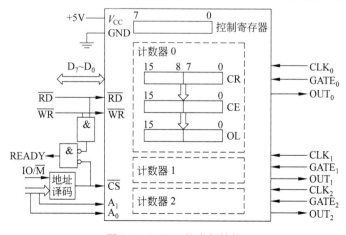

图 8-3 8253-5 的内部结构

时，通过程序给初值寄存器 CR 送入初始值，该初始值再被送入执行部件 CE 进行减 1 计数；而输出锁存器 OL 则用来锁存 CE 的内容，该内容可以由 CPU 进行读出操作。

2. 寻址方式

如上所述，8253-5 内部有 3 个计数器和 1 个控制字寄存器，可通过地址线 A_1、A_0，读写控制线 $\overline{RD}$、$\overline{WR}$ 与选片 $\overline{CS}$ 进行寻址，并实现相应的操作。CPU 对 8253-5 的寻址与相应操作如表 8-1 所示。

表 8-1　8253-5 的寻址与相应操作

A_1	A_0	$\overline{RD}$	$\overline{WR}$	$\overline{CS}$	操　　作
0	0	0	1	0	读计数器 0
0	1	0	1	0	读计数器 1
1	0	0	1	0	读计数器 2
0	0	1	0	0	写入计数器 0
0	1	1	0	0	写入计数器 1
1	0	1	0	0	写入计数器 2
1	1	1	0	0	写方式控制字
x	x	x	x	1	禁止（高阻抗）
1	1	0	1	0	无操作（高阻抗）
x	x	1	1	0	无操作（高阻抗）

8.2.3　8253-5 的工作方式及时序关系

8253-5 的方式控制字格式如图 8-4 所示，各计数器有 6 种可供选择的工作方式，以完成

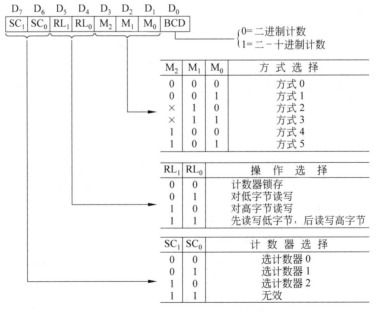

图 8-4　8253-5 工作方式控制字格式

定时、计数或脉冲发生器等多种功能。

1. 方式0 计数结束产生中断

8253-5 在方式0(如图8-5所示)工作时,有以下特点。

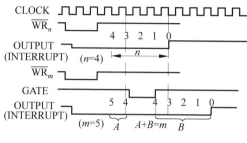

图 8-5 方式 0 的时序图

① 当写入控制字后,OUT 端输出低电平作为起始电平,在计数初值装入计数器后,输出仍保持低电平。若 GATE 端的门控信号为高电平,当 CLK 端每来一个计数脉冲,计数器就作减 1 计数,当计数值减为 0 时,OUT 端输出变为高电平,若要使用中断,则可以用此电平变化向 CPU 发中断请求。

② GATE 为计数控制门。方式 0 的计数过程可由门控信号 GATE 控制暂停,GATE=1 时,允许计数;GATE=0 时,停止计数。GATE 信号的变化并不影响输出 OUT 端的状态。

③ 计数过程中可重新装入计数初值。如果在计数过程中,重新写入某一计数初值,则在写完新的计数值后,计数器将从该值重新开始作减 1 计数。

2. 方式1 可编程单稳触发器

8253-5 按方式1(如图8-6所示)工作时,有以下特点。

① 写入控制字后,OUT 端输出高电平作为起始电平。当计数初值送到计数器后,若无 GATE 的上升沿,不管此时 GATE 输入的触发电平是高电平还是低电平,都不会开始减 1 计数,而必须等到 GATE 端输入一个正跳变触发脉冲时,计数过程才会开始。

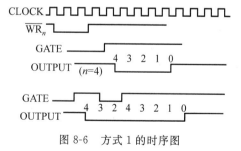

图 8-6 方式 1 的时序图

② 工作时,由 GATE 输入触发脉冲的上升沿使 OUT 变为低电平,每来一个计数脉冲,计数器作减 1 计数,当计数值减为 0 时,OUT 再变为高电平。OUT 端输出的单稳负脉冲的宽度为计数器的初值乘以 CLK 端输入脉冲周期。

③ 如果在计数器未减到 0 时,门控端 GATE 又来一个触发脉冲,则由下一个时钟脉冲开始,计数器将从初始值重新作减 1 计数。当减至 0 时,输出端又变为高电平。这样,使输出脉冲宽度延长。

3. 方式2 分频器（又叫分频脉冲产生器）

方式2是n分频计数器，n是写入计数器的初值。写入控制字后，OUT端输出高电平作为起始电平。当计数初值写入计数器后，从下一个时钟脉冲起，计数器开始作减1计数。当减到1时，OUT端输出将变为低电平。当计数端CLK输入n个计数脉冲后，在输出端OUT输出一个n分频脉冲，其正脉冲宽度为$(n-1)$个输入脉冲时钟周期，而负脉冲宽度只是一个输入脉冲时钟周期。图8-7是方式2的时序图。GATE用来控制计数，GATE=1，允许计数；GATE=0，停止计数。因此，可以用GATE来使计数器同步。注意：在方式2下，不但高电平的门控信号有效，上升跳变的门控信号也是有效的。

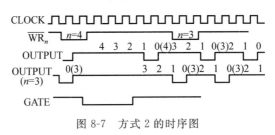

图 8-7　方式 2 的时序图

4. 方式3 方波频率发生器

方式3类似于方式2，但输出为方波或者为对称的矩形波。当写入控制字后，OUT端输出低电平作为起始电平，装入计数值n后，OUT端输出变为高电平。如果当前GATE为高电平，则立即开始作减1计数。当计数值n为偶数时，每当计数值减到n/2时，则OUT端由高电平变为低电平，并一直保持计数到0，故输出的n分频波为方波；当n为奇数时，输出分频波高电平宽度为$(n+1)/2$计数脉冲周期，低电平宽度为$(n-1)/2$计数脉冲周期。图8-8是方式3的时序图。

5. 方式4 软件触发选通脉冲

按方式4工作时，写入控制字后，输出OUT变为高电平。当由软件触发写入初始值后，计数器作减1计数，当计数器减到0时，在OUT端输出一个宽度等于一个计数脉冲周期的负脉冲。若GATE=1，允许计数；GATE=0，停止计数，如图8-9所示。

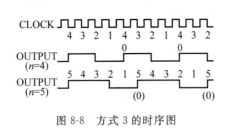

图 8-8　方式 3 的时序图

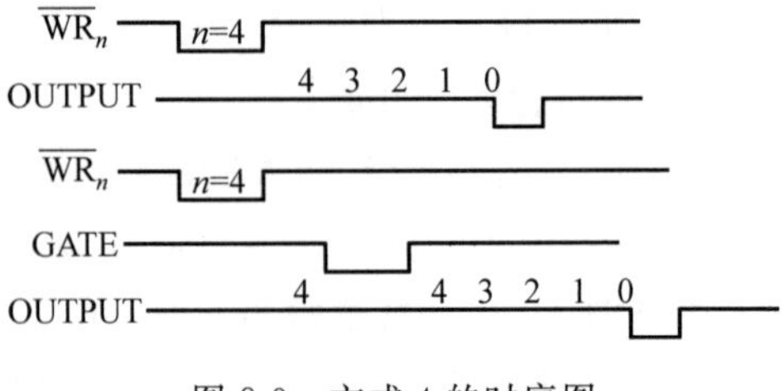

图 8-9　方式 4 的时序图

6. 方式5 硬件触发选通脉冲

方式5类似于方式4，所不同的是GATE端输入信号的作用不同。按方式5工作时，由

GATE 输入触发脉冲,从其上升沿开始,计数器作减 1 计数,计数结束时,在 OUT 端输出一个宽度等于一个计数脉冲周期的负脉冲。在此方式中,计数器可重新触发。当 GATE 触发脉冲上升沿到来时,将把计数初值重新送入计数器,然后开始计数过程。图 8-10 是方式 5 的时序图。

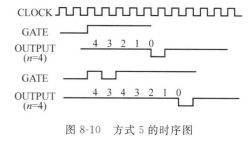

图 8-10 方式 5 的时序图

8.2.4 8253-5 应用举例

在 IBM PC/XT 机中,8253-5 是 CPU 外围支持电路之一,提供系统日历时钟中断,动态存储器刷新定时及喇叭发声音调控制等功能。下面从硬件结构和软件编程两方面予以简要分析。

1. 硬件结构

图 8-11 是 8253-5 在 IBM PC/XT 机中的连线图。图中,8253-5 芯片的 3 个计数器使用相同的时钟脉冲。$CLK_0 \sim CLK_2$ 的频率是 PCLK(2.38MHz)的 1/2,即 1.19MHz,由 U_{22} 分频实现。8253-5 的 3 个计数器端口地址为 40H、41H、42H。控制寄存器端口地址为 43H。

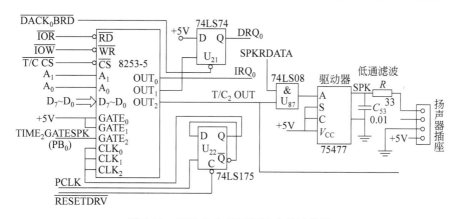

图 8-11 8253-5 在 IBM/XT 中的连接图

3 个计数器的用途如下。

(1) 计数器 0

计数器 0 向系统日历时钟提供定时中断,它选用方式 3 工作,设置的控制字为 36H。计数器值预置为 0(即 65 536),$GATE_0$ 接 +5V,允许计数。因此,OUT_0 输出时钟频率为 1.19MHz/65 536＝18.21Hz。它直接接到中断控制器 8259A 的中断请求端 IR_0(即图中 IRQ_0),即 0 级中断,每秒出现 18.2 次。因此,每间隔 55ms 产生一次 0 级中断请求。并且,每一个输出脉冲均以其正跳变产生一次中断。

(2) 计数器 1

计数器 1 向 DMA 控制器定时发动态存储器刷新请求,它选用方式 2 工作,设置的控制字为 54H。计数器初始值为 18,GATE$_1$ 接＋5V,允许计数。因此,OUT$_1$ 输出分频脉冲频率为 1.19MHz/18＝66.1kHz,相当于周期为 15.1μs。这样,计数器 1 每隔 15.1μs 经由 U$_{21}$ 产生一个动态 RAM 刷新的请求信号 DRQ$_0$。

（3）计数器 2

计数器 2 控制喇叭发声音调,用方式 3 工作,设置的控制字为 B6H,计数器的初值置 533H(即 1331),OUT$_2$ 输出方波频率为 1.19MHz/1331＝894Hz。该计数器的工作由主机板 8255A 的 PB$_0$ 端控制。当 PB$_0$ 输出的 TIME$_2$GATESPK 为高电平时,计数器才能工作。OUT$_2$ 的输出与 8255A PB$_1$ 端产生的喇叭音响信号 SPKRDATA 在 U$_{87}$ 相与后送到功放驱动芯片 75477 的输入端 A,其输出推动喇叭发音。

2. 计数器的预置程序

按上述功能,8253-5 的 3 个计数器的预置程序如下。

```
PRO: MOV AL,  36H      ;选择计数器 0,写双字节计数值,方式 3,二进制计数
     OUT 43H, AL       ;写控制字
     MOV AL,  0        ;预置计数值 65 536
     OUT 40H, AL       ;先送低字节计数值
     OUT 40H, AL       ;后送高字节计数值
PR1: MOV AL,  54H      ;选择计数器 1,读写低字节计数值,方式 2,二进制计数
     OUT 43H, AL
     MOV AL,  12H      ;预置计数器初值 18
     OUT 41H, AL
PR2: MOV AL,  0B6H     ;选择计数器 2,读写双字节计数值,方式 3,二进制计数
     OUT 43H, AL
     MOV AX,  533H     ;送分频数 1331
     OUT 42H, AL       ;先送低字节
     MOV AL,  AH
     OUT 42H, AL       ;后送高字节
```

8.3 可编程并行通信接口芯片 8255A

8255A 是 Intel 公司生产的一种典型的可编程并行通信接口芯片,其功能与通用性都较强,使用也很灵活。

8.3.1 8255A 芯片引脚定义与功能

8255A 是一个 40 脚封装双列直插式芯片,图 8-12 是其引脚和功能示意图。

D$_7$～D$_0$：8 位双向数据线,连接 CPU 与 8255A 片内的三态双向数据总线缓冲器。

A$_1$、A$_0$：2 位地址线,用于选择 3 个 I/O 端口和一个控制端口。

$\overline{\text{RD}}$：读控制线,低电平有效。它连接系统总线的 $\overline{\text{RD}}$(最小方式)或 $\overline{\text{IOR}}$(最大方式)信

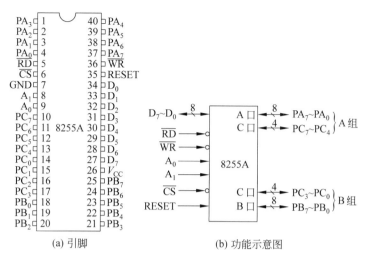

图 8-12　8255A 引脚和功能示意图

号,用于实现对 8255A 的读操作。

$\overline{WR}$:写控制线,低电平有效。它连接系统总线的 $\overline{WR}$(最小方式)或 $\overline{IOR}$(最大方式)信号,用于实现对 8255A 的写操作。

$\overline{CS}$:片选端,低电平有效。当系统地址译码使之为低电平有效时,用于选中 8255A 芯片工作。

RESET:复位信号,高电平有效。8255A 复位后,其内部控制逻辑电路中的控制寄存器和状态寄存器等都被清除,3 个 I/O 端口均被置为输入方式;并且屏蔽中断请求,24 条连接外设的信号线呈现高阻悬浮状态。这种势态,将一直维持到 8255A 接收方式选择控制命令时才能改变,使其进入用户所设定的工作方式。

A 口:含一个 8 位数据输入锁存器和一个 8 位数据输出锁存器/缓冲器。

B 口:含一个 8 位数据输入缓冲器和一个 8 位数据输出锁存器/缓冲器。

C 口:含一个 8 位数据输入缓冲器和一个 8 位数据输出锁存器/缓冲器。

实际使用时,可以把 A 口、B 口、C 口分成两个控制组:A 组和 B 组。A 组控制电路由端口 A 和端口 C 的高 4 位($PC_7 \sim PC_4$)组成,B 组控制电路由端口 B 和端口 C 的低 4 位($PC_3 \sim PC_0$)组成。

8255A 的内部结构框图如图 8-13 所示。它可以分为 CPU 接口、内部逻辑和外设接口 3 部分。其中,各个部件的具体组成与功能如下。

1. 数据端口 A、B、C

8255A 的 3 个 8 位 I/O 端口 A、B、C 是与外设相连的接口,它们均可用来连接外设和作为输入口或输出口传输信息,但各有不同特点,设计者可以用软件使它们分别作为输入端口或输出端口。

在实际使用中,A 口和 B 口通常只作为独立的输入或输出数据端口使用,虽然有时也利用它们从外设读取一些状态信号,如打印机的"忙"(BUSY)状态信号、A/D 转换器的"转换结束"(EOC)状态信号等,但对 A 口和 B 口来说,都是作为 8255A 的数据口读入的,而不

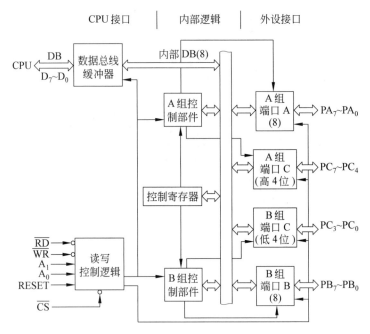

图 8-13　8255A 的内部结构图

是作为状态口读入的。这时，A 口和 B 口作数据口输入输出，是按 8 位信息一起传输的，即使只用到其中某一位，也要同时输入输出 8 位数据。

C 口的功能和使用比较特殊。它除了可以作数据口使用外，主要是用来配合 A 口和 B 口工作。

具体地说，C 口的 8 位常常可通过控制命令将其分为 2 个 4 位端口，每个 4 位端口包含 1 个 4 位的输入缓冲器和 1 个 4 位的输出锁存器/缓冲器，它们分别用来作为 A 口和 B 口工作时的输出控制信号与输入状态信号。此外，C 口还可以作为专用（固定）联络（握手）信号线，以及用作实现按位控制之用。其具体用法将在下面详细说明。

2. A 组控制和 B 组控制部件

这两组控制部件是 8255A 的内部控制逻辑，其内部有控制寄存器与状态寄存器，它们完成两个功能：一是接收来自 CPU 通过内部数据总线送来的控制字，以选择两组端口的工作方式；二是接收来自读写控制逻辑电路的读写命令，以决定两组端口的读写操作。

3. 读写控制逻辑电路

读写控制逻辑电路是和 CPU 相连的控制电路，负责管理 8255A 的数据传输过程。它接收片选信号 $\overline{CS}$ 和来自地址总线的地址信号 A_1、A_0（在 8086 CPU 中为 A_2、A_1）以及控制总线的信号 RESET、$\overline{WR}$、$\overline{RD}$，并将它们组合后，得到对 A 组和 B 组控制部件的控制命令，并将命令送给这两个部件，再由它们完成对数据信息、状态信息和控制信息的传输。

4. 数据总线缓冲器

数据总线缓冲器是连通 CPU 数据总线的一个双向三态 8 位数据缓冲器，8255A 正是通过它来输入输出数据的;此外,CPU 发给 8255A 的控制字以及由外设输入 CPU 的状态信息等,也都是通过该部件传递的。

8.3.2 8255A 寻址方式

8255A 有 3 个 I/O 端口和一个控制端口,它们通过地址线 A_1、A_0,读写控制线 $\overline{RD}$、$\overline{WR}$ 和片选线 $\overline{CS}$ 进行寻址并实现相应的操作。表 8-2 列出了 8255A 的寻址方式与相应操作。

表 8-2   8255A 寻址方式与相应操作

A_1	A_0	$\overline{RD}$	$\overline{WR}$	$\overline{CS}$	操　　作
0	0	0	1	0	读端口 A
0	1	0	1	0	读端口 B
1	0	0	1	0	读端口 C
0	0	1	0	0	写端口 A
0	1	1	0	0	写端口 B
1	0	1	0	0	写端口 C
1	1	1	0	0	写控制寄存器:若 $D_7 = 1$,则写入的是工作方式控制字;若 $D_7 = 0$,则写入的是对 C 口某位的置位/复位控制字
×	×	×	×	1	无操作($D_7 \sim D_0$ 处于高阻抗)
×	×	1	1	0	无操作($D_7 \sim D_0$ 处于高阻抗)
1	1	0	1	0	非法操作

8.3.3 8255A 的控制字

8255A 在初始化编程时,是利用 OUT 指令由 CPU 输出一个控制字到控制端口的控制寄存器来控制其工作的。根据具体控制要求的不同,可使用两种不同类型的控制字:一种是用于选择 3 个 I/O 端口工作方式的控制字,叫做方式选择控制字;另一种是对端口 C 中任一位进行置位或复位操作的控制字,叫做端口 C 置位/复位控制字。

1. 方式选择控制字

方式选择控制字的格式如图 8-14 所示。

2. 端口 C 置位/复位控制字

端口 C 的主要特点之一是可以通过对控制寄存器写入端口 C 置位/复位控制字,来实现对其按位控制。端口 C 置位/复位控制字的格式如图 8-15 所示。

【例 8-1】 若要将 8255A 设定为 A 口为方式 0 输入,B 口为方式 1 输出,$PC_7 \sim PC_4$ 为输出,$PC_3 \sim PC_0$ 为输入。设 8255A 的 4 个端口地址范围为 0060H~0063H(PC 系统中),则初始化编程时的程序段如下。

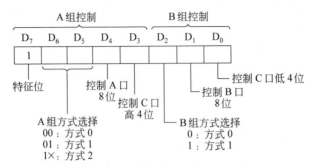

图 8-14 方式选择控制字的格式

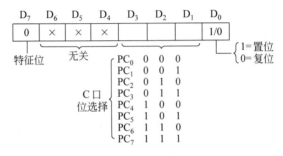

图 8-15 端口 C 置位/复位控制字

```
MOV DX,0063H        ;8255A 控制口地址
MOV AL,10010101B    ;设定初始化方式选择控制字
OUT DX,AL           ;送控制字到控制口
```

【例 8-2】 若要使 8255A 的 PC_5 初始状态置为 1,设 8255A 端口地址范围为 300H~303H(实验平台),则设置端口 C 置位/复位控制字的程序段如下。

```
MOV DX,0303H        ;8255A 控制口地址
MOV AL,00001011B    ;由 C 口置位/复位控制字设定 PC₅=1
OUT DX,AL           ;送控制字到控制口
```

【例 8-3】 若要使 8255A 的 PC_7 产生一个负脉冲,用作打印机接口的选通信号,设 8255A 控制端口地址为 0FFFEH (TP86A),则设置端口 C 置位/复位控制字的程序段如下。

```
MOV DX,0FFFEH       ;8255A 控制口地址
MOV AL,00001110B    ;由 C 口置位/复位控制字设定 PC₇=0
OUT DX,AL           ;送控制字到控制口
NOP                 ;延长负脉冲宽度
NOP
MOV AL,00001111B    ;由 C 口置位/复位控制字设定 PC₇=1
OUT DX,AL
```

8.3.4　8255A 的工作方式

8255A 有 3 种工作方式：方式 0（基本输入输出方式）、方式 1（选通输入输出方式）、方式 2（双向选通输入输出方式，仅适合于 A 口）。这些工作方式由初始化编程时设置方式选择控制字来选择。

A 口可选择方式 0、方式 1 和方式 2，B 口只能选择方式 0 和方式 1，而 C 口则只能工作在方式 0。当 A 口和 B 口选择方式 0 与方式 1 时，C 口通常都是配合 A 口或 B 口工作，作为 A 口、B 口与外设联络用的输出控制信号或输入状态信号，而 C 口的其余各位仍用方式 0 工作。

1. 方式 0

方式 0 是基本的输入输出工作方式，它只能完成简单的并行输入输出操作，其控制字格式如图 8-16 所示。

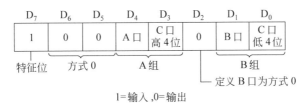

图 8-16　方式 0 控制字格式

方式 0 具有以下特点。

① 方式 0 作为一种基本输入输出工作方式，通常不用联络信号，或不使用固定的联络信号，因此，只能无条件传送或按查询方式传送，而不能采用中断方式来和 CPU 交换数据。任何一个数据端口都可用方式 0 作简单的数据输入或输出。在输出时，3 个数据口都有锁存功能；在输入时，只有 A 口有锁存功能，而 B 口和 C 口只有三态缓冲能力。

② 由 A 口、B 口两个 8 位并口和 C 口高 4 位与 C 口低 4 位两个 4 位并口，共有 4 个独立的并口，它们可组合成 16 种不同的输入输出组态。注意，在方式 0 下，这 4 个独立的并口只能按 8 位（对 A 口、B 口）或 4 位（对 C 口高 4 位、C 口低 4 位）作为一组同时输入或输出，不能再把其中的一部分位作为输入而另一部分位作为输出。同时，它们也是一种单向的输入输出传送，一次初始化只能使所指定的某个端口或者作输入或者作输出，而不能指定它既作输入又作输出。

③ 8255A 在方式 0 下不设置专用联络信号线，若需要联络时，可由用户任意指定 C 口中的某一位完成联络功能，但这种联络功能与后面将要讨论的在方式 1、方式 2 下设置固定的专用联络信号线是不同的。

方式 0 的使用场合有两种：同步传送、查询式传送。同步传送时，对接口的要求很简单，只要能传送数据就行了。但查询传送时，需要有应答信号。通常，将 A 口与 B 口作为数据端口，而将 C 口的 4 位规定为控制信号输出口，另外 4 位规定为状态输入口，这样用 C 口配合 A 口与 B 口工作。

2. 方式 1

方式 1 和方式 0 不同,它在使用 A 口和 B 口进行输入输出时,一定要利用 C 口所提供的选通信号和应答信号来配合输入输出操作。所以,方式 1 又称为选通输入输出方式或者应答方式。

方式 1 具有以下特点。

① 方式 1 作为一种选通输入输出方式,它在工作时需要联络线配合 A 口和 B 口对 CPU 和 I/O 设备两边进行联络控制,联络线及其联络信号是通过方式 1 控制字自动对 PC 口的一些位设置的,编程员不能指定作其他用途,除非改变工作方式。这是一个基本的特性。

② A 口和 B 口可被分别指定作为两个数据端口进行单向输入或输出传输,如果 A 口和 B 口中只有一个端口工作于方式 1,则 C 口中就有 3 位被规定为配合该方式工作的联络信号,此时另一个数据端口可以工作在方式 0,C 口中的其他数位也可以工作在方式 0。

③ 如果 A 口和 B 口都工作在方式 1,则 C 口中就有 6 位(分为两组 3 位)联络线来作联络与控制操作。各联络信号线之间有着固定的时序关系,传送数据时,将严格按照时序的规定进行。而 C 口的其余 2 位,仍可作为输入或输出线。

④ 在方式 1 的输入输出操作过程中,将产生固定的状态字,这些状态字可作为查询或中断请求用,并可由 C 口读取。

8255A 按方式 1 工作时,A 口、B 口及 C 口的两位(PC_4、PC_5 或 PC_6、PC_7)可作为 I/O 数据口用,C 口的其余 6 位将作为控制口用。方式 1 的具体操作可以分为以下 3 种情况来详细讨论。

(1) A 口和 B 口均为输入方式

在 A 口和 B 口均为输入方式下,其控制字格式和连接图如图 8-17 所示。

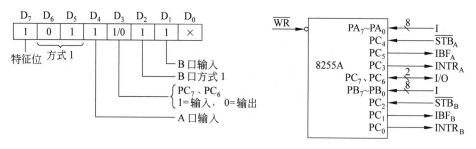

图 8-17　方式 1　A 口、B 口均为输入

从图 8-17 中可见,C 口的 $PC_5 \sim PC_0$ 作为 A 口与 B 口输入工作时的选通($\overline{STB}$)、输入缓冲器满(IBF)及中断请求(INTR)信号。其中,PC_4 作为 A 口的选通信号输入端 $\overline{STB_A}$,PC_5 作为 A 口输入缓冲器满信号的输出端 IBF_A,PC_3 则作为中断请求信号输出端 $INTR_A$。相应地,PC_2 作为 B 口的选通信号输入端 $\overline{STB_B}$,PC_1 作为其输入缓冲器满信号输出端 IBF_B,PC_0 则作为中断请求信号输出端 $INTR_B$。注意,这些被作为控制口使用的由 C 口所提供的选通信号、应答信号和中断请求信号,它们同 C 口中的某些指定位线之间有着固定的对应关系,这种关系是在对端口设定工作方式时自动确定的,而不能用编程来改变,除非重新设

置方式选择控制字。关于这些信号的含义说明如下。

$\overline{STB}$(strobe)：选通输入信号，低电平有效。它是由外设送给 8255A 的选通信号，当它有效时，就把来自外设的一个 8 位输入数据送到 8255A 的端口 A 或端口 B 的输入缓冲器中。

IBF (input buffer full)：输入缓冲器满信号的输出信号，高电平有效。IBF 是 8255A 输出的状态信号，当它有效时，表示当前已有一个新的数据进入 A 口或 B 口的输入缓冲器中，即缓冲器已满，8255A 此刻不能再接收别的数据。IBF 信号是对 $\overline{STB}$ 的响应信号，由 $\overline{STB}$ 信号置位。它可以由 CPU 通过查询 C 口的 PC_5 或 PC_1 位获得。当 CPU 查得 PC_5(或 PC_1)=1 时，表示输入缓冲器数据已满，CPU 可以从 A 口(或 B 口)读入输入数据；一旦完成读入操作后，IBF 将由 $\overline{RD}$ 信号的上升沿复位(变为低电平)，复位后表示输入缓冲器已空，又允许外设将一个新的数据送到 8255A。

INTR (interrupt request)：它是 8255A 送往 CPU 的中断请求信号，高电平有效。

当 $\overline{STB}$ 结束(回到高电平时)和 IBF 为高电平，且有相应的中断允许信号(即 INTE 为高电平)时，则 8255A 就把 INTR 变为有效，以向 CPU 发中断请求。它表示 8255A 的数据端口已输入一个新的数据，并向 CPU 请求中断服务。若 CPU 响应此中断请求，则读入数据端口的数据，并由 $\overline{RD}$ 信号的下降沿使 INTR 复位(变为低电平)。INTR 通常和 8259A 的一个中断请求输入端 IR 相连，通过 8259A 的输出端 INT 向 CPU 发出中断请求。

INTE (interrupt enable)：中断允许信号。它是在 8255A 内部的一个控制中断允许或禁止的控制信号。INTE 没有外部引出端，即没有对片外输入或输出的功能，它只能由软件通过对 C 口某位的置位或复位实现对中断请求的允许或禁止。具体地讲，A 口的中断请求 $INTR_A$ 可以通过对 PC_4 的置位或复位加以控制，PC_4 置 1，允许 $INTR_A$ 工作；PC_4 置 0，则屏蔽 $INTR_A$。B 口的中断请求 $INTR_B$ 可以通过对 PC_2 的置位或复位加以控制。注意，$INTR_A$ 和 $INTR_B$ 是两个中断允许触发器，由于它们没有外部引出脚，因此，在 PC_4 或 PC_2 脚上出现外来的高电平或低电平信号时，并不能改变中断允许触发器的状态。

(2) A 口和 B 口均为输出方式

在 A 口和 B 口均为输出方式下，其控制字格式和连线图如图 8-18 所示。

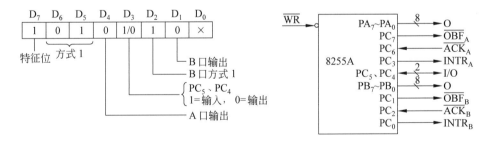

图 8-18　方式 1　A 口、B 口均为输出

从图 8-18 可见，端口 C 的 $PC_3 \sim PC_0$ 与 PC_7、PC_6 这 6 位线作为端口 A 与端口 B 输出时的缓冲器满($\overline{OBF}$)，应答($\overline{ACK}$)信号和中断请求信号(INTR)。其中，PC_7 作为 A 口的输出缓冲器满信号端 $\overline{OBF_A}$，PC_6 作为其外设应答信号端 $\overline{ACK_A}$，PC_3 则作为中断请求信号端 $INTR_A$。相应地，PC_2、PC_1 与 PC_0 则分别作为 B 口的 3 位联络线 $\overline{ACK_B}$、$\overline{OBF_B}$ 与 $INTR_B$。

它们的含义如下。

$\overline{\text{OBF}}$(output buffer full)：输出缓冲器满信号,输出信号,低电平有效。当它有效时,表示 CPU 已把数据写入 A 口或 B 口的输出缓冲器等待输出。当 CPU 执行 OUT 指令$\overline{\text{WR}}$有效时,表示将数据锁存到输出缓冲器,由写信号$\overline{\text{WR}}$的上升沿把$\overline{\text{OBF}}$信号置成低电平,通知外设可以到 A 口或 B 口来取走数据。当外设取走数据时,向 8255A 发应答信号$\overline{\text{ACK}}$,$\overline{\text{ACK}}$信号使$\overline{\text{OBF}}$复位为高电平。

$\overline{\text{ACK}}$(acknowledge)：外设应答信号,低电平有效。当$\overline{\text{ACK}}$有效时,表示 CPU 输出到 8255A 的数据已被外设取走。

INTR (interrupt request)：中断请求信号,高电平有效。当外设向 8255A 发回的应答信号$\overline{\text{ACK}}$结束(回到高电平),8255A 便向 CPU 发中断请求信号 INTR,表示 CPU 可以对 8255A 写入一个新的数据。若 CPU 响应此中断请求,向数据口写入一新的数据,则由写信号$\overline{\text{WR}}$上升沿(后沿)使 INTR 复位,变为低电平。

INTE (interrupt enable)：中断允许信号,与方式 1 输入类似,A 口的输出中断请求 $INTR_A$ 可以通过对 PC_3 的置位或复位来加以允许或禁止。B 口的输出中断请求 $INTR_B$ 可以通过对 PC_0 的置位或复位来加以允许或禁止。

(3) 混合输入与输出

端口 A 为输入,端口 B 为输出,其控制字格式和连线图如图 8-19 所示。

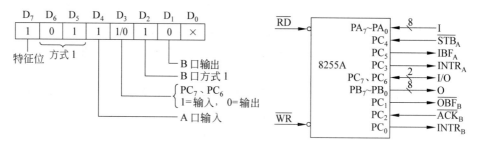

图 8-19　方式 1　端口 A 输入、端口 B 输出

端口 A 为输出,端口 B 为输入,其控制字格式如图 8-20 所示。

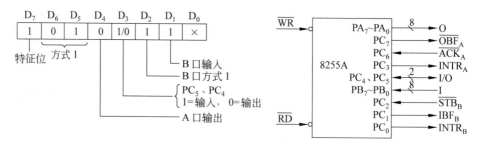

图 8-20　方式 1　端口 A 输出、端口 B 输入

【例 8-4】 设 8255A 为工作在方式 1,A 口为输出。当外设向 8255A 发回的应答信号变为高电平时,若允许 8255A 向 CPU 发中断请求信号,则必须设置中断允许信号 $INTR_A = 1$,即置 $PC_6 = 1$;若禁止它产生中断请求,则 $INTR_A = 0$,即置 $PC_6 = 0$。假定端口的地址范围为 300H～303H,其程序段如下。

```
MOV DX,303H              ;置 8255A 控制口
MOV AL,00001101B         ;置 C 口按位控制字,使 PC₆＝1,允许发中断请求
OUT DX,AL
MOV AL,00001100B         ;置 PC₆＝0,禁止发中断请求
OUT DS,AL
```

【例 8-5】 若将 8255A 的 A 口与打印机相连,使 A 口工作于方式 1 下输出,并利用中断方式向打印机输出一组(字符串长度为 256 字节)字符,打印机接口连接电路如图 8-21 所示。试编写采用中断方式传送一组打印字符的程序段。

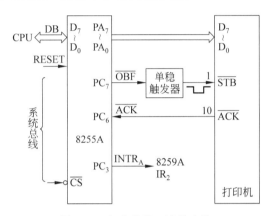

图 8-21　打印机接口连接电路

由图 8-21 可知,当 8255A 的 A 口按方式 1 采用中断方式向打印机输出字符时,将通过自动设置的 3 位联络线配合 A 口输出,这时 3 位联络线的连接情况是:用 PC_7 自动作为 8255A 的输出缓冲器满信号 $\overline{OBF}$ 的输出端,通过单稳触发器接到打印机的 1 号引脚端,PC_6 自动作为外设的应答信号 $\overline{ACK}$ 从打印机的 10 号引脚接到 8255A 的 PC_6 端,而 PC_3 则自动作为 A 口的中断请求信号输出端 $INTR_A$ 接到 8259A 的 IR_2 端(这是由用户选用的保留引脚),它所对应的中断类型号为 0AH。

由联络线信号引起 CPU 中断的具体过程是:输出时,首先由 CPU 执行 OUT 指令向 A 口输出一个空字符(也可以是空格字符),通过配合 A 口输出的 3 位联络线的控制以引发第一次中断请求。在中断服务子程序中,当取一个要打印的字符送到 8255A 的 A 口时,若为低电平有效,则表示 CPU 已把 1 个字符写入 A 口的输出缓冲器,等待外设来取走 A 口的字符。利用 PC_7 引脚上 $\overline{OBF}$ 的下降沿触发一次单稳触发器,产生打印机所需要的脉冲,将字符锁存到打印机的内部缓冲器中。当打印机接收到字符后,便从 10 号引脚上向 8255A 的 PC_6 发一个低电平的应答信号 $\overline{ACK}$,由 $\overline{ACK}$ 使 $\overline{OBF}$ 变为高电平。当结束应答 $\overline{ACK}$ 回到高电平,8255A(在其中断允许 INTE 已设定为 1 时)便由 PC_3 输出 $INTR_A$ 中断请求信号。当 CPU 响应中断后,将再次执行中断服务子程序输出下一个字符,待中断处理完毕,返回主程序,又继续准备接收和响应新的中断请求。如此重复地响应中断请求和执行中断服务子程序,直至输出完一组打印字符。

假定 8255A 的端口地址范围为 300H～303H,8259A 的端口地址为 020H 与 021H。初始化时使 A 口为方式 1、输出,B 口可任意设定为方式 0、输出,C 口除联络线以外的 5 位

线也均设定为输出,则方式选择控制字为10100000B(0A0H)。允许 A 口输出中断请求的 $INTR_A$ 中断允许信号,由 C 口置位/复位控制字对 PC_6 置位来设定。

中断打印输出字符的程序由主程序 MAIN 和中断服务子程序 SUBP 两部分组成。主程序完成中断向量设置、开放中断(包括使 CPU 的中断允许标志 IF 为 1 与使 8255A 的 INTE 为 1)以及 8255A 初始化等准备工作,而中断服务子程序则完成 A 口字符的输出、8259A 芯片的中断命令字与结束中断方式的设置以及中断返回等操作。

```
MAIN:   PUSH DS                    ;保存原 DS
        MOV  AX,SEG SUBP           ;为打印驱动子程序入口 SUBP 设置新的中断向量
        MOV  DS, AX                ;SUBP 的段地址送 DS
        MOV  DX,OFFSET    SUBP;SUBP 的偏移地址送 DX
        MOV  AH,25H                ;设置中断向量的功能号 AH
        MOV  AL,0AH                ;为 8259A 的 IR₂ 建立 0AH 号中断向量表项
        INT  21H
        POP  DS                    ;恢复原 DS
        MOV  DX,303H               ;设定 8255A 控制端口地址
        MOV  AL,0A0H               ;8255A 初始化,设置方式选择控制字
        OUT  DX,AL                 ;控制字送端口
        MOV  AL,00001101B          ;设定 C 口置位/复位控制字
        MOV  DX,AL                 ;置 PC₆=1,使 INTEₐ=1,允许 8255A 产生中断
        MOV  DX,300H
        MOV  AL,00H                ;设置空白字符的 ASCII 码
        OUT  DX,AL                 ;A 口输出一个空白字符,以引发第一次中断请求
        MOV  AX,OFFSET DATA        ;打印字符串的标号 DATA(首地址)的偏移地址送 AX
        MOV  STR_PTR,AX            ;设置增 1 的打印字符串指针的偏移地址
        MOV  AX,SEG DATA
        MOV  STR_PTR +2,AX         ;设置增 1 的打印字符串指针的段地址
        STI                        ;CPU 开中断
          ⋮
SUBP:   PUSH SI
        PUSH DS
        PUSH AX
        LDS  SI,DWORD PTR STR_PTR ;设置打印字符串地址的指针 DS:SI
        CLD
        LODSB                      ;从 SI 寻址的字符串中取一个 8 位字符送 AL
        MOV  STR_PTR,SI            ;将自动增 1 后的 SI 保存于新的字符串指针
        MOV  DX,300H               ;8255A 的 A 口地址
        OUT  DX,AL                 ;将 AL 的一个打印字符输出到 A 口
        MOV  CX,0FFH
        DEC  CX
        JNZ  NEXT                  ;字符送完否? 未完,转 NEXT
        MOV  AL,00001100B          ;已送完,重设 C 口置位/复位控制字
        MOV  DX,303H               ;8255A 控制端口地址
        MOV  DX,AL                 ;置 PC₆=0,使 INTEₐ=0,禁止 8255A 产生中断
NEXT:   MOV  AL,20H                ;设置 8259A 的 OCW₂ 命令
```

```
        OUT   20H,AL                    ;送中断结束命令给 8259A 的端口
        POP   AX
        POP   DS
        POP   SI
        IRET                            ;中断返回
```

注意：采用中断方式打印输出和查询方式打印输出的数据的传输方式是不同的，其基本区别在于，采用中断方式时，CPU 不会用自身执行查询或循环指令来等待输出数据，它可以照常执行主程序，只有当接收到中断请求信号并允许中断时，才响应中断并转向处理中断服务子程序，这样，就大大节省了查询等待的时间，提高了 CPU 的工作效率。

3. 方式 2

此方式称为选通双向传输，仅适用于 A 口。图 8-22 是方式 2 的控制字格式和连线图。其控制信号含义如下。

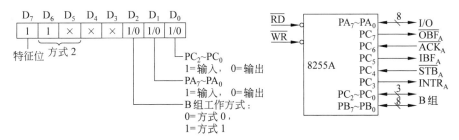

图 8-22　方式 2 控制字格式

$INTR_A$：中断请求信号，高电平有效。端口 A 完成一次输入或输出数据操作后，可通过 $INTR_A$ 向 CPU 发中断请求。

$\overline{STB_A}$：输入选通信号，低电平有效。当 $\overline{STB_A}$ 有效时，把外设输入的数据信号锁存入端口 A。

IBF_A：输入缓冲器满，高电平有效。当 IBF_A 有效时，表示已有一个数据送入 A 口，等待 CPU 读取。此信号可供 CPU 作输入查询用。

$\overline{OBF_A}$：输出缓冲器满，低电平有效。当 $\overline{OBF_A}$ 有效时，表示 CPU 已将一个数据写入 A 口，通知外设，可以将其取走。

$\overline{ACK_A}$：外设应答信号，低电平有效。当 $\overline{ACK_A}$ 有效时，表示 A 口输出的数据已送到外设。

$INTE_1$：A 口输出中断允许信号（在片内）。可以由软件通过对 PC_6 的置位或复位来加以允许或禁止。

$INTE_2$：A 口输入中断允许信号（在片内）。可以由软件对 PC_4 的置位或复位来加以允许或禁止。

8.3.5　8255A 的时序关系

按方式 0 工作时，因为外设与 8255A 之间的数据交换没有时序控制，所以只能作为简

单的输入输出和用于低速并行数据通信。而按方式 1 工作时,外设与 CPU 可以进行实时数据通信。

按方式 1 工作时序如图 8-23 和图 8-24 所示。

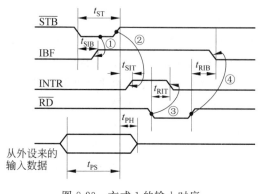

图 8-23　方式 1 的输入时序

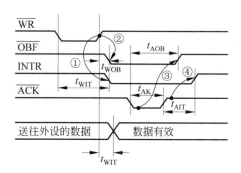

图 8-24　方式 1 的输出时序

方式 2 的工作时序如图 8-25 所示。

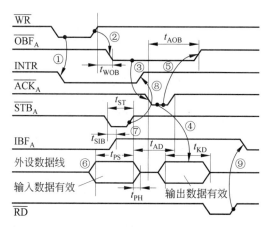

图 8-25　方式 2 的时序

从时序图上,可以把它们的工作过程归纳如下。

① 当数据端口作为输入工作时,在 $\overline{STB}$ 有效时,由外设把输入数据送入端口,并发出 IBF 有效信号,该信号可供外设作通信联络信号,也可以由 CPU 查询 C 口的相应位获得。当 CPU 执行 IN 指令对该数据口进行读入操作后,由 $\overline{RD}$ 的上升沿使 IBF 复位,为下一次输入数据作准备。如果该数据端口的中断允许 INTE 被置位,则在 $\overline{STB}$ 信号回复到高电平时,8255A 通过 INTR 向 CPU 发中断请求。若 CPU 响应该中断请求,读取该数据端口的输入数据,则 $\overline{RD}$ 由下降沿使 INTR 复位,为下一次数据输入请求中断作准备。

② 当数据端口作为输出口时,在 CPU 把数据写入端口后,由 $\overline{WR}$ 的上升沿使 $\overline{OBF}$ 有效并使 INTR 复位。$\overline{OBF}$ 由 8255A 输出到外设,并通知外设可以取走端口的输出数据。当外设取走一个数据时,应向 8255A 发回应答信号 $\overline{ACK}$。$\overline{ACK}$ 的有效低电平可以使 $\overline{OBF}$ 复位,为下一次输出做好准备。如果该端口输出中断允许 INTE 位被置位,则当 $\overline{ACK}$ 回到高电平时,8255A 可以通过 INTR 发输出中断请求。若 CPU 响应该中断请求,又可以把下一次输

出数据写入数据端口。

③ 当数据端口既作输入又作输出选通双向传送时,其时序图上所表示的工作过程将是以上输入时序与输出时序的综合,故不再详述。

8.3.6 8255A 的应用举例

8255A 作为通用的并行输入输出接口芯片,常用于 CPU 与外设之间,CPU 可以通过8255A 将数字量送往外设,也可以通过 8255A 将数字量从外设读入 CPU。当 8255A 用作矩阵键盘接口时,既有输入操作,又有输出操作,用一片 8255A 构成 4 行 4 列的非编码键盘电路如图 8-26 所示。

非编码键盘通常有线性排列和 M 行 $\times N$ 列的矩阵排列两种。通过程序查询来判断是哪一个键有效,其硬件电路较编码键盘要简单。线性键盘的每一个按键均有一根输入线,每根输入线接到微机输入端口的一根输入线上,若为 16 个按键则需要 16 根输入线,因此,线性键盘不适合较多的按键应用场合。非编码矩阵键盘应用较广,输入输出引线数量等于行数加列数。

图 8-26 为 4 行 4 列矩阵键盘接口,输入输出共 8 根线实现 16 个按键,按键越多,矩阵键盘优点越明显。

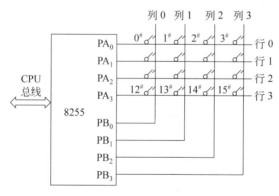

图 8-26 矩阵键盘接口

该矩阵键盘接口由 8255A 的 PA$_3$~PA$_0$ 作输出线,PB$_3$~PB$_0$ 作输入线,且 PB$_3$~PB$_0$ 均通过电阻接到 +5V(本图略)。其工作过程如下。

计算机对其实现两次扫描。第 1 次扫描,将 PA$_3$~PA$_0$ 输出均为低电平,由 PB$_3$~PB$_0$读入,判断是否有一个低电平,若没有任何一个是低电平,则继续实现第 1 次扫描;若有低电平,则应用软件消除抖动,延时 10~20ms 后,再去判别是否有低电平,若低电平消失,则可能是干扰或按键的抖动,必须重新实现第 1 次扫描;否则,经 10~20ms 后,仍然判别出有低电平,则确认有键按下,接着实现第 2 次扫描。第 2 次扫描,即逐行扫描法,例如先扫描 0行,计算机从 A 口输出,使 PA$_3$=1,PA$_2$=1,PA$_1$=1,PA$_0$=0,然后从 B 口读入,判别是否有低电平,如果有,则可识别出 0 行哪一列上有键按下,如果没有,则计算机从 PA 口重新输出,使 PA$_3$=1,PA$_2$=1,PA$_1$=0,PA$_0$=1,从 B 口输入,用上述方法判别,直至扫描完所有 4行,总可以找到某一个按下的按键,并识别出其处于矩阵中的位置,因而可根据键号去执行对该键所设计的子程序。

设图 8-26 中 8255A 的 A 口作输出,端口地址为 80H,B 口作输入,端口地址为 81H,控制口地址为 83H,其键盘扫描程序如下。

```
            ;判别是否有键按下
            MOV   AL,82H      ;初始化 8255A,A 口输出,B 口输入,均工作在方式 0
            OUT   83H,AL
            MOV   AL,00H
            OUT   80H,AL      ;使 PA₃＝PA₂＝PA₁＝PA₀＝0
     LOOA：  IN    AL,81H      ;读 B 口
            AND   AL,0FH      ;屏蔽高 4 位
            CMP   AL,0FH
            JZ    LOOA        ;结果为 0,无键按下,转 LOOA
            CALL  D20ms       ;B 口输入有低电平,调用延时子程序 D20ms(D20ms 程序略)
            IN    AL,81H      ;第 2 次读 B 口
            AND   AL,0FH
            CMP   AL,0FH
            JZ    LOOA        ;如果为 0,由于干扰或抖动的原因,转 LOOA,否则确有键按下,
                             ;执行下面程序

            ;判断哪一个键按下
     START：MOV   BL,4        ;行数送 BL
            MOV   BH,4        ;列数送 BH
            MOV   AL,0FEH     ;D₀＝0,准备先扫描 0 行
            MOV   CL,0FH      ;键盘屏蔽码送 CL
            MOV   CH,0FFH     ;CH 中存放起始键号
     LOP1： OUT   80H,AL      ;A 口输出,扫描一行
            ROL   AL          ;修改扫描码,准备扫描下一行
            MOV   AH,AL       ;暂时保存
            IN    AL,81H      ;B 口输入,读列值
            AND   AL,CL       ;屏蔽高 4 位
            CMP   AL,CL       ;比较
            JNZ   LOP2        ;有列线为 0,转 LOP2,找列线
            ADD   CH,BH       ;无键按下,修改键号,使适合下一行找键号
            MOV   AL,AH       ;恢复扫描码
            DEC   BL          ;行数减 1
            JNZ   LOP1        ;未扫描完转 LOP1
            JMP   START       ;重新扫描
     LOP2： INC   CH          ;键号增 1
            ROR   AL          ;右移 1 位
            JC    LOP2        ;无键按下,查下一列线
            MOV   AL,CH       ;已找到,键号送 AL
            CMP   AL,0
            JZ    KEY0        ;是 0 号键按下,转 KEY0
            CMP   AL,1        ;否则,判断是否为 1 号键
```

```
        JZ      KEY1          ;是 1 号键按下,转 KEY1
          ⋮                      ⋮
        CMP     AL,0EH        ;判断是否为 14 号键
        JZ      KEY14         ;是转 KEY14
        JMP     KEY15         ;不是 0~14 号键,一定是 15 号键
```

该 4 行 4 列矩阵键盘接口易于扩展,无论是增加行还是增加列均可扩充键的数量,只需对以上程序稍作更改即可。

8.4 可编程串行异步通信接口芯片 8250

NINS 8250 是一种可编程的串行异步通信接口芯片,如 IBM PC 中的串行接口即用此芯片。它支持异步通信规程;芯片内部设置时钟发生电路,并可以通过编程改变传送数据的波特率;它提供完善的 modem 接口,极易通过 modem 实现远程通信。

8.4.1 串行异步通信规程

在详细介绍可编程串行异步通信接口芯片 8250 之前,首先要了解串行异步通信规程。

串行异步通信规程是把一个字符看作一个独立的信息单元,每一个字符中的各位以固定的时间传送。因此,这种传送方式在同一字符内部是同步的,而字符之间是异步的。在异步通信中收发双方取得同步的方法是采用在字符格式中设置起始位和停止位的办法。在一个有效字符正式发送之前,先发送一个起始位,而在字符结束时发送 1~2 个停止位。当接收器检测到起始位时,便能知道接着是有效的字符位,于是开始接收字符,检测到停止位时,就将接收到的有效字符装入接收缓冲器中。通常异步通信的格式如图 8-27 所示。

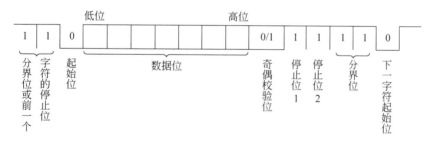

图 8-27　串行异步通信数据传输格式

从图 8-27 中可见,串行异步通信格式如下。

① 起始位,它一定是逻辑 0 电平。

② 数据位(5~8 位)。它紧跟在起始位后,是要被传送的数据。传送时,先传送低位,后传送高位。

③ 奇偶校验位。占 1 位,奇校验或偶校验。

④ 停止位。可以是 1 位、1.5 位或 2 位,它一定是逻辑 1 电平。

8.4.2　8250 芯片引脚定义与功能

8250 是一个 40 脚封装的双列直插式芯片,图 8-28 是其引脚功能示意图。除电源线 (V_{CC}) 和地线(GND)外,其引脚线可分为两大类:与 CPU 接口的信号线;与通信设备接口的信号线。

1. 与 CPU 接口的信号线

与 CPU 接口的信号线共分为 5 组:数据线、读写控制信号线、总线驱动器控制线、中断信号线和复位信号输入线。

(1) 数据线:$D_7 \sim D_0$,CPU 和 8250 通过此 8 位双向数据线传送数据或命令。

(2) 读写控制信号线

① CS_0,CS_1,$\overline{CS_2}$:片选输入引脚。当 CS_0,CS_1 为高电平,$\overline{CS_2}$ 为低电平时,则选中 8250。

② DISTR,$\overline{DISTR}$:数据输入选通引脚。当 DISTR 为高电平或 $\overline{DISTR}$ 为低电平时,CPU 就能从选中的 8250 寄存器中读出状态字或数据信息。$\overline{DISTR}$连接系统总线上的 $\overline{IOR}$。

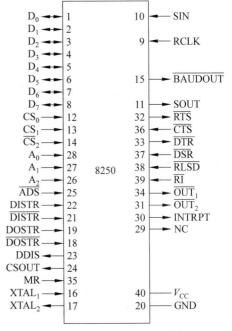

图 8-28　8250 引脚功能示意图

③ DOSTR,$\overline{DOSTR}$:数据输出选通的输入引脚。当 DOSTR 为高电平或 $\overline{DOSTR}$ 为低电平时,CPU 就能将数据或命令写入 8250。$\overline{DOSTR}$连接系统总线上的 $\overline{IOW}$。

④ A_2,A_1,A_0:地址选择线,用来选择 8250 内部寄存器。它们通常接地址线 A_2,A_1,A_0。

⑤ $\overline{ADS}$:地址锁存输入引脚,当 $\overline{ADS}=0$ 时,选通地址 A_2,A_1,A_0 和片选信号,当 $\overline{ADS}=1$ 时,便锁存 A_2,A_1,A_0 和片选信号。实用中,$\overline{ADS}$接地便可。

(3) 总线驱动器控制线

① CSOUT:片选输出信号。当 CSOUT 为高电平时,表示 CS_0,CS_1,$\overline{CS_2}$ 信号均有效,即 8250 被选中。

② DDIS:禁止驱动器输出引脚。当 CPU 读 8250 时 DDIS 输出低电平;非读时输出高电平。该信号用来控制 8250 与系统总线之间的"总线驱动器"方向选择。在 PC/XT 异步适配器上,DDIS 悬空不用。

(4) 中断信号线:INTRPT,中断请求输出引脚,高电平有效。当 8250 允许中断时,接收出错、接收数据寄存器满、发送数据寄存器空以及 modem 的状态均能够产生有效的 INTRPT 信号。

(5) 复位信号输入线:MR,高电平有效。复位后,8250 回到初始状态。一般接系统复位信号线 RESET。

　计算机硬件技术基础(第 3 版)

2. 与通信设备接口的信号线

与通信设备接口的信号线分为 4 组：串行数据 I/O 线、联络控制线、用户编程端口和时钟信号线。

(1) 串行数据 I/O 线

① SIN：串行数据输入引脚。外设或其他系统送来的串行数据由此端进入 8250。

② SOUT：串行数据输出引脚。

(2) 联络控制线

① $\overline{\text{CTS}}$：清除发送（即允许发送）信号线的输入引脚。当 $\overline{\text{CTS}}$ 为低电平时，表示 8250 本次发送数据结束，而允许 8250 向外设（modem 或数据装置）发送新的数据。它是外设对 $\overline{\text{RTS}}$ 信号的应答信号。

② $\overline{\text{RTS}}$：请求发送输出引脚。当 $\overline{\text{RTS}}$ 为低电平时，通知 modem 或数据装置，8250 已准备发送数据。

③ $\overline{\text{DTR}}$：数据终端准备就绪输出引脚。当 $\overline{\text{DTR}}$ 为低电平时，就通知 modem 或数据装置，8250 已准备好可以通信。

④ $\overline{\text{DSR}}$：数据装置准备好输入引脚。当 $\overline{\text{DSR}}$ 为低电平时，表示 modem 或数据装置与 8250 已建立通信联系，传送数据已准备就绪。

⑤ $\overline{\text{RLSD}}$：载波检测输入引脚。当 $\overline{\text{RLSD}}$ 为低电平时，表示 modem 或数据装置已检测到通信线路上送来的信息，指示应开始接收。

⑥ $\overline{\text{RI}}$：振铃指示输入引脚。当 $\overline{\text{RI}}$ 为低电平时，表示 modem 或数据装置已接收到了电话线上的振铃信号。

(3) 用户编程端口

① $\overline{\text{OUT}_1}$：用户指定的输出引脚。可以通过对 8250 的编程使 $\overline{\text{OUT}_1}$ 为低电平或高电平。若用户在 modem 控制寄存器第 2 位（OUT_1）写入 1，则输出端 $\overline{\text{OUT}_1}$ 变为低电平。

② $\overline{\text{OUT}_2}$：用户指定的另一输出引脚。也可以通过对 8250 的编程使 $\overline{\text{OUT}_2}$ 为低电平或高电平。若用户在 modem 控制寄存器第 3 位（OUT_2）写入 1，则输出端 $\overline{\text{OUT}_2}$ 变为低电平。

(4) 时钟信号线

① $\overline{\text{BAUDOUT}}$：波特率信号输出引脚。由 8250 内部时钟发生器分频后输出，频率是发送数据波特率的 16 倍。若此信号接到 RCLK 上，可以同时作为接收时钟使用。

② RCLK：接收时钟输入引脚。通常直接连到 $\overline{\text{BAUDOUT}}$ 输出引脚，保证接收与发送的波特率相同。

③ XTAL_1，XTAL_2：时钟信号输入和输出引脚。如果外部时钟从 XTAL_1 输入，则 XTAL_2 可悬空不用；也可在 XTAL_1 和 XTAL_2 之间接晶体振荡器。

8.4.3 8250 芯片的内部结构和寻址方式

图 8-29 是 8250 芯片内部结构框图。由图中可以看出，它是由 10 个内部寄存器，数据缓冲器和寄存器选择与 I/O 控制逻辑组成。通过微处理器的输入输出指令可以对 10 个内

部寄存器进行操作，以实现各种异步通信的要求。表 8-3 列出了各种寄存器的名称及相应的口地址。

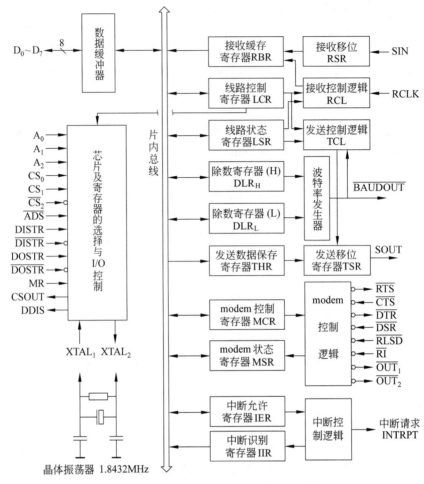

图 8-29　8250 异步通信接口芯片内部结构框图

表 8-3　8250 寄存器的口地址

I/O 口	IN/OUT	寄 存 器 名 称
3F8H	OUT	发送保持寄存器
3F8H	IN	接收数据寄存器
3F8H	OUT	低字节波特率因子(设置工作方式时控制字 $D_7 = 1$)
3F9H	OUT	高字节波特率因子(设置工作方式时控制字 $D_7 = 1$)
3F9H	OUT	中断允许寄存器
3FAH	IN	中断识别寄存器
3FBH	OUT	线路控制寄存器
3FCH	OUT	modem 控制寄存器
3FDH	IN	线路状态寄存器
3FEH	IN	modem 状态寄存器

需要说明的是表 8-3 中 I/O 口地址(3F8H~3FEH)是由 IBM PC/XT 机的地址译码器提供的(串行口 1)。当 8250 用于其他场合时,表中 I/O 的口地址应由 8250 所在电路的地址译码器决定。

8.4.4　8250 内部控制状态寄存器的功能及其工作过程

8250 内部有 9 个控制状态寄存器,其功能分述如下。

1. 发送数据保持寄存器 THR(3F8H)

当发送数据时,CPU 将待发送的字符写入发送数据保持寄存器 THR 中,其中第 0 位是串行发送的第 1 位数据。先由 8250 的硬件送入发送移位寄存器 TSR 中,在发送时钟驱动下逐位将数据由 SOUT 引脚输出。

2. 接收数据缓冲寄存器 RBR(3F8H)

RBR 用于存放接收到的 1 个字符。当 8250 从 SIN 端接收到一个完整的字符后,会把该字符从接收移位寄存器送入 RBR 中。在 RBR 存放接收到的一个字符后,可由 CPU 将它读出,读出的数据只是一个字符帧中的数据部分,而起始位、奇偶校验位、停止位均被 8250 过滤掉。

3. 通信线路控制寄存器 LCR(3FBH)

LCR 设定异步串行通信的数据格式,各位含义如图 8-30 所示。

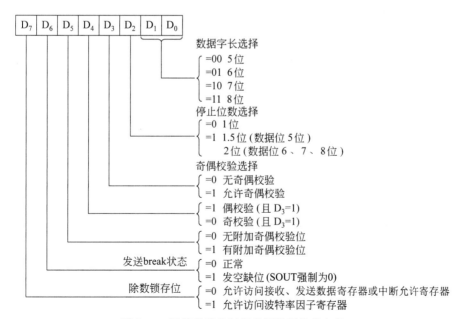

图 8-30　通信线路控制寄存器数据位的含义

4. 波特率因子寄存器 DLR(3F8H,3F9H)

波特率因子寄存器 DLR(3F8H,3F9H)用于写入波特率因子。8250 规定当线路控制寄存器 LCR 写入 $D_7=1$ 时,接着对口地址 3F8H、3F9H 可分别写入波特率因子的低字节和高字节,即写入除数寄存器(L)和除数寄存器(H)中。而波特率为 1.8432MHz/(波特率因子×16)。

波特率和除数对照值如表 8-4 所示。例如,要求发送波特率为 1200 波特,则波特率因子为:

$$波特率因子=1.8432MHz/1200×16=1\,843\,200Hz/1200=96$$

因此,3F8H 口地址应写入 96(60H),3F9H 口地址应写入 0。

表 8-4　波特率和除数对照表

十进制	十六进制	波特率	十进制	十六进制	波特率
1047	417	110	96	60	1200
768	300	150	48	30	2400
384	180	300	24	18	4800
192	C0	600	12	0C	9600

5. 中断允许寄存器 IER(3F9H)

IER 的低 4 位允许 8250 设置 4 种类型的中断(将相应位置 1 即可),并通过 IRQ_4 向 CPU 发中断请求,各位含义如图 8-31 所示。

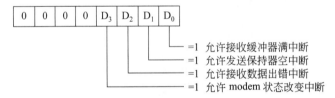

图 8-31　中断允许寄存器低 4 位的含义

6. 中断标识寄存器 IIR(3FAH)

IIR 可以用来判断有无中断并判断是哪一类中断请求。IIR 的高 5 位恒为 0,只使用低 3 位作为 8250 的中断标识位,各位的含义如图 8-32 所示。

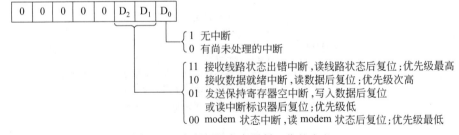

图 8-32　中断标识寄存器低 3 位的含义

7. 通信线路状态寄存器 LSR(3FDH)

LSR 用于向 CPU 提供有关 8250 数据传输的状态信息,各位含义如图 8-33 所示。

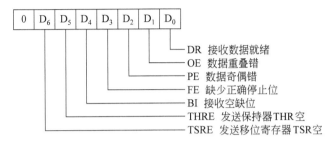

图 8-33　通信线路寄存器各位的含义

D_7:未用,其值为 0。

D_6:为 1 时,表示发送移位寄存器 TSR 为空。当 THR 的数据移入 TSR 后,此位清 0。该位常记为 TSRE 或 TEMT。

D_5:为 1 时,表示发送保持寄存器 THR 为空。当 CPU 将数据写入 THR 后,此位清 0。该位常记为 THRE。

D_4:为线路间断(break)标志。在接收数据过程中,若出现结构错、奇偶校验错、越限或在一个完整的字符传送时间周期里收到的均为空闲状态,则此位置 1,表示线路信号间断,这时接收的数据可能不正常。该位常记为 BI。

D_3:结构错标志。当接收到的数据停止位个数不正确时,此位置 1。该位常记为 FE。

D_2:奇偶校验错标志。在对接收字符进行奇偶校验时,若发现其值与规定的奇偶校验不同,则此位为 1,表示数据可能出错。该位常记为 PE。

D_1:越限状态标志。接收数据寄存器中的前一个数据还未被 CPU 读取,而下一个数据已经到来,产生数据重叠出错时,此位为 1。该位常记为 OE。

D_0:此位为 1 时表示 8250 已接收到一个有效的字符并将它放在接收数据缓冲器中,CPU 可以从 8250 的接收数据寄存器中读取。一旦读取后,此位自动清 0。如果 $D_0=1$ 时 8250 有接收到一个新数据,就会冲掉前一个未取走的数据,8250 将产生一个重叠错误。该位常记为 DR。

当读入时,各数据位等于 1 有效,读入操作后各位均复位。除 D_6 位外,其他各位还可被 CPU 写入,同样可以产生中断请求。

当要发送一个数据时,必须先读 LSR 并检其 D_0 位,若为 1,则表示发送数据缓冲器空,可以接收 CPU 新送来的数据。数据输入到 8250 后,LSR 的 D_5 位将自动清 0,表示缓冲器已满,该状态一直持续到数据发送完毕、发送数据缓冲器变空为止。

LSR 也可以用来检测任一接收数据错或接收间断错。如果对应位中有一个是 1,就表示接收数据缓冲器的内容无效。注意,一旦读过 LSR 的内容,则 8250 中所有错误位都将自动复位。

8. modem 控制寄存器 MCR(3FCH)

MCR 用于设置联络线,以控制与调制解调器或数传机的接口信号。其中高 3 位恒为

0,低 5 位含义如图 8-34 所示。

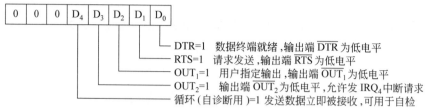

图 8-34　modem 控制寄存器各位的含义

D_4：用于"本地环"检测控制。D_4 通常置为 0,当 $D_4＝0$ 时,8250 正常工作。当 $D_4＝1$ 时,则 8250 串行输出被回送。此时 SOUT 为高电平状态,SIN 将与外设分离,TSR 的数据由 8250 内部直接回送到 RSR 的输入端,形成"本地环";同时,CTS、DSR、RI 和 RLSD 与外设相应线断开,而在 8250 内部分别与 RTS、$\overline{DTR}$、$\overline{OUT_1}$ 和 $\overline{OUT_2}$ 连接,实现数据在 8250 芯片内部的自发自收,实现 8250 自检。利用这个特点,可以编程测试 8250 工作是否正常。从环回测试转到正常工作状态,必须对 8250 重新初始化。

D_3、D_2：是用户指定的输入与输出。当它们为 1 时,对应的 OUT 端输出为 0;而当它们为 0 时,对应的 OUT 端输出为 1。D_2($\overline{OUT_1}$)是用户指定的输出,这里不用;D_3($\overline{OUT_2}$)是用户指定的输入,为了把 8250 产生的中断信号经系统总线送到中断控制器的 IRQ_4 上,此位须置 1。

D_1：当 $D_1＝1$ 时,8250 的 $\overline{RTS}$ 输出为低电平,表示 8250 准备发送数据。

D_0：当 $D_0＝1$ 时,使 8250 的 $\overline{DTR}$ 输出为低电平,表示 8250 准备接收数据。

9. modem 状态寄存器 MSR(3FEH)

MSR 主要用于在有 modem 的系统中了解 modem 控制线的当前状态,提供低 4 位记录输入信号变化的状态信息。当 CPU 读取 MSR 时把这些位清 0。若 CPU 读取 MSR 后输入信号发生了变化,则将对应的位置 1,各数据等于 1 为有效;高 4 位以相反的形式记录对应的输入引脚的电平。各位含义如图 8-35 所示。

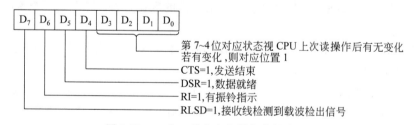

图 8-35　modem 状态寄存器各位的含义

8250 在发送和接收数据时,各个功能寄存器相互配合工作。其数据发送与接收工作过程分述如下。

(1) 发送数据过程

8250 的发送器由发送数据保持寄存器 THR、发送移位寄存器 TSR 和发送控制逻辑 TCL 组成,TSR 是一个并入串出的移位寄存器,THR 空和 TSR 空由通信线路状态寄存器

LSR 中 THRE、TSRE(或 TEMT)两个位标识。在发送数据保持器 THR 空出时,THRE＝1,CPU 把要发送的数据写入 THR,清除 TSRE(或 TEMT)标志。当 TSR 中的数据发送完毕,TSRE(或 TEMT)＝1,这时 TCL 会把 THR 中的数据自动转移到 TSR 中,并清除 TSRE(或 TEMT)标志,同时使标志 THRE＝1。然后,发送时钟驱动 TSR,将数据按顺序一位接一位地移出,从 SOUT 端发送出去。发送时钟频率取决于波特率寄存器。起始位、奇偶校验位和停止位是自动插入到发送信号的位序列中的,用户可通过通信线路控制寄存器 LCR 来设定其具体格式。

（2）数据接收过程

8250 的接收器由接收数据缓冲寄存器 RBR、接收移位寄存器 RSR 和接收控制逻辑 RCL 组成,RSR 是一个串入并出的移位寄存器。外部通信设备的串行数据线接至 SIN 端,线路空闲时为高电平,当起始位检测电路监测到线路上外设发送来的起始位时,计数器复位确认同步,在接收时钟 RSLK 驱动下,线路串行数据逐位进入 RSR。当确定接收到一个完整的数据后,RSR 会自动将数据送到 RBR,在 LSR 中建立 DR 接收数据就绪标志,这时若中断允许寄存器 IER 的 D_0＝1,允许 RBR 满中断,则 DR(IER 的 D_0)＝1 时将触发中断。

8.4.5　8250 通信编程

对 8250 编制通信软件时,首先应对芯片初始化,然后按程序查询或中断方式实现通信。

1. 8250 初始化

8250 的初始化需完成以下工作。

（1）设置波特率

例如,设波特率为 9600,则波特率因子 N＝12。

```
MOV DX, 3FBH
MO   AL, 80H              ;设置波特率
OUT DX, AL
MOV DX, 3F8H
MOV AL, 12
OUT DX, AL
INC   DX
MOV AL, 0
OUT DX, AL               ;3F9H 送 0
```

（2）设置串行通信数据格式

例如,数据格式为 8 位,1 位停止位,奇校验。

```
MOV AL, 0BH
MOV DX, 3FBH
OUT  DX, AL
```

（3）设置工作方式

无中断方式如下。

```
MOV AL,3                    ;$\overline{OUT_1}$、$\overline{OUT_2}$ 均为 1
MOV DX,3FCH
OUT DX , AL
```

有中断方式如下。

```
MOV AL, 0BH                 ;$\overline{OUT_2}$＝0,允许 INTRT 去申请中断
MOV DX, 3FCH
OUT DX, AL
```

循环测试方式如下。

```
MOV AL, 13H
MOV DX, 3FCH
OUT DX, AL
```

2. 程序查询方式通信编程

采用程序查询方式工作时,CPU 可以通过读线路状态寄存器(3FDH)查询相应状态位 (D_0 与 D_5 位),来检查接收数据寄存器是否就绪($D_0＝1$)与发送保持器是否空($D_5＝1$)。

发送程序如下。

```
TR：  MOV   DX，3FDH
      IN    AL，DX
      TEST  AL，20H
      JZ    TR
      MOV   AL，[SI]        ;从[SI]中取出发送数据
      MOV   DX，3F8H
      OUT   DX，AL
```

接收程序如下。

```
RE：  MOV   DX，3FDH
      IN    AL，DX
      TEST  AL，1
      JZ    RE
      MOV   DX，3F8H
      IN    AL，DX
      MOV   [DI]，AL        ;读入数据存入[DI]中
```

3. 用中断方式编程

在 IBM PC 中使用 8250 中断方式进行通信编程要完成以下几个步骤。

(1) 对 8259A 中断控制器进行初始化,允许中断优先级 4

```
MOV AL,13H                              ;单片使用,需要 ICW_4
MOV DX,20H
OUT DX,AL                               ;设置 ICW_1
```

```
MOV AL,8                           ;中断类型号为 08H~0FH
INC  DX
OUT DX,AL                          ;设置 ICW₂
INC   AL                           ;缓冲方式,8086/8088
OUT DX,AL                          ;设置 ICW₄
MOV AL,8CH                         ;允许 0,1,4,5,6 级中断
OUT DX,AL                          ;送中断屏蔽字 OCW₁
```

(2) 设置中断向量 IR₄

对于 IR₄,中断类型号为 0CH,0CH×4=30H。因此,应在 30H,31H 存放 IP 值,32H,33H 存放 CS 值。

设中断服务程序入口地址为 2000:100。

```
XOR  AX,AX
MOV DS,AX
MOV AX,100H
MOV WORD PTR[0030H],AX             ;送 100H 到 00030H、00031H 内存单元中
MOV AX,2000H
MOV WORD PTR[0032H],AX             ;送 2000H 到 00032H、00033H 内存单元中
```

(3) 对 8250 送中断允许寄存器(3F9H)设置允许/屏蔽位

例如,允许发送与接收中断请求。

```
MOV AL,3
MOV DX,3F9H
OUT DX,AL
```

(4) 发 EOI 命令,中断结束

在中断结束返回时,需要对 8259A 发 EOI 命令,保证 8250 可以重新响应中断请求。

```
MOV AL,20H
MOV DX,20H
OUT DX,AL                          ;发 EOI 命令,设置 OCW₂
IRET                               ;开中断允许,并从中断返回
```

8.5　数/模与模/数转换接口芯片

数字电子计算机只能识别与加工处理数字量,而在实际的计算机应用系统中,除了数字量以外,还必然涉及模拟量。若要把模拟量(如生产现场的温度、压力、流量、转速等参数)输入计算机,则必须先通过各种传感器将非电量变换为电量(电压或电流),并且加以放大,使之达到某一标准电压值,然后经过模/数(analog to digit,A/D)转换,变为数字量才能输入计算机进行存储、运算等操作;反之,若计算机的监控对象是模拟量,则必须先把计算机输出的数字量经过数/模(digit to analog,D/A)转换,变成电压或电流模拟信号,才能控制模拟量。通常,在一个微型机的应用系统中,可能既需要 D/A 转换又需要 A/D 转换。实现 D/A

或 A/D 转换的部件叫 D/A 或 A/D 转换器。

常用的 D/A 转换器有 8 位的 DAC 0832 与 12 位的 DAC 1210 等芯片；A/D 转换器有 8 位的 ADC 0809、ADC 0804、AD 570，还有 12 位高精度、高速的 AD 574、AD 578、AD 1210 以及 16 位的 AD 1140 等芯片。

本节将选取常用的 DAC 0832 以及 ADC 0809 为例，介绍模拟量的转换接口技术。

8.5.1　DAC 0832 数/模转换器

DAC 0832 是一个 8 位的电流输出型 D/A 转换器，内部包含有 T 型电阻网络，输出为差动电流信号。当需要输出模拟电压时，应外接运算放大器。

1. DAC 0832 的引脚功能与内部结构

DAC 0832 的外部引脚如图 8-36 所示。共有 20 根引脚，引脚功能如下。

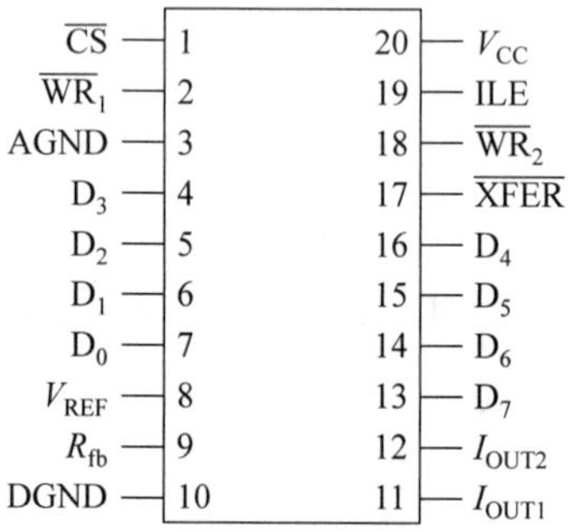

$D_7 \sim D_0$：8 位输入数据线。

$\overline{CS}$：片选信号，低电平有效。

$\overline{WR_1}$：输入寄存器的写入控制，低电平有效。

$\overline{WR_2}$：数据变换（DAC）寄存器写入控制，低电平有效。

ILE：输入锁存允许（输入锁存器选通命令），它与 $\overline{CS}$、$\overline{WR}$ 信号一起用于把要转换的数据写入到输入锁存器。

$\overline{XFER}$：传送控制信号，低电平有效。它与 $\overline{WR_2}$ 一起允许把输入锁存器的数据传送到 DAC 寄存器。

I_{OUT1}：模拟电流输出端，当 DAC 寄存器中内容为 FFH 时，I_{OUT1} 电流最大；当 DAC 寄存器中内容为 00H 时，I_{OUT1} 电流最小。

I_{OUT2}：模拟电流输出端。DAC 0832 为差动电流输出，接运放的输入，一般情况下 $I_{OUT1} + I_{OUT2} =$ 常数。

V_{REF}：参考电压，$-10V \sim +10V$，一般为 $+5V$ 或 $10V$。

R_{fb}：内部反馈电阻引脚，接运算放大器的输出端。

AGND、DGND：模拟地和数字地。

图 8-36　DAC 0832 的外部引脚

DAC 0832 的内部结构如图 8-37 所示。0832 内部有两级锁存器，第一级锁存器是一个 8 位输入寄存器，由锁存控制信号 ILE 控制（高电平有效）。当 $ILE = 1$，$\overline{CS} = \overline{WR_1} = 0$（由 OUT 指令产生）时，$\overline{LE_1} = 1$，输入寄存器的输出随输入而变化。接着，$\overline{WR_1}$ 由低电平变为高电平时，$\overline{LE_1} = 0$，则数据被锁存到输入寄存器，其输出端不再随外部数据而变。第二级锁存器是一个 8 位 DAC 寄存器，它的锁存控制信号为 $\overline{XFER}$，当 $\overline{XFER} = \overline{WR_2} = 0$（由 OUT 指令产生）时，$\overline{LE_2} = 1$，这时 8 位 DAC 输出随输入而变，接着，$\overline{WR_2}$ 由低电平变高电平，$\overline{LE_2} = 0$，于是输入寄存器的信息被锁存到 DAC 寄存器中。同时，转换器开始工作，I_{OUT1} 和 I_{OUT2} 端输出电流。

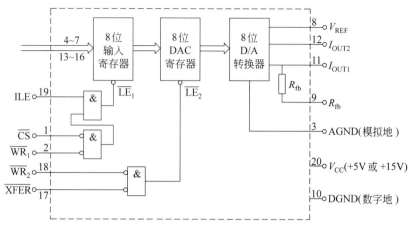

图 8-37　DAC 0832 内部结构示意图

2. DAC 0832 的工作时序

0832 的工作时序如图 8-38 所示。由图可知,D/A 转换可分为两个阶段：当 $\overline{CS}=0$、$\overline{WR_1}=0$、ILE$=1$ 时,使输入数据先传送到输入寄存器;当 $\overline{WR_2}=0$、$\overline{XFER}=0$ 时,数据传送到 DAC 寄存器,并开始转换。待转换结束,0832 将输出一模拟信号。

3. DAC 0832 的工作方式

DAC 0832 的内部有两级锁存器：第一级是 0832 的 8 位数据输入寄存器,第二级是 8 位的 DAC 寄存器。根据这两个寄存器使用的方法不同,可将 0832 分为 3 种工作方式。

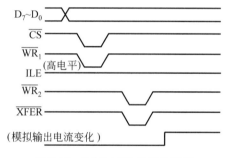

图 8-38　DAC 0832 的工作时序

（1）单缓冲方式

这种方式下,使输入寄存器或 DAC 寄存器二者之一处于直通,这时,CPU 只需一次写入 DAC 0832 即开始转换。其控制比较简单。

采用单缓冲方式时,通常是将 $\overline{WR_2}$ 和 $\overline{XFER}$ 接地,使 DAC 寄存器处于直通方式,另外把 ILE 接$+5$V,$\overline{CS}$ 接端口地址译码信号,$\overline{WR_1}$ 接系统总线的 $\overline{IOW}$ 信号,这样,当 CPU 执行一条 OUT 指令时,选中该端口,使 $\overline{CS}$ 和 $\overline{WR_1}$ 有效便可以启动 D/A 转换。

（2）双缓冲方式（标准方式）

这种方式下,转换要有两个步骤：当 $\overline{CS}=0$、$\overline{WR_1}=0$、ILE$=1$ 时,输入寄存器输出随输入而变,$\overline{WR_1}$ 由低电平变高电平时,将数据锁入 8 位数据寄存器;当 $\overline{XFER}=0$、$\overline{WR_2}=0$ 时,DAC 寄存器输出随输入而变,而在 $\overline{WR_2}$ 由低电平变高电平时,将输入寄存器的内容锁入 DAC 寄存器,并实现 D/A 转换。

双缓冲方式的优点是数据接收和 D/A 启动转换可以异步进行,即在 D/A 转换的同时,可以接收下一个数据,提高了 D/A 转换的速率。此外,它还可以实现多个 DAC 同步转换输出——分时写入、同步转换。

（3）直通方式

这种方式下，使内部的两个寄存器都处于直通状态，此时，模拟输出始终跟随输入变化。由于这种方式不能直接将 0832 与 CPU 的数据总线相连接，需外加并行接口（如 74LS373、8255 等），故这种方式在实际中很少采用。

【例 8-6】 双缓冲工作方式的同步转换示例。

假设图 8-39 系统中有两个 DAC 0832 按双缓冲方式工作，其 3 个端口地址的用途是：PORT$_1$ 选择 0832-1 的输入寄存器；PORT$_2$ 选择 0832-2 的输入寄存器；PORT$_3$ 选择 0832-1 和 0832-2 的 DAC 寄存器。

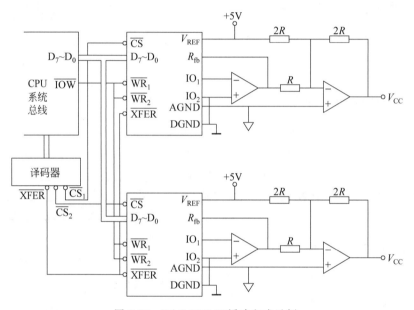

图 8-39　DAC 0832 双缓冲方式示例

此例双缓冲方式的程序段如下。

```
MOV AL,DATA₁      ;要转换的数据送 AL
MOV DX,PORT₁      ;0832-1 的输入寄存器地址送 DX
OUT DX,AL         ;数据送 0832-1 的输入寄存器
MOV AL,DATA₂
MOV DX,PORT₂      ;0832-2 输入寄存器地址送 DX
OUT DX,AL         ;数据送 0832-2 的输入寄存器
MOV DX,PORT₃      ;DAC 寄存器端口地址送 DX
OUT DX,AL         ;DATA₁ 与 DATA₂ 数据分别送两个 DAC 寄存器,并同时启动实现同步转换
HLT
```

4. D/A 转换器的应用

由于 D/A 转换器能够将一定规律的数字量转换为相应比例的模拟量，因此，常将它用作函数发生器，即只要往 D/A 转换器写入按规律变化的数据，即可在输出端获得三角波、锯

齿波、方波、阶梯波、梯形波、正弦波等函数波形。现以 DAC 0832 为例说明如下。

【例 8-7】 试编写利用 DAC 0832 产生一个正向锯齿波电压的程序,周期任意, DAC 0832 工作在单缓冲方式,端口地址为 $PORT_A$。

```
        MOV   DX,PORTₐ      ;DAC 0832 端口地址号送 DX
        MOV   AL,0FFH        ;设转换初值
NEXT:   INC   AL
        OUT   DX,AL          ;往 DAC 0832 输出数据
        JMP   NEXT
```

【例 8-8】 试编写一段程序,要求利用 DAC 0832 产生一个可以通过延时子程序 DELAY 控制锯齿波周期的电压。

```
        MOV   DX,PORTₐ      ;PORTₐ 为 DAC 0832 端口地址号
        MOV   AL,0FFH        ;设转换初值
NEXT:   INC   AL
        OUT   DX,AL          ;往 DAC 0832 输出数据
        CALL  DELAY          ;调用延时子程序
        JMP   NEXT
        MOV   CX,DATA         ;设延迟常数
DELAY:  LOOP  DELAY
        RET
```

【例 8-9】 试编写一段程序,利用 DAC 0832 产生一个三角波电压,波形下限的电压为 0.5V,上限的电压为 2.5V。

由于 8 位的 DAC 0832 在 5V 电压时对应的数字量为 256,故每一个最低有效位对应的电压为:$1LSB = 5V/256 = 0.019V$。

下限电压对应的数据为:$0.5V/0.019V = 26 = 1AH$。

上限电压对应的数据为:$2.5V/0.019V = 131 = 83H$。

程序段如下。

```
BEGIN:  MOV   AL,    1AH     ;下限值
UP:     OUT   PORT,  AL      ;D/A 转换
        INC   AL             ;数值增 1
        CMP   AL,    84H     ;超过上限否
        JNZ   UP             ;未超过,继续转换
        DEC   AL             ;已超过,则数值减量
DOWN:   OUT   PORT,  AL      ;D/A 转换
        DEC   AL             ;数值减 1
        CMP   AL,    19H     ;低于下限否
        JNZ   DOWN           ;没有,继续转换
        JMP   BEGIN          ;低于,转下一个周期
```

参照以上示例,可以利用 D/A 转换器产生各种波形。例如,产生方波时,只需要向 DAC 0832 交替输出两个不同大小的数字量,控制每个数字量保持的时间,即可得到所需占空比的方波波形。又如,产生正弦波时,只需根据正弦函数在程序中给出一个周期的正弦波

对应的数字量表(如 32 个或 37 个数据),然后顺序将表中各值送至 DAC 0832,即可产生正弦波的波形。

在调速系统和位置伺服控制系统中,常用 D/A 转换器输出来控制直流电动机的转速。此外,D/A 转换器在电子测量中也得到了广泛的应用,它可用来作为程控电源、可控增益放大器和峰值保持器等。高速 D/A 转换器还用于高分辨率彩色图形接口中。

8.5.2 ADC 0809 模/数转换器

ADC 0809 是一个基于逐位逼近型原理的 8 位单片 A/D 转换器。片内含有 8 路模拟输入通道,其转换时间为 $100\mu s$,并内置有三态输出缓冲器,可直接与系统总线相连。

1. ADC 0809 的引脚功能与内部结构

ADC 0809 的外部引脚如图 8-40 所示。共有 28 根引脚,引脚功能如下。

$D_7 \sim D_0$:输出数据线(三态)。

$IN_7 \sim IN_0$:8 通道模拟电压输入端,可连接 8 路模拟量输入。

ADDA、ADDB、ADDC:通道地址选择,用于选择 8 路中的一路输入。ADDA 为最低位(LSB),ADDC 为最高位,这 3 个引脚上所加电平的编码为 $000 \sim 111$,分别对应于选通通道 $IN_0 \sim IN_7$。

ALE:通道地址锁存信号,用于锁存 ADDA～ADDC 端的地址输入,上升沿有效。

START:启动转换信号输入端,下降沿有效。在启动信号的下降沿,启动变换。

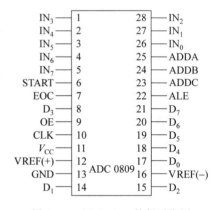

图 8-40　ADC 0809 外部引脚图

EOC:转换结束状态信号。平时为高电平,当其正在转换时为低电平,转换结束时,又变为高电平。此信号可用于查询或作为中断申请。

OE:输出(读)允许(打开输出三态门)信号,高电平有效。在其有效期间,即打开输出缓冲器三态门,CPU 将转换后的数字量读入。

CLK:时钟输入(外接时钟频率为 $10kHz \sim 1.2MHz$)。ADC 0809 典型的时钟频率为 $640kHz$,转换时间是 $100\mu s$。

VREF(+)、VREF(-):基准参考电压输入端。通常将 VREF(-)接模拟地,参考电压从 VREF(+)接入。

ADC 0809 的内部结构如图 8-41 所示,它由 3 个部分组成。

(1)模拟输入选择部分

模拟输入选择部分包括一个 8 路模拟开关和地址锁存与译码电路。输入的 3 位通道地址信号由锁存器锁存,经译码电路译码后控制模拟开关选择相应的模拟输入。地址译码与输入通道的关系如表 8-5 所示。

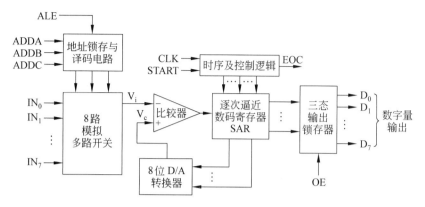

图 8-41 ADC 0809 的内部结构框图

表 8-5 通道地址与对应模拟输入通道

对应模拟输入通道	ADDC	ADDB	ADDA
IN_0	0	0	0
IN_1	0	0	1
IN_2	0	1	0
IN_3	0	1	1
IN_4	1	0	0
IN_5	1	0	1
IN_6	1	1	0
IN_7	1	1	1

（2）转换器部分

转换部分主要包括比较器、8 位 D/A 转换器、逐位逼近寄存器以及控制逻辑电路等。

（3）输出部分

输出部分包括一个 8 位三态输出锁存器。

2. ADC 0809 的工作时序

ADC 0809 的工作时序如图 8-42 所示。外部时钟信号通过 CLK 端进入其内部控制逻辑电路,作为转换时的时间基准。由时序图可以看出 ADC 0809 的工作过程如下。

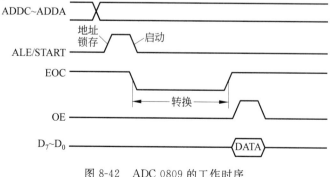

图 8-42 ADC 0809 的工作时序

① 由 CPU 首先把 3 位通道地址信号送到 ADDC、ADDB、ADDA 上，选择模拟输入。

② 在通道地址信号有效期间，由 ALE 引脚上的一个脉冲上升沿信号，将输入的 3 位通道地址锁存到内部地址锁存器。

③ START 引脚上的上升沿脉冲清除 ADC 寄存器的内容，被选通的输入信号在 START 的下降沿到来时就开始 A/D 转换。

④ 转换开始后，EOC 引脚呈现低电平，一旦 A/D 转换结束，EOC 又重新变为高电平表示转换结束。

⑤ 当 CPU 检测到 EOC 变为高电平后，则执行指令输出一个正脉冲到 OE 端，由它打开三态门，将转换的数据读取到 CPU。

3. ADC 0809 与系统的连接方法

（1）模拟信号输入端 IN_i

模拟信号分别连接到 $IN_7 \sim IN_0$。当前若要转换哪一路，则通过 ADDC ～ ADDA 的不同编码来选择。

在单路输入时，模拟信号可固定连接到任何一个输入端，相应地，地址线 ADDA ～ ADDC 将根据输入线编号固定连接（高电平或低电平）。如输入端为 IN_4，则 ADDC 接高电平，ADDB 与 ADDA 均接低电平。

在多路输入时，模拟信号按顺序分别连接到输入端，要转换哪一路输入，就将其编号送到地址线上（动态选择）。

（2）地址线 ADDA ～ ADDC 的连接

多路输入时，地址线不能固定连接，而是要通过一个接口芯片与数据总线连接。接口芯片可以选用锁存器 74LS273 和 74LS373 等（要占用一个 I/O 地址），或选用可编程并行接口 8255（要占用 4 个 I/O 地址）。ADC 0809 内部有地址锁存器，CPU 可通过接口芯片用一条 OUT 指令把通道地址编码送给 0809。地址线 ADDA ～ ADDC 的连接方法如图 8-43 所示。

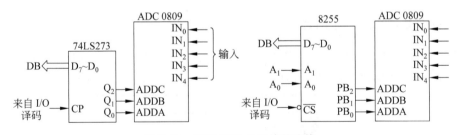

图 8-43　ADC 0809 地址线的连接

（3）数据输出线 $D_7 \sim D_0$ 的连接

ADC 0809 内部已有三态门，故可直接连到 DB 上；另外，也可通过一个输入接口与 DB 相连。这两种方法均需占用一个 I/O 地址。ADC 0809 数据输出线的连接如图 8-44 所示。

（4）地址锁存 ALE 和启动转换 START 信号的连接

地址锁存 ALE 和启动转换 START 信号线有以下两种连接方法：独立连接和统一连接。独立连接：用两个信号分别进行控制，这时需占用两个 I/O 端口或两个 I/O 线（用

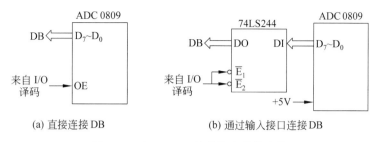

(a) 直接连接 DB   (b) 通过输入接口连接 DB

图 8-44　ADC 0809 数据输出线的连接

8255 时);统一连接:由于 ALE 是上升沿有效,而 START 是下降沿有效,所以 ADC 0809 通常可采用脉冲启动方式,将 START 和 ALE 连接在一起作为一个端口看待,先用一个脉冲信号的上升沿进行地址锁存,再用下降沿实现启动转换,这时只需占用一个 I/O 端口或一条 I/O 线(用 8255 时),其连接方法如图 8-45 所示。

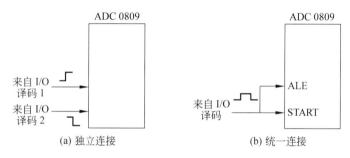

(a) 独立连接   (b) 统一连接

图 8-45　地址锁存 ALE 和 START 信号的连接方法

(5) 转换结束 EOC 端的连接

判断一次 A/D 转换是否结束有以下几种方式。

第一种是延时方式:采用软件延时等待(如延时 1ms)时,要预先精确地知道完成一次 A/D 转换所需要的时间,这样,在 CPU 发出启动命令后,执行一个固定的延迟程序,使延时时间≥A/D 转换时间。当延时时间一到,A/D 转换也正好结束,则 CPU 读取转换的数据。这种方式不用 EOC 信号,实时性较差,CPU 的效率最低。

第二种是软件查询方式:把 0809 的 EOC 端通过一个三态门连到数据总线的 D_0(其他数据线也可以),三态门要占用一个 I/O 端口地址。在 A/D 转换过程中,CPU 通过程序不断查询 EOC 端的状态,当读到其状态为 1 时,则表示一次转换结束,于是 CPU 用输入指令读取转换数据。这种方式的实时性也较差。

第三种是 CPU 等待方式:这种方式利用 CPU 的 READY 引脚功能,设法在 A/D 转换期间使 READY 处于低电平,以使 CPU 停止工作,而在转换结束时,则使 READY 成为高电平,CPU 读取转换数据。

第四种是中断方式:用中断方式时,把转换结束信号(ADC 0809 的 EOC 端)作为中断请求信号接到中断控制器 8259A 的中断请求输入端 IR_i,当 EOC 端由低电平变为高电平时(转换结束),即产生中断请求。CPU 在收到该中断请求信号后,读取转换结果。这种方式由于避免了占用 CPU 运行软件延时等待或查询时间,故 CPU 效率最高。

4. ADC 0809 的一个连接实例

【例 8-10】 ADC 0809 与系统的一个连接实例，如图 8-46 所示。用延时等待的方法，检测 ADC 0809 转换结束的程序如下。

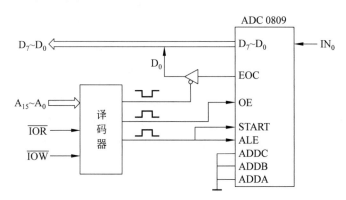

图 8-46　ADC 0809 的一个连接实例

```
        ⋮
MOV   DX, START_PORT
OUT   DX, AL              ;启动转换
CALL  DELAY_1MS          ;延时 1ms
MOV   DX, OUT_PORT
IN    AL, DX             ;读入结果
        ⋮
```

【例 8-11】 用查询 EOC 状态的方法，检测 ADC 0809 转换是否结束。

图 8-47 是一个用 8255A 控制 ADC 0809 完成数据采集的系统方案设计图，它能方便地将 ADC 接口到 8086 的系统总线，并采用查询法检测转换结束标志。

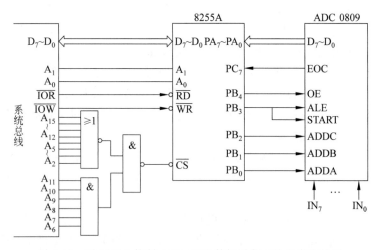

图 8-47　用 8255A 控制 ADC 0809 数据采集系统方案设计图

图 8-47 中，将 ADC 0809 的数据线 $D_7 \sim D_0$ 接到 8255A 的 A 口，而将 ADC 的 EOC 端

接 8255A 的 PC_7,用来检测 ADC 0809 是否转换结束。ADC 的 OE 端接 PB_4,保证当 $PB_4=1$ 时将转换后的数字信号送上数据线 $D_7 \sim D_0$ 并读入 CPU。START 和 ALE 与 PB_3 相连,由 CPU 控制 PB_3 发通道号锁存信号 ALE 和启动信号 START,$PB_2 \sim PB_0$ 输出 3 位通道号地址信号 ADDC、ADDB、ADDA。EOC 输出信号和 PC_7 相连,CPU 通过查询 PC_7 的状态,控制数据的输入过程。在启动脉冲结束后,先要查到 EOC 为低电平,表示转换已开始,然后继续查询,当发现 EOC 变高,说明转换已结束。当转换结束时使 OE 也变高,将 ADC 的输出缓冲器打开,数据出现在 A 口上,可由 IN 指令读入 CPU。

假设 8255A 的端口地址为 0FC0H~0FC3H。编程使 A、B、C 3 个端口均工作在方式 0,A 口作为输入口,输入转换后的结果;B 口作为输出口,用来输出通道地址、发出地址锁存信号和启动转换信号;C 口高 4 位作为输入口,用来读取转换状态,低 4 位没有使用。转换模拟量从 IN_0 通道开始,然后采样下一个模拟通道 IN_1,如此循环,直至采样完 IN_7 通道。采样后的数据存放在数据段中以 2000H 开始的数据区。

8 路模拟量的循环数据采集程序如下。

```
DATA    SEGMENT
        ORG 2000H
AREA    DB 10 DUP(?)
DATA    ENDS
STACK   SEGMENT
        DB 20 DUP(?)
STACK   ENDS
CODE    SEGMENT
        ASSUME DS：DATA,SS：STACK,CS：CODE
ATART：  MOV AL, 98H      ;设 8255A 的 A、B、C 口为方式 0,A 口入,B 口出,C 口高 4 位入
        MOV DX, 0FC3H
        OUT DX  AL
        MOV AX, DATA     ;数据寄存器赋值
        MOV DS, AX
        MOV SI, 2000H    ;地址指针指向缓冲区
        MOV BL, 0        ;通道号,初始指向第 0 路通道
        MOV CX, 8        ;共采集 8 路,每路采集一次
AGAIN：  MOV AL, BL
        MOV DX, 0FC1H    ;设 B 口
        OUT DX, AL       ;送通道地址
        OR  AL, 08H      ;使 PB₃=1
        OUT DX, AL       ;送 ALE 信号(上升沿),锁存通道号
        AND AL, 0F7H     ;使 PB₃=0,形成负脉冲 START 启动信号
        OUT DX, AL       ;输出 START 启动信号(下降沿)
        NOP              ;空操作等待转换
        MOV DX, 0FC2H    ;选 C 端口
WAIT：   IN   AL, DX     ;读 C 口的 PC₇(即 EOC)状态
        AND AL, 80H      ;保留 EOC 的状态值
        JZ   WAIT        ;若 EOC=0,则等待
        MOV X,  0FC1H    ;若 EOC=1,则转换结束,选 B 口
```

```
MOV AL, BL          ;选通道
OR   AL, 10H         ;使 PB₄＝1
OUT DX, AL          ;当检测 EOC＝1 时则输出读允许信号(OE＝1)
MOV DX, 0FC0H       ;选 A 口
IN   AL, DX          ;由 A 口读入转换数据
MOV [SI],AL         ;将转换后的数字量送内存数据区
INC  SI             ;修改数据区指针
INC  BL             ;修改通道号
LOOP AGAIN          ;若未采集完,则再采集下一路模拟量输入
MOV DX, 0FC1H       ;若 8 路数据已采集完毕,再选 B 口
MOV AL, 0           ;重新设通道 0
OUT DX, AL          ;送通道号后,则返回初始化状态
HLT
```

本 章 小 结

　　本章首先介绍 I/O 接口的分类和功能,这些是学习接口及接口技术的基础。然后,分别对计数器/定时器 8253-5、并行通信接口 8255A、串行异步通信接口 8250 以及 DAC 0832 与 ADC 0809 模拟量转换接口等常用的接口芯片进行了详细的讨论。这些接口芯片共同的特点是可编程,即通过编程可以改变它们的工作方式与工作参数,以适应不同的应用场合。

　　虽然在微机系统中已广泛地采用了新型的标准接口技术,但是,在设计一般检测与控制系统时,仍需要使用具有单一功能的可编程接口芯片。同时,掌握这些可编程接口芯片的初始化编程与一般应用编程技术,对于从事信息化技术工作的专业人员也是一个必要的基础训练。

习　题　8

　　8-1　按照接口电路和设备的复杂程度,I/O 接口的硬件可分为哪几类? 试举例说明。

　　8-2　接口的主要功能有哪些? 一般靠什么来实现功能转换?

　　8-3　可编程计数器/定时器 8253 有哪几种工作方式? 试简述其工作原理。

　　8-4　可编程计数器/定时器 8253 选用二进制与十进制计数的区别是什么? 每种计数方式的最大计数值分别为多少?

　　8-5　若已有一个频率发生器,其频率为 1MHz,若要求通过 8253 芯片产生每秒一次的信号,试问 8253 芯片应如何连接? 假设控制口的地址为 203H,编写初始化程序。

　　8-6　在某微机系统中,8253 的 3 个计数器的端口地址分别为 60H、61H 和 62H,控制字寄存器的端口地址为 63H,要求 8253 的通道 0 工作于方式 3,并已知对它写入的计数初值 $n=1234H$,请写出初始化程序。

8-7　假定有一片 8253 接在系统中,其端口地址分配如下:0♯计数器为 220H,1♯计数器为 221H,2♯计数器为 222H,而控制口为 223H。

(1)利用 0♯计数器高 8 位计数,计数值为 256,二进制方式,选用方式 3 工作,试编写初始化程序。

(2)利用 1♯计数器高、低 8 位计数,计数值为 1000,BCD 计数,选用方式 2 工作,试编写初始化程序。

8-8　在某个 8086 微机系统中使用了一块 8253 芯片,所用的时钟频率为 1MHz,其中端口地址分配如下:0♯计数器为 220H,1♯计数器为 221H,2♯计数器为 222H,而控制口为 223H。

(1)要求通道 0 工作于方式 3,输出频率为 2kHz 的方波,试编写初始化程序。

(2)要求通道 2 用硬件方式触发,输出单脉冲,时间常数为 26,试编写初始化程序。

8-9　设计数器/定时器 8253 在微机系统中的端口地址分配如下:0♯计数器为 340H,1♯计数器为 341H,2♯计数器为 342H,而控制口为 343H。

设已有信号源频率为 1MHz,现要求用一片 8253 定时 1 秒钟,试编写初始化程序。

8-10　试说明 8255A 的 A 口、B 口和 C 口一般在使用上有什么区别。

8-11　当 8255A 的 $PC_7 \sim PC_4$ 全部为输出线时,这时 8255A 的 A 端口是什么工作方式?

8-12　当 8255A 工作于方式 1 时,CPU 如何以中断方式将输入设备的数据读入?

8-13　比较 8255A 的 3 种工作方式的应用场合有何区别。

8-14　8255A 在复位(RESET)有效后,各端口均处于什么状态?为什么这样设计?

8-15　在一个微机系统中,若用 8255A 芯片作为数据传送接口,并规定使用 I/O 地址的最低两位作为芯片内部寻址,已知芯片 A 口地址为 0A4H,问当 CPU 执行输出指令访问 0A7H 端口时,CPU 将执行什么操作?

8-16　如果需要 8255A 的 PC_3 输出连续方波,如何用 C 口的置位与复位控制命令字编程实现?

8-17　假定 8255A 的端口地址为 0040H~0043H,试编写下列情况的初始化程序:A 组设置为方式 1,且端口 A 作为输入,PC_5 和 PC_6 作为输出;B 组设置为方式 1,且端口 B 作为输入。

8-18　编写一个初始化程序,使 8255A 的 PC_7 端输出一个负跳变。如果要求从 PC_5 端输入一个负脉冲,则初始化程序应该进行哪些修改?

8-19　设 8250 串行接口芯片外部的时钟频率为 1.8432MHz。

(1)8250 工作的波特率为 19 200,计算出波特因子的高、低 8 位分别是多少。

(2)设线路控制寄存器高、低 8 位波特因子寄存器的端口地址分别为 3FBH、3F9H 和 3F8H,试编写初始化波特因子的程序段。

8-20　如何用程序查询方式实现串行通信?在查询式串行通信方式中,8250 引脚 OUT_1 和 OUT_2 如何设置?

8-21　在串行通信中,设异步传送的波特率为 4800,每个数据占 10 位,问传输 2KB 的数据需要多少时间?

8-22　A/D 和 D/A 转换器在微机应用中起什么作用?

8-23　ADC 中的转换结束信号（EOC）起什么作用？

8-24　如果 0809 与微机接口采用中断方式，试问 EOC 应该如何与微处理器连接？程序又应该进行什么改进？

8-25　DAC 0832 有哪几种工作方式？每种工作方式适用于什么场合？每种方式是用什么方法产生的？

第 9 章 微机硬件新技术

【学习目标】

本章将介绍现代主流微型计算机硬件技术的发展,包括超线程技术、多核技术、主板芯片组的技术和扩展总线技术等。

【学习要求】

◆ 理解先进微处理器的新技术特点。
◆ 理解主板芯片组的技术发展。
◆ 了解总线更新换代的背景与基本过程。

9.1 CPU 新技术概述

由于微机应用日益扩大,现代 CPU 中逐渐融入了一些新技术,如超线程技术、64 位技术、多核技术以及扩展指令集等。这些新技术的应用,大幅度地提高了 CPU 的性能。

9.1.1 超线程技术

超线程(hyper-threading,HT)技术是 Intel 公司在 2002 年发布的一项新技术,并率先应用于 Intel XERON 处理器。

为了提高 CPU 的性能,通常做法是提高 CPU 的时钟频率和增加缓存容量。随着 CPU 的频率越来越快,如果再通过提升 CPU 频率和增加缓存的方法来提高性能,往往会受到制造工艺上的限制以及成本过高的制约。因此,Intel 公司采用另一个思路去提高 CPU 的性能,让 CPU 可以同时执行多重线程,以便让 CPU 发挥更大效率,即所谓"超线程"技术。

超线程技术就是利用特殊的硬件指令,把多线程处理器内部的两个逻辑内核模拟成两个物理芯片,从而使单个处理器就能"享用"线程级并行计算,进而兼容多线程操作系统和软件,这样减少了 CPU 的闲置时间,提高了 CPU 的运行效率。

超线程技术带来的好处是可以使操作系统或者应用软件的多个线程,同时运行于一个超线程处理器上,其内部的两个逻辑处理器共享一组处理器执行单元,并行完成加、乘等操作,使处理器芯片的性能得到提升。在第三代智能酷睿的 i3 和 i7 系列处理器(2012 年发布)上也可看到超线程技术。i3 系列处理器采用的是双核心四线程设计;而 i7 系列处理器则采用了四核心八线程或六核心十二线程设计。在使用带有超线程技术的处理器时,人们在系统中所能见到的核心数量其实是处理器的线程数。

需要注意的是,含有超线程技术的 CPU 需要芯片组、操作系统和应用软件的支持。Microsoft 公司的操作系统中 Windows XP 专业版、Windows Vista、Windows 7、Windows Server 2008 等均支持此功能;另外,一般说来,只要能够支持多处理器的应用软件均可支持超线程技术。

9.1.2　64 位技术

64 位技术是指 CPU 的 GPRs(general-purpose registers,通用寄存器)的数据宽度为 64 位,即处理器一次可以运行 64 位数据。64 位处理器早在精简指令集计算机上就已出现。现在的 64 位技术有了新的发展。

64 位计算主要有两大优点:一是扩大了整数运算的范围;二是支持更大的内存。要实现真正意义上的 64 位计算,仅有 64 位的处理器是不够的,还必须有 64 位的操作系统以及 64 位的应用软件支持才行,三者缺一不可,缺少其中任何一种要素都无法实现 64 位计算。CPU 使用的 64 位技术主要有 Intel 公司的 EM64T 技术和 AMD 公司的 AMD64 位技术。

1. EM64T 技术

EM64T(extended memory 64 technology)是 Intel 公司开发的 64 位内存扩展技术。它实际上是 IA-32 构架体系的扩展,即 IA-32E(Intel architectur-32 extension)。Intel 公司的 IA-32 处理器通过加入 EM64T 技术便可在兼容 IA-32 软件的情况下,允许软件程序利用更多的内存地址空间,并且允许程序进行 32 位线性地址写入。Intel 公司的 EM64T 所强调的是 32 位技术与 64 位技术的兼容性,为采用 EM64T 的处理器增加了 8 个 64 位通用寄存器(R8~R15),并将原有的 32 位通用寄存器全部扩展为 64 位,这样也提高了处理器的整数运算能力。另外增加的 8 个 128 位 SEE 寄存器(XMM8~XMM15),是为了增强多媒体性能,包括对 SSE、SSE2 和 SSE3 的支持。

Intel 公司为支持 EM64T 技术的处理器设计了两种模式:传统 IA-32 模式和 IA-32e 扩展模式。在支持 EM64T 技术的处理器内有一个称为扩展功能激活寄存器(extended feature enable register,IA32_EFER)的部件,其中的第 10 位控制着 EM64T 是否激活。若 EM64T 被激活,处理器会运行在 IA-32e 扩展模式下。

2. AMD64 位技术

AMD 的 Athlon 64 系列处理器的 64 位技术,是在 x86 指令集基础上加入 x86-64 的 64 位扩展 x86 指令集,从而使得 Athlon 64 系列处理器可兼容原来的 32 位 x86 软件,同时支持 x86-64 的扩展 64 位计算,并具有 64 位寻址能力,使其成为真正的 64 位 x86 构架处理器。

x86-64 新增的几组 CPU 寄存器将提供更快的执行效率。寄存器是 CPU 内部用来创建和储存 CPU 运算结果和其他运算结果的地方。标准的 32 位 x86 架构包括 8 个通用寄存器(GPR),AMD 在 x86-64 中又增加了 8 组通用寄存器(R8～R9),将寄存器的数目提高到16 组。x86-64 寄存器默认位 64 位。还增加了 8 组 128 位 XMM 寄存器(又称 SSE 寄存器,XMM8～XMM15),将能给单指令多数据流技术(SIMD)运算提供更多的空间,这些 128 位的寄存器将提供在矢量和标量计算模式下,进行 128 位双精度处理,以及为实现 3D 建模、矢量分析和虚拟现实提供了硬件基础。通过提供更多的寄存器,按照 x86-64 标准生产的 CPU 可以更有效地处理数据,可以在一个时钟周期中传输更多的信息。IA-64 体系架构还在继续研发,并已应用到高端服务器领域。

9.1.3 "整合"技术

从 2009 年起,CPU 领域最大的变化就是"整合"。整合 GPU、整合内存控制器,直至完全整合了北桥。整合所带来的不仅仅是性能上的提升,同时也带来了平台功耗的进一步降低,可以说整合已经成为未来 CPU 的发展趋势。

AMD 的 Fusion 计划就是整合技术的一部分。面对 CPU 性能过剩的共识,AMD 公司在提高图形性能领域加强了竞争优势。APU(accelerated processing unit,加速处理器)是AMD 推出的整合了 x86/x64 CPU 处理核心和 GPU 处理核心的新型"融聚"(Fusion)处理器。2011 年 AMD 发布了第一款 Fusion APU 平台,并且提出"异构计算"的理念。它第一次将中央处理器和独显核心做在一个晶片上,使其同时具有高性能处理器和最新独立显卡的处理性能,支持最新应用的"加速运算",大幅提升了计算机运行效率,实现了 CPU 与GPU 真正的融合。

AMD 的 APU 平台分两种:一是 E 系列入门级 APU;二是 A 系列主流级 APU,有A4/A6/A8 三大系列,也就是"Llano APU 处理器"(拉诺 APU 处理器)。2011 年正式发布面向主流市场的 Llano APU。

Llano APU 采用 32nm 工艺制造,芯片集成的晶体管数量高达 14 亿 5 千万个,比 IntelSandy Bridge 四核心的 9 亿 9500 万个晶体管多出近 50%。针对不同的市场,Llano APU分别有 A8(四核心)、A6(四核心)和 A4(双核心)系列等多种配置,并且都有台式机版本和移动版本。Llano APU 一经推出,就表现出相当出色的图形性能,性价比高。

AMD 公司认为,CPU 和 GPU 的融合可分为以下 4 步进行:

第一步是物理整合过程,将 CPU 和 GPU 集成在同一块硅芯片上,并利用高带宽的内部总线通信,集成高性能的内存控制器,借助开放的软件系统促成异构计算。

第二步是平台优化,CPU 和 GPU 之间互连接口进一步增强,并且统一进行双向电源管理,GPU 也支持高级编程语言(这部分是最关键的)。

第三步是架构整合,实现统一的 CPU/GPU 寻址空间,GPU 使用可分页系统内存,GPU 硬件可调度,CPU/GPU/APU 内存协同一致。

第四步是架构和系统整合,主要包括 GPU 计算环境切换、GPU 图形优先计算、独立显卡的 PCI-E 协同、任务并行运行实时整合等。

AMD 公司预计未来的浮点计算任务更多会由 GPU 来完成,所以它有意识地推进异构应用程序的开发,由此节省出的资源则被用于整数计算模块以及 GPU 部分。这也意味着 AMD 开始以全局的视野来构建新一代处理器,而不再局限于 x86 或 GPU 自身的限制,这对于微处理器工业来说,将是一个新时代的开启。

9.1.4　双核及多核技术

在 2005 年以前,主频一直是 Intel 和 AMD 两大公司竞争的焦点。但实际运行表明,单纯提升主频已经无法为系统整体性能的提升带来明显的变化,伴随着高主频也带来了处理器巨大的发热量,以及技术上的多种困难,Intel 和 AMD 公司都不约而同地将研制开发重点投向了多核心的发展。

Intel 公司于 2006 年推出第一个双核处理器——基于酷睿(Core)架构的处理器。双核心处理器是在一块 CPU 基板上集成两个处理器核心,并通过并行总线将各处理器核心连接起来。其工作原理与超线程技术有些相似。所不同的是:超线程技术是对处理器的一种优化技术,即将一个物理处理器分为两个逻辑处理器,从而实现多线程运算;而双核技术则是完全采用两个物理处理器实现多线程工作,每个核心拥有独立的指令集和执行单元,与超线程中所采用的模拟共享机制完全不同。

在双核处理器的基础上,很快发展了多核处理器。多核处理器也称为片上多处理器(chip multi-processor,CMP),或单芯片多处理器。多核处理器是将多个具有完全功能的处理器核心集成在同一个芯片内,整个芯片作为一个统一的结构对外提供服务,输出更加优异的整体性能。多核处理器的技术优势主要体现在多任务应用环境下的表现。随着处理器核心数量的增加,也面临了一些新的技术难题。

1. CPU 核心架构演进

核心(die)又称内核,是 CPU 最重要的组成部分。CPU 中心那块隆起的芯片就是核心,它负责 CPU 所有的计算、接受/存储命令、处理数据。各种 CPU 核心都具有固定的逻辑结构,如一级缓存、二级缓存、执行单元、指令级单元和总线接口逻辑单元等,都有科学的布局。

为了便于 CPU 设计、生产和销售管理,CPU 制造商对各种 CPU 核心都给出了相应的代号,即所谓的 CPU 核心类型。

不同的 CPU(不同系列或同一系列)都会有不同的核心类型。每一种核心类型都有其相应的制造工艺(主要有 180nm、130nm、90nm、65nm、45 nm 、22nm 等)、核心面积(这是决定 CPU 成本的关键因素,成本与核心面积基本上成正比)、核心电压、电流大小、晶体管数量、各级缓存的大小、主频范围、流水线架构和支持的指令集(这两点是决定 CPU 实际性能和工作效率的关键因素)、功耗和发热量的大小、封装方式、接口类型、前端总线频率等。因此,核心类型在某种程度上决定了 CPU 的工作性能。

CPU 核心的发展方向是:更低的电压、更低的功耗、更先进的制造工艺、集成更多的晶体管、更小的核心面积、更先进的流水线架构和更多的指令集、更高的前端总线频率、集成更多的功能(如集成内存控制器)以及多核心等。

2. 主流 CPU 架构与制程的演进

从 2006 年开始,Intel 公司开发的处理器已进入 Core 时代。酷睿 2 处理器(Core 2 Duo)是 Intel 公司 2006 年推出的基于 Core 微架构的产品体系统称,包括服务器版、桌面版、移动版 3 个领域。其中,服务器版的开发代号为 Woodcrest,桌面版的开发代号为 Conroe,移动版的开发代号为 Merom。

在 2007 年,Intel 公司正式提出 Tick-Tock 模式(如图 9-1 所示),它是 Intel 公司发展微处理器芯片设计制造业务的一种发展战略模式(参见 1.2.1 节)。

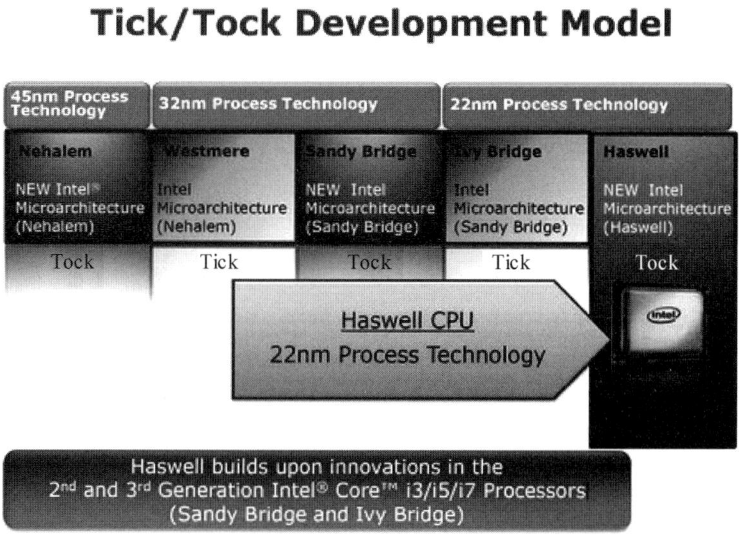

图 9-1　Intel 公司的 Tick-Tock 发展模式

2008 年 11 月,Intel 发布了基于 45nm 制造工艺技术的 Intel 微架构(微架构更新,代号 Nehalem)极大地推动了计算的发展。这是 Core2 架构的首次重大革新,创新点主要体现在两方面:一是将内存控制器整合到 CPU 内部,可支持三通道 DDR3;二是引入高速 QPI 总线技术,便于多处理器的互联与扩展。从而实现了第二代 Core 架构与核芯显卡的兼容并包。

到 2009 年,Intel 开始将制造工艺升级到 32nm,形成 Westmere。Westmere 实现了六核心设计,拥有高达 12MB 的三级缓存。Westmere 最大的创意在于将 GPU 整合到处理器内部。虽然 Westmere 仅仅是将 GPU 芯片同 CPU 封装在一起,但它在技术应用上表明 Intel 对"整合"的趋势起到了重要的推动作用。

2010 年,在"工艺年"周期中,Intel 发布了第二代智能酷睿系列产品。第二代系列产品 Core i3/i5/i7 全部基于全新的 Sandy Bridge 微架构,相比第一代产品主要有五点重要创新:①采用全新 32nm 的 Sandy Bridge 微架构,更低功耗、更强性能;②内置高性能 GPU(核芯显卡),视频编码、图形性能更强;③睿频加速技术 2.0,更智能、更高效能;④引入全新环形架构,带来更高带宽与更低延迟;⑤全新的指令集,加强浮点运算与加密解密运算。

2011 年 1 月,在"架构年"周期中,Intel 推出了基于 32nm 工艺技术的微架构 Sandy Bridge。Sandy Bridge 最引人注目的是将 GPU 直接集成于芯片内,做到硬件层面的高度融合,同时 CPU 与 GPU 可以共享三级缓存,显著改善了 GPU 的性能表现。此外,Sandy Bridge 中还集成了视频引擎,可以对 1080p 高清媒体进行硬件解码,这样就不必再消耗 CPU 资源。内存控制器方面,Sandy Bridge 可以支持双通道 DDR3-1600。

2012 年 4 月,Intel 发布了第三代酷睿处理器(制程改进更新,代号 Ivy Bridge),采用 22nm 工艺。Ivy Bridge 架构产品延续了 LGA1155 平台。

2013 年 6 月,Intel 发布了代号 Haswell 的酷睿处理器。Haswell 架构的 CPU 接口为 Intel LGA1150,适配的主板芯片组为 8 系列的 Z87、H87、Q87 等。

2014 年 8 月 30 日,Intel Haswell-E 平台正式发布。该系列处理器包括 Core i7 5960X、Core i7 5930K 和 Core i7 5820K。其中最为引人瞩目的是 Core i7 5960X,它是首款面向民用桌面市场的消费级八核心十六线程产品。近期处理器的制程与核心数量等可参见表 9-1 所示。

表 9-1　近期处理器生产工艺与晶体管数量对比

CPU 架构	工艺	核心数量	GPU 架构	晶体管数量	核心面积(mm²)
Haswell-E 8C	22nm	8	N/A	26 亿	356
Haswell GT2 4C	22nm	4	GT2	14 亿	177
Haswell ULT GT3 2C	22nm	2	GT3	13 亿	181
lvy Bridge-E 6C	22nm	6	N/A	18.6 亿	257
lyv Bridge 4C	22nm	4	GT2	12 亿	160
Sandy Bridge-E 6C	32nm	6	N/A	22.7 亿	435
Sandy Bridge 4C	32nm	4	GT2	9.95 亿	216
Lynnfield 4C	45nm	4	N/A	7.74 亿	296
AMD Trinity 4C	32nm	4	7660D	13.03 亿	246
AMD Vishera 8C	32nm	8	N/A	12 亿	315

展望未来,x86 将迎来计算机技术发展史上新的转折点:PC 不再是唯一的计算终端,各种移动设备将陆续登台,云计算让 PC 的重要性大大削弱,ARM 架构开始对 x86 构成威胁。尽管面对这些转折,但 x86 在未来十年,预计仍将是处理器最重要的架构。

9.1.5　CPU 指令集及其扩展

指令集是 CPU 为控制计算机系统工作而预先设计的一套操作命令的集合,而每一种新型的 CPU 在设计时就规定了一系列与其硬件电路相配合的指令系统。指令集的先进与否,关系到 CPU 的性能发挥,也是 CPU 体现性能的一个重要标志。

从主流体系结构讲,指令集可分为复杂指令集和精简指令集两部分;在现代先进的微处理器中,不仅兼容了 Intel 80x86 系列 CPU 的所有指令系统,同时也发展了新的 CPU 指令集。如 Intel 的 MMX、SSE、SSE2、SSE3、SSE4 和 AMD 的 3DNow!等都是 CPU 的扩展指令集,加入了图形、视频编码、处理、三维成像及游戏应用等众多指令,使处理器在音频、图像、数据压缩算法等多方面的性能大幅度提升。

1. MMX 指令集

MMX(multi media extension,多媒体扩展指令)指令集是 Intel 公司在 1996 年为 Pentium 系列处理器所开发的一项多媒体指令增强技术。它包含了 57 条多媒体指令,这些指令可以一次性处理多个数据。

MMX 指令与 FPU(浮点运算器)使用同样的 8 个通用寄存器,准确地说是借用了 FPU 每个寄存器的前 64 位,这样 MMX 指令一次最多可以处理 8 个字节或者 4 个字节或者 2 个双字节或者 1 个 4 字节的数据,理论上可以将运算速度最高提高 8 倍。MMX 与 FPU 共用寄存器证明了 Intel 的短视,主要问题是它不能与 x86 的浮点运算指令同时执行,而必须在进行密集式的交错切换后才可正常执行,这会造成系统运行速度的下降。

Intel 没有沿用 MMX 的称呼,1999 年的 Pentium Ⅲ 处理器上指令集改称 SSE。SSE 采用了单独的寄存器,解决了与 FPU 冲突的问题。8 个 128 位单独的 SSE 寄存器,支持同时处理 4 个单精度浮点数,能够同时处理的数据比 64 位的 MMX 翻了一番。SSE 一共有 70 条指令,进一步提升了 CPU 多媒体处理能力。从此,SSE 的名称固定了下来。

2. SSE 指令集

SSE (streaming SIMD extensions)是 SIMD 扩展指令集,其中 SIMD(single instruction multiple data)是单指令多数据,所以 SSE 指令集(1999 年发布)也称为单指令多数据流扩展。该指令集最先运用于 Pentium Ⅲ 系列处理器,是为提高处理器浮点性能而开发的扩展指令集,共有 70 条指令,其中包含提高三维图形运算效率的 50 条 SIMD 浮点运算指令、12 条 MMX 整数运算增强指令、8 条优化内存中的连续数据块传输指令。这些指令对图像处理、浮点运算、三维运算和多媒体处理等多媒体的应用能力有全面的提升。SSE 指令与 AMD 公司的 3DNow! 指令彼此互不兼容,但 SSE 包含了 3DNow!中的绝大部分功能,只是实现的方法不同而已。SSE 向下兼容 MMX 指令,它可以通过 SIMD 和单时钟周期并行处理多个浮点数据来有效地提高浮点运算速度。

3. 3DNow!指令集

3DNow!(3D no waiting)是 AMD 公司开发的 SIMD 指令集,可以增强浮点和多媒体运算的速度,并被 AMD 广泛应用于其 K6-2 、K6-3 和 Athlon(K7)处理器上。它拥有 21 条扩展指令集。与 Intel 公司的侧重于整数运算的 MMX 技术有所不同,3DNow! 指令集主要针对三维建模、坐标变换和效果渲染等三维数据的处理。AMD 公司后来又在 Athlon 系列处理器上开发了新的 Enhanced 3DNow! 指令集,新的增强指令数达了 52 个,Athlon 64 系列处理器也支持 3DNow! 指令。

4. SSE2 指令集

Intel 公司为了应对 AMD 的 3Dnow! 指令集,又在 SSE 的基础上开发了 SSE2。SSE2 由 SSE 和 MMX 两个部分组成,共有 144 条指令。SSE 部分主要负责处理浮点数,而 MMX 部分则专门计算整数。重要的是 SSE2 能处理 128 位和两倍精密浮点数学运算。处理更精确浮点数的能力使 SSE2 成为加速多媒体程序、3D 处理工程及工作站类型任务的基础配置。由于 SSE2 指令集与 MMX 指令集兼容,因此被 MMX 优化过的程序很容易被 SSE2 进行更深层次的优化,达到更好的运行效果。

Intel 公司是从 Willamette 核心的 Pentium 4 开始支持 SSE2 指令集的,而 AMD 公司则是从 K8 架构的 SledgeHammer 核心的 Opteron 开始才支持 SSE2 指令集的。

5. SSE3 指令集

SSE3(streaming SIMD extension 3)是 Intel 公司推出 Prescott 核心处理器时出现的。SSE3 在 SSE2 的基础上又增加了 13 个额外的 SIMD 指令。SSE3 中 13 个新指令的主要目的是改进线程同步和特定应用程序领域,例如媒体和游戏。这些新增指令强化了处理器在浮点转换至整数、复杂算法、视频编码、SIMD 浮点寄存器操作以及线程同步 5 个方面的表现,最终达到提升多媒体和游戏性能的目的。

Intel 公司是从 Prescott 核心的 Pentium 4 开始支持 SSE3 指令集的,而 AMD 公司则是从 Troy 核心的 Opteron 开始支持 SSE3 的。需要注意的是,AMD 公司所支持的 SSE3 与 Intel 公司的 SSE3 并不完全相同,主要是删除了针对 Intel 超线程技术优化的部分指令。

6. SSE4 指令集

SSE4(streaming SIMD extension 4)指令集构建于 Intel 64 指令集架构,该架构被视为继 2001 年以来最重要的媒体指令集架构的改进。

SSE4 包含 54 条指令,主要分为两种:一种是矢量化编译器和媒体加速器;另一种是高效加速字符串和文本处理。

(1) 矢量化编译器和媒体加速器:可提供高性能的编译器函数库,如封包(同时使用多个操作数)整数运算和浮点运算,可生成性能优化型代码。此外,它还包括高度优化的媒体相关运算,如绝对差值求和、浮点点积和内存负载等。矢量化编译器和媒体加速器指令可改进音频、视频和图像的编辑应用,提高视频编码器、3D 应用和游戏的性能。

(2) 高效加速字符串和文本处理:包含多个压缩字符串比较指令,允许同时运行多项比较和搜索操作。由此受益的应用包括数据库和数据采掘应用,以及利用病毒扫描和编译器等分析、搜索和模式匹配算法的应用。

在指令集的发展过程中,x86 架构的主流处理器起着重要的作用。虽然 Intel 和 AMD 公司在 x86 架构处理器上推出了一些主要的扩展指令集,对于处理器的性能提升有一定的作用,但由于受到 IA-32 体系的限制,x86 架构基本上难以出现具有突破性意义的指令集,现双方都已把重点转向 64 位体系架构的处理器指令集的开发上。

9.2 主 板

主板是计算机中用于连接其他硬件设备的主体部件。CPU、内存、显卡等部件都是通过相应的插槽安装在主板上,硬盘、显示器、鼠标、键盘等外部设备也通过相应接口连接在主板上。典型主板的示例参见图 1-5。

9.2.1　主板芯片组概述

芯片组(chipset)是主板的核心组成部分,它几乎决定了主板的全部功能,进而影响到整个计算机系统性能的发挥。芯片组性能的优劣,决定了主板性能的好坏与级别的高低。

芯片组有几种分类方式,如按用途可分为:服务器/工作站,台式机。笔记本等;按芯片数量可分为:单芯片芯片组,标准的南、北桥芯片组,以及多芯片芯片组(主要用于高档服务器/工作站);按整合程度的高低还可分为:整合型芯片组和非整合型芯片组等。

生产芯片组的厂家主要有 Intel、AMD、NVIDIA(美国)、VIA(中国台湾)等,其中以 Intel、AMD 生产的芯片组最为常见。在台式机的 Intel 平台上,Intel 芯片组占有最大的市场份额,而且产品线齐全,高、中、低端以及整合型产品都有。

芯片组的技术发展迅速,从 ISA、PCI、AGP 到 PCI-Express,从 ATA 到 SATA 技术,双通道内存技术,高速前端总线等,每一次技术的进步都带来计算机性能的提高。另一方面,芯片组技术也在向着高整合性方向发展。到 2008 年,整合芯片组在芯片组产品中约占 67% 的市场份额,随着 Intel、AMD 开始在 CPU 中内建显示芯片,整合芯片组的需求已大幅减少。

从 810 芯片组开始,Intel 对芯片组的设计进行了革命性的变革,引入"加速中心架构",用 MCH(内存控制中心)取代了以往的北桥芯片,用 ICH(输入/输出控制中心)取代了南桥芯片(如 ICH7 等),MCH 和 ICH 通过专用的 Intel Hub Architecture(Intel 集线器结构)总线连接。从 915 芯片组开始,MCH 和 ICH 的连接增加了带宽,名称也改为 DMI(直接媒体接口),参见书中的 Intel i975 芯片组举例。

Intel 的 Core i7 800 和 i5 700 系列成功地把原来的 MCH 全部移到 CPU 内,支持它们的主板上只留下 PCH(平台管理控制中心)芯片。PCH 芯片具有原来 ICH 的全部功能,又具有原来 MCH 芯片的管理引擎功能。单 PCH 芯片的设计可参见书中的 Intel z77 芯片举例。

9.2.2　主板芯片组举例

1. 南北桥结构芯片组

较通用的主板芯片组一般由北桥芯片和南桥芯片组成,两者共同组成主板的芯片组。

1) 南北桥芯片简介

北桥芯片(north bridge)是主板芯片组中起主导作用的最重要的组成部分,也称为主桥(host bridge)。一般来说,芯片组的名称就是以北桥芯片的名称来命名的,例如 Intel 845E 芯片组的北桥芯片是 82845E,875P 芯片组的北桥芯片是 82875P 等。北桥芯片主要负责实现与 CPU、内存、AGP 接口之间的数据传输。提供对 CPU 类型和主频的支持、系统高速缓存的支持、主板的系统总线频率、内存管理(内存类型、容量和性能)、显卡插槽规格等支持;同时,还通过特定的数据通道和南桥芯片相连接。整合型芯片组的北桥芯片还集成了显示核心。

南桥芯片(south bridge)负责 I/O 总线之间的通信,主板上的各种接口(如 IEEE 1394,串口、并口、USB2.0/1.1 等)、PCI 总线(如接电视卡、内置 MODEN、声卡等)、IDE(如接硬盘、光驱)以及主板上的其他芯片(如集成声卡、集成 RAID 卡、集成网卡等)都归南桥芯片控制。

2)Intel 的 i975/965 芯片组

Intel 在 2006 年开发了 i975X 芯片组。图 9-2 给出了 Intel i975 芯片组的架构示意图。该芯片组支持双 PCI-E 图形技术,可将一条 PCI-E x16 总线划分成两个 PCI-Ex8 总线,并且可支持弹性的 I/O 执行方案,其中包括了 SLI 和 Crossfire 技术。除了支持双显卡以外,i975X 芯片组还可支持 800/1066MHz 的 FSB,支持 533/667MHz 的 DDR2 内存,并且在容量上可达到 8GB,还可支持 ECC 内存。

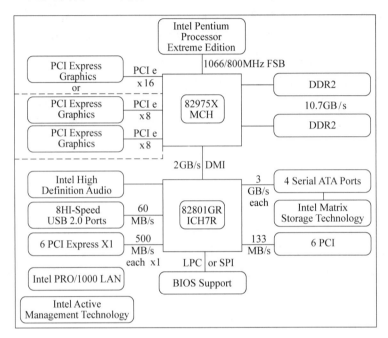

图 9-2   Intel i975 芯片组及其与 I/O 接口的架构示意图

ICH7 南桥芯片集成 4 个 SATA 接口,还提供对 PATA 的支持,配备的 USB 接口为 8 个。

2. 集线架构芯片组

主板芯片组经过数代的发展,已呈现出"化繁就简"的趋势,从原先最通用的南北桥结构设计,到如今单 PCH 芯片设计,越来越多的功能从主板转移到了处理器上。如内存控制器及核芯显卡的工作已经完全由处理器所承担,这使主板的设计显得更加简练。

2012 年 4 月,正式发布了第三代 Core i 系列(代号为 Ivy Bridge,简称 IVB)处理器,配套的 Intel 7 系列主板也陆续发布。7 系列芯片组在桌面上只有三款型号,包括定位高端、搭配 Core i7 处理器的 Z77、Z75 和定位主流、搭配 Core i5 处理器的 H77,其中主打的型号是 Z77。

Intel Z77 芯片组的架构如图 9-3 所示。它实际上是一颗南桥芯片,主要用于外围设备通信、连接等功能。

这三款芯片组都同时支持 Ivy Bridge、Sandy Bridge 两代 LGA1155 接口处理器及其整合图形核心,都有 RAID 技术,均配备 4 个 USB 3.0 和 10 个 USB 2.0 接口、两个 SATA

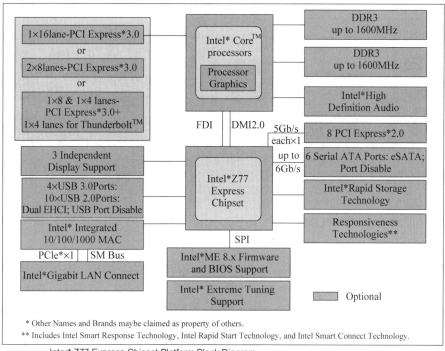

Inter* Z77 Express Chipset Platform Block Diagram

图 9-3　Intel Z77 芯片组的架构示意图

6Gbps 和 4 个 SATA 3Gbps 接口,都能提供 8 条 PCI-E 2.0 总线通道。全面支持双通道 DDR3 1600 内存;在显卡方面,可以支持最高 x8＋x4＋x4 的 3 路 PCI-Express 3.0 显卡。PCI-Express 3.0 x4 可以提供等效 PCI-Express 1.0 x16 的带宽,多显卡带宽瓶颈将不复存在。

多卡互联的支持一向都是区分芯片组地位的重要参数。Z77 支持将 CPU 提供的 16 路 PCI-E 拆分为两个 8 路 PCI-E,搭建双卡 SLI 或者 Cross Fire 系统,或者拆分为一个 8 路 PCI-E 和两个 4 路 PCI-E,这样就可以组建三卡 SLI 或者 Cross Fire 系统。

9.2.3　主板上的 I/O 接口

主板上的 I/O 接口有很多,如串行口、并行口、PS/2 接口、USB2.0/3.0 接口、网线接口、显卡和声卡输入输出接口等。本节主要介绍 USB(universal serial bus)接口。图 9-4 为主板上的 I/O 接口的示意图。

1. 键盘、鼠标 PS/2 接口

PS/2 接口曾是键盘和鼠标的专用 6 针园型接口,主板上提供两个 PS/2 接口。一般情况下,符合 PC99 规范的主板,其键盘的接口为紫色、鼠标的接口为绿色。现键盘和鼠标是通过 USB 接口与计算机相连。

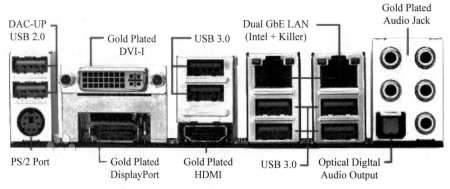

图 9-4　主板上的 I/O 接口

2. LPT 插座

LPT 插座俗称"并口"(parallel port),在主板上是 25 孔的母接头。曾用于连接打印机。现因打印机多采用 USB 接口,并口已不多见。

3. 声卡接口

多数主板都集成了声卡,图 9-5 为声卡的输入输出接口示意图。

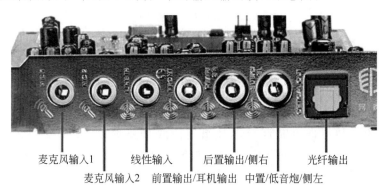

麦克风输入1　　　线性输入　　　后置输出/侧右　　　光纤输出
　麦克风输入2　前置输出/耳机输出　中置/低音炮/侧左

图 9-5　声卡的输入输出接口示意图

(1) 线性输入插口:标记为 Line In。可用于外接音频设备(如影碟机、录像机等),将声音、音乐信息输入计算机中。

(2) 麦克风输入插口:标记为 Mic In。用于连接麦克风(话筒),将声音或歌声录制下来。

(3) 线性输出插口:标记为 Line Out。用于连接外部音频设备(如音箱等)的输出端口。

(4) 扬声器输出插口:标记为 Speaker 或 SPK。用于插接音箱的音频线插头。

4. 显卡接口

(1) 数字信号接口 DVI 接口:当 LCD(液晶)显示器出现之后,模拟信号 D-SUB 接口(该接口"上宽下窄",看起来像一个倒写的 D,共有 3 排 15 针的信号线)被数字信号 DVI 接口取代。显卡处理好的数字信号,可直接通过 DVI 接口输送到液晶显示器中,这样可避免信号的丢失与失真。

（2）DisplayPort 接口：DisplayPort 是一种高清数字显示接口标准,可以连接电脑和显示器,也可以连接计算机和家庭影院。2006 年 5 月,视频电子标准协会（VESA）确定了 1.0 版标准。

DisplayPort 的外接型接头有两种：一种是标准型,类似 USB、HDMI 等接头；另一种是低矮型,如用于超薄型笔记本电脑等。在 2011 年后,DisplayPort 接口开始接替 DVI 接口,并将逐步成为主流的 PC 显示设备输出接口。

（3）HDMI 接口：HDMI 接口更加侧重于家庭多媒体高清应用。在 2011 年后,逐步主领家用多媒体数字接口。

5. 网卡接口

随着网络应用的日益普及,主板大都集成了网卡,其接口为 RJ-45 接口。

6. IEEE 1394 接口

IEEE1394 是由 IEEE 协会于 1995 年 12 月正式接纳的一个新的工业标准,全称为高性能串行总线标准。它的原名叫 FireWire 串行总线,是由 Apple 公司于 20 世纪 80 年代中期开发的一种串行总线,一般称为 IEEE 1394 总线。

IEEE 1394 也是一种高效的串行接口标准,其主要特点是：连接方便,支持外设热插拔和即插即用；传输速率高；通用性强；实时性好,对传送多媒体信息非常重要,可减少图像和声音的断续传送或失真。IEEE1394 采用 6 芯电缆,可向被连接的设备提供 4～10V,1.5A 的电源；无须驱动等。

7. USB 接口

USB 是通用串行总线的简称,不是一种新的总线标准,而是一种新型的串行外设接口标准和广泛应用在 PC 领域的接口技术,已成功替代串口和并口,并成为当今 PC 和大量智能设备必配的接口之一。

USB 从 1994 年年底由 Microsoft、Intel、Compaq、IBM 等公司共同推出,已有 USB 1.0、USB 1.1、USB 2.0 和 USB 3.0 等版本,均完全向后兼容,如表 9-2 所示。

表 9-2　多个版本 USB 接口的传输速率

USB 版本	最大传输速率	速率称号	最大输出电流	推出时间
USB1.0	1.5Mbps(192KB/s)	低速（low-speed）	500mA	1996 年 1 月
USB1.1	12Mbps(1.5MB/s)	全速（full-speed）	500mA	1998 年 9 月
USB2.0	480Mbps(60MB/s)	高速（high-speed）	500mA	2000 年 4 月
USB3.0	5～10Gbps(640MB/s)	超速（super-speed）	900mA	2008 年 11 月

USB 具有传输速度快、使用方便、支持热插拔、连接灵活、独立供电等优点,可以连接鼠标、键盘、打印机、扫描仪、摄像头、闪存盘、MP3 机、手机、数码相机、移动硬盘和外置光驱等外部设备。

2008 年推出的 USB 3.0 理论上比 USB 2.0 快 10 倍以上。USB 3.0 利用了双向数据传输模式,而不再是 USB 2.0 时代的半双工模式。外形和 USB 2.0 接口基本一致。USB 3.0 还引入了新的电源管理机制,支持待机、休眠和暂停等状态。

所有的高速 USB 2.0 设备连接到 USB 3.0 上都会有更好的表现。这些设备包括:①外置硬盘;②高分辨率的网络摄像头;③USB 接口的数码相机、数码摄像机;④蓝光光驱等。随着光纤导线的全面应用,USB 3.0 将得到更高的传输速度,未来在主流产品上的扩展应用将进一步展现。

9.3　扩展总线应用技术

在计算机系统中,各个功能部件都是通过总线交换数据的,所以,总线被誉为计算机系统的神经中枢;正因为如此,总线的速度对系统性能有着极大的影响。但是,与 CPU、显卡、内存、硬盘等功能部件相比,总线技术的提升速度要缓慢得多。在 PC 发展的历史中,总线只进行过 3 次更新换代,但每次变革都使计算机的整体性能得到极大提高。从 PC 总线到 ISA、PCI 总线,再由 PCI 进入 PCI Express 和 HyperTransport 体系,计算机总线在这 3 次变革中也完成了 3 次飞跃式的提升。与此同时,计算机的处理速度、实现的功能和软件平台也都在进行同样的提升。显然,如果没有总线技术的进步作为基础,计算机的快速发展也就无从谈起。

系统总线通常是指 CPU 的 I/O 接口单元与系统内存、L2 cache 和主板芯片组之间的数据、指令等传输通道。在计算机主板中,它通常与 I/O 扩展槽相连。

总线的 3 个性能指标是:总线的带宽,是指单位时间内总线上可传输的数据量,以 MB/s 或 MBps 为单位;总线的位宽,是指总线能同时传输的数据位数,如通常所说的 16 位、32 位、64 位等总线宽度;总线的工作频率(或总线的时钟频率),是指用于协调总线上的各种操作的时钟频率,以 MHz 为单位。三者之间的关系是:

总线带宽 ＝(总线位宽 /8)× 总线工作频率(MB/s)

1. PC 总线与 ISA 总线

PC 总线最早出现在 IBM 公司 1981 年推出的 PC/XT 系统中,它基于 8 位的 8088 处理器,也被称为 PC/XT 总线。

1984 年,IBM 推出基于 16 位 Intel 80286 处理器的 PC/AT,系统总线被 16 位的 PC/AT 总线代替。在 PC/AT 总线规范被标准化以后,就衍生出著名的 ISA 总线。ISA (industry standard architecture)是工业标准体系结构总线的简称,它是 IBM PC/AT 机及其兼容机所使用的 16 位标准系统扩展总线,又称为 PC-AT 总线,其数据传输率为 16MBps。

ISA 总线一直贯穿 286 和 386SX 时代,但在 32 位 386DX 处理器出现之后,16 位宽度的 ISA 总线数据传输速度严重制约了处理器性能。1988 年,由康柏、惠普、AST、爱普生等 9 家厂商协商将 ISA 总线扩展到 32 位宽度,EISA(extended industry standard architecture,扩展工业标准架构)总线由此诞生。

EISA 总线的工作频率仍然保持在 8MHz 水平,但受益于 32 位宽度,其总线带宽提升到 32MBps。另外,EISA 可以完全兼容之前的 8/16 位 ISA 总线。EISA 总线在还没有来得及成为正式工业标准时,更先进的 PCI 总线就开始出现,但 EISA 总线并没有因此快速消失,它在计算机系统中与 PCI 总线共存了相当长的时间,直到 2000 年后才正式退出。

2. PCI 总线一族

PCI(peripheral component interconnect,外设部件互连标准)总线诞生于 1992 年。第一个版本的 PCI 总线工作于 33MHz 频率下,传输带宽达到 133MBps。在 PCI 发布一年之后,Intel 紧接着推出 64 位的 PCI 总线,它的传输性能达到 266MBps,但主要用于企业服务器和工作站领域。随着 x86 服务器市场的不断扩大,64 位/66MHz 规格的 PCI 总线很快成为该领域的标准,针对服务器/工作站平台设计的 SCSI 卡、RAID 控制卡、千兆网卡等设备无一例外都采用 64 位 PCI 接口,乃至于今天,这些设备还被广泛使用。

1996 年,3D 显卡出现,Intel 在 PCI 基础上研发出一种专门针对显卡的 AGP 接口(Accelerated Graphics Port,加速图形接口)。1996 年 7 月,AGP 1.0 标准问世,它的工作频率达到 66MHz,具有 1X 和 2X 两种模式,数据传输带宽分别达到了 266MBps 和 533MBps。

1998 年 5 月,Intel 发布 AGP 2.0 版规范,它的工作频率仍然停留在 66MHz,但工作电压降低到 1.5V,且通过增加的 4X 模式,将数据传输带宽提升到 1.06GBps,AGP 4X 获得非常广泛的应用。与 AGP 2.0 同时推出的,还有一种针对图形工作站的 AGP Pro 接口,这种接口具有更强的供电能力,可驱动高功耗的专业显卡。

2000 年 8 月,Intel 推出 AGP 3.0 规范,它的工作电压进一步降低到 0.8V,所增加的 8X 模式可以提供 2.1GBps 的总线带宽。

3. PCI-X

2000 年正式发布 PCI-X 1.0 版标准。在技术上,PCI-X 并没有脱离 PC 体系,它仍使用 64 位并行总线和共享架构,但将工作频率提升到 133MHz,由此获得高达 1.06GBps 的总带宽。

2002 年 7 月,PCI-SIG 推出更快的 PCI-X 2.0 规范,它包含较低速的 PCI-X 266 及高速的 PCI-X 533 两套标准,分别针对不同的应用。PCI-X 266 标准可提供 2.1GBps 共享带宽,PCI-X 533 标准则更是达到 4.2GBps 的高水平。此外,PCI-X 2.0 也保持良好的兼容性,它的接口与 PCI-X 1.0 完全相同,可无缝兼容之前所有的 PCI-X 1.0 设备和 PCI 扩展设备。很自然,PCI-X 2.0 成功进入服务器市场并大获成功,直到现在它仍然在服务器市场占据主流地位。

4. PCI Express 总线

随着系统外部带宽需求的快速增加,第三代 I/O 总线——PCI Express(PCI-E)已经应运而生。PCI-E 在工作原理上与并行体系的 PCI 不同,它采用串行方式传输数据,而依靠高频率来获得高性能,因此,PCI-E 也一度被称为"串行 PCI"。由于串行传输不存在信号干扰,总线频率提升不受阻碍,PCI-E 很顺利就达到 2.5GHz 的超高工作频率。其次,PCI-E 采用全双工运作模式,最基本的 PCI-E 拥有 4 根传输线路,其中 2 线用于数据发送,2 线用于数据接收,即发送数据和接收数据可以同时进行。由 PCI 的并行数据传输变为串行数据传输,并且采用了点对点技术,因此,极大地加快了相关设备之间的数据传送速度。

PCI Express 总线包括多种速率的插槽,例如 PCI Express x1、x2、x4、x8、x16、x32 等,1X 的 PCI-E 最短,然后依次增长。其中,PCI Express x16 总线已成为新一代图形总线标准。表 9-3 给出了 PCI-E 几种模式总线的速率。

表 9-3   PCI Express 总线的速率表

模式	双向传输模式	数据传输模式	模式	双向传输模式	数据传输模式
PCI Express x1	500MBps	250MBps	PCI Express x8	4GBps	2GBps
PCI Express x2	1GBps	500MBps	PCI Express x16	8GBps	4GBps
PCI Express x4	2GBps	1GBps	PCI Express x32	16GBps	8GBps

5. HyperTransport 总线

在系统总线家族中,HyperTransport 是一个另类总线,因为它只是 AMD 提出的企业标准,其设计目的是用于高速芯片间的内部连接。但随着 AMD 64 平台的成功,HyperTransport 总线的影响力也随之扩大。

在基本工作原理上,HyperTransport 与 PCI Express 相似,都是通过串行传输、高频率运作获得超高性能。除了速度快之外,HyperTransport 还有一个独有的优势,它可以在串行传输模式下模拟并行数据的传输效果。

2004 年 2 月,AMD 推出 HyperTransport 2.0,其主要变化是数据传输频率提升到 1GHz,32 位总线的带宽达到 8GBps。AMD 将它用于 Opteron 以及高端型号的 Athlon 64 FX、Athlon 64 处理器中,该平台的所有芯片组产品都迅速提供支持。

PCI Express 和 HyperTransport 开创了一个近乎完美的总线架构,预计未来十年的计算机都将运行在这种总线架构基础之上。而业界对高速总线的渴求也无止境,PCI Express 2.0 和 HyperTransport 3.0 都将会再次带来巨大的效能提升。

本 章 小 结

本章介绍的主要是微机硬件的一些新技术特点,以及主板芯片组和总线的技术发展。在现代 CPU 中逐渐融入了一些新技术,如超线程技术、64 位技术、双核与多核技术以及扩展指令集等。这些新技术的应用,大幅度提高了 CPU 的性能。

主板是最重要的部件,一块主板的性能和档次主要取决于它所采用的芯片组。总线技术在发展过程中经过 3 次大的变革,从 PC 总线到 ISA、PCI 总线,再由 PCI 总线进入 PCI Express 和 HyperTransport 总线体系,使得计算机的整体性能得到巨大改善。

习 题 9

9.1   什么是 USB 接口,它有何特点?

9.2   试简述扩展总线经历了哪些发展过程?

# 第 **10** 章 多媒体外部设备及接口卡

【学习目标】

本章介绍一些常见的多媒体输入输出设备和外部设备接口卡;并结合实际应用,描述它们的基本工作原理及使用方法。

【学习要求】

- ◆ 熟悉常见的键盘、鼠标、触摸屏、数码相机、数码摄像机、扫描仪、打印机等输入输出设备的使用方法。
- ◆ 了解显卡的主要性能参数。
- ◆ 了解声卡的主要功能。

10.1 输 入 设 备

输入设备是用户和计算机系统之间进行信息交换的主要装置之一,通过它可将数据、程序、文字符号、图片、音频和视频等多媒体信息及各种指令输入计算机。常见的输入设备有键盘、鼠标、触摸屏、数码相机、数码摄像机、数码摄像头、扫描仪等。

10.1.1 字符输入设备——键盘

键盘是最常用也是最主要的输入设备。自 IBM PC 推出以来,键盘经历了 84 键和 101 键两种。Windows95/98 面世后,在 101 键盘的基础上改进成了 104 键盘和 107 键盘。

不管键盘形式如何变化,基本的按键排列还是保持不变,可以分为主键盘区、数字辅助键盘区、功能键盘区、控制键区,对于多功能键盘还增添了快捷键区。

1. 特色键盘

键盘设计多种多样,有传统的标准型键盘、手写键盘、多媒体键盘、集成鼠标的键盘、人体工程学键盘和无线键盘等,下面介绍其中的几种。

(1) 手写键盘:手写键盘是键盘和手写板的结合产品。这种键盘一般适合打字速度不

快或者从事美术创作的人员使用。

（2）人体工程学键盘：人体工程学键盘在设计和制造方面参照人体的生理解剖功能，将键盘呈一定角度展开，以适应人手的角度，可以有效地减少腕部疲劳。

（3）多媒体键盘：多媒体键盘大多是在107键键盘的基础上添加一些具有特殊功能的快捷键，如音频/视频播放、音量调节、键盘软开关、休眠启动和上网键等，从而扩展了键盘的控制功能。

（4）集成鼠标的键盘：这类键盘和笔记本电脑的键盘类似，一般在键盘上集成的鼠标多以轨迹球和压力感应板的形式出现。

（5）无线键盘：无线键盘是通过一个USB无线接收器与计算机连接。目前，炙手可热的无线技术也被应用在键盘上。无线技术主要有蓝牙和红外线等。两者在传输距离及抗干扰性方面有所不同。一般来说蓝牙在传输距离和安全保密性方面要优于红外线的。红外线的传输有效距离约为 $1\sim2m$；蓝牙的有效距离约为10m左右。

无线键盘为未来将计算机多功能、娱乐化铺平了道路。例如，利用电视屏幕，浏览Internet，收看网络电视节目等。

2．键盘的选购

选购键盘主要考虑操作手感、类型和做工质量。

（1）操作手感：键盘按键的手感和舒适度对于使用者比较重要。好的键盘应该弹性适中，按键无晃动、弹起速度快，灵敏度高。

（2）类型：对于长期敲打键盘的人，从舒适度方面，可选择符合人体工程学的键盘设计；对于注重方便、快捷、个性化的用户，可考虑多媒体键盘。

（3）做工质量：键盘的做工直接影响到它的使用寿命。做工好的键盘应该是用料讲究、研磨好、键帽上的字母印刷清晰、耐磨程度高。有些键盘还采用了导水槽设计来减少进水造成的可能损害。

选用品牌键盘比较重要。因为品牌键盘重视键盘的触感、外观人体工程学设计以及售后服务等关键问题。

10.1.2 图形输入设备

常见的图形输入设备有鼠标、触摸屏和光笔等。

1．鼠标

在输入设备中，除了键盘之外，另一个常用的输入设备就是鼠标。鼠标是通过移动光标来实现选择操作的，在图形化界面的操作系统中，鼠标具有简单易用、操作灵活的特点，通过鼠标可以轻松地对计算机进行操作。

1）鼠标种类

从原始鼠标到纯机械鼠标、光电鼠标、光机鼠标以及光学鼠标（触控鼠标、无线鼠标），鼠标技术经历了几次大的改进。其中真正成功的鼠标是光机鼠标和光学鼠标，它们也是主流的鼠标技术。

（1）机械鼠标：机械鼠标主要由滚球、辊柱和光栅信号传感器组成。当拖动鼠标时,带动滚球转动,滚球又带动辊柱转动,装在辊柱端部的光栅信号传感器产生的光电脉冲信号反映出鼠标器在垂直和水平方向的位移变化,再通过程序处理和转换来控制屏幕上光标箭头的移动。

（2）光机鼠标：为了克服纯机械式鼠标精度不高、机械结构容易磨损的弊端,罗技公司在 1983 年成功地设计出第一款光学机械式鼠标,简称"光机鼠标"。光机鼠标在精度、可靠性、反应灵敏度方面都超过原有的纯机械鼠标,并且保持成本低廉的优点。可以说真正的鼠标时代是从光机鼠标开始的。光机式鼠标器是一种光电和机械相结合的鼠标。它在机械鼠标的基础上,将磨损最厉害的接触式电刷和译码轮改为非接触式的 LED 对射光路元件。因降低了磨损率,从而大大提高了鼠标的寿命并使鼠标的精度有所增加。

（3）光学鼠标：1999 年 Microsoft 公司推出一款名为 Intelli Mouse Explorer 的第二代光电鼠标,这款鼠标采用的是 Microsoft 公司与安捷伦公司合作开发的 Intelli Eye 光学引擎,由于更多地借助了光学技术,故也被称为"光学鼠标"。它既保留了光电鼠标的高精度、无机械结构等优点,又具有高可靠性和耐用性,并且使用过程中无须清洁也可保持良好的工作状态,在诞生之后迅速引起业界瞩目。它的底部没有滚轮,也不需要借助反射板来实现定位,其核心部件是发光二极管、微型摄像头、光学引擎和控制芯片。光学鼠标技术不断向前发展,分辨率提高到 800DPI、刷新频率高达 6000 次/s。光学鼠标已成为绝大多数用户的首选产品。

无线鼠标是为了适应大屏幕显示器而生产的。所谓"无线"即没有电线连接,而是采用无线遥控,鼠标器有自动休眠功能。

2）鼠标性能指标

鼠标的主要性能指标有采样频率和分辨率。对于普通用户,这些性能参数的差异在实际使用过程中不会产生太明显的影响;而对于图形设计者或游戏玩家而言,采样频率和分辨率高的鼠标可以提供更精确的定位。

（1）采样频率：鼠标采样频率是指每秒钟能采集和处理的图像数量,单位是"帧/s",如高端鼠标的采样频率达到 4000 帧/s。采样频率越高,鼠标指针的定位能力就越强。对于游戏玩家,一款高采样频率的鼠标,能保证在游戏中不丢帧。

（2）分辨率：分辨率(dots per inch,DPI)是指鼠标内的解码装置所能辨认每英寸长度内的点数,它是衡量鼠标移动精确度的标准。分辨率越高表示光标在显示器屏幕上的移动定位越准且移动速度越快。光电鼠标已经达到 800DPI。

3）鼠标的选购

鼠标的分辨率是选购的重点,高分辨率的鼠标其定位准确、移动速度较快;手感(如鼠标的大小、形状、材质以及按键的弹性、键程等)的舒适度也是选购鼠标的一个因素。另外,名牌大厂的鼠标产品,其质保期长,售后服务质量好。

2. 触摸屏

触摸屏技术已逐渐成为继键盘、鼠标、手写板及语音输入后的一大新的输入方式。通过该技术,使用者只需要用手指触碰计算机显示屏上的图标或文字就能实现与计算机之间的人机交流,极大地方便了用户。它不仅输入简单、直观、方便,且具有坚固耐用、反应速度快、节省空间、易于交流等优点。配合识别软件,触摸屏还可以实现手写输入。

触摸屏应用范围已变得越来越广泛,从具有工业用途的工厂设备的控制/操作系统、公共信息查询的电子查询设施、商业用途的银行自动柜员机、应用于军事中的指挥系统、多媒体教学、房地产预售等,迅速扩展到手机、PDA、GPS(全球定位系统)、MP3、数码相机/摄像机,甚至大众消费电子领域。展望未来,触控操作简单、便捷,人性化的触摸屏有望成为人机交互的最佳界面。

3. 光笔

光笔由透镜、光导纤维、光电元件、放大整形电路和接触开关组成,是较早用于绘图系统的交互输入设备。光笔和图形软件相配合,可以在屏幕上完成绘图、修改图形和变换图形等复杂功能。

10.1.3 图像输入设备

1. 扫描仪

扫描仪是一种捕获图像并将之转换为计算机可以显示、编辑、存储和输出的数字化输入设备。照片、文本页面、图纸、美术图画、照相底片、菲林软片,甚至纺织品、标牌面板、印制板样品等都可作为扫描对象。

扫描仪属于计算机辅助设计(CAD)中的输入系统,通过安装相应专业软件的计算机和输出设备(激光打印机、激光绘图机),可以组成印前计算机处理系统。扫描仪广泛应用于平面设计、广告制作和办公应用等领域。

根据扫描仪扫描介质和用途不同,扫描仪可以分为平板式扫描仪和手持式扫描仪。

1)平板式扫描仪

平板式扫描仪就是指人们日常使用的扫描仪,通过 USB 接口或者并口与计算机连接,具有扫描速度快、扫描精度高的特点。

2)手持式扫描仪

手持式扫描仪是利用光电原理将条码信息转化为计算机可接受信息的输入设备,具有体积小、重量轻、携带方便等特点。常用于图书馆、医院、书店和超市等,作为快速登记或结算的一种输入手段,对商品外包装上或印刷品上的条码信息直接阅读,并输入联机系统中。

2. 数码相机

1)工作原理

数码相机把进入镜头照射于电荷耦合器件上的光影信号转换为电信号,再经模/数转换器(A/D)处理成数字信息,通过数字信号处理器(DSP),将数字电信号按特定的技术格式处理成数字影像文件,存储到相机内的磁介质中,如图 10-1 所示。

2)主要性能指标

(1)像素值:像素是指数码相机的分辨率,是由相机里光电传

图 10-1　数码相机

感器上的光敏元件数目所决定的。像素值越高,意味着光敏元件越多,即拍摄出来的相片越细腻。对于普通消费者,日常拍摄所用的数码相机,像素在200万～500万之间就足够了。

（2）变焦:变焦分为光学变焦和数码变焦两种。几乎所有数码相机的变焦方式都是以光学变焦为先导,待光学变焦达到其最大值时,才以数码变焦为辅助变焦的方式,继续增加变焦的倍率。

（3）传感器尺寸:传感器尺寸即感光芯片尺寸。传感器尺寸与其有效像素值,共同决定了数码相机的成像质量。在有效像素值相同的情况下,感光芯片尺寸越大,照相机在感光灵敏度、动态范围、色彩还原、景深控制等方面将具备更好的效果。

（4）分辨率:分辨率是数码相机的一项重要性能指标。数码相机分辨率的高低主要由感光芯片上有效像素值来决定。数码相机分辨率越高,相机档次越高。但是,高分辨率的相机生成的数据文件很大,对加工、处理、存储等过程都有较高的要求。因此,用户不必过分追求高分辨率。

（5）存储方式和容量:数码相机移动式存储器的类型主要分为磁性材料类、光学介质类和闪存芯片类。其中,闪存芯片类最普遍。闪存芯片类存储卡中的 CF 卡,有较好的兼容性和可靠性,存储容量大,广泛用于数码单反相机;SD/MMC 卡,外形小,存储容量大,读写速度快,除了用于超薄型的数码相机外,还广泛用于数码摄像机、手机和 PDA 等;记忆棒是SONY 公司独家开发的存储卡,主要用于索尼数码相机。此外,还有 XD 卡、MS 卡和 MD卡等也被数码相机所采用。

3. 数码摄像机

随着摄像机技术的发展,目前数码摄像机已呈现出数字化、小型化、智能化的发展趋势,如图 10-2 所示。数码摄像机因采用了数字记录视频信号的方式,可方便地将视频图像数据传输给计算机,利用先进的计算机视频处理技术实现非线性后期编辑制作。

1）数码摄像机分类

根据性能和用途,摄像机大体可分为广播级、业务级和家用级 3 个质量等级。

（1）广播级摄像机:主要应用于广播电视领域,图像质量最好,性能全面而稳定,属于高质量电视摄像机。适

图 10-2　数码摄像机

合在电视台演播室和现场节目制作的场合下使用。此类摄像机一般体积大、机身重、价格昂贵。

（2）业务级电视摄像机:其图像质量较好,在技术指标上与广播级摄像机没有太大差别,主要是元器件的质量等级不同。适用于广播电视制作、新闻采集等机动灵活的摄像工作,同时也被广泛地用于工业、交通、医疗等领域。此类摄像机一般体积较小、重量较轻。

（3）家用级摄像机:价格便宜、轻便小巧、操作简单、拍摄照度要求低、自动化程度高、功能齐全,属摄录一体机,是一种家庭文化娱乐用的摄像机。其中采用先进的内置硬盘为记录媒介的数码摄像机已经普及。

2）数码摄像机的选择

（1）像素:CCD 像素数是衡量摄像机性能的重要指标,CCD 像素决定着图像的清晰

度,因此该指标常成为机型选择首先考虑的指标。一般 CCD 像素在百万左右已经够用。

(2) 镜头:镜头的好坏对于衡量一款数码摄像机的成像质量非常重要。首先,高品质的大口径镜头可以得到更大的通光量,从而保证影像的还原效果。其次,选择时也要考虑镜头的光学变焦倍数,光学变焦倍数越大,拍摄的场景大小可取舍的范围就越大,拍摄构图、场景调度也就越方便。可根据日常的拍摄需要,选择够用的镜头就好。

(3) CCD 图像传感器:CCD 图像传感器是摄像机的核心部件。从理论上讲,CCD 的尺寸越大,意味着数码摄像机的成像质量越好,进而可以得到更加真实的画面。

(4) 数码静像拍摄功能:主流数码摄像机都具有拍照功能,要注意的是,由于数码摄像机本身的技术特性和设计要求与数码相机不同,图片质量不能与数码相机相提并论。所以拍照功能,只能当作数码摄像机一种附加功能,而不应成为选购的主要因素。

(5) 存储方式:摄像机的存储媒介有磁带、内置闪存和硬盘等,从摄像机的发展方向看,内置闪存和硬盘存储技术是今后视频记录的发展方向。

(6) 售后服务:数码摄像机是技术含量较高的科技产品,是否能够提供完善、便捷的售后服务是消费者在选择数码摄像机时需考虑的一个重要因素。

4. 数字摄像头

摄像头作为一种视频输入设备,已广泛应用于视频会议、远程医疗及实时监控等方面。近年来,随着互联网技术的发展和网络速度的不断提高,人们可以彼此通过摄像头在网上进行有影像、有声音的交谈和沟通。

1) 分类

根据数码摄像头的形态,数字摄像头主要分为桌面底座式、高杆式及液晶挂式 3 种类型。其中因高杆式及液晶挂式的摄像头看起来图像更美而成为市场主流。

2) 工作原理

首先景物通过镜头生成的光学图像投射到图像传感器表面上转换为电信号;经过 A/D (模数转换)转换后成为数字图像信号,送到数字信号处理芯片(DSP)中加工处理;再通过 USB 接口传输到计算机中处理,通过显示器就可以看到图像了。

3) 数字摄像头的选购

选购摄像头时依据的主要性能指标有:①图像分辨率;②视频捕捉速度(最大帧数);③色彩位数;④视场(摄像头能观察到的最大范围)等。

色彩还原性、画面稳定性和画面的层次感,对衡量一款摄像头的品质来说很重要。消费者可以现场试用样品,看其成像质量是否颜色真实、色彩鲜艳、还原性好;画面是否稳定;能否还原出非常丰富的色彩层次和被摄范围的距离感。

另外,还需关注产品的安全性能,即在使用摄像头的同时确保一定的私密性。建议采用主流厂家的产品。

10.1.4 智能输入装置

1. 绘图板

绘图板(又称绘画板、手绘板等)同键盘、鼠标、手写板一样都是计算机输入设备,通常由一块板和一支压感笔组成,主要应用于计算机绘画和加工动画,如图 10-3 所示。在绘图软件的支持下,模拟各种各样的绘画工具(如铅笔、毛笔、排笔等),创作出各种风格的作品(如油画、水彩画、素描等)。

1)主要参数

绘图板的主要参数有压力感应、坐标精度、读取速率、分辨率等,其中压力感应级数是关键参数。

2)绘画板与鼠标的区别

计算机绘画创作中,绘画板拥有无可比拟的优势,而鼠标始终无法达到用笔创作的自由舒适感受。

图 10-3　绘图板

(1)定位方式:鼠标是相对定位,绘画板是绝对定位,笔在板上的位置对应在屏幕上相应的位置,因此定位更准确。

(2)输入方式:绘画板是记录轨迹的输入工具,而鼠标很难表现出平滑流畅的线条效果。

(3)压力感应:鼠标没有压力感应,而绘画板可以让使用者轻松表现笔触粗细浓淡的变化。

3)应用特色

绘图板已经大量应用在商业动画、动漫的制作中。例如,"变型金刚"、"星球大战前传"等大片,其中很多恢弘壮观的场面和叹为观止的电影特技,不少镜头是通过绘图板精雕细琢的。绘图板的出现让绘画作者的成果迅速与计算机相结合,大大缩短了动画、特效电影、广告等产业的制作周期,让更多精品能够更快地呈现出来。

2. 数位屏

数位屏(又称手写/手绘屏)是一种改变计算机使用模式、使办公环境发生革命性变化的全新产品,它可以完全改变显示器＋鼠标＋键盘的传统计算机使用模式。数位屏将 LED 显示器与数位板整合于一身,用户可以使用其配套的压感笔在液晶屏幕上直接进行写屏输入,包括手写和绘画。数位屏除了具有 LED 液晶显示屏的无辐射、省空间等特色外,还能直接写屏输入,如图 10-4 所示。

作为高端的计算机输入输出装置,数位屏广泛应用于各类会议、远程教育、电视直播、设计分析、建筑制图和实时指挥等许多领域,实现了高效、直观和无障碍沟通,从而大大节省了时间,提高了工作效率,降低了交流成本。

例如,在远程网络会议中,与视像会议系统结合,会议各方可以在书写屏上任意书写、批注,并通过网络进行数据的实时双向传输。同时,还可将交互式数位屏上的图像传输到与会者的计算机,每个

图 10-4　数位屏

与会者都能够各自保存图像,并且将文档以及手写批注等要点加以保存。当然这种借助交互式书写屏系统,共享数据和实时板书的应用也可以在远程教育中充分发挥功能。

3. 语音识别系统

语音识别技术是让机器通过识别和理解过程,把语音信号转变为相应的文本或命令的技术。语音识别是一门交叉学科。语音识别系统包括麦克风、声卡和特殊的软件等。

近 20 年来,语音识别技术取得了显著进步,其应用领域非常广泛,常见的应用系统有:①语音输入系统,相对于键盘输入方法,它更符合人的日常习惯,也更自然、更高效;②语音控制系统,即用语音来控制设备的运行,相对于手动控制来说更加快捷、更方便,可以用在工业控制、语音拨号系统、智能家电和声控智能玩具等许多领域;③智能对话查询系统,根据客户的语音进行操作,为用户提供自然、友好的数据库检索服务,例如家庭服务、宾馆服务、旅行社服务系统、订票系统、医疗服务、银行服务和股票查询服务等。

预计未来 10 年内,语音识别技术将进入工业、家电、通信、汽车电子、医疗、家庭服务和消费电子产品等各个领域。

10.2 图形/图像输出设备

图形/图像输出设备的任务是把计算机的处理结果或者中间结果以数字、字符、图像和声音等多种媒体的形式表示出来。常见的图形图像输出设备有显示器、打印机等。

10.2.1 显示器

显示器是计算机最主要的输出设备,计算机中的所有数据和程序都是通过显示器呈现出来的。

显示器的种类主要有 CRT 显示器、LCD 显示器、LED 显示器、3D 显示器和等离子显示器等。

1. CRT 显示器

CRT 显示器曾是使用较广泛的显示器。根据采用显像管的不同,可分为球面显示器和纯平显示器。纯平显示器又可分为物理纯平和视觉纯平两种。从 12 英寸黑白显示器到 19 英寸、21 英寸大屏彩显,CRT 经历了由小到大的过程,曾广泛使用的有 14 英寸、15 英寸和 17 英寸等。

2. LCD 显示器

LCD 显示器是一种采用液晶控制透光度技术来实现色彩的显示器。它具有辐射小、无闪烁、机身薄、能耗低和失真小等优点。液晶显示屏的缺点是色彩不够艳丽,可视角度不高等。LCD 显示器已逐渐成为主流显示设备。

图 10-5 和图 10-6 分别给出了 CRT 显示器和 LCD 液晶显示器的样式。

图 10-5　CRT 显示器

图 10-6　LCD 液晶显示器

3. LED 显示器

LED 显示器是一种通过控制半导体发光二极管进行显示的显示器。LED 显示器集微电子技术、计算机技术和信息处理于一体,以其色彩鲜艳、动态范围广、亮度高、寿命长和工作稳定可靠等优点,成为具有优势的新一代显示媒体,已广泛应用于大型广场、商业广告、体育场馆、信息传播、新闻发布和证券交易等。

4. 3D 显示器

3D 显示器一直被公认为显示技术发展的终极梦想,多年来有许多企业和研究机构从事这方面的研究。日本、韩国及欧美等发达国家和地区早于 20 世纪 80 年代就涉足立体显示技术的研发。

平面显示器要形成立体感的影像,必须至少提供两组相位不同的图像。其中,快门式 3D 技术和不闪式 3D 技术是如今显示器中最常使用的两种。

不闪式 3D 显示器经国际权威机构检测,闪烁几乎是零。

不闪式 3D 显示器有如下优点。

(1) 无闪烁、更健康:画面稳定,无闪烁感,眼睛更舒适,不头晕。

(2) 高亮度、更明亮:亮度损失最小的偏光 3D,色彩更好。

(3) 无辐射、更舒适的眼镜:不闪式 3D 眼镜无辐射,结构简单,重量轻。

(4) 无重影、更逼真:不闪式 3D 技术的色彩显示更准确。

(5) 价格合理、性价比高:通过不闪式 3D 显示器进入 3D 世界,其主机配置总价位层面上,比快门式 3D 便宜 2～4 倍,性价比高。

5. 等离子显示器

等离子显示器厚度薄、分辨率高、占用空间少,可作为家中的壁挂电视使用,代表了未来显示器的发展趋势。

等离子显示器有如下特点。

(1) 高亮度、高对比度:等离子显示器具有高亮度和高对比度,对比达到 500∶1,完全能满足眼睛需求;亮度高,色彩还原性好。

(2) 纯平面图像无扭曲:等离子显示器的 RGB 发光栅格在平面中呈均匀分布,这样使得图像即使在边缘也没有扭曲的现象。而在纯平 CRT 显示器中,由于在边缘的扫描速度不均匀,很难控制其不失真。

(3) 超薄设计、超宽视角:由于等离子技术显示原理的关系,使其整机厚度大大低于传统的 CRT 显示器,与 LCD 相比也相差不大,而且能够多位置安放。用户可根据个人喜好,将等离子显示器挂在墙上或摆在桌上,大大节省了空间,既整洁、美观又时尚。

(4) 环保无辐射:等离子显示器一般在结构设计上采用了良好的电磁屏蔽措施,其屏幕前置环境也能起到电磁屏蔽和防止红外辐射的作用,对眼睛几乎没有伤害,更加环保。

10.2.2 打印机

打印机是计算机系统常用的输出设备,主流的打印机已是一套完整精密的机电一体化的智能系统。衡量打印机的指标有打印分辨率、打印速度和噪声。

1. 打印机的类型

按工作方式,打印机可分为针式打印机、喷墨打印机、激光打印机以及用于印刷行业的热转印式打印机等。另外,也时常看到 3D 打印在飞机制造、医疗、工业生产方面应用的信息。

(1) 针式打印机:针式打印机具有中等分辨率和打印速度、耗材便宜,同时还具有高速跳行、多份拷贝打印、宽幅面打印、维修方便等特点,是办公和事务处理中打印报表、发票等的优选机种。针式打印机在很长时间内曾经占据重要的地位。因打印质量低、工作噪声大,针式打印机已无法适应高质量、高速度的商用打印需要。

(2) 喷墨打印机:根据产品的主要用途可分为普通型喷墨打印机、数码照片型喷墨打印机和便携式喷墨打印机。随着数码相机的广泛使用,购买打印精度高的照片打印机逐渐增多。喷墨打印机的优点是噪声低、色彩逼真、速度快;不足的是打印成本高。彩色喷墨打印机因打印效果好、购机价位低,已成为广大中低端市场的主流。

(3) 激光打印机:激光打印机可分为黑白激光打印机和彩色激光打印机两类。精美的打印质量、低廉的打印成本、优异的工作效率和极高的打印负荷是黑白激光打印机最突出的优点。彩色激光打印机具有打印色彩逼真、安全稳定、打印速度快、寿命长和成本较低等优点。

(4) 专用/专业打印机:专用打印机一般是指各种存折打印机、平推式票据打印机、条形码打印机和热敏印字机等用于专用系统的打印机。

专业打印机有热转印打印机和大幅面打印机等机型。热转印打印机的优势在于专业高质量的图像打印方面,一般用于印前及专业图形输出;大幅面打印机,它的打印原理与喷墨打印机基本相同,但打印幅宽一般都能达到 24 英寸(61cm)以上。它的主要用途集中在工程与建筑领域。随着其墨水耐久性的提高和图形解析度的增加,大幅面打印机也开始被越来越多的应用于广告制作、大幅摄影、艺术写真和室内装潢等领域,已成为打印机家族中重要的一员。

2. 打印机的参数

常见的打印参数有分辨率、打印速度和打印幅面等。

(1) 分辨率:分辨率是衡量打印机质量的一项重要技术指标。打印机分辨率一般指最大分辨率,分辨率越大,打印质量越好。计算单位是 DPI,即每英寸内打印的点数。DPI 值越高,打印输出的效果越精细、越逼真,输出时间也就越长。

一般针式打印机的分辨率是 180DPI,高的达 360DPI;喷墨打印机为 720DPI,稍高的为 1440DPI 和 2880DPI;激光打印机为 300DPI、600DPI,高的有 1200DPI,2400DPI。

注意:即使在同样的分辨率指标下,不同产品的打印机,打印出的效果也会相差较大。因为打印质量与单点大小、单点的色彩饱和度甚至单点的形状等有关。

(2) 打印幅面:打印幅面是衡量打印机输出文图页面大小的指标。打印幅面越大,打印的范围越大。针式打印机中一般给出行宽,用一行中能打印多少字符(字符/行或列/行)表示。常用的打印机有 80 列和 132/136 列两种。激光打印机常用单页纸的规格表示,打印幅面有 A3、A4、B5 等。喷墨打印机的打印幅面为 A3 或 A4 大小。

(3) 介质类型:激光打印机的打印介质为普通打印纸、信封、投影胶片和明信片等;喷墨打印机的打印介质为普通纸、喷墨纸、光面照片纸、专业照片纸、高光照相胶片、光面卡片纸、信封和条幅纸等;针式打印机的打印介质为普通打印纸、信封和蜡纸等。

(4) 输入数据缓冲区:为了提高打印机的速度,输入数据缓冲区需足够大。24 针打印机的缓冲区一般在 2KB~40KB 左右,也有大至 128KB 的;喷墨打印机在 10KB~64KB 之间;激光打印机在 1MB~8MB 之间,有的可扩大到 66MB。

10.3　输入输出复合设备

1. 传真机

传真机是用来实现传真通信的终端设备,如图 10-7 所示。传真机为信息的传递提供了方便、快捷的通信方式,既节约时间和费用,又可提高办事效率。

1) 分类

传真机的功能日益齐全,其分类方法也有多种。如按传递的色调分类有黑白传真机、相片传真机和彩色传真机等。

2) 传真机的选购

选择传真机通常可根据用户的业务量、使用场合与要求、维修难易程度、可接受的价格等因素综合考虑。

图 10-7　传真机

(1) 业务量不大的小单位及家庭:选用便携式传真机较经济实惠。首先,主要功能均具备,包括发送、接收、复印、打印通信管理报告、一定数量的缩位拨号键和键盘拨打电话等功能;有些还具备发送标记、自动切纸以及录音电话等辅助功能。其次,外形小巧,价格较低。

(2) 业务量大的大中型企事业单位:可选用中、高档台式传真机。首先,可减少更换记录纸的次数。其次,性能更好、功能更丰富。例如,清晰度的调整可达到超精细、传递速度大幅提高、具有几十个缩位拨号键、大容量的存储器用于存储和无纸接收等,这些功能给用户提供了许多便利条件。再次,台式机的各种功能一般都分布在不同的电路板上,如图像板、调制解调板和主控板等,维修比较方便。

(3) 要求较高的专业技术部门:可选用高档激光传真机。它除了具备台式机的所有功能外,还有其他一些特殊功能,如超强图像处理功能以及更大容量存储能力等。

2. 多功能一体机

常见的多功能一体机有两种:一种涵盖了 3 种功能,即打印、扫描和复印;另一种涵盖了 4 种功能,即打印、复印、扫描和传真。如图 10-8 所示。

图 10-8　多功能一体机

多功能一体机虽然有多种功能,但是打印技术是多功能一体机的基础功能,因为无论是复印功能还是接收传真功能的实现都需要打印功能的支持才能够完成。因此多功能一体机可以根据打印方式分为"激光型产品"和"喷墨型产品"两类,并且同普通打印机一样,喷墨型多功能一体机的价格较为便宜,同时能够以较低的价格实现彩色打印,但是使用时的单位成本较高;而激光型多功能一体机的价格较贵,而它的优势在于使用时的单位成本比喷墨型低许多。

除了标准配置之外,可增强产品功能、提升产品性能的部件,需另外进行购买。可选配件的种类很多,不同的产品支持的可选配件不同。比较常见的可选配件有扩展内存、大容量进纸盒和双面打印装置等。

10.4　显　　卡

显卡是 CPU 与显示器之间的接口设备,专业名称叫"显示适配器"。显卡发展至今主要出现过 ISA、PCI、AGP 和 PCI Express 等接口,所能提供的数据带宽依次增加,其中 2004 年推出的 PCI Express 接口已经成为主流。

10.4.1　显卡内部结构

显示芯片(包括芯片厂商、芯片型号、制造工艺、核心代号、核心频率、渲染管线和版本级别等)决定着显卡的档次和性能;对显卡性能有较大影响的还有显存。显存(包括显存类型、显存容量、显存带宽、显存速度、显存颗粒、最高分辨率、显存时钟周期和显存封装)是显卡上的关键核心部件之一。

1. 显示芯片 GPU

显示芯片 GPU(graphic processing unit,图形处理器)是 nVIDIA 公司在发布 GeForce256 图形处理芯片时首次提出的概念。如同整个 PC 架构中,CPU 是最重要的部分一样,在显卡的架构中,GPU 也是最重要的处理部件。它的主要任务是负责处理系统输入的视频信息并进行构建、渲染等工作,其性能直接决定着显卡性能的高低。

显示芯片 GPU 的制造工艺实际上就是芯片的制程,以纳米(nm)为单位。芯片制造工艺对提高性能、控制成本和降低功耗都具有重要的意义。显示芯片的制程在 1995 年以后,有 500nm、350nm、250nm、180nm、150nm、130nm、90nm、65nm、55nm、40nm 和 32nm 等。

2．显存

显卡上的显存所发挥的作用与计算机中的内存差不多，它的作用是暂时存放显示芯片所处理的数据——像素。从性能和成本上来说，显存对整个显卡的重要性仅次于显示芯片。

10.4.2　显卡的性能参数

显卡的性能参数主要有核心频率、显存位宽与显存带宽、显存容量。

1．核心频率

显卡的核心频率是指显示核心的工作频率，它在一定程度上可以反映出显示核心的性能。显卡的性能是由显示芯片及其核心频率、显存带宽、显存容量率等多方面的情况所决定的，因此在显示核心不同的情况下，核心频率高并不代表此显卡性能强劲。提高核心频率是显卡实现超频的方法之一。

2．显存位宽与显存带宽

显存位宽是指显存在一个时钟周期内所能传送数据的位数。位数越大则相同频率所传输的数据量越大。它是决定显示芯片级别的重要参数之一。主流显示芯片的位宽有 128位、256 位和 512 位等。

显存带宽是指显示芯片与显存之间的数据传输速率，单位为 b/s。显存带宽的计算公式为：显存带宽＝工作频率×显存位宽/8。要得到精细、色彩逼真、流畅的 3D 画面，需要具有较大的显存带宽。

3．显存容量

显存是显卡上的关键核心部件，其作用是存储显卡芯片处理过或者即将提取的渲染数据。选择显卡时显存容量只是参考指标之一，核心和带宽等因素更为重要，这些决定显卡的性能优先于显存容量。主流显卡的显存容量从 2GB～4GB 不等。

10.5　声　卡

声卡又称音频卡，是多媒体技术中最基本的组成部分。它能采集和处理声音数据，进行声波/数字信号或者数字信号/声波的转换，即 A/D 和 D/A 音频信号的转换功能。

音频处理芯片通常是声卡上最大的集成块，上面标有商标、型号、编号和生产厂商等重要信息。音频处理芯片基本决定了声卡的性能和档次，其基本功能包括对声波采样和回放的控制等。

在声卡上连接的音频输入输出设备包括麦克风、音频播放设备、MIDI 合成器、耳机和音响等。

1. 声卡的类型

声卡主要分为独立声卡、集成声卡和外置声卡3种。

(1) 独立声卡：具有独立的音效芯片，可提供更高的音质音效，而且结合相应的音频编辑软件，可对音频信息进行编辑处理。它具有兼容性好，安装使用方便等特点。

(2) 集成声卡：是指在计算机主板上集成了一块音效处理芯片。随着主板整合程度的提高以及 CPU 性能的日益强大，集成声卡的技术也在不断提高。它具有成本较低、兼容性好等特点。

(3) 外置声卡：通过 USB 接口与 PC 连接，具有使用方便、便于携带等特点。例如，连接便携式计算机实现更好的音质等。

2. 声卡的功能

声卡的功能主要有音乐合成发音功能、模拟声音信号的输入与输出功能、数字声音效果处理器和混音器功能3个方面。

(1) 音乐合成发音功能：是指将若干种简单声音合成为各种音乐的功能。可采用波形表合成法，该方法记录真实乐器声音的波形数据，通过调制、合成和滤波等手段生成立体声。

(2) 模拟声音信号的输入与输出功能：实际上就是模/数与数/模转换功能。将作为模拟信号的自然声音或保存在介质中的声音输入以后，转换为数字化声音并以文件形式保存在计算机中，可以利用声音处理软件对其编辑和处理；声音输出时，先由声卡把数字信号转换成模拟波形信号，通过声卡的输出端传送到耳机、音箱等设备中播放。

(3) 数字声音效果处理器和混音器功能：数字声音效果处理器是指对数字化的声音信号进行处理以获得所需要的音效，如混响、延时和合唱等。混音器功能是指将来自音源设备（如麦克风、MIDI 键盘等）的声音组合后再输出的功能。

本 章 小 结

多媒体计算机系统是指将声音、图像和视频等媒体与计算机系统相结合，并由计算机系统对各种媒体进行数字化处理的计算机系统。本章主要介绍了常用的多媒体外部设备及接口卡。

输入设备按其输入信息的不同，可分为字符输入设备、图形输入设备、图像输入设备和智能输入装置4种基本类别。输出设备主要包括显示器和打印机。另外，兼有输入输出功能的传真机与多功能一体机的应用也十分普遍。最常用的接口卡有显卡（又分独立式与集成式）和声卡。

随着多媒体应用的日益普及，多媒体外设及接口卡的性价比还将不断提高，新型的外设与接口卡产品也会不断推出。

习　题　10

10-1　常见的输入输出设备有哪些？

10-2　显卡的主要性能参数是什么？

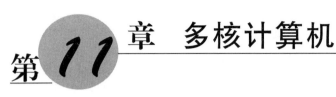

第11章 多核计算机

【学习目标】

本章作为学习计算机硬件技术最新发展的一个重要领域和成果——多核计算机,首先简要介绍多核与多核计算机的概念;在此基础上,讨论发展多核的途径和主要考虑因素,多核处理器的体系结构与组织结构,最后指出多核在技术、设计和软件开发等方面存在的一些问题。这些内容对于扩大计算机应用能力和技术创新视野,都是不可或缺的计算机硬件基础知识。

【学习要求】

◆ 了解多核与多核计算机的基本含义。
◆ 理解发展多核的途径和需要考虑的因素。
◆ 要能够区分多核处理器的体系结构和组织结构。
◆ 了解多核存在的主要问题。

11.1 多核概述

多核计算机是正在快速发展和广泛使用的计算机,当今主流的服务器、工作站、PC台式机与笔记本电脑中的CPU,几乎都是由四核、六核、八核等多核CPU组成的。

多核(multicore chips)是指在一个单独的处理器芯片上集成两个或多个完整的计算内核。由多核作为核心部件所组成的单芯片多处理器系统就称为多核计算机,其中,每个核由一个独立处理器的所有组件构成。开发多核芯片以后,使处理器性能"横向扩展",从而提高了系统的整体性能。

在多核计算机中,由多核处理器所封装的单个芯片(又称"硅核")可以直接插入单一的处理器插槽中,操作系统可以把多核的每个执行内核作为分立的逻辑处理器来对待。通过在多个执行内核之间划分任务,使多核处理器能够在特定的时钟周期内执行更多的任务。

多核架构在软件设计方面的改善,有助于更出色地运行应用软件。为了充分利用多核技术,应用开发人员在程序设计中需要融入更多新的思路和技巧,以便多核处理器在运行时显示出更多的卓越性能。

多核系统更易于扩充,并且能够将更强大的处理性能融入更纤巧的芯片中,而这种处理器的功耗会更低,产生的热量也更少。

11.2 发展多核的途径和主要考虑因素

从 20 世纪 80~90 年代以来,研制者一直努力提高处理器性能。在单片处理器限定面积的条件下,推动微处理器性能不断提高的基本因素有两个:①不断改进半导体工艺技术;②发展新的体系结构。半导体工艺技术的每一次进步都为微处理器体系结构的研究开辟了新的领域,体系结构的改进又在半导体工艺技术发展的基础上进一步提高了微处理器的性能。这两个因素相互影响,相互促进。不过,这种速度的增长倍率很难持续,于是逐渐把技术创新的途径转向多核的研发。

假定不考虑计算机其他子系统的瓶颈问题,则影响计算机性能高低的核心部件是处理器。而影响或提高处理器性能的基本因素是主频与每个时钟周期内可以执行的指令数(instruction per clock,IPC)值。

以往在单核处理器时代,主要是通过提高处理器的主频来改善性能。实践发现:给处理器提高主频会带来日益严重的功耗与芯片发热问题。

如果靠增加 IPC 值来提高单核处理器的性能,例如通过改进处理器的微架构,用高效率的微架构来提高 IPC,也是应用的方法之一。但是,对于同一代处理器架构,靠改良微架构来提高 IPC 的幅度也很有限。于是,人们进一步寻求通过提高并行度来提高 IPC。

提高并行度有两种途径:①提高处理器微架构的并行度;②采用多核架构。在处理器保持相同微架构的情况下,如果通过采用多核来增加处理器的 IPC 值,则可以有效地控制功耗的急剧上升。即为了获得更高的处理器性能,在采用相同微架构的情况下,可以靠增加处理器内核数量来维持较低的主频。处理器这样设计的效果是,更多的并行可以提高 IPC,较低的主频则能有效地控制功耗的上升。

此外,从处理器芯片生产的角度来看,多核芯片的生产相对也比较容易。因为,处理器的实际性能是它在每个时钟周期内所能执行指令数的总量,所以每当增加一个内核时,理论上处理器每个时钟周期内可执行的指令数将增加一倍。而在芯片内部多嵌入几个内核的难度,相对于提高内核的集成度来说要简单得多。所以,多核能确保在不提高生产难度的前提下,用多个低频率核心来实现超过高频率单核心的处理效能。特别是对服务器这类需要面对大量并行数据的产品,由多核心分配任务能更好地提高工作效率,并且达到更加优越的性能价格比。

总之,发展多核的主要考虑因素可归纳为以下 5 点。

1. 多核能有效克服摩尔定律遇到的瓶颈

2010 年,芯片上集成的晶体管数目已超过 10 亿个。根据美国惠普公司发布的信息,他们采用的一种纳米科技成果可以将单位面积芯片上的晶体管数量增加 8 倍。在这种技术背景下,体系结构的研究就遇到了新的问题:如何有效地利用数目如此众多的晶体管?于是,研究者把目光投向了多核,通过在一个芯片上集成多个简单的处理器核,充分利用上亿个晶体管资源,来发挥其最大的能效。

2. 多核有利于减少全局连线延迟

随着超大规模集成电路工艺技术的发展,由于晶体管特征尺寸不断缩小,使得晶体管门延迟不断减少,但互连线延迟却不断加大。当芯片的制造工艺达到 $0.18\mu m$ 甚至更小时,线延迟就超过了门延迟,并成为限制电路性能提高的主要因素。由于单芯片多处理器的分布式结构中全局信号较少,与集中式结构的超标量处理器结构相比,它在克服线延迟影响方面有一定优势。

3. 多核符合 Pollack 规则

按照 Pollack 规则,处理器性能的提升与其复杂性的平方根成正比。如果一个处理器的硬件逻辑提高一倍,其性能至多能提高 40%,但如果用两个简单的核来构成一个相同硬件规模的双核处理器,则可以获得 70%~80%的性能提升。并且,在面积上也可以同比缩小。

4. 多核可降低能耗

随着工艺技术的发展和芯片复杂性的增加,芯片的发热现象日益突出。多核处理器里单个核的速度较慢,处理器消耗较少的能量,产生较少的热量。而原来单核处理器里增加的晶体管,可用于增加多核处理器的核。在满足相同性能要求的基础上,多核处理器通过关闭一些处理器或降频等技术,可以有效地降低能耗。

5. 多核设计成本更低

在单核处理器中,随着处理器结构复杂性的不断提高和人力成本的不断攀升,设计成本随时间呈线性甚至超线性增长。而在多核处理器中,通过复用处理器指令指针(IP)值等技术,可以极大降低设计的成本。同时,模块的验证成本也能显著下降。

11.3 多核处理器的体系结构

处理器的体系结构是影响其性能的一个因素。

在单核处理器中,曾广泛采用超标量结构和超长指令字(VLIW)结构来提高性能,但是它们的发展却遇到了一些技术障碍。例如,超标量结构是通过使用多个功能部件来同时执行多条指令的,虽然它可以实现指令级的并行性(instruction-level parallelism,ILP),但由于其控制逻辑复杂,设计难度加大,使超标量结构的 ILP 一般不超过 8 级。又如,在 VLIW 结构中,虽然通过使用多个相同功能的部件可以执行一条超长的指令,但也存在编译技术支持方面的难题。

计算机的主流应用需要处理器具备同时执行更多条指令的能力,即需要较高的线程级并行性(thread level parallelism,TLP)。研究人员从改善处理器的体系结构入手,提出了两种新型体系结构:单芯片多处理器(CMP)与同步多线程处理器(simultaneous multi-threading,SMT)。CMP 由美国斯坦福大学提出,其思想是将大规模并行处理器中的 SMP

（对称多处理器）集成到同一芯片内，各个处理器并行执行不同的进程。而 SMT 是一种在一个 CPU 的时钟周期内能够执行来自多个线程的指令的硬件多线程技术，SMT 本质上是一种将线程级并行处理（多 CPU）转化为指令级并行处理（同一 CPU）的方法。

CMP 与 SMT 这两种体系结构都有各自的优势和不足。比如，SMT 比 CMP 对处理器资源的利用率要高，在克服线延迟影响方面更具优势，处理器结构的灵活性也比较突出。其次，SMT 技术还允许内核在同一时间运行两个不同的进程，以此可以压缩多任务处理时所需要的总时间。这样做有两个好处：①提高处理器的计算性能，减少用户得到结果所需的时间；②有更好的能效表现，利用更短的时间来完成任务，这就意味着在剩下的时间里节约更多的电能消耗。但 CMP 相比 SMT 在模块化设计的简洁性方面占有更大优势，因为它是通过划分许多规模更小、局部性更好的基本单元结构来进行设计的，复制简单，设计容易，指令调度也更加简单。其次，SMT 中多个线程对共享资源的争用会影响其性能，而 CMP 对共享资源的争用要少得多，因此当应用的线程级并行性较高时，CMP 性能一般要优于 SMT。此外，CMP 在设计上可采用更短的芯片连线，使它比采用长导线集中式设计的 SMT 更容易提高芯片的运行频率，从而在一定程度上起到性能优化的效果。

总之，CMP 可以通过在一个芯片上集成多个核心来提高程序的并行性。每个核心实质上都是一个相对简单的单线程微处理器或者比较简单的多线程微处理器，这样多个微处理器核心就可以并行地执行更多的程序代码，因而具有了较高的线程级并行性。由于 CMP 采用了相对简单的微处理器作为处理器核心，使得它具有高主频、设计和验证周期短、控制逻辑简单、扩展性好、易于实现、功耗低和通信延迟低等优点。此外，CMP 还能充分利用不同应用的指令级并行性和线程级并行性，具有较高线程级并行性的应用，可以很好地利用这种结构来提高性能。CMP 已经成为处理器体系结构发展的一个重要趋势。

11.4　多核处理器的组织结构

在设计多核处理器结构时，主要涉及对芯片上处理器的数目、cache 存储器的级数以及共享 cache 存储器的数目的合理安排。图 11-1 给出了 4 种常见的多核组织结构。

图 11-1(a)是早期多核计算机芯片的组织结构，在现在嵌入式芯片中（如 ARM11 MPCore）仍在应用。该结构唯一的片上 cache 是 L1 cache，每个核拥有自己专门的 L1 cache，且分别被划分为指令 cache 和数据 cache。

图 11-1(b)是在图 11-1(a)所示结构的基础上增加了两个 L2 cache，分别由两个核专用。在 CPU 核心不变化的情况下，增加二级缓存容量能使性能大幅度提高。AMD Opteron 多核处理器芯片就是这种组织结构。

图 11-1(c)给出了一个类似于图 11-1(b)的组织结构，但将两个专用的 L2 cache 合并成一个共享的 L2 cache。Intel Core Duo 就是这种组织结构。

图 11-1(d)是在图 11-1(b)的基础上增加了一个 L3 cache。Intel Core i7 就是这种组织结构。

在多核芯片上使用一个共享的 cache 比单独使用一个专门的 cache 有以下优点。

(1) 当某个核上的线程访问主存某个地址之后，该地址所在的存储块就被调入共享的

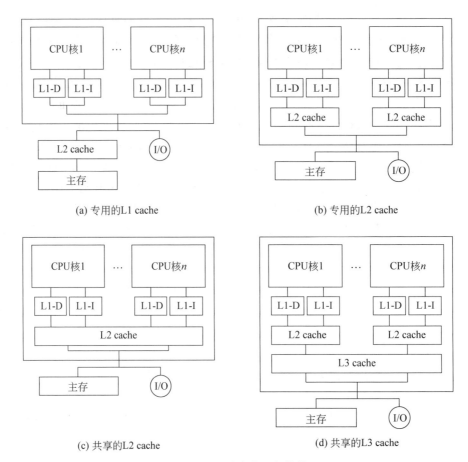

(a) 专用的L1 cache

(b) 专用的L2 cache

(c) 共享的L2 cache

(d) 共享的L3 cache

图 11-1　几种多核组织结构

cache 中,若随后另一个核上的线程也要访问同一个存储块,则可以直接从共享的片上 cache 中及时而方便地读取该存储块,这样就能降低由于在不同核的专用 cache 之间进行交叉调入而产生的访问失效率。

(2) 被多核共享的数据在共享的 cache 级上不会被复制,这有利于保护共享数据。

(3) 为了保证 CPU 访问时有较高的命中率,缓存中的内容应该按一定的算法替换。利用合适的替换算法,分配给每个核共享的 cache 数目是动态的,因此对于那些存储器访问局部性不强(即占有较多存储空间)的线程能够分配更多的 cache 空间。

(4) 通过共享存储器空间,容易实现处理器的内部通信。

11.5　Intel x86 多核产品简介

下面简要介绍两种 Intel 多核处理器系列产品。

1. Intel Core 2 双核处理器

Intel Core(酷睿)2 处理器是 Intel 公司新一代基于 Core 微架构的产品体系统称。它的单一芯片内装有两个处理内核,全部采用 65nm 制造工艺,晶体管数量达到 2.91 亿个,核心尺寸为 143mm^2,L2 缓存容量提升到 4MB,整机性能提升 40%,能耗降低 40%,其主流产品的平均能耗为 65W,前端总线提升至 1066MHz(Conroe),1333MHz(Woodcrest),采用 LGA771 接口。Core 多核处理器具有五大优势。

1)宽区动态执行

Intel 宽位动态执行是通过提升每个时钟周期完成的指令数,从而显著改进执行能力。Intel Core 微体系结构在提升每个时钟周期的指令数方面做了很多技术改进,例如新加入宏融合技术,可以让处理器在解码的同时,将同类的指令融合为单一的指令,这样可以减少处理的指令总数,让处理器在更短的时间内处理更多的指令。为此,Intel Core 微体系结构也改良了 ALU(算术逻辑单元)以支持宏融合技术。

2)高级数字媒体增强

Intel Core 微架构针对 SSE 指令所做出的修改被称之为"高级数字媒体增强"技术,当处理器执行 128 位的 SSE、SSE2 及 SSE3 指令时,Core 微架构只需要一个时钟周期就能完成相应的任务,效率提升明显。Core 微架构还能支持全新的 SSE4 指令集。SSE4 指令集能够有效地带来系统性能上的提升。

3)智能内存访问

智能内存访问是另一个能够提高系统性能的特性,它通过缩短内存延迟来优化内存数据访问。Intel 智能内存访问能够预测系统的需要,从而提前载入或预取数据(即智能预取技术),这样能够减少处理器的等待时间,同时降低内存读取的延迟,而且它可以侦测出冲突并重新读取正确的信息及重新执行指令,保证运算结果不会出错,从而大大提高了执行效率。

4)智能功率能力特性

智能功率能力特性是通过智能功率模块(Intelligent Power Module,IPM)来实现的。IPM 采用了先进的功率开关器件与功率门控技术(即精细的电路功耗优化设计和控制技术),且 IPM 内部集成了逻辑、控制、检测和保护电路,使用方便,不仅减小了系统的体积与开发时间,也增强了系统的可靠性。

由于智能功率能力特性进一步降低了功耗,优化了电源使用,从而为服务器、台式机和笔记本电脑提供了更高的每瓦特性能。

5)高级智能高速缓存

Core 微结构体系结构采用了共享二级缓存的做法,使两个核心可以共享二级缓存,大幅提高了二级高速缓存的命中率,从而可以较少通过前端串行总线和北桥进行外围交换。

高级智能高速缓存还有其他方面的优势,每个核心都可以动态支配全部二级高速缓存。这样可以降低二级缓存的命中失误,减少数据延迟,改进处理器效率,增加绝对性能和每瓦特性能。

2. 全新的 Haswell-E 架构处理器

2014 年 8 月 30 日,Intel Haswell-E 平台正式发布。Intel 公司此次发布了 3 款 Haswell-E 架构的至尊版系列处理器,包括 Core i7 5960X、Core i7 5930K 和 Core i7

5820K。其中最引人瞩目的是 Core i7 5960X，它是首款面向民用桌面市场的消费级 8 核心 16 线程产品，同时高达 20MB 的 L3 缓存以及 40 条 PCI-E 3.0 通道的配置也令人瞩目。由于 Core i7 5960X 受制于其庞大的规模和 TDP 的功耗，基础频率只有 3.0GHz。

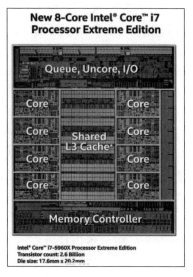

从 Intel 公司公布的 Core i7 5960X 处理器架构图（见图 11-2）来看，Intel 公司近几代的至尊版系列处理器架构都非常相近，中央为共享的 L3 缓存，两侧每组 4 个共 8 个 CPU 核心，剩余的两侧为内存控制器和 Queue、I/O 及 Uncore 模块等。Core i7 5960X 处理器的晶体管数量达到 26 亿个，核心面积为 17.6mm×20.2mm。

与 Haswell-E 处理器配套的是 X99 芯片组。仍采用 DMI 2.0 总线与 CPU 相连，其主要变化是提供了更多的扩展接口。例如，自带了 8 个 PCI-E 2.0 通道；USB 接口数量达到 14 个，其中 6 个 USB 3.0、8 个 USB 2.0；此外还有 10 个 SATA 6.0Gb/s 接口（其中有 6 个支持 RAID）、千兆网卡等接口。

图 11-2　Intel Core i7-5960X 处理器的架构图

11.6　多核的一些问题

1. 多级 cache 设计与一致性问题

在 CMP 中，为缓解处理器和主存间的速度差距这一突出矛盾，采用了多级 cache 结构，共有 3 种：共享 L1 cache、共享 L2 cache 和共享主存。通常，CMP 采用共享 L2 cache 的 CMP 结构。如何设计或选择 CMP 结构，对整个芯片的尺寸、功耗、布局、性能以及运行效率等都有很大关系。

另外，多级 cache 还会引发一致性问题。采用哪种 cache 一致性模型和机制都将对 CMP 整体性能产生重要影响。在传统多处理器系统结构中广泛采用的 cache 一致性模型有顺序一致性模型、弱一致性模型和释放一致性模型等。与之相关的 cache 一致性机制，主要有总线的监听协议和基于目录的一致性协议。在 CMP 系统中，大多采用基于总线的监听协议。它通过总线监听机制实现 cache 和共享存储器之间的一致性。解决 cache 一致性有许多不同的方法。比如，不允许有专用 cache，而采用共享 cache 方案；将可写的共享数据不存放在 cache 中等。

2. 核间通信技术

在 CMP 处理器的各个核心执行的程序之间，有时需要进行数据共享与同步，这就要求其硬件结构必须能支持核间通信。高效的通信机制是 CMP 处理器高性能的重要保障，目前比较主流的片上高效通信机制有两种：①基于总线共享的 cache 结构；②基于片上的互连结构。

总线共享 cache 结构是指每个内核拥有共享的 L2 cache 或 L3 cache,用于保存比较常用的数据,并通过连接内核的总线进行通信。这种系统的优点是结构简单,通信速度高,缺点是可扩展性较差。

基于片上互连的结构是指每个内核具有独立的处理单元和 cache,各个内核通过交叉开关或片上网络等方式连接在一起。各个内核间通过消息通信。这种结构的优点是可扩展性好,数据带宽有保证;缺点是硬件结构复杂,且软件改动较大。

以上两种核结构将趋于互相合作。例如,在全局范围采用片上网络而局部采用总线方式,以此来维持性能与复杂性的平衡。

3. 总线设计

在 CMP 结构中,当多个内核同时要求访问内存或者多个内核心的专用 cache 同时出现 cache 不命中事件时,总线接口单元(BIU)对多个访问请求的仲裁机制以及对外存储访问的转换机制的效率,决定了 CMP 系统的整体性能。因此,寻找高效的多端口 BIU 结构,把多核对主存的单字访问转为更为高效的猝发访问;同时,寻找对 CMP 处理器整体效率最佳的一次"猝发"访问字的数量模型,以及高效多端口 BIU 访问的仲裁机制,将是 CMP 处理器研究的重要内容。Intel 公司推出的智能互连技术(QPI)总线,在更大程度上发掘了多核处理器的性能潜力。

4. 操作系统设计

在多核的操作系统设计中,需要重点考虑和优化设计的机制是任务调度、中断处理和同步互斥。

首先,优化多核操作系统任务调度算法是保证效率的关键。任务调度算法有全局队列调度和局部队列调度。多数多核 CPU 操作系统,采用的是基于全局队列的任务调度算法。

其次,多核的中断处理和单核的中断处理有很大不同。多核的各处理器之间需要通过中断方式进行通信,所以多个处理器之间的本地中断控制器和负责仲裁各核之间中断分配的全局中断控制器,也需要封装在芯片内部。

再次,多核 CPU 是一个多任务系统。由于不同任务会竞争共享资源,因此需要系统提供同步与互斥机制。

5. 低功耗设计

低功耗和散热优化设计一直是微处理器研究中的核心问题。在 CMP 结构中,寻求低功耗和散热优化设计更是一个至关重要的课题。低功耗设计需要同时在操作系统级、算法级、结构级和电路级等多个层次上进行研究。

6. 存储器墙

为了使芯片内核高效工作,最基本的要求是芯片能够提供与其性能相匹配的存储器带宽,同样系统也需要有能够提供高带宽的存储器。要不断缓解存储墙的瓶颈,需要继续研发高带宽、低延迟的接口带宽。

7. 可靠性及安全性设计

可靠性和安全性一直是多核技术发展和应用中始终存在的一个重要问题。由于多核结构自身超微细化与时钟设计的高速化、电源低电压化,设计上的安全系数越来越难以保证,故障的发生率逐渐增高,加上来自第三方的恶意攻击越来越多,手段越来越先进,并成为具有普遍性的社会问题,这些因素使多核的可靠性下降。随着CMP这类处理器芯片内有多个进程同时执行的结构成为主流,硬件复杂性和设计时的失误也在增加,使得处理器芯片内部安全性受到挑战,因此提高多核处理器体系结构可靠性与安全性的设计显得更加重要。

8. 技术创新

随着通信和互联网的全球化,商业和消费者对多核处理器的性能需求不断增加,这就要求多核的计算技术也不断创新。尤其是在PC安全性和虚拟化技术方面,对多核的技术创新提出了更高的要求。

9. 软件技术开发难度加大

并行计算技术是云计算的核心技术,也是一个技术难点。由于多核处理器增加了并行的层次性,使并行程序的开发比以往更加困难。

软件开发者需要找出新的开发软件方法,面向对象编程增加了汇编语言的复杂性,并行编程也需要新的抽象层次。因此,对软件开发者来说,要通过优化多核设计来带动并行化计算,并进行软件设计创新。

本 章 小 结

发展多核计算机是计算机技术从单核的纵向提升向"横向扩展"的必然趋势。

首先从总体上要把握的基本思想是:在多核计算机系统中,通过在两个或多个执行内核之间划分任务,使多核处理器可在特定的时钟周期内执行更多的任务。所以,多核技术的出现是处理器发展的一个重要方面。

要理解为什么不能用单核的设计达到用户对处理器性能不断提高的要求,必须理解的基本因素是:功耗问题限制了单核处理器不断提高性能的发展途径。

影响计算机性能高低的核心部件是处理器。而衡量处理器性能的主要指标,是每个时钟周期内可以执行的指令数(IPC)和主频。所以,提高处理器性能的途径就是提高主频和IPC值。但提高处理器主频是有限度的,因为处理器的功耗正比于主频的三次方。当主频达到"频率墙"时,处理器将不能承受功耗带来的极限发热。因此,在主频达到一定的限值时,继续提高处理器性能的因子就是提高IPC值。

提高IPC值可以通过提高指令执行的并行度来实现,而提高并行度又有两种途径:一是提高处理器微架构的并行度;二是采用多核架构。

发展多核技术的主要考虑因素是:①克服摩尔定律遇到的瓶颈,采用多个简单的处理器核可以充分利用上亿个晶体管资源;②减少处理器芯片中由于晶体管特征尺寸不断缩小带来互连线延迟的不断加大,甚至可能使线延迟超过门延时,从而限制电路性能的提高,而采用多核则有利于减少全局连线延迟;③由两个简单的核来构成一个相同硬件规模的双核处理器,可以获得更高的性能提升;④在满足相同性能要求的基础上,多核处理器通过关闭一些处理器或降频等技术,可有效地降低能耗;⑤在多核处理器中,通过复用处理器 IP 值等技术,可以降低设计成本。

要了解多核处理器的体系结构和组织结构及其之间的区别。

多核处理器的体系结构是指"程序员所能看到的多核计算机的属性,即概念性结构与功能特性"。多核处理器有两种新型的体系结构:CMP 与 SMT。CMP 是将大规模并行处理器对称多处理器集成到同一芯片中,各个处理器并行执行不同的进程。SMT 则是一种在一个 CPU 的时钟周期内能够执行来自多个线程的指令的硬件多线程技术;SMT 本质上是一种将线程级并行处理(多 CPU)转化为指令级并行(同一个 CPU)的方法。

多核处理器的组织结构是指多核处理器的数目、cache 存储器的级数以及共享 cache 存储器的数目这些变量的合理安排。

多核及多核技术也存在一些问题,主要有:①多级 cache 在进程迁移或 I/O 操作时可能产生共享数据不一致的错误;②在设计 CMP 处理器时,要保证实现各个核心之间的数据共享与同步,需要硬件结构支持核间通信,而目前采用的基于总线共享的 cache 结构或基于片上的互连结构,都难以在维持高性能的同时兼顾简化的设计要求,只能采取折中的设计措施;③要更好地发掘多核处理器的性能,需要采用智能互连技术总线设计;④多核的操作系统设计更为复杂,在优化设计时,应能同时满足任务调度、中断处理和同步互斥三个机制;⑤低功耗设计愈显重要和复杂,需从操作系统、算法级、结构级和电路级等多个层次上进行优化设计;⑥为不断缓解存储器墙的瓶颈,需要继续研发存储器带宽,以提高单位时间内存储器所存取的信息量。存储器的带宽决定了以存储器为中心的计算机系统获取信息的传输速度,它是提高系统综合性能瓶颈的关键因素。提高存储器带宽的措施是缩短存取周期、增加存储字长、增加存储体。

此外,多核的可靠性及安全性设计、技术创新以及软件技术开发难度等都相应加大。

习 题 11

11-1 什么是多核与多核计算机?

11-2 发展多核技术需要考虑的主要因素有哪些?

11-3 什么是多核处理器的体系结构?

11-4 多核及多核技术存在哪些主要问题?

DEBUG 调试软件是分析、调试、排错的基本软件工具。

A1 调试软件 DEBUG

学习使用任何软件,都要从熟悉软件的操作命令着手。使用 DEBUG 也是如此。在操作系统环境下,启动 DEBUG 后便进入 DEBUG 的命令状态,在此状态下,便可以使用 DEBUG 的任何命令。每个命令均以回车结尾。

在 DEBUG 状态下,所有地址、数据均以无后缀的十六进制表示,例如,234D、FABC 等。

启动 DEBUG:

C>DEBUG [d:][path][filename[.exe]][parm1][parm2]↵

其中,d:表示盘符;path 是 filename 的目录路径;filename 是要分析或调试的二进制程序文件名;exe 是程序文件的扩展名;parm1 被调试程序约定的第 1 参数文件名;parm2 被调试程序约定的第 2 参数文件名。

屏幕的提示符-,表示当前正在 DEBUG 的命令状态。

在 DEBUG 命令中经常用到"地址"、"范围"等参数。这些参数表示方式如下。

地址表示形式——段寄存器名:相对地址 或 段值:相对地址 或 相对地址

地址范围表示——起始地址 结尾地址 或 起始地址 L 字节数

DEBUG 命令的格式及其功能说明见表 A-1。

表 A-1 DEBUG 命令格式及其功能

命 令 名 称	格 式	功 能 说 明
显示存储单元内容	1. D[起始地址] 2. D[地址范围]	格式 1,命令从起始地址开始按十六进制显示 80 个单元的内容,每行 16 个单元。每行右侧还显示该 16 个单元的 ASCII 码字符,对于无字符对应的 ASCII 码则显示。 格式 2,命令显示指定范围存储单元中的内容,每行 16 个单元。每行右侧还显示该 16 个单元的 ASCII 码字符,无字符对应的 ASCII 则显示如果不给出起始地址或地址范围,则从当前地址开始按格式 1 操作

命令名称	格　式	功　能　说　明
修改存储单元内容	1. E 起始地址〔列表〕 2. E 地址	格式 1,按列表内容修改从起始地址开始的多个存储单元内容。例如：E12DFFFD "ABC"41 即从 12DF 单元开始修改 5 个单元的内容,分别是十六进制 FD、A、B、C 3 个字母的 ASCII 码,以及十六进制数 41。 格式 2,修改指定地址单元内容
显示、修改寄存器内容	R〔寄存器名〕	如果指定了寄存器名,则显示寄存器的内容,并允许修改。如果不指定寄存器名,则按一定格式显示通用寄存器、段寄存器、标志寄存器的内容
运行命令	G〔＝起始地址〕〔第 1 断点地址〔第 2 断点地址…〕〕	CPU 从指定起始地址开始执行,依次在第 1、第 2 等断点处中断。若不给起始地址,则从当前 CS:IP 指示地址开始执行
跟踪命令	T〔＝起始地址〕〔正整数〕	从指定地址开始执行正整数条指令。如果不给出正整数,则按 1 处理;如果不给定起始地址,则从当前 CS:IP 指示地址开始执行
汇编命令	A〔起始地址〕	从指定地址开始接受汇编指令。如果不给出起始地址,则从当前地址开始接受,或从当前代码段的十六进制 100 表示的相对地址处接受汇编指令。如果输入汇编指令过程中,在某行不作任何输入而直接按 Enter 键,则结束 A 命令,回到接受命令状态一处
反汇编命令	1. U〔起始地址〕 2. U 地址范围	格式 1,从指定起始地址处开始对 32 个字节内容转换成汇编指令形式,如果不给出起始地址,则从当前地址开始。 格式 2,将指定范围内的存储内容转换成汇编指令
指定文件名命令	格式：N 文件名及扩展名	指出即将调入内存或从内存中存盘的文件名。这条命令要配合 L 或 W 命令一起使用
装入命令	1. L 起始地址 驱动器号 起始扇区 扇区数 2. L〔起始地址〕	格式 1,根据指定驱动器号（0：A 驱,1：B 驱,2：C 驱）,指定起始逻辑扇区号和扇区数将相应扇区内容装入指定起始地址的存储区中。 格式 2,将 N 命令指出的文件装入指定起始地址的存储区中,若没有指定起始地址,则装入 CS:100 处或按原来文件定位约定装入相应位置
写磁盘命令	1. W 起始地址 驱动器号 起始扇区 扇区数 2. W〔起始地址〕	格式 1 的功能与 L 命令格式 1 的功能正好相反。 格式 2 将起始地址开始的 BX ＊ 10000H＋CX 个字节内容存放到由 N 命令指定的文件中。 执行这条命令前注意给 BX、CX 中设置恰当的值
退出命令	Q	退出 DEBUG,返回到操作系统
比较命令	C 源地址范围 目标起始地址	
填充命令	F 地址范围 要填入的字节或字符串	

命　令　名　称	格　　式	功　能　说　明
计算十六进制的和与差	H 数 1, 数 2	
从指定端口输入并显示	端口地址	
移动存储器内容	M 源地址范围 目标起始地址	
向指定端口输出字节	O 端口地址	
搜索字符或字符串	S 地址范围 要搜索的字节或字节串	

A2　软件调试基本方法

利用调试软件 DEBUG 装入二进制执行程序,通过连续运行、分段运行、单步运行,可以实现对软件剖析、查错或修改。

将 .COM 文件装入后,指令指针 IP 放置成十六进制的 100,即为程序入口的相对地址。首先从此处开始连续运行,考查程序的功能是否达到。如果出错,则可用分段运行方式,缩小错误所在程序段的范围,然后,再用单步方式找出错误确切所在处。

设有程序 EXAMP.COM,调试方法如下。

C>DEBUG EXAMP.COM ↵
－G ↵

先连续执行,如出现问题,例如死机,则再启动 DOS。接着用分段方式运行。

－T＝100,5 ↵

即从相对地址为十六进制的 100 处开始执行 EXAMP.COM,连续执行 5 条指令。可以恰当地选择这一常数,确定分段大小。在此期间如果出现问题,就说明这 5 条指令中有错误。这时,可用单步逐条执行,例如:

－T＝100 ↵

这时,执行一条指令后,会显示通用寄存器、段寄存器、标志寄存器的内容。由此可以分析出本条指令的执行结果是否正确。如果正确,则执行下一条指令;如果出错,则进行必要的修改。

对 EXE 类型文件的调试与上面相似,但不能直接用 DEBUG 存盘命令存盘。掌握 DEBUG 的各种命令功能,并且深入了解 DOS 各种参数表及其参数含义,不仅对分析调试软件很有帮助,而且对软件进行加密解密及系统硬件配置分析也有很大帮助。

参 考 文 献

［1］ William H Murray，Christ H Paooas. 80386/80286 ASSEMPLY LANGUAGE PROG RAMMING.
McGraw-Hill Inc. ,1986.

［2］ Barry B Brey. Intel 微处理器全系列：结构、编程与接口.5 版.于惠华,艾明晶,尚利宏译. 北京：电子工业出版社,2001.

［3］ 李继灿.微机原理与接口技术.北京：清华大学出版社,2011.

［4］ 李继灿.微型计算机系统与接口.2 版.北京：清华大学出版社,2011.

［5］ 李继灿.新编 16/32 位微型计算机原理及应用.5 版.北京：清华大学出版社,2013.

［6］ Peter Norton. 计算机导论.6 版. 北京：清华大学出版社，2009.